유비쿼터스 사회의 정보통신개론

Introduction to **Information and Communication** in Ubiquitous Society

김영춘 · 민경일 · 신용달 · 조용석 지음

홍릉과학출판사

머리말

오늘날의 현대사회는 컴퓨터, 정보통신 및 네트워크 기술의 발달로 고도의 지능화 사회가 되고 있다. 인터넷 및 스마트폰 등 몇 년 전만 하더라도 상상할 수 없을 만큼 이용자 수가 급격히 늘어가고 있고, 최근에는 사물인터넷 등으로 확대되고 있다. 이들을 통하여 언제 어디서든지 정보를 편리하게 이용할 수 있게 되었다. 이러한 정보화 사회의 발전은 정치, 사회, 문화, 교육 등 전 분야에 매우 빠른 속도로 영향을 미치고 있어, 필요한 정보를 언제 어디서든지 공유할 수 있는 유비쿼터스 네트워킹의 시대라고 말할 수 있다. 이러한 시대에 맞추어 우리나라에서도 정보화 강국으로써 많은 분야에서 세계 으뜸으로 성장하고 있으며, 그 경쟁력에서 우위를 선점하기 위해 더욱 더 관심과 노력을 기울이고 있다.

따라서 이러한 고속 정보화 사회에 적응하기 위하여 정보통신에 대한 기본 지식 및 개념의 습득이 전공자뿐만 아니라 일반인들에게도 필수적인 요소라 할 수 있다. 따라서 정보통신 분야에 입문하려는 학생 및 기본 지식이 없는 일반인들에게 정보통신에 대한 전체적인 내용을 파악하고 방향을 설정하는 교재의 필요성을 절감하고, 지난 수년간 대학에서 강의한 내용을 정리하고 보충하여 한 권의 책을 출간하게 되었다.

이 책은 정보통신의 기초에서부터 정보전송 기술, 인터넷, 정보통신망, 이동통신 및 광통신, 유비쿼터스 네트워킹, 뉴미디어와 멀티미디어 통신, 해킹과 컴퓨터 포렌식 및 보안 등 정보통신 전 분야에 관한 광범위한 내용을 가능한 쉽게 설명하려고 노력하였으며, 정보통신 서비스의 국내외 현황과 정보통신의 표준화 동향 등에 관한 최신 경향을 익힐 수 있도록 하였다.

따라서 정보통신에 관한 기초 지식과 개념을 정립하고자 하는 대학의 저학년을 위한 교재로 가능할 뿐만 아니라, 정보통신 관련 사업에 종사하는 초급 기술자에게도 참고도서로 도움이 될 것이며, 비전공자에게도 상식 정도의 수준으로 도움이 될 수 있으리라 생각된다.

독자들이 쉽게 이해할 수 있도록 최대한 노력하였으나, 미흡한 내용이 많으리라 생각된다. 독자들의 많은 충고와 조언을 토대로 이를 수정, 보완하여 독자에게 유익한 책자가 되도록 노력하고자 한다.

끝으로 이 책을 출판할 수 있도록 도와주신 홍릉과학출판사 사장님과 직원 여러분께 감사드린다.

2015년 2월

저자 일동

차 례

Chapter 01

정보통신의 개념 및 발전사

1.1 서론

“통신”이란 한자로 통할 通에 믿을 信을 쓴다. 따라서 단순한 뜻풀이로서는「믿음을 통한다」정도가 될 것이다. 영어로는 “Communication”이다. 이것의 원래의 의미는 의사소통 또는 의사교환이 더 적절한 것 같다 이와 같이 통신의 본래 의미는 사람과 사람 사이의 의사소통이다.

우리가 일상적으로 사용하는 통신이라는 용어는 공학적인 측면에서 이야기하는 경우가 많다. 이 경우의 통신은 “전기통신”을 줄여서 말하는 것이다. 전기통신이란 용어는 영어의 “Telecommunication”을 번역한 것이다. “tele-”라는 접두사는 멀다는 뜻의 거리 개념을 내포하고 있으므로 이는 “원격통신”으로 번역하는 것이 원래 의미에는 더 맞을 것 같다.

“Telecommunication”을 전기통신으로 번역한 것은 현대의 통신시스템이 전기적인 수단, 즉 전자기파(electromagnetic wave)를 사용하여 원격지와 정보를 주고받고 있기 때문이다. 흔히 말하는 광통신에서의 빛도 주파수가 매우 높은 전자기파의 일종이다. 따라서 전자기파 이외의 매체를 통신에 사용한다면 전기통신이란 용어는 바뀌어야 할 것이다.

이와 같이 우리가 논의하게 될 통신은 사람과 사람 사이에 거리가 존재하는 경우이다. 이 거리를 여러 가지 기술로 보완하고자 하는 것이 전기통신(telecommunication)이라고 할 수 있다. 따라서 전기통신의 궁극적인 목표는 멀리 떨어져 있는 사람들끼리도 마치 한 자리에 만나서 대화하는 것 같은 환경을 제공하는 것으로 요약할 수 있다.

정보통신(information & communication)이라는 용어는 컴퓨터가 등장하여 이 컴퓨터가 전기통신과 결합되면서 기존의 음성(voice)뿐만 아니라 데이터(data), 화상(image), 영상(video) 등과 같은 멀티미디어 정보를 송수신하게 되면서부터 사용된 것이다.

본 장에서는 통신의 발달사를 간략히 정리하고 이를 통하여 통신의 본질은 무엇이며 통신의 궁극적인 목표가 무엇인가를 살펴본다. 또한 정보통신의 정의와 미래의 정보통신이 어떠한 방향으로 발전해 나갈 것인가를 예측해본다.

1.2 전기통신 이전의 역사

인간은 모여 살면서 여러 가지 이유로 인하여 서로 간에 의사소통(communication)의 필요를 느끼게 되었을 것이다. 처음에는 소리로, 몸짓으로 또는 표정으로 의사를 전달하였을 것이다. 그러다가 자연발생적으로 말(언어)이 생겨나게 되었다. 말은 매우 효율적인 의사소통의 도구(tool)로, 지금까지도 사람들 사이의 의사교환에 중심이 되는 도구로 사용되고 있다.

말의 발명으로 사람들은 상당히 효율적으로 정보(information)를 교환할 수 있게 되었다. 그러나 이 말이라는 도구는 시간적, 공간적인 취약점을 가지고 있다. 말은 시간이 지나면 없어져 버릴 뿐만 아니라 들을 수 있는 거리에도 한계가 있다. 즉 말로써는 직접 만나지 않으면 의사소통을 할 수가 없는 것이다. 물론 사람과 사람의 의사소통에 있어서 가장 바람직한 방법은 직접 만나서 이야기하는 것이다. 그러나 여러 가지 사정으로 직접 만나는 것이 불가능한 경우가 많다.

인간의 활동영역이 넓어짐에 따라 멀리 떨어져 있는 사람과 서로 정보를 교환하여야 할 필요가 증대되었다. 따라서 인간은 원격통신을 위한 여러 가지 방법들을 고안해내기 시작한다. 인간이 낼 수 있는 말보다도 좀 더 멀리 갈 수 있는 소리, 즉 북소리나 피리소리 등을 사용하기도 하였고 불이나 연기 등을 사용하기도 하였다.

불이나 연기 등을 사용한 대표적인 통신시스템이 바로 봉화이다. 봉화는 고대로부터 세계 각지에서 통신 수단으로 널리 사용되었으며 우리나라에서도 삼국사기와 삼국유사에 그 기록이 남아있다.

이 봉화 통신을 좀 더 개선시킨 것으로 1793년 프랑스에서 개발된 세마포르(Semaphore)라는 것이 있다. 이것은 그림 1.1과 같이 높은 탑 위에 형태를 바꿀 수 있게 되어 있는 커다란 가름대를 붙이고 망원경으로 그 모양을 보고 정해놓은 정보를 주고받을 수 있게 한 것이다. 이것은 오늘날 철도 신호기에 그 흔적이 남아있다. 프랑스는 이 시스템을 이용하여 1794년 프랑스 혁명 전쟁 등에서 승전보를 전했다고 한다. 이 세마포르는 이웃의 다른 나라에도 보급되었고 1800년에는 미국에서도 이 시스템을 운용하였다고 한다.

소리를 이용한 통신이나 봉화나 세마포르 등과 같이 빛을 이용한 통신은 말이 가지는 공간적인 제약을 어느 정도나마 해소시켰지만 보낼 수 있는 정보의 양이 매우 제한되어 있었다.

통신의 역사에서 말의 발명 다음으로 획기적인 사건이 바로 글(문자)의 발명이다. 글의 발명으로 사람들은 자신의 뜻이나 감정, 사상, 지식 등의 정보를 기록할 수 있게 되었다. 나무판이나 종이 등에 글로 써서 직접 만날 수 없는 사람에게 전달하거나 또는 시간적인 제약으로 만날 수 없는, 예를 들면 후 세대 사람들에게 정보를 전달할 수 있게 된 것이다. 이것은 말이 가지고 있는 시간적, 공간적 제약을 어느 정도 극복한 것임을 의미한다. 글의

그림 1-1 세마포르(Semaphore)

발명으로 정보를 편지 등으로 저장하여 인간보다 빠른 운송매체, 즉 비둘기나 말 등을 이용하여 서로 정보를 교환할 수 있게 되었다. 하지만 여전히 공간을 이동하는 데에 많은 시간이 걸렸다.

1.3 전기통신의 시작

전기는 기원전 6세기 초 그리스의 탈레스(Thales)가 호박(琥珀)을 모피에 문질러서 정전기가 발생하는 현상으로부터 처음 발견하였다고 한다. 호박을 그리스어로 "elektron"이라 하며 여기에서 영어의 전기(electricity)란 단어가 유래되었다.

이 전기를 통신에 이용한 것은 1837년 모오스(Samuel F. B. Morse)가 개발한 전신기(telegraph)가 그 효시이다. 전기는 빛과 같은 속도인 1초에 3×10^8m를 달린다. 따라서 전기를 통신의 전달수단으로 사용함으로써 공간상의 제약을 벗어날 수 있게 되었다.

1.3.1 전신(Telegraph)

전신기에 의한 최초의 통신은 1844년 워싱턴과 볼티모어 사이에서 이루어졌다. 전신에서 사용한 모오스 부호(Morse code)는 그림 1.2와 같이 점(dot), 선(dash), 문자공간(letter space), 단어공간(word space)의 4개의 심볼을 이용하여 자주 나오는 문자에는 짧은 열을 할당하고 자주 나오지 않는 문자에는 긴 열을 할당하는 가변길이 3진 부호이다. 따라서 디지털 통신의 시초라고 할 수 있다.

A	·—	N	—·
B	—···	O	———
C	—·—·	P	——·—
D	—··	Q	——·—
E	·	R	·—·
F	··—·	S	···
G	——·	T	—
H	····	U	··—
I	··	V	···—
J	·———	W	·——
K	—·—	X	—··—
L	·—··	Y	—·——
M	——	Z	——··

(a) 글자

1	·————
2	··———
3	···——
4	····—
5	·····
6	—····
7	——···
8	———··
9	————·
0	—————

(b) 문자

Period (.)	·—·—·—	Wait sign (AS)	·—···
Comma (,)	——··——	Double dash (break)	—···—
Interrogation (?)	··——··	Error sign	········
Quotation Mark (")	·—··—·	Franction bar (/)	—··—·
Colon (:)	———···	End of message (AR)	·—·—·
Semicolon (;)	—·—·—·	End of transmission (SK)	···—·—
Parenthesis( )	—·——·—		

(c) 구두점과 특수 문자

그림 1-2 모오스 부호(Morse code)

전신기는 이 모오스 부호를 송신기의 키를 이용하여 전류를 단속시켜서 전선에 흘려보낸다. 수신자는 전류의 변화에 따라 수신기의 철편이 흡인될 때 나오는 음을 구분함으로써 문자를 수신하게 된다. 이와 같이 전신기는 모오스 부호를 외우고 그것을 소리로 구별할 수 있는 매우 숙련된 사람에 의해서만 통신이 가능하였다.

이에 대한 대책으로 개발된 것이 인쇄전신기(teletypewriter)이다. 인쇄전신기는 전신기 대신에 타자기를 전선으로 연결한 것으로 송신 측 타자기의 키를 치면 해당 문자가 전기신호로 바뀌어서 송신되고 수신 측 타자기에서는 그 문자가 자동적으로 인쇄되는 것이다.

이 인쇄전신기에 사용된 부호가 1875년 보도우(Emile Baudot)가 개발한 보도우 부호(Baudot code)이다. 이것은 타자기에 적합한 고정길이의 2진 부호로 "mark"와 "space"를 사용하여 각 문자를 5비트로 표시한 것이다. 이 인쇄전신기를 교환기(exchange)에 연결하여 사용한 것이 가입전신이라고 부르는 텔렉스(telex : teletypewriter + exchange)이다.

전기통신은 동선(copper wire)이나 광섬유(optical fiber)와 같은 유도매체(guided medium)를 사용하는 유선통신과 전파와 같은 비유도매체(unguided medium)를 사용하는 무선통신으로 나눌 수 있다.

1864년 맥스웰(James Clerk Maxwell)은 빛의 전자장 이론을 확립하였으며 무선파(radio wave)의 존재를 예측하였다. 무선파의 존재는 1887년 헤르츠(Heinrich Hertz)에 의해 실험으로 증명되었다. 또 1894년에 로지(Oliver Lodge)는 150야드 정도의 비교적 짧은 거리에서 무선통신이 가능함을 실험으로 증명하였다.

무선통신(wireless or radio communication)의 시초는 1897년 마르코니(Guglielmo Marconi)의 무선전신(wireless telegraph)의 개발로 볼 수 있다. 마르코니는 1901년 12월 2일 1700마일 떨어진 대서양 건너편의 영국 Cornwall에서 발신한 무선신호를 Newfoundland의 Signal Hill에서 수신하는 실험에 성공하였다. 이후 무선통신의 범위는 엄청나게 넓어지게 되었으며 이 무선전신은 무전기 등이 발명되기 전까지 선박 등의 이동체에서 널리 사용되었다.

1.3.2 전화(Telephone)

1876년 미국의 음성학자인 벨(Alexander Graham Bell)은 음성을 직접 전류로 바꾸어 보내고 수신 측에서 다시 음성으로 재생해 내는 전화(telephone)를 발명하였다.

벨이 발명한 전화기의 송화기는 전자석에 얇은 철판을 입힌 것으로, 음압에 의하여 철판이 진동하면 자기장이 변화하기 때문에 전자석의 코일에 전류의 변화가 발생하는 원리를 이용한 것이다. 이 송화기의 감도를 향상시킨 것이 1877년 에디슨(Thomas Edison)이 발명한 탄소형 송화기이다. 수화기의 원리는 스피커와 같은데, 코일을 감은 영구자석에 진동판을 붙인 것으로 전류에 의해 자석의 세기가 변화하면 진동판이 진동하여 음으로 재생되는 것이다.

기존의 전신기가 전기를 전달매체로 하여 문자를 송수신한 것과는 달리 이 전화기는 사람 사이의 의사소통에 있어서 매우 자연스러운 도구인 말을 그대로 송수신할 수 있다. 또 전신기와 같이 모오스 부호나 키를 조작하는 등의 통신 방법을 따로 배우거나 익힐 필요가 없다. 따라서 전화의 발명 이후 전기통신은 전화의 확대 및 보급에 주력하게 된다.

급속도로 증가해 가는 전화기들을 서로 연결하기 위하여 전송로를 전부 독립적으로 설치하는 것은 비경제적이며 또 거의 불가능하다. 이를 해결하고자 하는 것이 교환기(exchange or switch)이다. 초기의 교환기는 교환원이 두 가입자를 연결해 주는 수동교환 방식이었다. 최초의 자동교환기는 1897년 스트로저(A. B. Strowger)가 개발한 기계식 교환기이다.

전화와 교환기가 개발된 다음 전기통신은 이 전화를 중심으로 하는 대규모 유선망으로 발전하게 된다. 이와 같은 전화 교환망을 PSTN(Public Switched Telephone Network)이라고 한다.

1970년대 후반 셀룰러전화(cellular phone)와 무선전화(cordless telephone)가 개발되면서 전화망은 급격한 무선화의 과정을 밟게 된다. 이후 1980년대에 이들이 디지털 방식으로 전환되면서 가입자 용량이 대폭적으로 늘어나게 되어 우리나라에서는 1999년 급기야 유선전화의 가입자 수를 추월하였다. 이동전화는 제1세대인 아날로그 시스템을 거쳐,

GSM, CDMA 등으로 대표되는 디지털 방식인 제2세대로, IMT-2000, W-CDMA, cdma2000 기술 기반의 글로벌 로밍, 멀티미디어 서비스를 제공하는 제3세대로 발전해왔다.

이제 전화서비스는 유선망과 무선망을 통합하고, 전화기에 전화번호를 부여하는 것이 아니라 개개인에게 전화번호를 부여하여 언제, 어디서나, 누구와도, 그리고 어떤 미디어로도 통신할 수 있는 제4세대 이동통신 시스템의 구현에 박차를 가하고 있다.

1.4 컴퓨터의 발전

1.4.1 컴퓨터의 발전사

컴퓨터(computer)는 "계산하는 기계"라는 뜻이다. 따라서 최초의 컴퓨터는 주판(abacus)이라고 할 수 있다. 지금 우리가 일반적으로 말하는 컴퓨터는 전자식 디지털 컴퓨터를 뜻하고 있다. 또한 지금의 컴퓨터는 단순히 계산만 하는 기계가 아니라 "데이터를 처리하는 장치"의 의미가 더 강하다. 그래서 EDPS(Electronic Data Processing System)라는 용어가 사용되기도 한다.

전자식 컴퓨터가 나오기 이전에는 기계식으로 계산을 하는 기계식 컴퓨터들이 고안되었다. 대표적인 것이 1642년 프랑스의 철학자이며 과학자인 파스칼(B. Pascal)이 개발한 기계식 계산기이다. 세무감독원이었던 아버지를 위하여 개발했다는 이 계산기는 톱니를 이용한 것으로 덧셈과 뺄셈을 할 수 있었다고 한다.

이러한 기계식 계산기는 1671년 독일의 철학자이며 수학자인 라이프니츠(G. Leibniz)에 의하여 덧셈, 뺄셈은 물론 곱셈과 나눗셈까지도 할 수 있게 개량되었다. 이것은 파스칼의 계산기에 2개의 원형판을 추가하여 반복적인 방법으로 곱셈과 나눗셈을 수행하도록 한 것이다.

1822년 영국의 바비지(C. Babbage)는 모든 계산과정을 자동으로 수행하는 차분기관(difference engine)을 개발하였으며 1834년에는 프로그램이 가능한 범용(general purpose) 계산기인 해석기관(analytical engine)을 개발하였다. 이 해석기관의 설계에 사용된 개념들은 근본적으로 현대의 컴퓨터들에서 사용되는 설계 개념과 동일한 것이다. 해석기관은 오늘날의 컴퓨터의 주요 요소인 기억장치(memory), 중앙처리장치(CPU : Central Processing Unit), 입출력장치(I/O device)를 모두 포함하고 있었으며 프로그램 언어도 사용하였다.

1944년 미국 하버드대학의 에이컨(H. Aiken)은 계전기(relay)를 사용한 전기 기계식 계산기인 Mark-I을 개발하였다. IBM의 지원으로 5년간의 작업 끝에 완성한 길이 15m, 높이 2.4m의 이 계산기는 전기를 동력으로 사용하여 기계식 원리로 펀칭카드를 사용해 작업을 수행하는 것으로 기계적 계산기의 원리를 극도로 발전시킨 것이었다.

최초의 전자식 계산기는 1946년 펜실베니아 대학의 에커트(J. P. Eckert)와 모클리(J. W. Mauchly)가 개발한 ENIAC (Electronic Numerical Integrator and Calculator)이다. 이것은

미 국방성이 탄도 계산용으로 제작을 의뢰한 것이었다. ENIAC은 18,800개의 진공관과 1,500개의 릴레이를 사용하였고 무게가 30t에다가 소비전력만도 150kW에 달하는 거대한 기계였다. 이것은 바비지의 해석기관이나 에이컨의 Mark-I과 같이 계산에 필요한 일련의 명령을 하나 하나 축차적으로 외부에서 넣어 줌으로써 계산을 진행시키는 축차제어방식이었다.

1949년 영국의 케임브리지 대학의 윌키스(Wilkes)가 만든 EDSAC(Electronic Delay Storage Automatic Computer)은 최초로 프로그램 내장(stored-program) 방식을 사용한 컴퓨터이다. 프로그램 내장방식이란 계산에 필요한 데이터뿐만 아니라 명령, 즉 프로그램도 컴퓨터내의 동일 기억장치에 저장하는 방식이다.

프로그램 내장방식과 10진법 대신 2진법을 사용하는 컴퓨터 방식은 폰 노이만(J. Von Neuman)이 제안한 것으로 노이만은 이들을 기초로 EDVAC(Electronic Discrete Variable Automatic Calculator)을 개발하였다. 지금 우리가 사용하고 있는 컴퓨터도 기본적으로 이와 동일한 조직과 기능을 가지고 있으며 따라서 이러한 컴퓨터를 폰 노이만식 컴퓨터라고 한다.

초기에 개발된 전자식 컴퓨터들은 구성 논리소자로서 진공관을 사용하였다. 이후 트랜지스터가 발명되고 IC(Integrated Circuit), LSI(Large Scale Integration), VLSI(Very Large Scale Integration) 등이 개발되면서 이들이 컴퓨터의 논리소자로 사용되었다.

따라서 컴퓨터는 사용된 소자에 의해서 표 1.1과 같이 진공관을 사용한 제1세대, TR (Transistor)을 사용한 제2세대, IC를 사용한 제3세대, LSI 및 VLSI를 사용하는 제4세대 등으로 구분하고 있다. 지금 우리가 사용하고 있는 컴퓨터는 제4세대 컴퓨터로 볼 수 있다.

표 1-1 컴퓨터의 세대별 분류

구 분	제1세대	제2세대	제3세대	제4세대
연대	1945~1955	1955~1964	1964~1970	1971~현재
구성소자	진공관	트랜지스터	IC	LSI, VLSI
계산속도	10-3초	10-6초	10-9초	10-12초
기억장치	자기드럼	자기코어 자기디스크 자기테이프	반도체메모리 자기디스크	반도체메모리 자기디스크
특징	- 하드웨어 개발에 주력 - 저급언어 사용 - 수치계산 및 통계처리	- 소프트웨어 개발에 주력 - 고급언어 개발 - 다중 프로그래밍 방식 - 온라인 실시간 처리	- 소형, 저전력, 대용량 - 운영체제 확립 - 시분할 방식 - 경영정보 시스템	- 초소형, 저렴화 - DBMS - PC 보급 - 컴퓨터 네트워크
대표기종	UNIVAC-Ⅰ IBM 701	IBM 7094	IBM 360 PDP-8	IBM 370

제5세대 컴퓨터의 개념은 1980년대 초 일본에서 나온 것으로 학습능력을 갖는 컴퓨터로 정의된다. 즉 제5세대 컴퓨터는 사용되는 소자에 의해서 구분되는 것이 아니라 소프트웨어적인 측면에서 구별되는 개념이다. 따라서 진정한 의미의 제5세대 컴퓨터는 아직 개발되지 못했으며 이를 개발하려는 노력이 계속되고 있다. 그 대표적인 것이 비노이만형 컴퓨터(non-von neuman computer)와 인공지능(AI : Artificial Intelligence)이다.

앞에서도 언급한 바와 같이 현재의 컴퓨터는 폰 노이만 방식으로 명령코드(op code)와 데이터가 형식상 구별되지 않는다. 예를 들어 Z80 프로세서의 경우 누산기(accumulator)에 96이라는 값을 더하라는 명령어는 "96 96"이다. 따라서 명령코드도 "96"이고 명령의 대상인 데이터(operand)도 "96"이어서 형식상으로는 둘 사이가 구별되지 않고 다만 기계 사이클(machine cycle)에 의해서만 구별된다. 따라서 병렬처리(parallel processing)가 불가능하다. 병렬처리를 위해서는 명령코드와 데이터를 형식상으로 구별하는 방식이 필요하며 이러한 방식의 컴퓨터를 비노이만형 컴퓨터라 한다.

학습능력이란 획득한 데이터들을 기반으로 새로운 사실을 추론할 수 있는 능력을 말한다. 컴퓨터가 이 학습능력을 갖는 방법을 연구하는 분야가 바로 인공지능이다. 인공지능은 문자, 음성, 패턴(pattern) 등의 인식(recognition), 전문가시스템(expert system), 자연언어(natural language)처리 등의 분야로 발전하고 있다.

1.4.2 PC의 발전

개인이 한 대의 컴퓨터를 독점적으로 사용하는 "개인용 컴퓨터(PC : Personal Computer)"는 1977년 스티브 잡스(Steve Jobs)와 스티브 워즈니악(Steve Wozniak)이 만든 Apple Ⅱ를 그 효시로 보고 있다. 그 이전까지만 해도 컴퓨터는 은행이나 정부기관, 대학 등과 같은 데에서 여러 사람이 공동으로 사용하는 크고 값비싼 기계로 인식되어 있었다.

이러한 PC의 개념이 실현될 수 있었던 것은 마이크로프로세서(microprocessor)가 개발되었기 때문이다. 마이크로프로세서란 CPU의 모든 요소들이 1개의 집적회로 칩(chip) 안에 들어 있는 것이다. 이 마이크로프로세서가 CPU인 컴퓨터를 마이크로컴퓨터라고 부른다. 현재 우리가 사용하는 PC와 WS(Workstation)이 대표적인 마이크로컴퓨터이다. 이보다 성능과 용량 면에서 더 큰 컴퓨터를 미니컴퓨터(minicomputer), 메인프레임(mainframe), 수퍼컴퓨터(supercomputer) 등으로 분류하고 있다.

최초의 마이크로프로세서는 1971년 Intel사가 만든 4004이다. 4004는 일본의 탁상용 계산기(calculator) 제조업체의 의뢰로 만든 것으로 4비트의 수를 더할 수 있었고 곱셈은 반복 덧셈을 이용해서만 할 수 있었다. 4004는 오늘날의 기준으로는 매우 원시적인 것이었지만 마이크로프로세서 발전의 시작점으로 기록된다.

마이크로프로세서의 발전은 프로세서가 1번에 처리할 수 있는 비트 수를 늘리는 방향으로 발전되어 왔다. 4비트에서 8비트로, 16비트로, 32비트로, 최근에는 64비트 마이크로

프로세서가 등장하고 있다. 최초의 8비트 마이크로프로세서는 1972년 Intel사가 만든 8008이었다. 4004와 8008이 특수목적용(special purpose)인 것에 반해 1974년에 개발된 Intel 8080은 최초의 범용 마이크로프로세서이었다. 8비트 마이크로프로세서로는 Intel사의 8080외에 Zilog사의 Z80, Motorola사의 6800, 6502 등이 대표적인 것들이다. 최초의 PC라고 할 수 있는 Apple Ⅱ에는 Motorola사의 6502가 사용되었다.

1981년 IBM(International Business Machine)사는 16비트 PC인 IBM-XT를 발표하였다. 여기에는 Intel사의 16비트 마이크로프로세서인 8086이 사용되었으며 운영체제(OS : Operating System)로 빌 게이츠(Bill Gates)의 Microsoft사가 만든 MS-DOS(Microsoft Disk Operating System)가 탑재되었다. 1984년에는 Intel사의 80286을 장착한 IBM AT가 개발되었고 이 AT의 구조는 지금의 PC에서도 사용되고 있다. 계속해서 Intel사는 32비트 마이크로프로세서인 80386, 80486 그리고 Pentium을 개발하였고 IBM PC에 차례로 장착되고 있다.

8비트 PC 시장을 석권했던 Apple사는 16비트 PC 시장을 IBM사에 넘겨주고 절치부심 끝에 1984년 16비트 PC인 Machintosh를 발표하였다. 이 Machintosh는 Motorola사의 16비트 마이크로프로세서인 68000을 사용하였다. 여기에서 처음 사용된 GUI(Graphical User Interface)는 기존의 CUI(Character User Interface)를 제치고 사용자 인터페이스의 표준으로 자리 잡았다.

PC에 사용되는 OS의 역사는 곧 Microsoft사의 역사라고 해도 과언이 아닐 정도이다. MS-DOS를 시작으로 Windows 3.0, Windows NT, Windows 98, Windows XP, Windows Vista, Windows 7, Windows 8 등 근 30년간을 독주하고 있다. 한때 IBM사에서 OS/2 (Operating System/2)를 개발하여 Microsoft사를 견제하려 하였지만 역부족이었다. Workstation급 이상의 컴퓨터에서는 벨연구소에서 개발한 UNIX가 사실상의 표준이 되면서 최근 이 UNIX를 PC에서도 사용할 수 있게 만든 LINUX OS가 인기를 끌고 있다. LINUX는 소스 코드가 공개되어 있는 개방형 소프트웨어로 사용자가 점점 증가하고 있는 추세이다.

PC는 탁상용(Desktop)에서 시작해서 무릎 위에 올려놓고 쓸 수 있는 Laptop, 공책 크기만 한 Notebook, 손바닥 위에 놓고 쓰는 Palmtop, 한 손으로 들고 다닐 수 있는 HPC(Handheld PC), 옷과 같이 착용하고 다닐 수 있는 Wearable PC, 터치스크린을 사용한 태블릿(Tablet) PC 등 휴대와 이동이 가능한 쪽으로 부피와 무게가 점점 줄어들고 있다.

오늘날의 노트북 컴퓨터는 ENIAC의 수천 수백 배의 기능을 그 1만분의 1 무게 속에 담고 있다. 가격과 크기에 대비한 컴퓨터의 용량은 대략 2년마다 2배씩 발전한다고 한다. 이 변화의 핵심은 진공관에서 트랜지스터를 거쳐 실리콘 칩으로 모습을 바꿔온 기억장치(memory)에 있다고 할 수 있다. 지금은 손톱 크기의 칩 하나가 ENIAC의 18,800개의 진공관보다 더 많은 정보를 담고 처리할 수 있게 되었다. 컴퓨터의 기능이 21세기 중에

1,000억 배나 발전할 수 있다는 전망 역시 기억장치의 발전을 전제로 하는 것이다.

기억장치의 소형화 및 대용량화를 위하여 최근 연구하고 있는 것이 분자 단위의 기억장치이다. 기억의 최소 단위를 분자 단위로 하는 분자 단위 기억장치는 아직 실용화까지는 넘어야 할 장벽이 많지만 근본적인 원리는 이미 확인된 상태이다. "화학컴퓨터"의 가능성이 실현의 전기를 맞고 있는 셈이다. 기계에서 전자를 거쳐 화학으로 넘어가는 컴퓨터의 흐름은 "생물학컴퓨터"에 이른다면 인간을 비롯한 동물의 뇌와 비슷한 것이 되지 않을까?

1.5 데이터통신과 정보통신

1.5.1 데이터통신의 발전

초기의 전기통신인 전신과 전화는 주로 멀리 떨어져 있는 사람과 사람 사이의 의사소통을 위한 것이었다. 그러나 컴퓨터가 발달함으로써 통신의 양상은 약간 변화를 가져오게 된다. 즉 음성 위주의 실시간 통신에서 데이터 위주의 비실시간 통신으로 바뀌는 것이다.

전신과 전화는 사람과 사람이 기계(전신기 또는 전화기)를 이용하여 실시간으로 통신하는데 비해서 데이터통신은 정보를 저장하고 가공할 수 있는 컴퓨터가 사람간의 통신에 개입함으로써 사람과 기계(컴퓨터) 또는 기계와 기계간에 시간차를 두고 통신하는 축적 통신, 즉 비실시간 통신이라고 할 수 있다.

앞에서도 살펴보았듯이 초창기에 컴퓨터가 다루었던 정보는 주로 문자나 숫자였다. 따라서 초기의 데이터통신은 이러한 문자나 숫자를 디지털 형태, 즉 0과 1의 2진 부호(binary code)로 변환한 정보를 주고받는 통신이었다. 그러나 컴퓨터가 문자나 숫자뿐만 아니라 음성, 화상, 동영상 등의 멀티미디어 정보를 처리할 수 있게 됨에 따라 데이터통신의 의미도 문자나 숫자뿐만이 아닌 디지털화 된 모든 정보를 주고받는 넓은 의미로 확대된다.

최초의 데이터통신 시스템은 1958년 개발된 미 공군의 반자동 방공시스템인 SAGE (Semi-Automatic Ground Environment)이다. 이 시스템은 미국의 방공 체제를 강화하기 위한 것으로, 그림 1.3과 같이 관제 센터의 컴퓨터와 미국 전역을 관할하는 대공 레이더망을 유무선 통신회선으로 연결하여 항공기나 유도탄의 침입에 즉각 대처할 수 있게 한 것이다.

SAGE 시스템의 개발을 통한 기술의 축적은 그 후 기업경영 분야에 활용되어 상업적인 데이터통신 시스템의 개발로 이어지게 된다. 1960년 미국 항공회사인 American Airline사는 비행기 좌석의 예약 및 회계업무의 계산 등을 종합적으로 처리하는 SABRE(Semi-Automatic Business Research Environment)라는 시스템을 개발하였다. 이것은 뉴욕의 컴퓨터 센터와 미국 전역에 산재되어 있는 영업창구 및 공항을 통신회선으로 연결하여 비행기 좌석을 예약하는 시스템이었다.

이와 같은 새로운 응용분야는 컴퓨터 자체에도 영향을 주어 중앙 컴퓨터를 불특정 다수의 사용자가 마치 혼자 독점적으로 사용하는 것 같은 느낌을 주면서도 모두 공동으로 이용할 수 있는 시분할 시스템(TSS : Time Sharing System)의 개발을 촉진하는 계기가 되었다.

온라인 시스템의 이용이 널리 보급되는 것과 함께 컴퓨터의 소형화 및 고성능화 그리고 PC의 보급에 따라 데이터통신의 이용 목적은 단순한 시분할 공동 이용보다도 통신기능을 보다 중요시하는 형태로 바뀌게 되었다. 그 이유는 단말장치의 분산, 자원의 공동이용, 사용자 상호간의 통신을 위하여 컴퓨터들 간의 접속이 절실히 요구되었으며 또 통신회선의 효율적 이용에 의한 회선비용의 절감이 필요했기 때문이다.

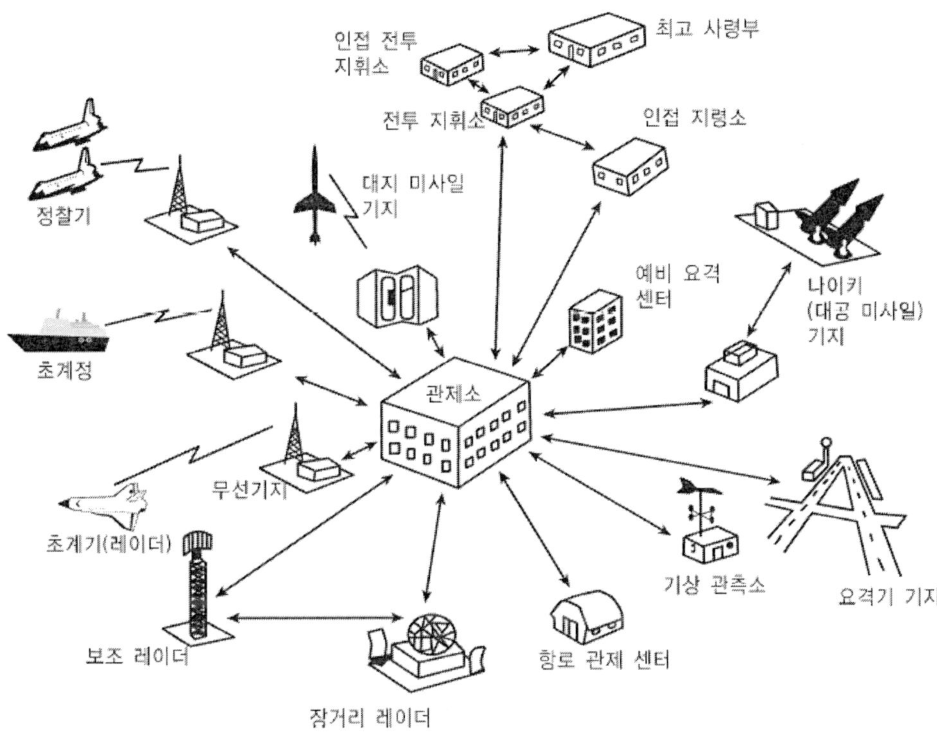

그림 1-3 SAGE 시스템

또한 컴퓨터와 단말장치 사이의 통신뿐만 아니라 다수의 컴퓨터 상호간의 통신이 가능한 형태가 필요하게 되었는데, 이 경우에는 컴퓨터 사이의 데이터 전송의 고속성과 인터페이스의 정교한 결합을 보장하여야 한다. 따라서 통신망에 있어서 종래의 전화망과는 전혀 다른 고도의 통신망 기능이 새로이 요구되기에 이르렀다.

이 같은 요구에 따라 1969년 미 국방성의 고등연구계획국(ARPA : Advanced Research Project Agency)은 ARPANET이라는 새로운 컴퓨터 네트워크의 실험을 시작하게 된다. 여기에서 컴퓨터 상호간의 통신에 적합한 패킷교환(packet switching) 방식을 최초로 사용하였다. 또한 1970년 미국의 하와이 대학에서는 최초의 무선 패킷교환망인 ALOHA(Additive

Links Online Hawaii Area)를 개발하였다.

이 ARPANET은 1971년부터 미 국방성을 중심으로 미국 전체의 대학과 연구기관이 다수의 컴퓨터와 단말장치를 디지털 회선으로 접속하여 각 단말장치에서 임의의 컴퓨터를 원격 접속할 수 있는 실용적인 시스템으로 발달하였으며 컴퓨터 네트워크 시대의 개막에 크게 공헌하였다. 이러한 패킷 데이터 교환망을 PSDN(Public Switched Data Network)이라고 한다.

이 ARPANET이 지금 우리가 사용하는 Internet의 모체이다.

1.5.2 정보통신의 정의

지금까지 살펴본 바와 같이 종래의 전기통신은 전보 등을 전신으로, 사람의 말은 전화로, 컴퓨터 데이터는 데이터통신으로 각각 서비스가 되고 있었다. 그러나 집적회로 기술과 디지털 통신기술의 발달 그리고 컴퓨터의 고도화에 따라 화상, 영상 등의 시각정보가 기존의 데이터 및 음성정보와 함께 동시에 처리되고 송수신 되는 멀티미디어의 시대가 도래하였다.

예를 들어 영상회의 시스템에서는 참석자의 영상 및 음성 또는 자료나 도면과 같은 정지화상 등의 정보를 혼합해서 통신회선을 통하여 상대방과 주고받는다. 또 회의에 필요한 통계 정보 등을 컴퓨터에서 꺼내 화면에 비추는 등 여러 가지 미디어를 컴퓨터로 처리하여 송수신 한다.

이와 같이 정보를 주고받는 전기통신과 정보를 처리하고 저장하는 컴퓨터의 통합화가 급속히 이루어지게 되었다. 즉 정보와 통신의 두 개념을 결합하여 상호 융합된 의미로 취급해야 할 필요성이 부각되었다. 이러한 배경으로 기존의 전기통신이라는 용어 대신 정보통신이라는 새로운 용어를 사용하게 된 것이다.

즉 정보통신이란 기존의 전기통신에 컴퓨터가 결합되어 음성뿐만 아니라 문자, 화상, 영상 등의 정보를 처리하여 주고받는 것이라고 할 수 있다. 정보통신에 직접 대응되는 영어 단어는 없다. 일반적으로 정보통신은 정보와 통신, 즉 “Information & communication”으로 쓰고 있다. 기존의 전기통신에서 정보통신으로 진화하는 과정을 그림 1.4에 나타내었다.

앞에서 살펴본 바와 같이 인간은 시간적, 공간적 제약에서 벗어나 서로간에 원활하게 의사교환을 할 수 있는 방법을 끊임없이 모색하여 왔다. 그 산물이 바로 지금의 정보통신이라고 할 수 있다.

사람간의 통신에 있어서 첫 획기적인 사건은 말(언어)의 발명이었다. 말과 같이 자신이 느끼는 감정이나 가지고 있는 지식, 사상 등과 같은 “정보(information)”를 소리로, 몸짓으로, 표정으로 그리고 말로 표현하는 것들을 “정보표현기술”이라고 할 수 있다.

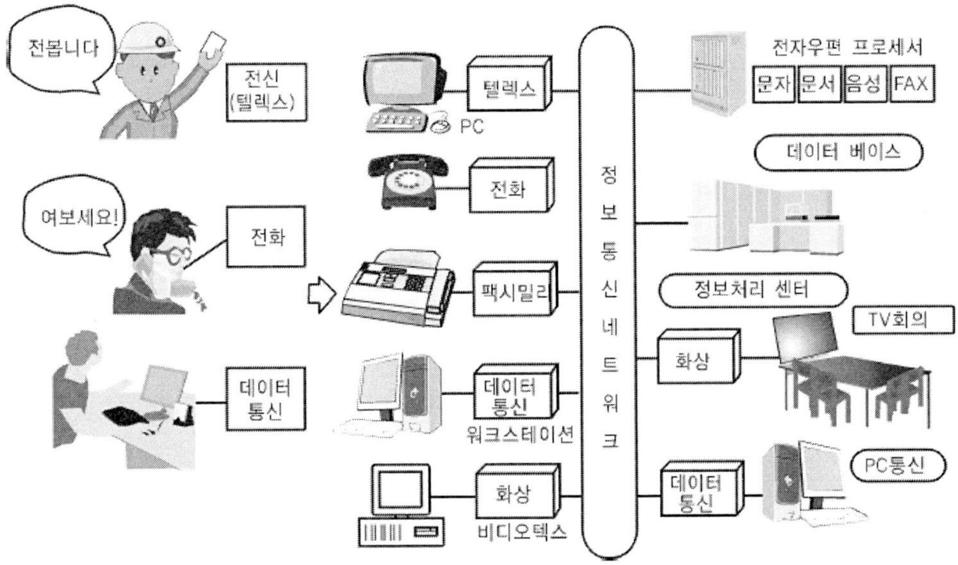

그림 1-4 전기통신에서 정보통신으로

앞에서도 언급하였듯이 말은 사람들 간의 의사소통에 있어서 매우 효율적인 도구이지만 시간적, 공간적인 취약점을 가지고 있다. 이러한 불편을 어느 정도나마 해소시켜 준 것이 바로 글(문자)의 발명이었다. 글의 발명은 말의 발명과 같이 정보표현기술로 볼 수도 있다. 그러나 다른 의미에서 보면 말이 가지고 있는 시간적인 제약을 극복한 "정보저장기술"이라고 할 수 있다.

글의 발명으로 정보를 편지 등에 저장하여 말이나 비둘기 등과 같은 운송매체를 이용하여 서로 교환할 수는 있었지만 여전히 공간을 이동하는 데에 많은 시간이 걸렸다. 좀 더 빠른 방법으로 불이나 연기 등을 사용하기도 하였지만 이러한 방법은 보낼 수 있는 정보의 양이 제한되어 있었다. 이러한 제약들을 극복할 수 있었던 것이 바로 전기를 운송매체로 사용한 전기통신의 개발이었다. 이와 같이 정보를 전달하는 데에 있어서 공간적인 제약을 극복하고자 하는 것을 "정보전달기술"이라고 할 수 있다.

정보통신은 위와 같은 "정보표현기술", "정보저장기술", "정보전달기술"의 종합체이며 인간의 감정, 사상, 지식 등의 정보를 서로 교환하는 데에 있어서 시간적, 공간적인 제약을 극복하고자 하는 모든 기술의 종합체로 정의할 수 있다.

이러한 정보통신 기술의 현주소를 극명하게 보여주는 것이 바로 인터넷이다. 인터넷은 초기 컴퓨터 파일들을 주고받는 데에서 시작하여, VoIP(Voice over IP)가 전화서비스를 대체하기 시작하였으며, IPTV가 텔레비전으로 대표되는 방송서비스까지 그 영역을 넓히고 있다.

1.6 정보통신의 총아 인터넷의 등장

인터넷은 전 세계적으로 산재해 있는 컴퓨터 간의 정보를 교환하기 위한 '네트워크들의 네트워크(a network of networks)'이다. 기술적인 관점에서의 인터넷은 TCP/IP(Transmission Control Protocol/Internet Protocol)에 기반을 둔 컴퓨터 통신망으로, 유일한 주소체계를 가지고 전 세계적으로 연결되는 범세계적인 정보시스템으로 정의할 수 있다.

인터넷은 네트워크라는 물리적인 하부구조에 기반을 두고 있으나, 논리적으로는 다양한 구성체 간의 정보교류를 촉진하는 공동체로 볼 수 있다. 즉 인터넷은 전 세계에 걸쳐 수많은 컴퓨터와 네트워크들을 기종에 관계없이 표준화된 규정에 따라 상호 간에 접속을 가능하게 하는 개방성을 제공한다. 인터넷은 또한 일반 통신망의 장점인 상호 작용성(interactivity)을 공간적 제약을 넘어서 전 세계로 확대시킨다.

특히, 한 방향으로만 정보가 전달되는 기존의 TV와 라디오에서와 달리, 인터넷에 접속된 컴퓨터 간에 실시간으로 정보를 주고받게 한다. 최근 들어 급격히 발전하고 있는 멀티미디어 관련 기술은 이와 같은 상호 작용성을 더욱 강화시키고 있다. 이러한 인터넷의 특성을 이용한 다양한 서비스들이 등장하여 상업적 활동으로 발전하게 되면서 인터넷 비즈니스라는 새로운 사업영역을 탄생시켰다.

1.6.1 인터넷의 발전 과정

인터넷은 1969년 미국 국방성의 지원으로 미국 4개 대학의 주컴퓨터를 연결했던 ARPANET이라는 네트워크로 시작되었다. ARPANET은 미국방성에서 군납업체와 관련 연구기관 사이의 정보교환을 위한 ARPA(Advanced Research Project Agency) 프로젝트의 일환으로 추진된 네트워크였다.

컴퓨터 기술의 발전과 근거리통신망(LAN)을 위시한 여러 형태의 컴퓨터 통신망이 등장함에 따라 컴퓨터를 통한 정보교류가 활성화되기 시작하였다. 이러한 과정에서 ARPANET이 이들 컴퓨터 통신망과 상호 연계되면서 다양한 기종의 컴퓨터 간에 통신을 지원하기 위한 새로운 통신망 구조 및 통신 프로토콜이 필요하게 되었다. ARPANET 사용자들이 증가하고 접속을 원하는 컴퓨터 기종이 다양해짐에 따라, 그때까지 사용되고 있던 NCP(Network Control Protocol)를 대신할 TCP/IP가 1970년대 초에 개발되었으며, 이것이 바로 오늘날까지도 인터넷에서 사용되고 있는 프로토콜이다.

TCP/IP의 개발로 ARPANET 이용이 활발해지자, 1983년 이를 군사용인 MILNET과 연구 목적인 ARPANET으로 분리하였는데, 이 연구용 네트워크가 현재 사용되고 있는 인터넷의 모태가 되었다. 1986년 미국 과학재단 NSF(National Science Foundation)는 5대 수퍼 컴퓨터 센터 사이의 통신을 위한 NSFNET을 만들어 ARPANET과 연결시켰다.

NSFNET은 점점 변모하는 인터넷의 중추적인 역할을 하면서 전송속도를 개선시켰고, 또한 일반인이 수퍼 컴퓨터를 자유로이 사용할 수 있게 되면서 인터넷에 접속하고자 하는 수요가 급속하게 증가하게 되었다. NSF의 지속적인 투자에 힘입어 NSFNET의 전송속도와 망관리 기술이 발전하면서, ARPANET은 1990년에 NSFNET에 인터넷의 기간망 자리를 넘겨주고 해체되었다.

1995년 NSFNET은 학술연구를 위한 연구기간망으로 자리 잡았고, 민간분야의 활용을 위한 일반 인터넷은 인터넷 서비스 사업자인 ISP(Internet Service Provider)들이 주관하여 운용하기 시작하였다. 이를 기폭제로 유럽과 아시아 등지의 기간 네트워크들도 속속 이에 연결되어 인터넷은 전 세계를 연결하는 하나의 거대한 네트워크가 되었다.

이렇게 인터넷의 물리적 확장이 이루어지고 있는 가운데, 1989년 스위스에 있는 유럽입자물리연구소인 CERN에서 전 세계의 네트워크를 거미줄처럼 연결하여 쉽게 정보를 찾아볼 수 있는 WWW(World Wide Web)을 개발하였다. WWW의 개발로 인터넷에서 다양한 정보를 편리하게 접하게 되었고, 1993년 미국 일리노이 대학에서최초의 웹 브라우저인 Mosaic을 선보였다. 이어서 1994년 Netscape사가 개인용 컴퓨터 환경에서 작동되는 웹 브라우저인 Netscape Navigator를 개발하였고, 마이크로소프트사는 Internet Explorer를 개발 보급함으로써 인터넷 이용자의 폭발적인 증가를 가져오게 되었다.

1.6.2 World Wide Web

웹은 1989년 스위스의 입자물리연구소(CERN)에서 원거리의 연구자들끼리 새로운 아이디어나 연구 결과 정보를 효과적으로 공유할 수 있는 수단을 찾기 위해 '하이퍼텍스트 프로젝트'라고 명명된 프로젝트를 수행한 데서 비롯되었다. 초기에는 에너지 물리학 협회 회원들 간에 네트워크를 통한 단순한 문자 위주의 정보교환을 위해 하이퍼텍스트를 사용하는 시스템을 구축해 놓은 정도였다.

'전 세계가 거미줄처럼 얽힌 네트워크'라는 뜻으로 World Wide Web이라는 이름으로 불리게 되었고, 1990년 말에 NeXT라는 컴퓨터에서 동작하는 최초의 웹 소프트웨어가 발표되었다. CERN이 웹을 제안한 이후로 미국의 수퍼 컴퓨팅 센터인 NCSA(National Center for Supercomputing Applications)는 소프트웨어 설계 그룹을 조직하여 웹을 쉽게 이용할 수 있는 소프트웨어를 개발하기 시작하여 1992년 11월에 Mosaic이라는 웹 브라우저를 개발하여 무료로 배포하기에 이르렀다.

1994년 2월 일리노이 대학의 NCSA 모자익 웹 브라우저 개발팀의 일원이었던 Marc Andressen과 스텐포드 대학의 교수이며 실리콘 그래픽스사의 설립자였던 Jim Clark은 Netscape Communications라는 회사를 설립하여, 모자익 브라우저보다 더 성능이 좋은 Netscape Navigator라는 웹 브라우저를 개발하여 일반인들에게 배포하였다. 그 결과 웹이 등장한지 불과 3년 만에 인터넷 사용자의 약 80% 이상이 웹을 이용하여 인터넷에 접속하는 정보혁명이라고 불릴 만큼 큰 변화를 가져왔다.

웹이 편리한 이유는 정보들 사이의 연관성을 추적하여 검색할 수 있도록 하이퍼텍스트

(hypertext) 형태로 구성되어 있기 때문이다. 즉 웹은 어떤 문서를 읽을 때, 관련된 모든 내용을 일일이 열거해 놓지 않아도 되는, 필요한 부분의 정보만을 쉽게 이동하면서 찾아다닐 수 있도록 한 하이퍼텍스트의 개념을 채택하고 있다. 브라우저 상에서 어떠한 주제에 대해 관련된 정보만을 선별적으로 얻기 위해서 필요한 부분만을 선택(마우스로 클릭)하게 한 것이다.

웹이 보편화되기 이전에는 FTP, Gopher, Usenet news, WAIS, telnet, e-mail 등의 인터넷 서비스를 통하여 정보를 교환 처리하기 위해서는 해당 프로그램을 설치하여야 했다. 즉 아키 등의 서비스를 통하여 이미지 하나를 찾아보기 위해서는 이 파일이 어느 FTP 서버에 있는지를 우선 알아내고 이를 FTP를 통하여 다운로드한 후, 특별한 프로그램을 별도로 가동시켜야 모니터 상에서 볼 수 있었다. 그러나 웹에서는 하이퍼텍스트를 자동으로 읽어 들이는 브라우저를 이용하여 마우스를 간단히 클릭함으로써 원하는 파일의 내용을 쉽게 볼 수 있다.

1.7 정보통신의 현재와 미래

1.7.1 정보통신의 현황

지금까지 정보통신의 발전은 여러 가지 측면에서 살펴볼 수 있다. 사용된 기술의 측면에서, 통신망의 발달 측면에서, 또는 단말의 발달 측면에서 각각 정리할 수 있다. 그러나 이와 같은 기술적인 측면이 아니라 인간을 중심으로 한 측면에서 바라보면 정보통신의 발전은 인간 상호간의 통신에 어떠한 매체(media)를 사용하였는가 하는 관점에서 정리할 수 있다.

초기의 정보통신은 전신(telegraph)이었다. 이것은 모오스 부호와 같이, 글자를 특정한 방법으로 부호화 하여 전송하는 것이다. 이것은 후에 텔렉스로 그리고 데이터통신으로 발전하게 된다. 이들 모두 사용되는 통신매체가 데이터(data)라는 관점에서 같은 범주로 볼 수 있다. 사람의 입장에서 보면 이 데이터라는 매체를 사용하는 통신은 지극히 불편한 것이다. 이것은 마치 두 사람이 얼굴도 보이지 않고 말도 들리지 않는 벽을 사이에 두고 종이에 쓴 글만을 서로 주고받으면서 의사를 소통하고 있는 것과 같은 것이다.

1876년 미국의 음성학자인 벨(Alexander Graham Bell)이 발명한 전화기(telephone)는 사람의 음성을 직접 주고받을 수 있게 해주었다. 이는 전기통신에서 최초로 인간의 5가지 감각(시각, 청각, 촉각, 미각, 후각) 중의 하나인 청각을 사용한 것이다. 이 전화기는 현재까지도 가장 많이 사용되는 전기통신 수단이다. 그러나 이것 역시 두 사람이 서로 볼 수 없게 장막(screen)을 쳐놓고 말로써만 의사소통을 하고 있는 것과 같다. 상대의 표정이나 주위상황 등을 전혀 알 수 없으므로 사람의 입장에서는 여전히 불편한 점이 많은 것이다.

사람은 서로 만나서 의사를 교환할 때 말, 소리, 표정, 행동, 글, 그림 등을 동시에 또는 적절하게 사용하여 상대와 정보를 교환한다. 같은 말이라도 표정과 행동에 따라 전혀 다른 의미를 나타낼 수도 있다. 그러므로 좀 더 편리하고 효율적인 통신을 위해서는 청각정보뿐만 아니라 표정, 행동, 몸짓, 글, 그림 등과 같은 시각정보를 사용할 필요가 있다.

인간의 시각을 사용하는 통신의 예는 팩시밀리(facsimile)에서 찾을 수 있다. 비록 흑백의 정지화상(still image)만을 사용하는 정도이지만 전화와 더불어 널리 사용되고 있는 정보통신 도구이다. 그러나 이 팩시밀리는 진정한 의미에서 인간의 시각을 사용한다고는 볼 수 없다. 차라리 데이터통신에서와 같이 벽을 사이에 두고 의사를 교환하는데 글 외에 그림이 추가된 정도라고 하는 편이 맞을 것 같다.

이와 같이 정보통신은 사용하는 통신매체를 데이터에서 음성으로 그리고 화상으로 범위를 넓히면서 발전해 왔다고 할 수 있다. 전신은 글로써만 통신하는 것이고, 전화는 말로써만 통신하는 것이다. 물론 팩시밀리는 종이에 쓴 글과 그림만으로 통신하는 것이다. 더욱이 이와 같은 글, 말, 그림도 동시에 사용할 수 있는 것이 아니라 각기 따로따로 사용할 수밖에 없었다.

불특정 다수를 대상으로 하는 공중 전기통신망은 전화를 중심으로 하는 PSTN과 데이터를 중심으로 하는 PSDN이 널리 구축되었다. 그러나 이들은 서비스 별로 또는 정보 매체 별로 각기 다른 경로를 통하여 서비스가 이루어지고 있다. 음성, 데이터, 화상, 영상 등의 정보를 구별 없이 다루는 정보통신을 실현하기 위해서는 여러 가지로 불편하고 제공되는 서비스에도 한계가 있다.

따라서 이와 같이 각기 따로 서비스되는 통신망을 통합하려는 연구가 지속적으로 수행되어왔다. 음성(voice), 데이터(data), 화상(image) 등의 서비스를 디지털 기술로 통합하려고 한 것이 바로 종합정보통신망(ISDN : Integrated Services Digital Network)이다.

그러나 꿈의 통신망이라고 불려지던 이 ISDN도 천연색(color)의 완전 동영상(full motion video)을 자유자재로 사용하기에는 그 전송용량에서 한계를 드러내었다. 이를 보완하기 위하여 등장한 것이 초고속 정보통신망인 B-ISDN(Broadband-ISDN)이다.

B-ISDN은 광섬유(optical fiber)를 사용하여 전송용량을 대폭 늘리고 기존의 회선교환 방식(circuit switching)과 패킷교환 방식을 적절히 융합한 ATM(Asynchronous Transfer Mode) 교환방식을 사용하여 음성에서부터 동영상까지를 모두 동시에 처리할 수 있게 한 것이다. 이 B-ISDN에서는 인간의 시각과 청각을 동시에 사용하는 명실상부한 시청각(audio-visual) 통신이 실현될 것으로 기대되었다. 그러나 이 B-ISDN도 인터넷의 발달에 따라 인터넷에 그 자리를 넘겨주고 현재 기간망(backbone network)의 일부로만 사용되고 있다.

1.7.2 미래 정보통신의 발전 방향

이상에서 살펴본 바와 같이 지금까지의 정보통신은 인간의 청각을 사용하는 단계에서 청각과 시각을 동시에 사용하는 방향으로 발전해 나가고 있는 도중이라고 할 수 있다. 그러면 앞으로는 어떻게 발전되어 갈 것인가?

기술(technology)이라고 하는 것은 인간의 활동을 지원하고 보완하기 위하여 개발되고 발전되어 왔다. 그리고 정보통신은 인간의 활동 중에서 의사교환 활동을 지원하고 보완하기 위한 기술이다. 이러한 관점에서 볼 때 정보통신은 인간 사이의 의사교환 활동에 있어서 여러 가지 제약 사항을 극복하여 보다 나은 의사소통을 지원하는 방향으로 발전해 나갈 것이다.

앞에서 살펴본 바와 같이 지금의 정보통신은 인간의 청각을 사용하는 단계에서 청각과 시각을 동시에 사용하는 방향으로 발전해 나가고 있다. 따라서 사용되는 통신 매체의 관점에서 보면 앞으로의 전기통신은 촉각, 후각, 미각 등을 추가하여 인간의 5감을 모두 사용하는 쪽으로 발전해 나갈 수도 있다.

정보통신에서 촉각, 후각, 미각 등을 사용하게 될 것이라는 말은 다소 허황되게 들릴 수도 있다. 그러나 전화와 TV가 없던 시절에 "멀리 떨어져 있는 사람들의 목소리를 듣고 그 모습을 볼 수 있을 지도 모른다"라는 이야기가 얼마나 황당하게 들렸겠는가를 생각해 보라. 이제 전화나 TV는 더 이상 상상 속의 이야기가 아니고 바로 현실이다.

청각정보를 정보통신에 사용할 수 있었던 것은 마이크와 스피커라는 입출력 기기가 개발되었기 때문이다. 또한 시각정보를 사용할 수 있었던 것은 카메라와 디스플레이의 개발 때문이다. 그렇다면 촉각, 후각, 미각을 입출력할 수 있는 기기만 개발된다면 인간의 5감을 모두 사용하는 통신도 그리 어려운 이야기가 아닐 수도 있다. 예를 들어 전화기의 한 부분에 촉감 입출력 기기를 장착하여 상대방과 악수를 할 수도 있고, 후각 입출력 기기가 있다면 상대방의 체취도 느낄 수 있을 것이다.

정보통신의 궁극적인 목표는 멀리 떨어져 있는 사람들끼리도 마치 한자리에 만나서 대화하는 것 같은 환경을 제공하는 것이다. 한 걸음 더 나가면 직접 만나서 이야기하는 것보다 더 편리한 환경을 제공하는 것일 것이다. 그러므로 미래의 정보통신은 이러한 목표를 달성하는 방향으로 발전하게 될 것이다.

직접 만나서 이야기하는 것과 같은 환경을 제공할 수 있는 기술로 생각해 볼 수 있는 것이 가상공간(cyber space)이다. 공간적으로 멀리 떨어져 있는 두 사람 사이에 가상공간을 설정하고 인간의 5감을 모두 동원하여 서로 정보를 주고받을 수 있다면 굳이 시간과 비용을 들여서 만날 필요가 있을까?

여기에다가 대용량의 정보를 축적하고 있는 강력한 컴퓨터들을 마치 자기 앞에 있는 것처럼 접속할 수 있다면 특정한 물리적 공간에서 직접 만나서 통신하는 것보다 더 편리한 통신환경을 제공할 수도 있을 것이다.

1.7.3 새로운 혁명으로서의 유비쿼터스 사회

유비쿼터스(Ubiquitous)란 '언제 어디서나 존재한다'는 뜻의 라틴어로, 이 개념을 IT부분에 처음 도입한 Mark Weiser는 "21세기를 위한 컴퓨터(The Computer for the 21st Century)" 라는 논문에서 차세대에는 컴퓨터가 편재하게 될 것이라고 예측했다. 즉 와이저가 주장하는 유비쿼터스 컴퓨팅 환경이란 다양한 종류의 지능화된 컴퓨터가 공기나 물처럼 의식하지 못할 정도로 일상생활 안에 스며들어(pervasive) 편리한 생활을 가능하게 하는 컴퓨팅 환경을 의미한다.

한편 일본의 노무라총합연구소는 차세대 IT를 설명할 키워드로 유비쿼터스 네트워크라는 개념을 사용하고 있는데, 사물-사물, 사물-인간 간 네트워크로 연결시켜 언제 어디서나 이용 가능한 환경을 의미한다.

일반적으로 유비쿼터스 컴퓨팅이 유비쿼터스 네트워크를 포함하는 개념으로 인식되고 있으며, 국내에서는 이를 모두 포함하는 유비쿼터스 IT란 용어를 사용하고 있다.

유비쿼터스 IT 혁명은 IT 환경, 사회, 경제구조면에서 큰 변화를 가져올 것이다. 유비쿼터스 컴퓨팅 환경 하에서는 상시접속과 컴퓨터 이용을 위한 장벽이 낮아져, 유통콘텐츠와 네트워크에 접속되는 기기가 증가하며, 사용자와 네트워크 간 관계가 다양해 질 뿐만 아니라, 지혜나 노하우의 공유가 가능해지면서 커뮤니케이션의 파워가 증대될 것이다. 또한 사람 및 사물의 상태를 실시간으로 감시(sensing)하게 되며, 위치추적(tracking)도 가능하게 한다. 이러한 유비쿼터스 기술을 통해 교통체증이 구조적으로 개혁될 수 있고, 의료재정에 드는 부담이 경감되며, 물류 비용이 절감되는 등 사회 전체적인 비용이 절약되는 효과를 거둘 수 있다.

사람과 컴퓨터, 사물이 하나가 되어 언제(anytime), 어디서나(any where), 누구든지(any one) 컴퓨터에 접속하여, 원하는 서비스(any service)를 누릴 수 있는 지능기반 사회로서의 유비쿼터스 사회는 다음과 같은 세 가지 특징을 갖는다.

▣ 보편성(Universal)

유비쿼터스 사회에서는 인터넷 사용경험이 전혀 없는 노인이나 장애인도 이용하는데 무리가 없는(barrier-free) 인터페이스 기술을 통해 모든 사람이 유비쿼터스 사회에 참여할 수 있는 환경이 마련된다.

▣ 수요 중심적(User-Oriented)

유비쿼터스 사회에서의 지식과 정보는 정보화 사회와는 달리 이용자를 찾아다니기 때문에 모든 기술과 서비스는 공급자 중심이 아닌 이용자의 요구사항과 수용에 근거하게 된다.

▣ 특이성(Unique)

유비쿼터스 사회는 인간과 인간뿐 아니라 인간과 사물, 사물과 사물간의 통신(communication)으로 확장되며, 기존의 기술이 통합(convergence)되는 사회이기 때문에 개인의 창의력에 근거한 새로운 서비스의 개발을 장려하게 된다.

이렇듯 유비쿼터스 혁명은 정보혁명 이후에 나타나지만, 단순한 IT 패러다임 변화가 아닌 인류문명사를 바꾸는 혁명이 될 것으로 예견되고 있다. 새로운 패러다임으로서의 유비쿼터스 사회와 기존의 정보화 사회와의 차이점을 비교해 보면 다음과 같다.

기존의 정보화 사회는 인터넷이 기반이 되는 사회로서 영상 · 음악 · e-commerce 등의 서비스가 제공되며, IT를 통해 생산성 증대와 비용의 절감을 가져왔다. 그러나 이러한 서비스를 향유하기 위해서는 IT 기기를 사용할 줄 알아야 하며 인터넷에 접속하고 있어야 한다. 즉 정보화 사회에 편입하기 위해서는 우선적으로 PC를 소유하거나 PC방 등을 통해 정보기기에 접근할 수 있어야 하며 이것을 능숙하게 다룰 줄 알아야 한다. 그러나 정보활용 능력을 습득하기 위해서는 개인의 의식적이고 자발적인 노력이 요구된다.

반면 유비쿼터스 사회에서는 유무선이 통합되는 광대역통합망(BcN)과 사물의 정보를 인식하고 관리하는 네트워크로서의 u-센서 네트워크(USN) 등을 기반으로 현실생활을 지원해주는 생활밀착형 서비스를 구현할 것이다. 따라서 사회 전체적인 비용의 절감과 함께 생활편익도 증대됨으로써 개인 삶의 질도 향상될 것으로 기대되고 있다.

[참고문헌]

[1] 김영춘, 민경일, 신용달, 조용석 공저, 현대사회의 정보통신개론, 홍릉과학출판사, 2010.

[2] 고응남 저, 최신 정보통신 개론(개정판): 유비쿼터스 컴퓨팅 개념까지 보통신개론, 한빛미디어, 2014.

[3] 양순옥, 김성석, 정광식 공저, 유비쿼터스 컴퓨팅 개론, 한빛미디어, 2008.

[4] 차동완, 백천현, 정용주 공저, 디지털통신과 인터넷, 생능출판사, 2009.

[5] 최윤철, 한탁돈, 임순범 공저, 컴퓨터와 IT 기술의 이해, 생능출판사, 2009.

[6] 강문식 저, 최양희 감수, 데이터통신과 컴퓨터 네트워킹, 한빛미디어, 2009.

[7] Behrouz A. Forouzan, Data Communications and Networking, 4th Edition, McGraw Hill, 2007.

[2] 조용석, 임동균 공저, 데이터통신, 한티미디어, 2012.

연습문제

01. 통신(communication)과 전기통신(telecommunication)을 비교 설명하시오.

02. 전기통신 이전의 역사를 간략히 정리하시오.

03. 모오스 부호(Morse code)와 보도우 부호(Baudot code)에 대하여 설명하시오.

04. 교환기의 역할에 대하여 설명하시오.

05. 컴퓨터를 세대별로 분류하여 정리하시오.

06. 마이크로프로세서와 마이크로컴퓨터를 비교 설명하시오

07. 컴퓨터를 용량 및 성능별로 분류하여 정리하시오.

08. 데이터통신을 정의하시오.

09. 정보통신을 정의하시오.

10. 다음 용어를 풀어쓰고 간략히 설명하시오.

(1) PSTN (2) PSDN (3) ISDN (4) B-ISDN

Chapter 02

정보통신 기초기술

2.1 서론

음성이나 화상, 문서 등의 정보는 전자기적인 신호로 전송된다. 예를 들어 전화 수화기를 통해 입력된 음성정보는 음파의 형태로부터 전자기적인 아날로그 신호로 바뀌어 전송된다. 만약 음성정보를 디지털 전송하려면, 먼저 이 정보를 디지털 신호화한 후 다시 아날로그 혹은 디지털 전송신호로 변환시켜야 한다. 또한, 사람의 음성신호는 음성신호의 에너지가 주위의 여러 가지 환경에 흡수되거나 반사되어 약해지기 때문에 멀리까지 전달되지 못한다. 이와 같이 모든 신호들은 전달 가능한 거리가 한정되어 있다. 그러나 전파의 경우 장거리 전송이 가능하고 특히 단파의 경우 주로 전리층에서 반사를 일으켜서 지구 반대쪽과의 무선통신도 가능하다.

이처럼 어떤 신호를 특정 고주파에 실어 멀리 보내고 멀리 떨어진 지역에서 이를 받아서 원래의 신호를 매체인 전파로부터 분리하여 추출하면 장거리 통신이 가능할 것이다. 이 때 사용하는 고주파를 반송파(carrier)라고 한다. 이와 같이 신호를 어떤 고주파에 실어주는 과정을 변조(modulation)라고 하고, 신호와 고주파가 섞인 신호로부터 원래의 신호만을 복원하는 과정을 복조(demodulation) 또는 검파(detection)라고 한다.

이 장에서는 정보의 부호화와 디지털화, 아날로그 변조와 디지털 변조의 원리에 대해서 설명한다.

2.2 정보의 부호화

부호화(encoding)란 공기 중에 전파되는 음성정보나 컴퓨터에 저장된 디지털 정보 등 여러 형태의 정보를 전자기적인 신호로 바꾸는 과정을 말한다. 여기에는 아날로그와 디지털이라는 정보 형태와 전송매체의 특성에 따라 다양한 방식이 적용된다. 그림 2.1은 정보가 전송신호로 변환되기까지의 과정을 보여주고 있다.

여기서 변조는 부호화된 신호를 전송에 적합한 반송신호에 싣는 과정이다. 예를 들어, 부호화된 신호를 자유 공간으로 방출하는 경우, 이 신호의 주파수 스펙트럼을 적당한 크기의 안테나가 수용할 수 있도록 보다 높은 주파수대로 변환시켜야 한다. 이는 주파수영역의 관점에서 보면, 부호화된 신호에서의 주파수대역이 이와는 다른 주파수대역으로(일반적으로 보다 높은 주파수대역으로) 천이되었음을 의미한다. 실제 변조방식은 입력신호의 특성과 전송매체의 성격, 전체 통신시스템에서 요구되는 품질 등을 고려하여 결정된다.

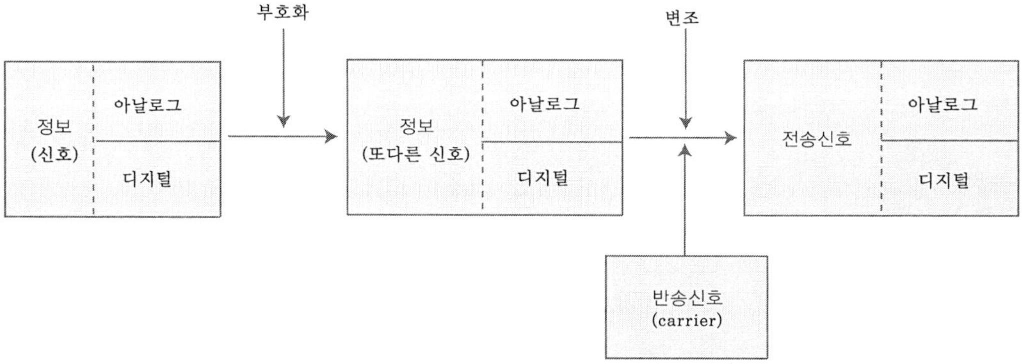

그림 2-1 부호화와 변조

2.2.1 아날로그 정보의 부호화

아날로그 정보는 아날로그 신호뿐만 아니라, 디지털 신호로도 부호화가 가능하다. 후자인 경우는 아날로그 정보를 아날로그 신호로 부호화한 후, 이 신호를 다시 디지털 신호로 변환시킨다. 또한, 부호화된 전자기적 신호는 변조를 통하여 전송매체가 수용할 수 있는 주파수대역으로 옮겨진다.

부호화된 신호를 이러한 주파수대역의 이동 없이 그대로 전송 할 수도 있는데 이를 기저대 전송(baseband transmission)이라고 한다.

(1) 기저대 전송

원래의 정보로부터 같은 스펙트럼을 가지는 신호를 생성하였을 때, 이 신호들을 기저대 신호라고 한다. 또한, 기저대 신호를 그대로 유선매체나 전파를 통해서 전송하는 방식을 기저대 전송이라고 하며, 디지털 신호와 아날로그 신호 모두에 적용될 수 있다.

기저대 전송의 경우 같은 주파수대역을 갖는 여러 개의 신호를 하나의 매체를 통해서 동시에 전송할 수는 없으므로, 보내고자 하는 신호의 수 만큼 전송매체가 필요하게 된다. 이렇게 기저대 전송은 전송매체를 효율적으로 사용하지 못한다는 단점이 있어서, 컴퓨터 주변기기간의 통신이나 전화의 가입자망 등 비교적 가까운 거리에서만 사용된다. 가입자망에서는 음성신호를 300Hz에서 3,400Hz에 해당하는 음성채널로 직접 전송한다.

(3) 아날로그 정보의 디지털 전송

디지털 전송에서는 아날로그 정보가 디지털 신호로 일단 부호화되지만, 부호화된 신호는 디지털 신호뿐만 아니라, 아날로그 신호로도 전송될 수 있다. 이 중 어떤 형태를 이용할 것인가 하는 선택은 전송매체의 특성 등에 따라 결정된다.

디지털 부호화된 신호를 아날로그 신호로 전송하고자 하면, 모뎀이란 장치를 이용해야 한다.

2.2.2 디지털 정보의 부호화

디지털 정보는 두 개의 전압값을 이용하면 간단히 디지털 신호로 표현된다. 부호화된 디지털 신호는, 다음과 같은 이유로, 다시 아날로그 전송신호로 변조될 경우가 많다. 첫째로, 광전송이나 위성을 이용한 무선전송에서는 디지털 신호를 전송신호로 사용할 수 없기 때문이다. 둘째로, 기존의 아날로그 전송장비를 사용하기 위함인데, 모뎀을 이용하여 디지털 정보를 아날로그 음성채널로 전송하는 경우가 대표적이다.

디지털 정보를 부호화하기 위하여, 단순히 0-1 정보를 그대로 2개의 전압값에 대응시키는 가장 단순한 방법을 생각할 수 있다. 그러나 전송의 효율성과 동기화 등을 위하여, 보다 복잡한 부호화의 과정을 거치는 것이 일반적이다.

(1) 디지털 정보의 부호화 방법

가장 기본적인 디지털 정보의 부호화 방법은 비트값 1에 비트시간만큼의 펄스를 대응시키고 0에는 대응시키지 않는 NRZ(Non Return to Zero)방식이다. 이는 쉽게 구현될 수 있으나, 비트 하나하나의 시작과 끝을 구분하기 어렵다는 단점을 가진다. 즉, 1(또는 0)의 값이 계속되는 디지털 정보를 부호화하면 출력전압이 올라가거나 내려가지 않고 일정하게 유지되므로, 비트동기화를 포함할 수 없기 때문에, 정확한 관찰시점을 놓칠 우려가 있다.

비트동기화 문제를 어느 정도 해결한 방법으로 RZ(Return to Zero)가 있다. 이는 NRZ와는 달리, 비트값 1에 대응되는 펄스의 폭이 반으로 줄어, 다음 비트신호가 시작되기 전에 항상 0 V로 떨어진다. 전압이 떨어지는 시점들은 타이밍에 관한 정보를 제공하며, 수신측은 이를 이용하여 정확한 간격으로 측정하고 있는지를 확인할 수 있다.

또한 많이 사용되는 방법으로서 Biphase라는 방식이 있다. 이는 비트시간당 최소한 한 번의 전압변화를 요구하는 방식이다. 따라서 전압변화의 횟수는 NRZ의 두 배에 해당하는데, 이에 따라 신호의 주파수가 높아지므로, NRZ에 비해 더 넓은 대역폭을 요구한다. 요구되는 대역폭이 큼에도 불구하고 스스로 동기화할 수 있으며, 에러를 쉽게 검출할 수 있다는 장점 때문에 많이 사용한다.

Biphase방식은 매 비트시간의 중간에 한 번의 전압변화를 가해주는 것으로, 자동적으로 동기화 기능을 수행한다.

Biphase방식은 맨체스터(Manchester)방식과 차등적 맨체스터(Differential Manchester)방식으로 대별된다. 맨체스터방식은 비트시간 중간에 전압이 상승하면 0을, 하락하면 1을 표시한다.

차등적 맨체스터방식은, 비트시간 중간에 항상 전압변화가 있도록 하여 동기화 정보를

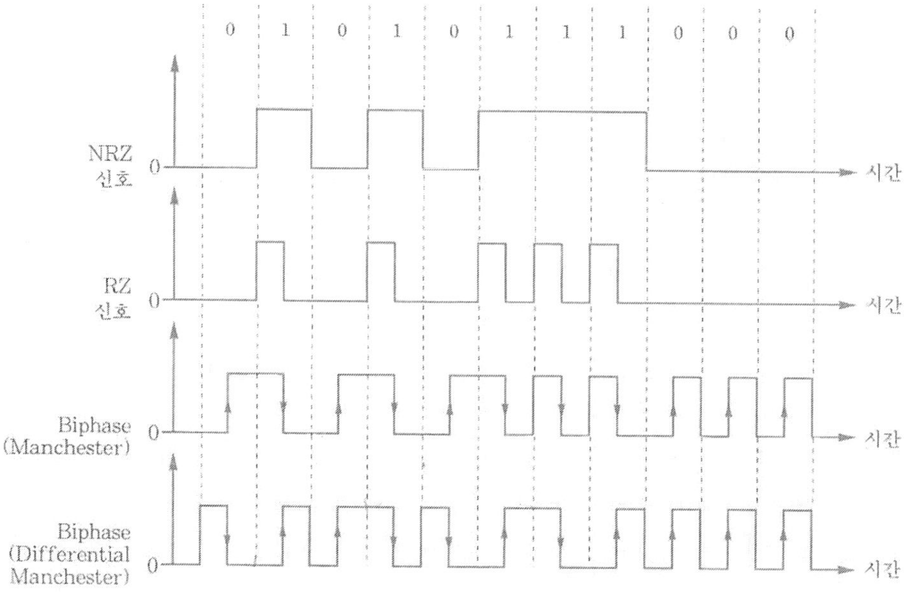

그림 2-2 디지털 정보의 부호화 방법

제공한다는 점은 맨체스터방식과 동일하나, 매 비트의 시작시점에서 0일 때는 전압이 변하고, 1일 때는 변하지 않는다. 따라서 한 비트에 대응하는 전압의 형태는 바로 앞의 비트가 무엇이었는가에 따라 달라지므로, 하나의 비트시간 동안의 전압형태만으로는 비트값을 알 수 없다. 그림 2.2는 디지털 정보의 부호화 방법을 보여주고 있다.

2.3 아날로그 변조

전달하고자 하는 신호의 주파수가 매체의 성질에 맞지 않을 경우에, 원신호의 주파수영역을 옮겨서 전송해야 한다. 예를 들어, 사람의 목소리를 라디오방송을 통해서 전송하고자 하면 음성신호의 주파수를 라디오전파에서 사용되는 주파수로 옮겨 주어야 한다.

변조는 전송하려는 신호를 다른 신호와 합성하여 그 주파수대역을 이동시키는 과정이다. 다시 말해서, 변조는 신호에 담긴 정보의 내용은 그대로 유지하면서 신호의 주파수대역만을 이동시키는 과정이며, 주로 신호를 사인파인 방송파에 실어 전송하는 것을 목적으로 한다.

변조는 아날로그 변조와 디지털 변조로 구분되는데, 변조시킬 신호가 아날로그면 아날로그 변조, 디지털이면 디지털 변조라고 한다. 또한, 변조기술은 변조에 의해 바뀌게 되는 신호의 3가지 요소(진폭, 주파수, 위상)에 따라 다음과 같이 분류 된다.

▣ 진폭 변조(Amplitude Modulation, AM)

정보 신호의 전압진폭 변화에 따라 반송파의 진폭만 변화하고, 반송파의 주파수와 위상은 동일하게 유지된다.

■ **주파수 변조(Frequency Modulation, FM)**

반송파 신호의 진폭과 위상은 일정하게 유지되며, 정보신호의 전압진폭 변화에 비례하여 반송파의 주파수가 변화한다.

■ **위상 변조(Phase Modulation, PM)**

반송파의 위상이 정보신호의 전압진폭 변화에 따라 위상이 변화한다.

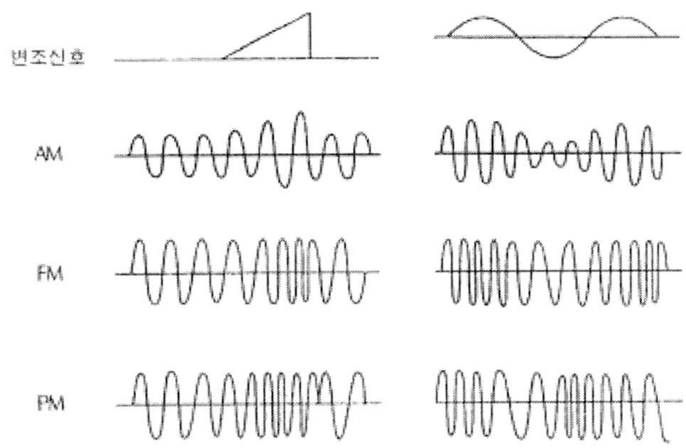

그림 2-3 AM, FM, PM 파형

같은 신호를 같은 반송파로 변조하더라도, 그 방법에 따라서 변조된 신호의 형태는 다르게 된다. 변조되어 전달된 신호로부터 반송신호를 제거하면 필요한 정보만을 얻게 된다. 이 과정을 복조라고 한다. 그림 2.4는 정보로부터의 신호생성 및 전송과정에서 변조와 복조가 이루어지는지를 나타낸 것이다.

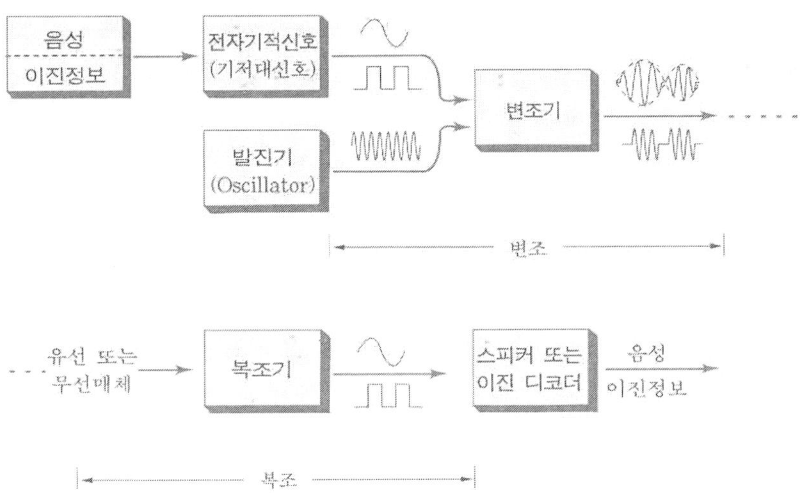

그림 2-4 변복조 과정의 예

변조를 함으로써 얻어지는 효과는 첫째, 무선통신에서 전파를 수신하기 위해서는 적어도 신호파장의 절반크기(λ/2)의 안테나가 필요한데, 주파수와 파장 사이에는 반비례 관계가 존재하므로, 낮은 주파수를 갖는 기저대 신호를 직접 보내면 그 것을 받기 위한 수신기의 안테나가 수 킬로미터에 달해야 하는 문제가 생긴다. 고주파를 사용하면 파장이 짧아지므로 안테나의 길이가 짧아 져서 안테나의 실현이 용이하다. 둘째, 주파수 분할 다중화(Freequency Division Multiplexing, FDM)가 가능하므로, 하나의 매체를 통하여 여러 정보를 동시에 전송할 수 있어 라디오, TV 방송이 가능하다. 셋째, 잡음이나 다른 신호에 의한 간섭의 영향을 적게 받는다.

2.4 디지털 변조

디지털 정보들을 부호화하여 디지털 신호가 얻어지면 전송을 위한 디지털 변조 작업에 들어가게 된다. 디지털 변조는 아날로그 정보의 전송에도 사용된다.

2.4.1 Amplitude Shift Keying(ASK)

ASK는 디지털 신호의 두 비트값에 각기 다른 진폭을 대응시키는 진폭변조의 하나이다. 일반적으로는 그림 2.5에서 보는 바와 같이, 비트값 1을 나타내는 기간 중에는 반송파를 흐르게 하고, 0을 나타내는 기간 중에는 반송파가 흐르지 않게 하는 방법이다. 이러한 변조방법을 OOK(On-Off Keying)라고도 부른다.

그러나 ASK는 신호 대 잡음비가 좋지 않은 상태에서는, 수신측에서 아날로그 신호의 흐름여부를 분명히 가릴 수 없어서 0과 1을 구별하기가 어렵다는 단점을 갖는다. ASK는 예전부터 무선전신 시스템에서 널리 이용되어 왔으며, 또 광섬유를 이용한 디지털 전송에서도 사용된다. 즉, 송신측에서는, 이진신호에 의해서 레이저나 발광다이오드(LED)의 스위치를 점멸시키고, 수신측에서는 빛의 점멸에 따른 광신호로부터 비트값을 읽어낸다.

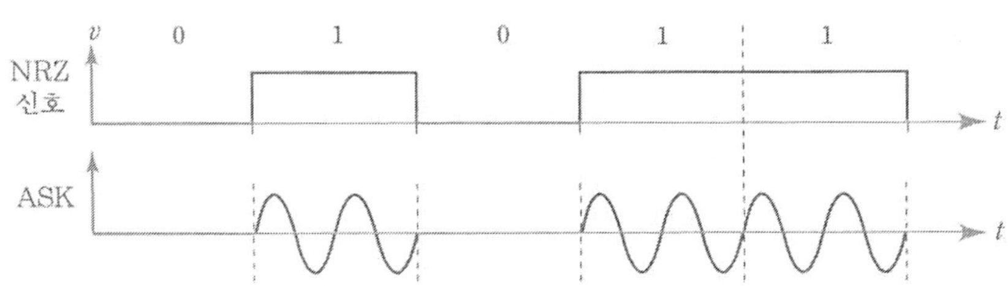

그림 2-5 ASK의 원리

2.4.2 Frequency Shift Keying(FSK)

FSK는 2개의 비트값에 각기 다른 주파수신호를 대응시킨다. 이 방법은 주로 공중교환전화망(PSTN)을 이용할 때 많이 쓰인다. 한 예로서, 비트1을 나타내는 기간 중에는 1,180Hz를, 0의 기간 중에는 980Hz의 사인파를 보낸다. 두 지점 간에 양방향 디지털 전송을 위해서는 앞의 두 주파수와 어느 정도 떨어진 대역 내의 주파수, 예컨대, 1,650Hz와 1,850Hz가 추가로 쓰일 수 있다. FSK 신호는 그림 2.6처럼 2개의 ASK 신호의 합으로 볼 수 있으며, 실제로 변조 및 복조회로는 이 원리를 이용하여 구성된다. 복조회로에서는 2개의 필터에 의해서 두 주파수 성분이 나눠지게 되고, 각각의 포락선 검파기에 의해서 만들어진 신호를 서로 비교한 후, 에러처리를 위한 논리회로를 거치게 된다.

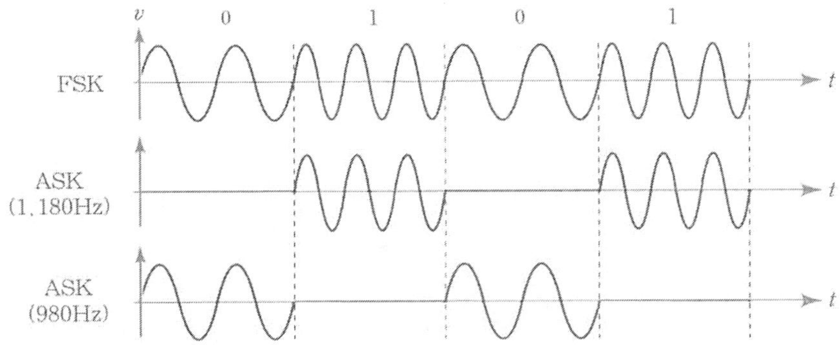

그림 2-6 2개의 ASK의 조합으로 구성된 FSK

FSK는 수신된 신호를 2개의 주파수 신호로 분리한 다음 양쪽 모두에 0과 1을 식별하는 과정을 거치므로, ASK보다 비교적 정확히 정보를 복원할 수 있다는 장점이 있다. FSK는, FM에서와 마찬가지로, ASK에 비해 잡음에 영향을 덜 받는데다가 회로의 복잡도도 ASK에 비해 크게 심하지는 않기 때문에 ASK보다 많이 선호된다. 그러나 보내고자 하는 정보의 전송률이 높아지면 그만큼 높은 주파수를 반송파로 써야 한다. 그렇지 않고 너무 낮은 주파수로 변조할 경우, 복조회로가 0과 1을 정확히 식별하지 못하게 된다.

2.4.3 Phase Shift Keying(PSK)

PSK는 비트값을 나타내기 위해 반송파의 위상을 변화시킨다. PSK는 그림 2.7과 같이 비트값이 0일 때는 위상을 $\phi = 0$으로 놓고, 1일 때는 $\phi = 180°$로 놓는다. 수신측에서는 원래의 반송파의 위상과 비교하여 같으면 0으로, 다르면 1로 인식한다.

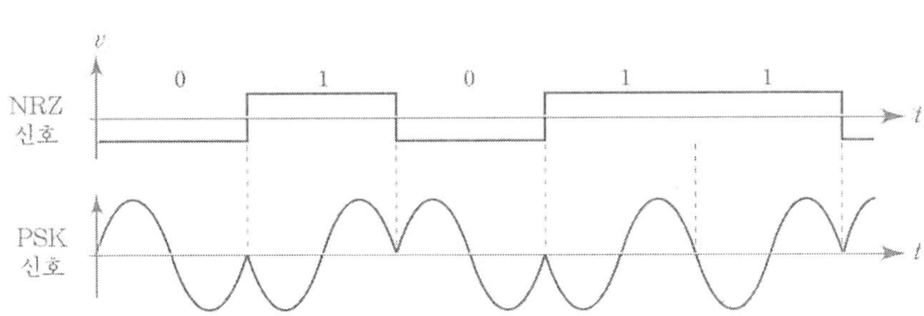

그림 2-7 PSK의 원리

180°의 위상 차이를 식별하는 것은 주파수 변화의 식별에 비해 용이하므로, PSK가 FSK보다 선호된다.

2.5 정보의 디지털화

음성이나 영상과 같은 아날로그 신호를 전송하는 경우 여기에 포함되어 있는 정보를 전송하기 위해서는 연속적인 신호를 변조해서 아날로그를 전송하는 방법이 많이 사용되어 왔으나 오늘날에는 아날로그 통신보다 디지털 통신이 더욱 실용화되고 있다. 따라서 아날로그 신호를 디지털 통신을 하기 위해서는 그 신호를 반드시 디지털 형태로 변환되어야 한다.

정보의 디지털화는 원래 아날로그 형태의 연속형 정보를, 0 또는 1의 2진값을 가지는 비트를 단위로 하여 표현되는 디지털 정보로 변환하는 과정을 말한다. 이로 인해 보다 고품질의 정보와 다양한 형태의 서비스가 가능해진다. 전형적인 디지털화 과정은 그림 2.8과 같다.

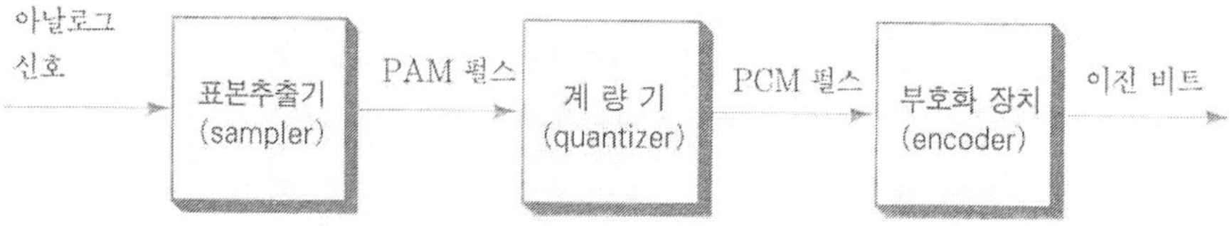

그림 2-8 아날로그 정보의 디지털화 과정

먼저 아날로그 신호로부터 일정한 간격으로 표본을 추출(sampling)하고, 추출된 아날로그 신호를 이산형(discrete) 값으로 계량화하여, 이 값을 이진형태로 부호화(encoding)한다. 이의 반대과정을 통하여 원래의 아날로그 신호를 복원해 낼 수 있다.

2.5.1 디지털화의 장점

디지털 정보를 전송하기 위해서는 아날로그보다 넓은 주파수대역이 필요함에도 불구하고, 디지털 전송이 다음과 같은 장점을 지니고 있다.

첫째, 여러 형태의 정보를 동일한 매체를 통해 전송하는데 적합하다. 아날로그 신호에 사용되는 주파수분할다중화(FDM) 방법에서는 전송매체를 다른 주파수의 신호가 공유함으로서, 주파수간의 차이 또는 합에 해당하는 새로운 주파수로 인한 주파수간 상호간섭에 의한 잡음(intermodulation noise)이 발생하게 된다. 반면, 디지털 전송에서 사용되는 시분할다중화(TDM) 방법에서는 이러한 잡음이 없어, 문서, 팩스, 음성 및 이미지 정보 등 다양한 형태의 정보를 한 전송매체를 통하여 동시에 전송할 수 있다.

둘째, 경제적인 전송이 가능하다. 아날로그 정보를 디지털 정보로 변환하여 전송하면 보다 넓은 주파수대역이 필요하게 되어 비경제적일 수도 있으나, 압축기술의 발달로 효율적이고 경제적인 전송이 가능하게 되었다.

셋째, 디지털화를 위한 비용이 저렴하다. 디지털 전송 및 교환을 위해 필수적인 여러 회로장치들의 가격은 집적회로(IC)나 대수모집적회로(VLSI) 등의 반도체기술의 발달로 계속 하락하고 있다.

넷째, 고품질의 전송이 가능하다. 아날로그 전송은 증폭기를 사용하므로 잡음과 감쇠가 누적되어 신호의 품질이 계속 떨어지지만, 디지털 전송은 리피터를 사용하여 잡음과 감쇠가 누적 없이 전송직전의 깨끗한 신호를 유지한다.

2.5.2 나이퀴스트의 표본추출정리

단위시간당 표본추출의 횟수(표본추출주파수)는 디지털화의 정확도를 좌우하는 중요한 요인으로, 나이퀴스트(Nyquist)의 표본추출정리(Sampling theorem)에 의해 결정된다.

아날로그 신호를 디지털 신호로 변환시키기 위해서는 그림 2.9에서와 같이 먼저 아날로그 신호를 일정한 간격으로 추출하여야 한다. 이를 표본추출이라 하고, 일정한 간격으로 채취된 원신호의 진폭 하나하나를 표본이라고 한다. 단위시간 동안에 추출된 표본의 수를 표본추출 주파수 f_s라 하고, 표본추출 주기는 $t_s = f_s$가 된다. 표본추출 주파수가 커질수록 표본추출된 신호는 원래의 아날로그신호에 가까워진다.

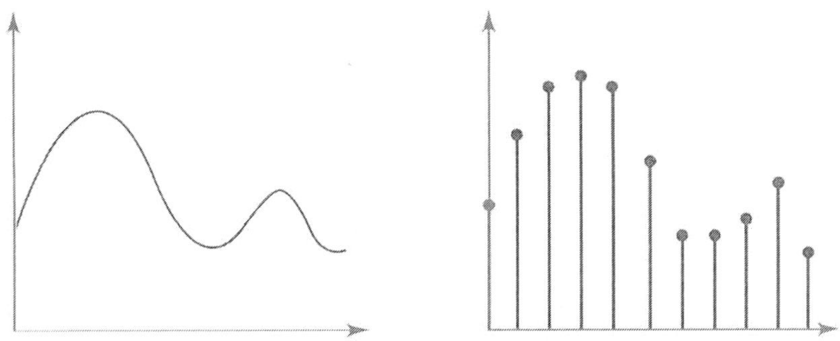

(a) 아날로그 신호 (b) 샘플링된 신호

그림 2-9 아날로그 신호로부터의 표본추출

이러한 원리를 나이퀴스트의 표본추출정리라고 한다. 예를 들어, 최대 주파수요소가 5 KHz인 신호를 정확하게 재생하기 위해서는 초당 10,000번의 표본추출이 필요하다.

2.5.3 펄스코드 변조

아날로그 정보를 디지털화하는 가장 대표적인 방법은 펄스코드 변조(Pulse Code Modulation, PCM)로서, 이는 바로 나이퀴스트의 표본추출정리를 근거로 한 것이다. 그림 2.10에서와 같이 아날로그 신호의 진폭을 이산형으로 계량화하고 이를 이진 부호화하여 표현하는 펄스변조를 펄스코드변조라 한다.

펄스코드변조는 먼저 아날로그 신호를 일정한 간격으로 추출하고, 각 표본의 진폭을 폭이 매우 좁은 펄스로 나타낸다. 이를 PAM(Pulse Amplitude Modulation) 펄스라고 한다.

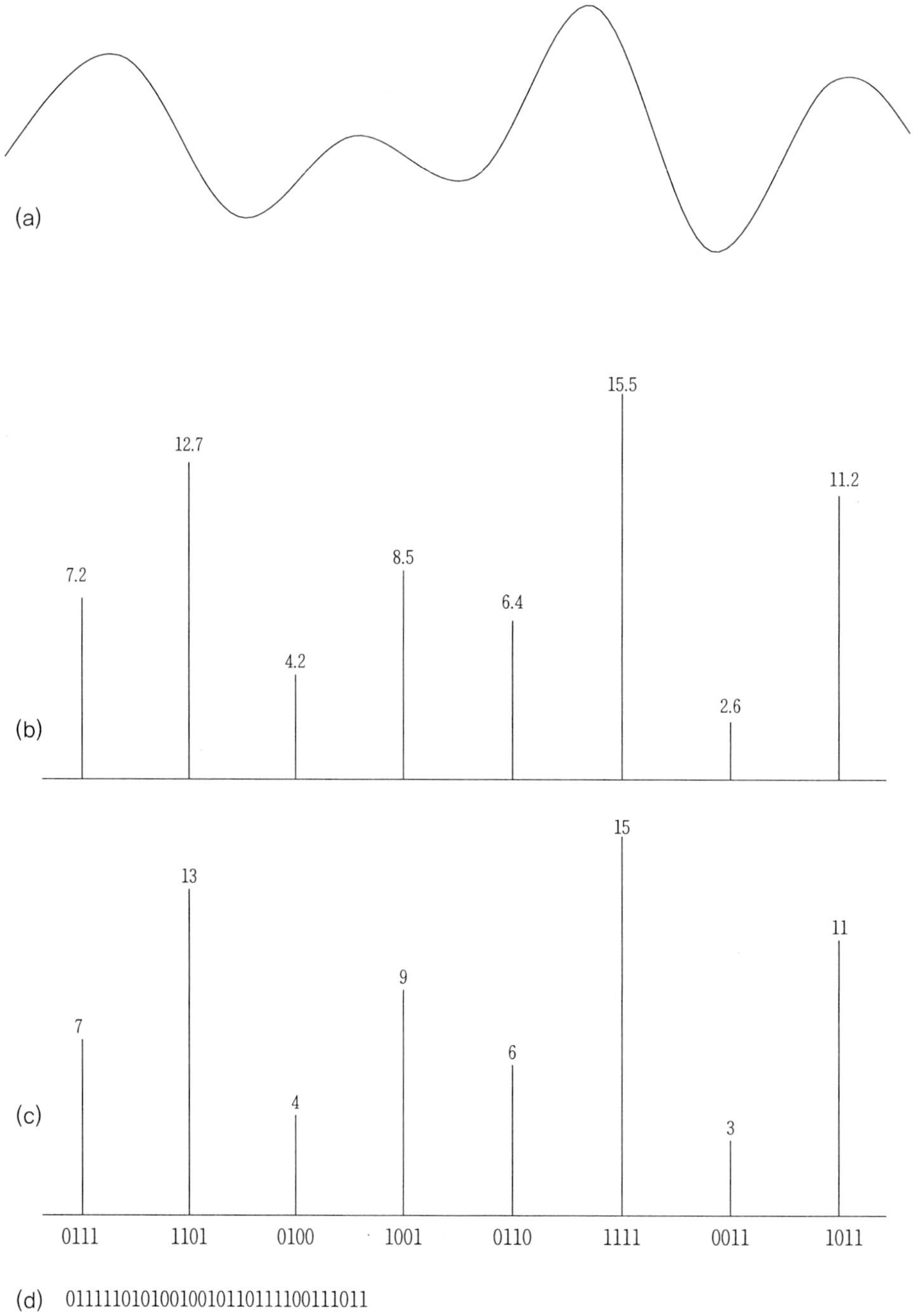

그림 2-10 펄스코드 변조

나이퀴스트의 표본 추출정리에 따라 표본추출 주파수는, 여과 후에 통신채널에 흐를 수 있는 신호의 최대 주파수 요소가 f_{max}일 때, $2f_{max}$보다 크게 한다.

PCM 펄스를 만들기 위해서는 PAM펄스들을 일정한 수(n개)의 비트를 단위로 계량화해야 한다. 예를 들어, $n=3$이라면 $2^3=8$개의 값만으로 PAM 펄스의 크기를 근사화시켜 나타낸다. n이 클수록 펄스의 실제 값과의 차이가 작아져 원래의 아날로그 신호를 충실히 반영하는 디지털화가 되나, 대신 단위시간당 필요한 비트의 수가 많아지므로 더 넓은 주파수대역이 필요하게 된다.

대역폭이 4KHz 범위 내에 있는 음성의 PCM 전송에서는 일반적으로 n은 8로 하며, 이때 $f_s=2\times 4{,}000=8{,}000$이므로, 정보전송률(비트전송률, bit rate)은 64Kbps이다.

[참고문헌]

[1] 김영춘 외 3인, 정보통신개론, 홍익과학출판사, 2010.
[2] 차동완, 정보통신세계, 영지문화사, 2000.
[3] 정진욱 외 3명, 정보통신의 배움터, 생능출판사, 2011.
[4] 김명진 저, 아날로그 및 디지털 통신이론, 생능출판사, 2007.
[5] 최형진 역, HAYKIN의 통신이론, 한티미디어, 2007.
[6] A. Bruce Carlson 외 2인, 홍대형 역, 통신이론, McGaw Hill korea, 2010.
[7] 김명주 외 1인, 정보통신의 이해, 이한출판사, 2010.

연습문제

01. RZ과 NRZ을 비교 설명하시오.

02. AM, FM, PM을 비교 설명하시오.

03. 변조의 효과를 설명하시오.

04. ASK, FSK, PSK를 비교 설명하시오.

05. 디지털화의 장점을 설명하시오.

06. PCM 원리를 설명하시오.

Chapter 03
정보전송기술

3.1 정보통신 시스템의 구성

일반적으로 통신이라 함은 어떠한 정보를 한 지점에서 다른 지점으로 전송하는 것을 의미하며, 정보처리장치에 의해 처리된 정보를 전송하는 것이라 정의할 수 있다. 즉 컴퓨터와 같은 처리 시스템에 의해 처리된 정보를 전송 시스템에 의해 전송하고, 다른 지점에서의 수신 시스템을 통해 수신하는 과정을 의미한다.

이러한 정보통신 시스템은 정보전송 시스템과 정보처리 시스템으로 나눌 수 있다. 정보전송 시스템은 정보의 이동을 담당하고, 정보처리 시스템은 전송하기 위해 데이터를 처리, 저장하는 기능을 담당한다. 따라서 정보전송 시스템은 단말장치, 통신회선, 신호변환장치, 통신제어장치 등으로 구성되며, 정보처리 시스템은 하나의 컴퓨터 시스템이라 할 수 있다. 이의 기본적인 구성도는 그림 3.1과 같고, 기본 구성 요소는 그림 3.2와 같다.

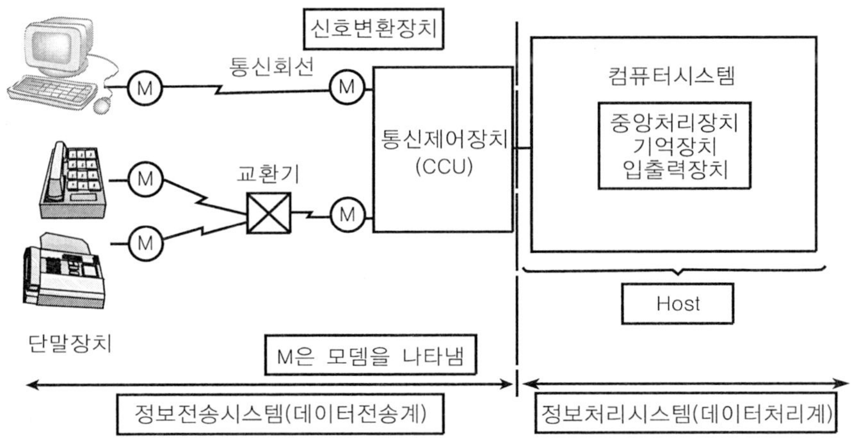

그림 3-1 정보통신 시스템의 구성도

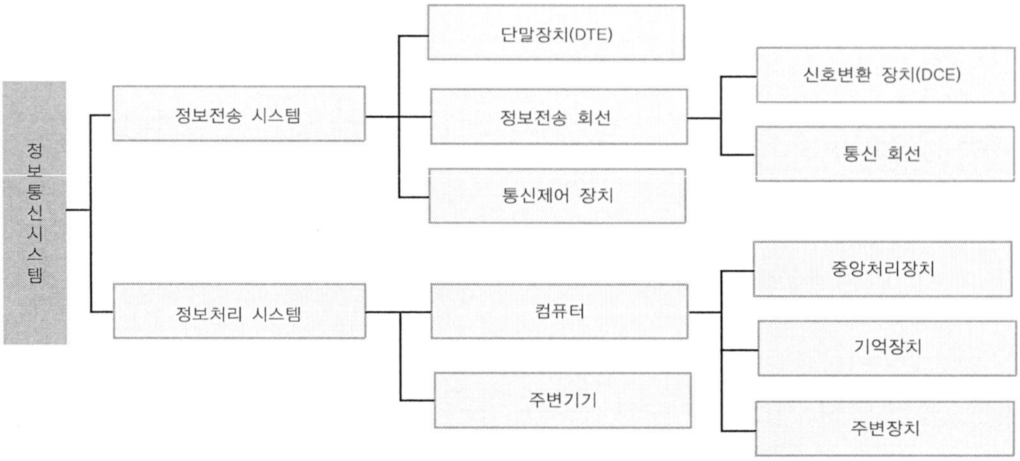

그림 3–2 정보통신 시스템의 구성요소

3.1.1 정보처리 시스템

정보처리 시스템은 하나의 컴퓨터 시스템으로서 통신회선을 통해 전송되어온 정보를 처리하여 그 결과를 지정된 단말장치에 보내는 기능을 담당한다. 호스트(host)라고도 부르는 이 컴퓨터 시스템은 데이터 처리를 담당하는 중앙처리장치, 저장을 담당하는 기억장치 및 입출력을 담당하는 입출력장치 등으로 구성되어 있다.

정보처리 시스템의 구성도를 그림 3.3에 나타내었다. 이러한 정보처리 시스템은 일반적으로 언제나 사용할 수 있어야 하고, 응답시간이 짧고, 서로 독립적이어야 하며 다수의 사용자가 동시에 사용할 수 있어야 한다.

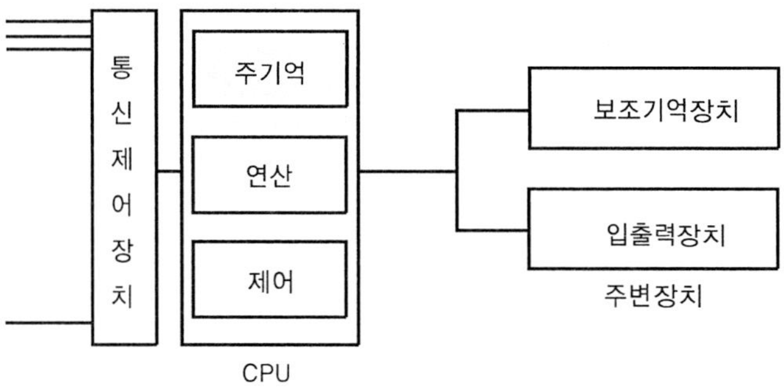

그림 3–2 정보통신 시스템의 구성요소

(1) 중앙처리장치(CPU : Central Processing Unit)

통신제어 장치로부터 입력된 데이터를 처리하고 정보통신 시스템 전체를 제어하는 기능을 한다.

(2) 기억장치

입력된 데이터를 처리하여 이를 저장하거나 처리하는 프로그램을 저장하는 기능을 한다. 기억장치는 일반적으로 주기억장치와 보조기억장치로 나눌 수 있다. 보조기억장치는 주기억장치에 비해 가격이 저렴하고 많은 양의 데이터를 저장할 수 있는 장점이 있지만, 속도가 느리다는 단점을 가지고 있다.

(3) 입출력장치

외부에서 컴퓨터에 필요한 프로그램이나 데이터를 컴퓨터가 이해할 수 있도록 변환하는 장치를 입력장치라 하고, 컴퓨터에 의해 처리된 결과를 사람이 볼 수 있도록 하는 것을 출력장치라 한다. 일반적으로 정보처리 시스템은 시스템 내의 입출력을 담당하는 내부적 입출력장치와 통신회선을 이용하여 송수신하는 외부적 입출력장치로 나눌 수 있다. 내부적 입출력장치로는 키보드, 디스플레이, 프린터 등이 있다. 외부적 입출력장치는 일반적으로 단말 시스템을 의미한다.

3.1.2 단말장치

정보를 처리하는 정보처리 시스템의 입출력장치가 통신회선을 통해서 멀리 떨어져 있는 것을 단말(DTE : Data Terminal Equipment)장치라고 한다. 따라서 단말장치는 이용자와 직접 연결되며, 사람이나 각종 외부장치로부터 발생되는 정보를 전송하기 위해 통신회선에 적합하도록 변환하는 기능과 통신회선을 통해 수신된 데이터를 원래의 정보로 변환하는 기능을 갖는 장치이다. 즉, 정보통신 시스템에서 정보처리 시스템과 사용자 간의 정보 교환을 담당하는 장치라 할 수 있다.

이러한 단말장치로는 카드, 자기테이프, 팩시밀리 등 매체에 기록된 정보의 입출력을 담당하는 것과 키보드, 프린터, CRT 등 사용자와 컴퓨터간의 대화를 담당하는 것과 각종 센서, 신호 변환기 등 외부의 물리량을 제어하기 위한 단말장치 등으로 나눌 수 있다.

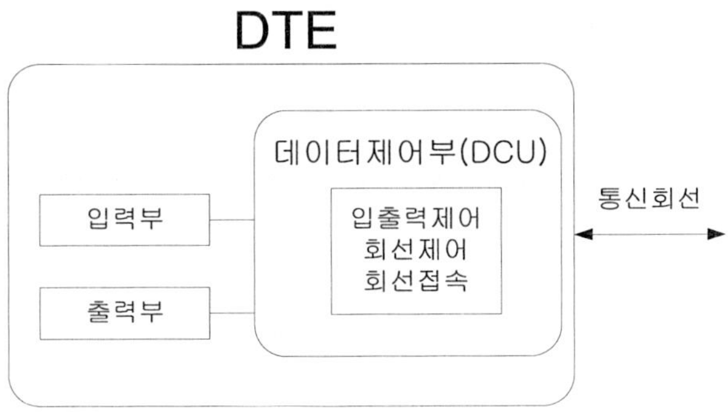

그림 3-4 단말 시스템의 구성도

예를 들어 자동 예금인출기의 경우 동작하는 과정은 먼저 현금카드를 넣으면 인출기는 카드를 읽어서 정보를 데이터로 변환한 다음 중앙컴퓨터로 전송한다. 중앙컴퓨터에서는 그 정보에 따라 처리하여 다시 인출기로 전송한다. 예금을 찾거나 잔액조회 등 여러 가지 기능들을 할 수 있다.

이러한 단말장치는 그림 3.4에서 보는 바와 같이 입력부, 출력부 및 데이터 제어부로 구성되어 있다.

3.1.3 통신회선

단말장치와 처리 시스템 또는 단말장치간을 서로 연결하는 회선을 통신회선이라고 한다. 이러한 통신회선은 통신로에 흐르는 각종 정보량, 정보의 성격, 접속하는 컴퓨터 시스템의 기능, 경제성 등을 고려하여 선택하여야 한다. 통신회선에는 두 지점간을 점대점으로 연결하는 전용회선과 상대방의 번호에 의해 지정함으로써 자유롭게 선택할 수 있는 교환회선으로 나눌 수 있다.

초기에는 일반적으로 전용회선을 많이 사용하였다. 그러나 전용회선은 단말장치의 수가 많아질수록 회선수가 증가하고 또한 통신제어장치도 많이 필요하여 비경제적이다. 이에 비하여 교환회선에서는 단말장치가 보낸 상대의 번호를 교환기가 식별하여 접속하는 방식으로서 회선 비용과 통신제어장치들의 설비를 절약할 수 있어 경제적이다. 이를 버스에 비유한다면, 전용회선은 전세버스에 비유할 수 있고, 교환회선은 일반버스에 비유할 수 있다.

3.1.4 전송 제어장치

일반적으로 단말장치는 데이터의 입출력을 담당하는 기기부와 데이터 전송회선의 접속에 필요한 전송 제어장치로 구성되어 있다. 통신회선의 끝 부분에 위치하여 단말장치로부터의 신호를 통신회선에 필요한 신호로 변환하거나, 반대로 통신회선으로부터의 신호를 입출력장치에 동작시키기 위한 형태로 변환하는 장치를 종합하여 데이터 회선종단장치(DCE : Data Circuit terminating Equipment)라고 한다. 실제로는 아날로그 전송회선의 경우 변복조장치(MODEM)를, 디지털 전송로의 경우는 DSU(Ddigtal Service Unit)를 사용한다. 일반적으로 DCE는 신호의 변환 이외에 전송신호의 동기제어, 송수신 확인, 전송절차의 제어, 전송오류의 검출과 재전송의 제어 등을 하는 기능까지도 포함하고 있다.

3.2 전송신호의 종류 및 변환

정보통신에서 사용되는 정보는 넓은 의미에서 전기적으로 표현이 가능한 모든 데이터를 의미한다. 이러한 데이터의 형태는 크게 아날로그(analog) 데이터와 디지털(digital) 데이터로 나눌 수 있다.

아날로그 데이터는 일반적인 물리 현상에서 얻을 수 있는 시간에 따라 연속적인 (continuous)

수치로 나타낼 수 있는 것을 말하며, 수에 비유하면 실수에 대응시킬 수 있다. 이에 비하여 디지털 데이터는 이산적인(discrete) 수치로 나타낼 수 있는 것을 말하며, 수에 비유하면 정수에 대응시킬 수 있다.

3.2.1 전송신호의 종류

일반적으로 전송신호는 아날로그 신호와 디지털 신호로 나눌 수 있다. 디지털 데이터는 컴퓨터가 취급하는 데이터로서 0과 1로 표현이 되며, 이에 대한 중간값 0.5는 존재하지 않는다. 그림 3.5에 아날로그 신호와 디지털 신호를 비교하였다.

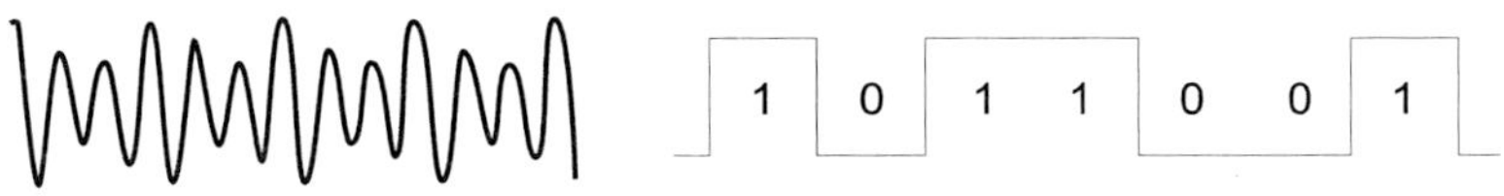

(a) 아날로그 신호 (b) 디지털 신호

그림 3-5 아날로그 신호 및 디지털 신호

오늘날 컴퓨터를 사용하는 통신 시스템에서는 접속성을 고려하여 기본적으로 2진 데이터를 다룬다. 이에 대한 기본 단위로 비트(bit)를 사용하고 있으며, 데이터의 전송 속도의 단위는 초당 전송 비트수인 bps(bits per second)를 널리 사용하고 예를 들어 9600bps라면 초당 9600비트의 데이터를 전송한다는 것을 의미한다.

3.2.2 전송신호의 변환

정보를 가지는 데이터는 아날로그 데이터 및 디지털 데이터로 나눌 수 있다. 이러한 데이터를 전송하기 위해서는 전기적 신호로 변환해야 한다. 이렇게 변환된 신호는 아날로그 신호 및 디지털 신호로 다시 나눌 수 있다. 여기서 유의해야 할 점은 데이터와 신호의 용어 차이인데, 일반적으로 데이터는 보내고자 하는 물리적인 양(값)을 의미하며, 신호는 전송을 하기 위하여 전기적인 양으로 변환된 것이라 생각하면 된다.

따라서 이와 같이 아날로그 데이터 및 디지털 데이터를 전송하기 위해 아날로그 신호 및 디지털 신호로 변환해야 한다. 각각의 경우를 고려하면 4가지의 형태가 나타난다. 아날로그 데이터를 아날로그 신호로, 아날로그 데이터를 디지털 신호로, 디지털 데이터를 아날로그 신호로, 마지막으로 디지털 데이터를 아날로그 신호로 변환할 수 있다. 이를 그림 3.6에 나타내었다.

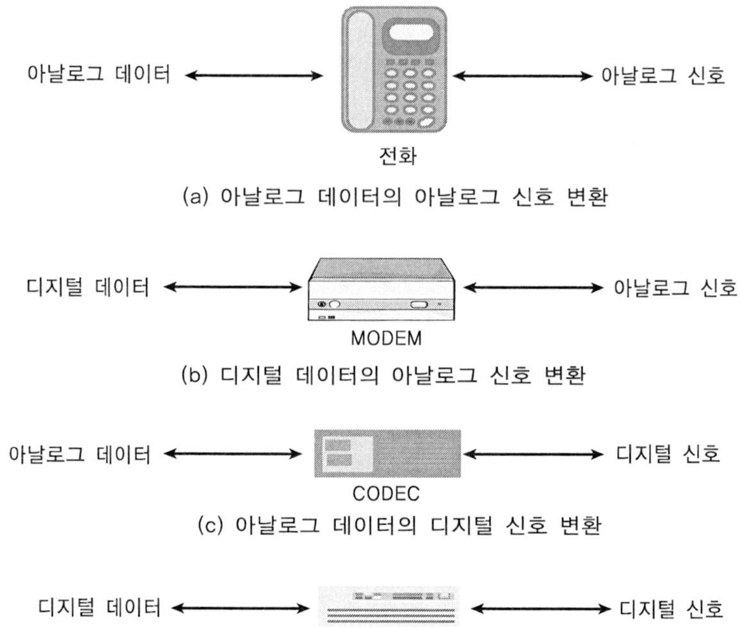

(a) 아날로그 데이터의 아날로그 신호 변환

(b) 디지털 데이터의 아날로그 신호 변환

(c) 아날로그 데이터의 디지털 신호 변환

(d) 디지털 데이터의 디지털 신호 변환

그림 3-6 신호의 변환

(1) 아날로그 데이터의 아날로그 신호로의 변환

아날로그 데이터를 아날로그 신호로 변환하는 것을 일반적으로 변조(modulation)라고 한다.

(2) 디지털 데이터의 아날로그 신호로의 변환

디지털 데이터를 아날로그 신호로 상호 변환하는 것을 모뎀(MODEM)이라 한다. 예전 전화선을 이용하여 컴퓨터를 접속하기 위해서는 모뎀을 장착하여 신호를 변환해야 한다. 디지털 데이터를 아날로그 신호로 변환해 주는 방법에는 ASK, FSK, PSK 등이 있다.

(3) 아날로그 데이터의 디지털 신호로의 변환

아날로그 데이터를 디지털 신호로 변환하는 것을 디지털화(digitization)라고 할 수 있다. 이러한 상호 변환장치를 일반적으로 코덱(CODEC)이라 한다.

(4) 디지털 데이터의 디지털 신호로의 변환

디지털 데이터를 디지털 신호로 변환하는 방법은 디지털 데이터 0과 1에 해당되는 디지털 신호로 바꾸는 것이다. 가장 간단한 방법은 0은 0V로 1은 5V로 바꿀 수 있다.

3.3 전송매체의 종류와 특성

정보전송 시스템에서 전송매체는 송신측과 수신측을 물리적으로 연결하여 정보가 지나가는 통로 역할을 한다. 전송매체는 크게 유선매체와 무선매체로 구분할 수 있고, 유선매체는 이중 나선(twisted pair wire), 동축 케이블(coaxial cable) 및 광섬유(optical fiber) 케이블 등이 있으며, 무선매체는 전파가 전송되는 공간을 예로 들 수 있다.

3.3.1 이중 나선

이중 나선은 전선을 꼬아서 만들어졌으며, 일반적으로 두개의 통신선로를 서로 꼬아서 만든 전송매체이다. 가격이 저렴하고 설치와 유지 보수가 간편하여 전화회선과 같은 저속의 전송매체로 많이 이용한다.

다른 전송매체와 비교해 거리, 대역폭, 전송 속도 등에 있어 상대적으로 많은 제약점을 가지고 있으며, 전기적 신호의 간섭이나 잡음에 매우 민감한 반응을 보인다. 이에 대한 구조를 그림 3.7에 나타내었다. 일반적으로 버스형의 네트워크를 구성하는 경우 노드의 접속이 간단하고, 1.5Mbps 정도의 전송이 가능하다.

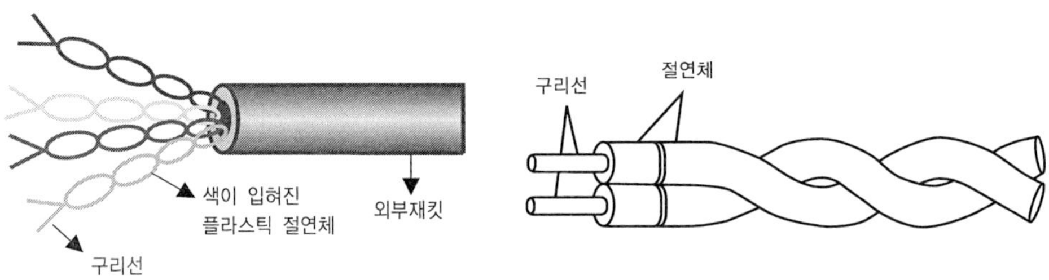

그림 3-7 이중 나선의 구조

3.3.2 동축 케이블

동축 케이블(coaxial cable)은 가장 많이 사용하고 있는 전송매체로서, 대역폭이 넓고 비교적 가격이 저렴한 편이다. 이에 대한 구조를 그림 3.8에 나타내었다. 장거리 전화망의 중요한 부분을 차지하고 있으며, 장거리 유선 TV 방송에도 사용된다. 근거리 통신망(LAN)과 장치간의 단거리 접속에도 많이 사용된다.

동축 케이블은 이중 나선에 비해 주파수 특성이 우수하여 높은 주파수대역과 데이터 전송률을 가지며, 외부 간섭과 누화에 우수한 특성을 가지고 있다.

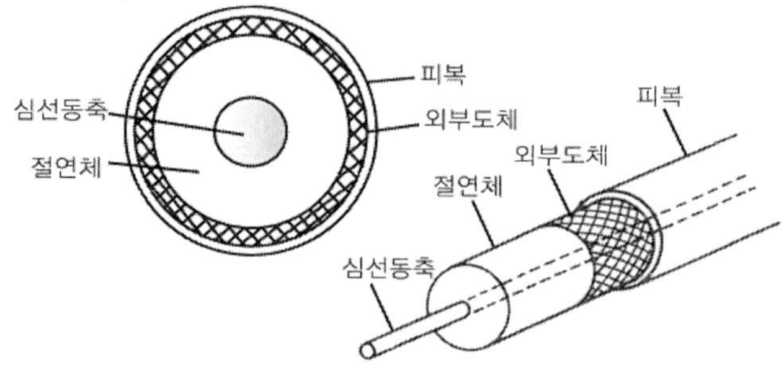

그림 3-8 동축 케이블 구조

3.3.3 광섬유 케이블

요즘 널리 보급되고 있는 광섬유 케이블(optical fiber)은 빛의 신호를 전송할 수 있는 매체로서 초고속 통신을 목적으로 한다. 이에 대한 구조를 그림 3.9에 나타내었다.

광섬유 케이블은 광대역, 저손실이고 잡음에 강하다는 특징이 있다. 잡음에 강하기 때문에 해저를 통한 대륙간 통신매체로 광범위하게 이용되고, 화상처리, 동영상통신 등에 널리 이용되고 있다.

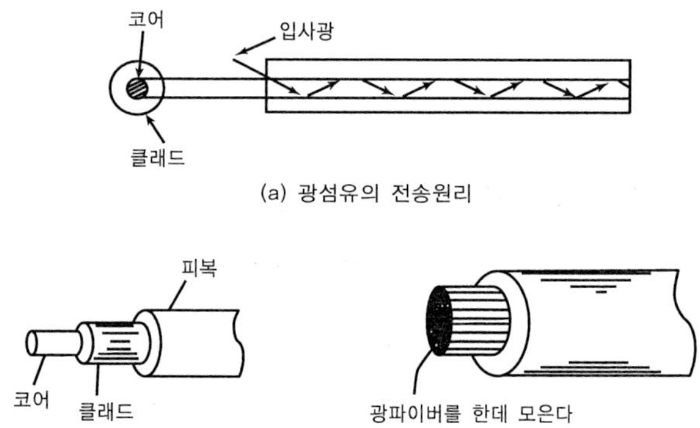

(a) 광섬유의 전송원리

(b) 광섬유의 구조

(c) 광섬유 케이블

그림 3-9 광섬유 케이블의 구조

3.4 정보전송 방식의 종류

3.4.1 아날로그 전송 및 디지털 전송

전송하는 데이터 및 신호의 형태에 따라 아날로그 전송 방식과 디지털 전송 방식으로 나눌 수 있다. 아날로그 전송은 아날로그 신호를 전송하는 방식이고, 디지털 전송은 디지털 데이터를 전송하는 방식이다. 그러나 특별한 경우 디지털 데이터를 아날로그 신호로, 아니면 아날로그 신호를 디지털 데이터로 보낼 수도 있다.

기존의 전화망과 같은 방대한 망에서는 모뎀을 이용한 변조 과정을 거쳐 아날로그 신호로 전송하는 방법을 많이 사용하였으나, 최근에는 데이터통신 이용이 증가함에 따라 디지털 데이터 단말장치가 발달하면서 디지털 전송 서비스가 널리 확대되고 있다. 표 3.1에 아날로그 전송과 디지털 전송을 비교하였다.

표 3-1 아날로그 전송 및 디지털 전송 특성 비교

	아날로그 전송	디지털 전송
잡음의 영향	약하다	강하다
신호 강화	증폭기 이용	리피터 이용
시스템	구현 용이	회로간단, 가격 저하

3.4.2 직렬전송 및 병렬전송

컴퓨터에서와 같이 디지털 데이터 전송은 정보를 전송할 때 일반적으로 이진데이터를 바이트(byte) 단위로 전송하는데, 이를 통신회선상으로 보내는 방식에 따라 하나의 통신회선을 사용하여 이진데이터를 하나씩 순서대로 전송하는 직렬전송(serial transmission)과 여러 개의 통신회선을 사용하여 여러 개의 이진데이터를 한꺼번에 전송하는 병렬전송(parallel transmission)으로 나눌 수 있다. 이에 대한 개념을 그림 3.10에 나타내었다. 병렬전송은 여러 개의 회선을 사용하여 한꺼번에 전송하므로 고속으로 데이터를 전송할 수 있지만 여러 개의 통신회선을 구축하는 비용이 많이 들기 때문에 일반적으로 근거리 전송에 이용된다. 이에 비하여 직렬전송은 하나의 회선을 사용하여 전송하므로 회선에 드는 비용은 감소시킬 수 있지만 데이터를 하나씩 순서대로 전송하기 때문에 저속으로서 원거리 전송에 많이 이용된다.

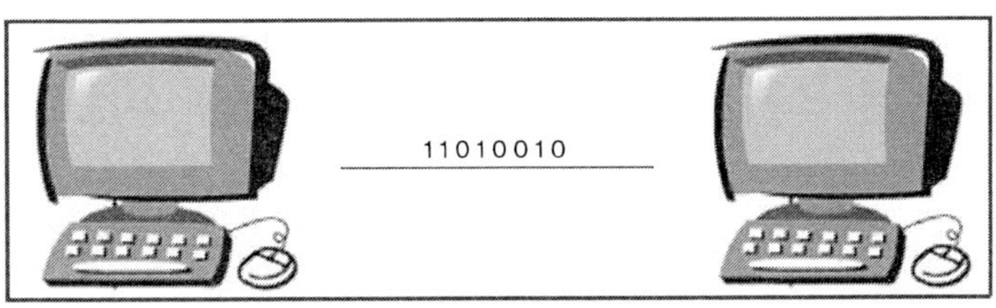

(a) 직렬전송

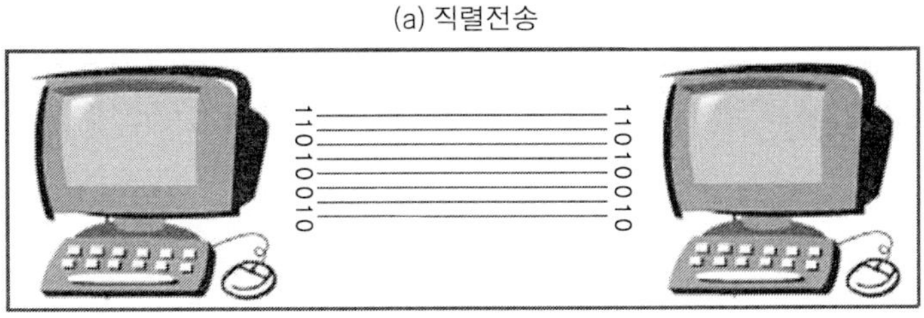

(a) 병렬전송

그림 3-10 직렬전송과 병렬전송

(1) 직렬전송

직렬전송은 하나의 문자 데이터를 하나의 통신회선을 통하여 1비트씩 순서대로 전송하는 방식이다. 이와 같이 하나의 회선을 통하여 순서대로 전송하기 때문에 전송시간이 많이 걸려 전송 속도가 저속이고, 또한 송신시에 문자 데이터를 1비트씩 순서대로 나열하기 위한 병렬-직렬 변환 및 수신시에 비트열을 문자 데이터로 바꾸어 주는 직렬-병렬 변환을 위한 시프트레지스터(shift register) 및 버퍼(buffer)가 필요하여 회로의 구성은 복잡하지만, 하나의 회선을 사용하므로 구축비용이 적게 들어 원거리 통신에 적합하다. 이를 사용하는 대표적인 예는 RS-232C 통신이 있다. 직렬전송의 원리를 그림 3.11에 나타내었다.

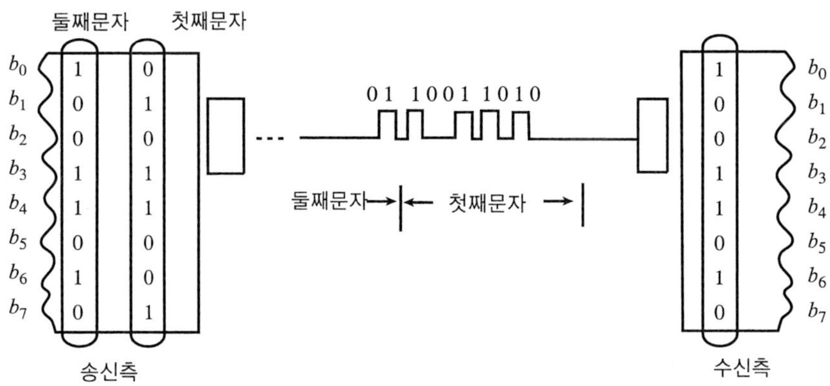

그림 3-11 직렬전송의 원리

(2) 병렬전송

병렬전송은 하나의 문자 데이터를 구성하는 여러 개의 비트들을 여러 개의 통신회선을 통해 동시에 전송하는 방식이다. 즉, 하나의 문자를 구성하는 각 비트마다 각각의 통신회선을 가지고 전송하므로 데이터를 구성하는 비트수 만큼 통신회선이 필요하다. 따라서 이 방식은 짧은 시간에 다량의 데이터를 전송할 수 있고, 회로가 간단하다는 장점이 있어 고속 데이터 전송이 사용된다. 그러나 비트수 만큼의 회선이 필요하므로 전송거리가 길어지면 비용이 많이 들고 또한 각 회선별로 데이터가 도착하는 시간이 다를 수 있어, 즉 타이밍이 달라 원래의 데이터를 정확히 복원하기가 어려워지는 단점을 가진다. 따라서 고속을 필요로 하는 근거리 통신에 주로 사용된다. 일반적으로 컴퓨터나 단말장치는 모든 데이터를 병렬로 처리한다. 병렬전송에 대한 원리를 그림 3.12에 나타내었다.

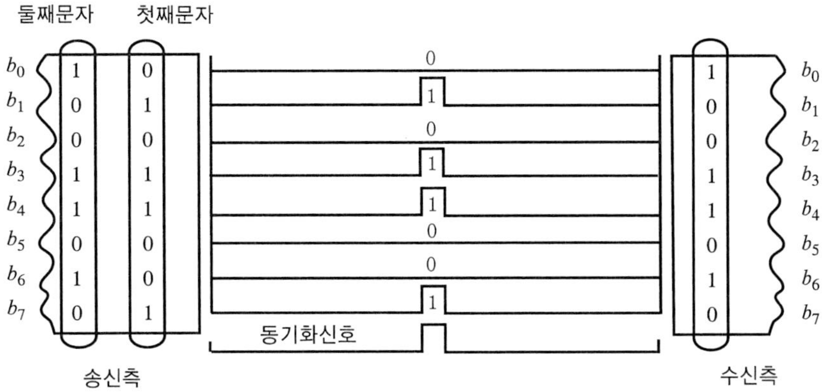

그림 3-12　병렬전송의 원리

3.4.3 단방향, 반이중 및 전이중 통신

일반적으로 연사가 연설을 하거나 라디오나 TV의 경우에 정보는 한 방향으로만 전달되지만, 사람이 대화를 하거나 전화를 할 때에 정보는 양방향으로 전달된다. 이와 같은 양방향인 경우에도 경찰이나 군에서 사용하는 무전기와 같은 경우는 정보가 교대로 전송되며, 일반 가정에서 사용하는 전화기 같은 경우에는 정보가 동시에 교환된다. 이와 같이 두 장치간의 정보를 교환하기 위해서는 주고받는 방식이 결정되어야 하는데 이를 전송 방식 혹은 통신 방식이라 한다.

이 통신 방식에는 단방향(simplex) 통신, 반이중(half-duplex) 통신 및 전이중(full-duplex) 통신으로 나눌 수 있고, 이들의 형태는 그림 3.13에 나타내었다.

(1) 단방향 통신

단방향 통신은 그림 3.13(a)에서 보는 바와 같이 접속된 두 장치간에 정보가 한쪽 방향으로만 전송하는 방식이다. 도로에 비유하자면 일방통행에 해당되고, TV 및 라디오 방송, 컴퓨터와 모니터의 연결 등이 이에 속한다.

(2) 반이중 통신

반이중 통신은 그림 3.13(b)에서 보는 바와 같이 접속된 두 장치간에 정보가 양방향으로 전송할 수는 있으나 서로 교대로 전송하는 방식이다. 도로로 비유하자면 다리의 폭이 아주 좁을 때 양방향으로 차량이 지나갈 수는 없고, 한쪽 방향으로 차량이 지나간 후에 반대방향의 차량이 지나갈 수 있는 것과 같다. 군이나 경찰에서 사용하는 무전기가 이에 속한다.

이 방식은 회선을 공유하여 사용하기 때문에 경제적으로 양방향 통신을 할 수 있고 수신 내용을 확인한 후에 송신할 수 있는 장점은 있으나, 동시에 정보를 양방향으로 전달할 수 없기 때문에 대기 시간이 필요한 단점을 가진다.

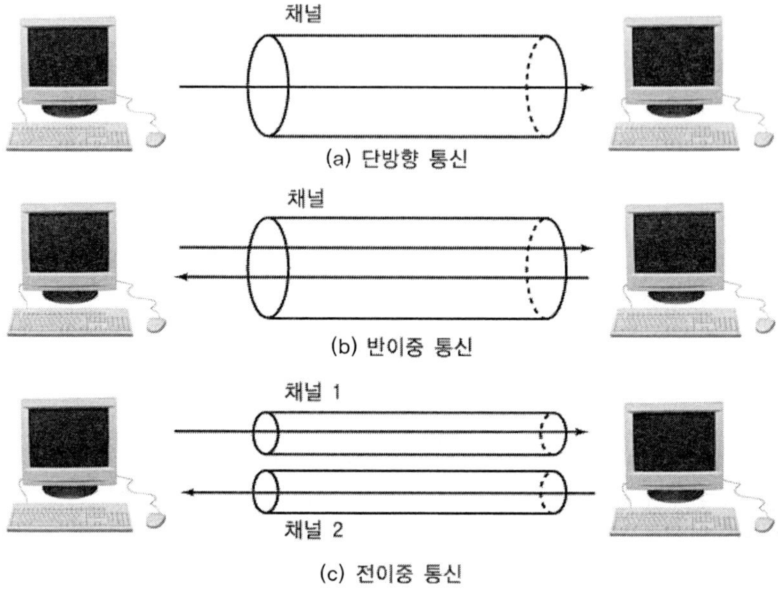

그림 3-13

(3) 전이중 통신

전이중 통신은 그림 3.13(c)에서 보는 바와 같이 접속된 두 장치간에 정보를 양방향으로 동시에 전송할 수 있는 방식이다. 즉, 이 방식은 송신과 수신을 동시에 할 수 있도록 별도의 회선을 두는 것이다. 이 방식을 쌍방향 통신 또는 양방향 통신이라고도 한다. 도로에 비유하자면 2차선 왕복도로에 비유할 수 있고, 가정용이나 휴대용 전화 등 대부분의 통신기기가 이에 속한다.

이 방식은 양방향으로 동시에 정보를 전송 가능하여 전송 효율이 높기 때문에 정해진 시간에 많은 정보를 송수신할 때 이용하지만, 회선을 구축하는데 비용이 많이 드는 단점을 가진다.

3.4.4 동기식 전송과 비동기식 전송

데이터 전송에 있어 수신측에서 정보를 올바르게 복원하기 위해서는 송신측에서 정보의 시작과 끝을 수신측에 알려 주어야 한다. 이를 동기화(synchronization)라고 한다. 즉, 송신측에서는 정보와 정보 사이를 식별하기 위하여 일련의 비트를 첨가하여 수신측으로 전송하고 수신측에서는 전송된 데이터로부터 비트들을 분리하여 정보를 복원한다. 따라서 송수신측은 전송 비트의 구분에 관한 약속이 있어야 한다. 즉, 송신측에서는 비트를 구별하기 위한 데이터를 전송해야 하는데 이러한 데이터를 동기 정보라 하며, 수신측에서는 이러한 동기 정보를 추출해야 한다. 이와 같이 송수신측 사이의 동기화를 위한 방식에는 동기식 전송과 비동기식 전송으로 나눌 수 있다.

(1) 비동기식 전송

비동기식 전송(asynchronous transmission)은 1번에 한 문자에 해당하는 비트들을 전송하는 방식으로 스타트-스톱(start-stop) 방식이라고도 한다. 즉, 송신측과 수신측 사이의 클럭(타이밍)을 일치시키는 별다른 절차없이 문자 단위로 정보를 전송하는 방식이다.

전송하고자 하는 문자와 문자를 구분하기 위하여 문자 데이터의 시작 지점에 시작을 알리는 시작비트(start bit)와 문자 데이터가 끝나는 지점에 종료를 알리는 종료비트(stop bit)를 보낸다. 일반적으로 각 문자 데이터는 5~8비트로 구성되고, 시작비트는 1비트로 구성되고, 종료비트는 1, 1.5 혹은 2비트로 구성되는데 데이터 전송 시에는 일반적으로 1비트로 구성된다. 또한 전송의 오류를 검출하기 위하여 데이터 비트와 종료비트 사이에 1비트의 패리티 비트(parity bit)를 보낸다. 따라서 전체 한 문자 데이터의 길이는 시작비트와 정지비트를 포함하여 10-11비트 정도이다. 이에 대한 구조를 그림 3.14에 나타내었다.

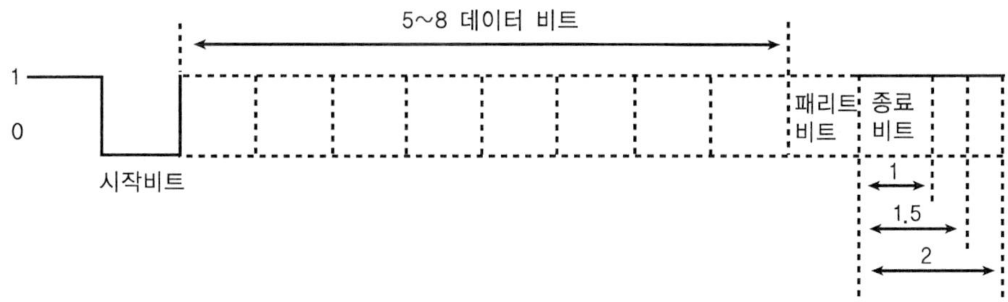

그림 3-14 비동기식 전송의 데이터 구조

비동기식 전송에서는 전송할 데이터가 없는 경우 유휴상태(idle state)를 나타내는 '1' 비트를 계속해서 전송한다. 그러다가 전송할 데이터가 있으면 시작비트 '0'을 한 비트 보내고, 전송할 문자 데이터에 해당하는 비트를, 패리티비트 한 비트, 종료비트 '1'을 한 비트 보냄으로써 문자 데이터를 전송이 이루어진다. 계속해서 전송할 문자 데이터가 있으면 시작비트 '0'을 보내고, 전송할 데이터가 없으면 다시 휴지상태의 '1'을 계속해서 전송한다. 따라서 수신측에서는 유휴상태에 있다가 '0'의 상태를 가지는 시작비트를 인지하면 이후에 들어오는 8비트를 하나의 문자 데이터로 인식하면 되므로 간단하게 동기화가 이루어져 정확하게 데이터를 추출할 수 있다.

이 방식은 동기화시키기는 간단하지만, 하나의 문자 데이터에 대하여 시작비트 및 종료비트의 2~3비트를 첨가하여 전송해야 하므로 전송효율이 70~80%로 저하되어 저속 데이터통신용으로 사용한다. 예를 들어 키보드를 하나 누르면 데이터가 전송되고, 다음번 키보드를 누를 때까지 유휴상태가 계속되는 방식이 비동기식 전송이다. 일반적으로 전송 속도는 1200bps 정도의 수준이고, 송수신측의 직접 연결이 가능한 가까운 거리인 경우 9600bps까지 전송할 수도 있다.

(2) 동기식 전송

동기식 전송(synchronous transmission)은 한 문자 단위의 데이터 전송이 아니고 블록 단위(프레임)로 전송하는 것이다. 즉, 미리 정해진 수만큼의 문자열을 한 블록으로 만들어 한꺼번에 전송하는 것이다. 이때 데이터 묶음, 즉 블록의 앞쪽에 반드시 송수신측간의 동기를 맞추기 위한 동기문자를 포함시켜야 한다. 또한 블록 내의 문자 사이에는 유휴 간격을 가지지 않는다. 타이밍 신호는 변복조기, 단말기 등이 공급한다. 동기식 전송은 특별한 시작비트 및 정지비트 없이 동기를 위한 추가 정보를 이용하여 전송하는 방법으로 전송 효율이 좋아 보통 2000bps 이상의 고속 전송에 이용된다. 동기식 전송은 문자 동기 방식, 비트 동기 방식, 프레임 동기 방식으로 다시 나눌 수 있다.

① 문자 동기 방식

문자 동기 방식은 송신측과 수신측의 동기를 맞추기 위해 전송되는 데이터 블록 앞에 동기문자(SYN)를 붙여 동기를 맞추고, 실제 데이터의 블록 앞에는 시작문자(STX)를, 블록 뒤에는 종료문자(ETX)를 추가하여 전송되는 블록의 시작과 끝을 구별하여 전송한다. 보통 한 블록에는 8비트의 정수배이며 가장 간단한 단말장치에 이용된다. 이에 대한 구조를 그림 3.15에 나타내었다.

문자 동기 방식에서는 만약 전송할 데이터가 없으면 어떤 신호도 보내지 않고, 전송할 데이터가 있는 경우 동기문자(SYN)를 1~2개 보낸다. 그런 다음 전송할 데이터 블럭을 모두 보내고 나면 어떤 데이터도 전송되지 않는 상태가 된다. 수신측에서는 동기문자에 의해 동기를 맞춘 후 전송 데이터를 수신하면 된다.

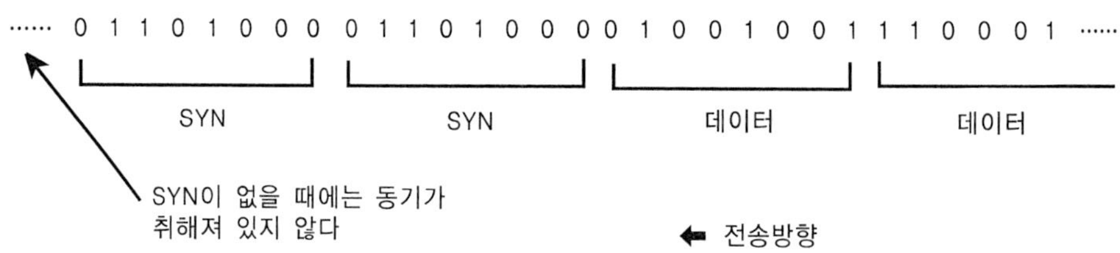

그림 3-15 문자 동기 방식

② 비트 동기 방식

비트 동기 방식은 전송 단위를 문자열이 아닌 비트의 묶음으로 보고, 송신측과 수신측의 동기를 맞추기 위하여 전송되는 데이터 블럭의 앞뒤에 특수한 비트열인 플래그(flag) 패턴을 두고 비트열을 한꺼번에 전송하는 방식이다. 즉, 데이터와 제어 정보는 8비트 문자 단위로 해석될 필요는 없으며, 8비트 길이를 가진 플래그 패턴이 사용된다. 이에 대한 구조를 그림 3.16에 나타내었다.

이 방식에서는 전송할 데이터가 없을 때에도 항상 일정 패턴의 비트 플래그를 보내 송신측 및 수신측 사이에 항상 동기를 맞추어 준다. 만약 플래그를 보내다가 전송할 데이터가 있으면 플래그 사이에 전송할 데이터의 비트열을 한꺼번에 전송한다. 수신측에서는 데이터 비트가 전송되다가 플래그 비트열을 만나면 전송이 끝났다고 판단한다.

만약 데이터의 비트열 사이에 플래그와 동일한 비트열이 존재할 때에 데이터의 해석이 잘못되는 것을 방지하기 위하여 송신측에서는 임의의 비트를 삽입하고 수신측에서는 삽입된 비트를 제거하여 전송 데이터를 복원하다. 예를 들면, 그림 3.16에서와 같은 플래그 비트가 사용된다면, 만약 데이터 비트열 사이에 '1'이 연속해서 5개가 전송되면 플래그와 구별하기 위해서 '0'을 삽입하여 전송한다. 이렇게 하여 전송 데이터 비트에는 플래그 비트와 다르게 하여 전송하게 된다.

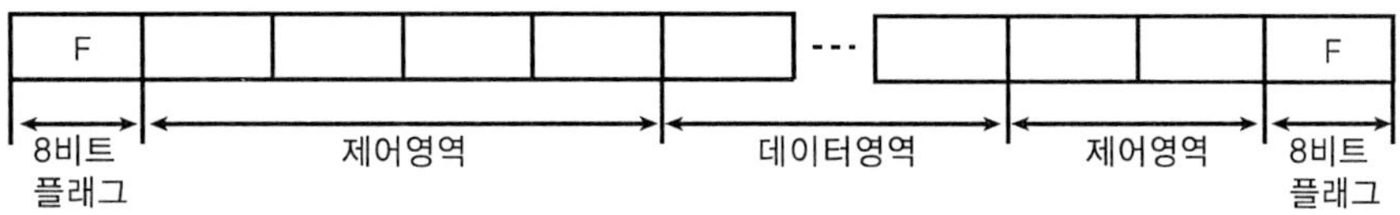

그림 3-16 비트 동기 방식

③ 프레임 동기 방식

프레임 동기 방식은 문자 동기 방식과 비슷하지만 차이점은 데이터의 처음과 끝에 그림 3.17과 같이 플래그(01111110)를 추가하여 데이터의 시작과 끝을 표시하게 하는 방식이다. 데이터로는 문자의 블록뿐만 아니라 비트 단위의 데이터도 전송이 가능한 방식이며, HDLC(High level Data Link Control) 전송 제어 절차가 이 방식을 이용하고 있다

이상에서 살펴본 바와 같이 표 3.2에 동기식 전송과 비동기식 전송의 비교하여 나타내었다.

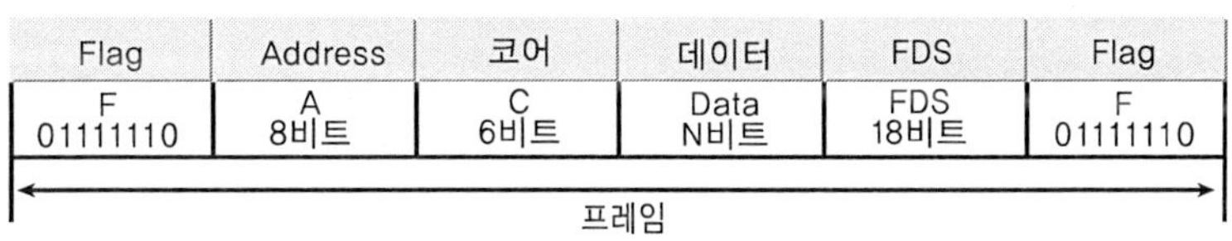

그림 3-17 프레임 동기 방식

표 3-2 동기식 전송과 비동기식 전송의 특성 비교

	비동기식 전송	동기식 전송
전송단위	문자 단위	블록 단위
동기 제어	시작, 종료 비트	클럭 동기
통신속도	저속	고속
회로	간단	복잡
비용	저가	고가
적용 예	RS-232C	전화교환망, 데이터 통신망 등

3.4.5 기저대역 전송 및 광대역 전송

디지털 데이터를 통방식 신회선을 통해 전송하는 방식에는 기저대역(baseband) 전송과 광대역(broadband) 전송으로 나눌 수 있다. 기저대역 전송은 전송해야 할 원래의 데이터 신호를 변조하지 않고 그대로 전송하는 것이고, 광대역 전송은 원래의 데이터 신호를 변조하여, 즉 적합한 전송신호로 변환하여 전송하는 방식이다. 이를 그림 3.18에 나타내었다.

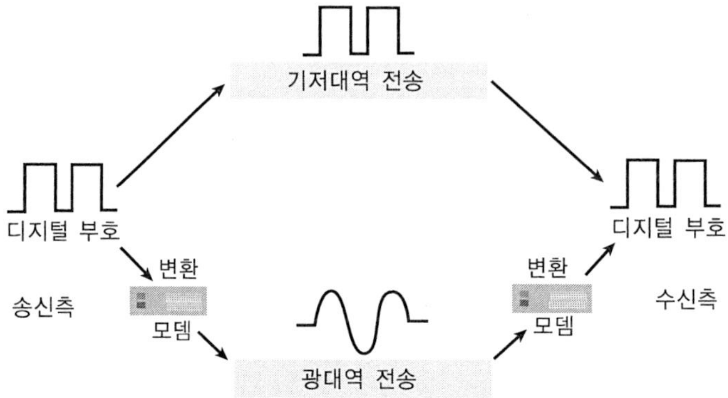

그림 3-18 기저대역 전송 및 광대역 전송 방식

(1) 기저대역 전송

기저대역 전송은 단말장치나 컴퓨터 등에서 출력되는 디지털 데이터 신호를 변조 과정을 거치지 않고 원래의 신호를 이중 나선 또는 동축 케이블과 같은 전송회선을 통하여 직접 전송하는 방식이다.

이 방식은 신호만 전송되기 때문에 전송 품질은 좋고 저속에서 고속에 이르기까지 다양한 용도로 사용되지만, 케이블의 상태에 따라 영향을 많이 받고 장거리 전송을 할 경우 신호 감소에 따른 증폭기나 재생 중계기가 필요한 단점을 가진다. 따라서 컴퓨터와 단말장치간의 통신, 근거리 통신망(LAN) 등 주로 전송거리가 짧은 근거리 전송에 많이 사용되고 있다.

(2) 광대역 전송

광대역 전송은 송신측에서의 디지털 신호는 통신회선을 왜곡없이 전송할 수 있도록 반송파(carrier wave)를 이용해 아날로그 신호로 변환하여 전송하고, 수신측에서는 이를 역변환하여 원래의 디지털 신호를 얻어내는 방식이다. 이러한 디지털 데이터에 대한 반송파를 이용하여 변환시키는 방법으로는 교류신호의 진폭, 주파수 및 위상 등을 변환시킨다.

이 방식은 송신측과 수신측에 각각 변복조의 기능을 갖는 모뎀을 필요로 하며, 현재 근거리 및 원거리 등 정보전송의 대부분을 차지하고 있다.

3.5 전송 속도와 전송 용량

통신 속도는 단위 시간에 전송되는 데이터의 양이고, 데이터의 양을 표현하는 방법에 따라 데이터 전송 속도, 변조 속도 등으로 나타낼 수 있다. 데이터의 양은 일반적으로 비트, 문자, 블록 단위를 사용하고, 전송 속도의 단위로는 비트/초, 변조 속도의 단위로는 보오(baud)를 가장 많이 사용하고 있다.

3.5.1 전송(신호) 속도

전송 속도는 초당 전송되는 비트수가 얼마인가를 나타내며, 단위는 bps(bits per second)이고, 우리가 일반적으로 말하는 전송 속도이다. 예를 들어 전송 속도가 56kbps라고 한다면, 매 초마다 56,000비트를 전송한다는 것을 의미한다. 이외에 데이터 양의 단위를 블록, 문자 등을 사용할 수도 있고, 시간의 단위를 분, 시간 등을 사용할 수도 있다.

3.5.2 변조 속도

변조 속도는 신호의 변조 과정에서 1초에 몇 번의 변조가 행해졌는가를 나타낸다. 즉, 1초에 신호 개수 혹은 상태 변화의 수가 몇 개인가를 나타낸다. 디지털 신호를 아날로그 신호로 변조하는 속도를 나타내며, 단위는 보오(baud)이다. 보오는 1초 동안에 변조 횟수를 나타낸다. 예를 들어 진폭 변조와 주파수 변조에 있어서 한 신호 단위의 시간이 5ms라면 변조 속도는 200baud가 된다. 또한 9600bps의 신호가 전송될 때 변조를 1비트당 2개의 상태를 가진다면 전송 속도는 9600bps가 되고, 변조 속도는 19200baud가 된다.

3.5.3 통신 용량

어떤 통신회선을 통해 정보를 전송할 때 정보를 오류없이 최대로 전송할 수 있는 최대 속도를 전송 용량이라 하고 단위는 전송 속도와 유사하다. 예를 들어 파이프를 통하여 물을 공급할 때 파이프의 굵기가 굵으면 동일한 시간에 많은 양의 물을 공급할 수 있고, 파이프의 굵기가 좁으면 많이 공급할 수가 없다. 마찬가지로 통신회선의 전송 용량이 크다는 것은 많은 양의 데이터를 전송할 수 있다는 것을 의미한다.

3.5.4 전송 효율

전송 효율은 통신선의 사용 효율을 말하며, 전송된 총 비트수에 대한 순수 정보 비트수를 백분율로 표시한다. 동기 전송이 비동기 전송보다 전송 효율이 좋은데, 이는 비동기 전송의 경우에는 하나의 문자를 전송할 때마다 시작 및 종료비트가 추가되기 때문이다. 예를 들어 시작비트가 1비트, 종료비트가 1비트라면 8/10＝80%의 전송 효율을 가지게 된다. 문자 동기식 전송의 경우에는 STX가 8비트, ETX가 8비트를 가지고, 100개의 문자를 전송한다면, 800/816＝98%의 전송 효율을 가짐으로 전송 효율이 좋다고 한다.

3.6 전송 손상

전송 손상(transmission impairments)이란 전송신호가 열이나 전자기장 등의 외적 요인 혹은 전송매체의 물리적 특징에 의하여 송신 직전의 신호와 달라지는 것을 말한다. 가장 대표적인 전송 손상은 감쇠로 인한 신호의 약화(attenuation), 지연으로 인한 왜곡(delay distortion), 잡음(noise) 등이 있다.

3.6.1 감쇠

(1) 감쇠

감쇠(attenuation)란 전기신호가 거리에 따라 약해지는 현상으로 모든 전송매체에서 발생한다. 유선매체에서는 전송신호의 강도가 거리에 따라 처음에는 급격히 감소하다가 점차 완만히 줄어드는 대수(logarithm) 형태이다. 무선매체에서는 거리뿐만 아니라 주변의 대기환경에 대해서도 영향을 받는다. 신호가 제대로 전달되려면 수신측에서 인지할 수 있을 만한 강도가 유지되어야 한다. 특히, 원거리 통신에서는 수신되는 신호는 수신기가 그 신호를 감지하고 해석하는데 무리가 없을 정도로 강해야 하며, 신호는 에러없이 전송될 수 있도록 잡음에 대해 충분히 큰 수준을 유지해야 한다. 이러한 문제들을 해결하기 위해 증폭기(amplifier) 또는 리피터(repeater) 등을 이용한다.

아날로그 전송에서는 증폭기를 통하여 약해진 신호의 강도를 원래의 수준으로 회복시킨다. 그러나 증폭기가 모든 신호를 균일한 비율로 증폭시키지 못하면 신호 변경을 가져올 수 있다. 뿐만 아니라 증폭기가 직렬로 여러 개가 연결될 경우 이러한 누적된 신호 변경이 오히려 신호의 감쇠방지 효과를 상쇄시킬 수 있으므로, 송신기와 수신기 사이에 사용할 수 있는 증폭의 수가 제한된다.

한편 디지털 전송에서는 리피터로 2진 정보를 다시 복원하여 재전송한다. 리피터는 송신기와 수신기의 일부 기능을 가진 장비로서 증폭기와는 달리 누적적인 신호 변경을 피할 수 있다. 그러나 리피터에도 원래 1을 나타내는 신호를 0으로 해석하거나, 반대로 0을 1로 해석하는 비트 에러(bit error)가 발생할 수도 있다.

(2) 감쇠 왜곡

하나의 신호는 여러 주파수 요소로 구성되는데 주파수에 따라 감쇠되는 정도는 동일하지 않다. 특히 감쇠는 높은 주파수에서 더 많이 일어난다. 감쇠 왜곡(attenuation distortion)은 이와 같이 주파수 스펙트럼에 따라 감쇠의 정도가 균일하지 못해 발생되는 신호의 변형을 말한다.

감쇠 왜곡은 아날로그 신호에서 더 심각하며, 디지털 신호도 여러 주파수 요소로 구성되어 있으나, 하나의 디지털 신호에 담겨진 전력 스펙트럼(power spectrum)은 상대적으로 좁은 범위에 밀집되어 있으므로 아날로그 신호에 비해 감쇠 왜곡이 적다.

감쇠 왜곡을 극복하기 위해 전송매체의 주파수 스펙트럼 전체에 걸쳐 감쇠의 정도를 비슷하게 보정을 해준다. 전화선을 대상으로 이러한 기술이 적용되는 경우를 살펴보자. 그림 3.19의 실선은 전화선에서 주파수에 따른 감쇠 정도를 나타낸 것으로 높은 주파수 요소가 상대적으로 감쇠가 많아 신호가 많이 약해진다. 로딩 코일(loading coil)로 전화선의 전자기적 성질을 변화시켜 음성채널 내의 주파수 요소들의 감쇠 정도를 그림 3.19의 점선과 같이 비슷하게 만든다.

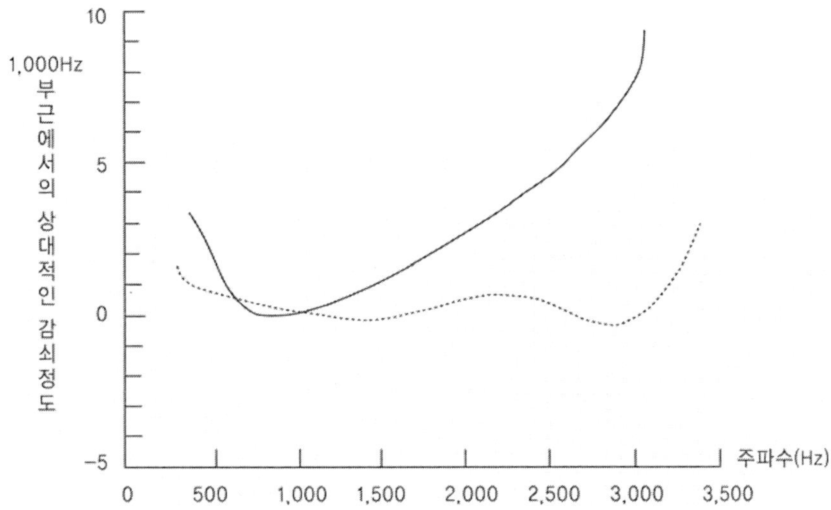

그림 3-19 전화선에서 음성채널의 감쇠 곡선과 보정

3.6.2 지연 왜곡

유전체를 통과하는 신호의 전파속도는 공기 중에서 보다 느려질 뿐만 아니라 주파수 요소에 따라 속도가 다르다. 즉, 모든 주파수에서 일정한 속도를 갖는 공기 중에서와는 달리 이중 나선, 동축 케이블, 광섬유 등의 유선매체에서는 상이한 주파수 요소 사이의 전파속도 차이에 의한 지연 왜곡(delay distortion)이 생긴다.

그림 3.20은 가입자망 음성채널에서의 개별 주파수에 대한 지연 정도를 나타낸 것으로 1,800Hz 부근의 중심 주파수에서 전파속도가 가장 빠르고, 중심 주파수에서 멀어짐에 따라 전파속도가 급격히 늦어짐을 보여 주고 있다.

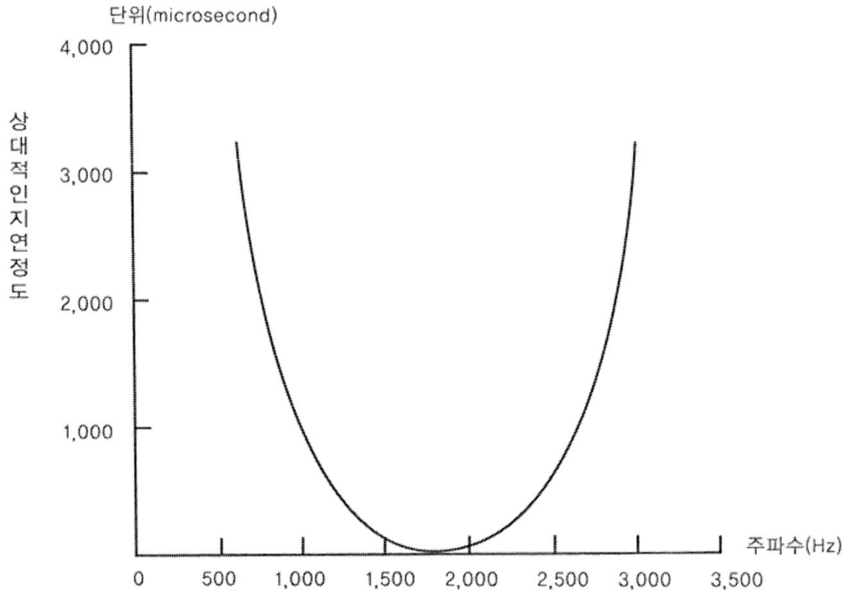

그림 3-20 가입자망 음성채널에서의 주파수 지연

디지털 전송에서 지연 왜곡은 중대한 영향을 미친다. 수신기에 들어온 신호들이 주파수의 요소에 따라 도착시간이 다르다면 하나의 비트에 포함되는 에너지의 일정 부분이 인접한 다른 비트에 겹쳐질 수 있어 계속 이어져 들어오는 0 또는 1의 비트값을 구분하기가 어렵다. 이러한 현상을 상호간섭이라고 하며, 이것이 디지털 정보의 최대 전송 속도(정보 전송률, data rate)를 결정하는 주된 요인이 된다.

3.6.3 잡음

잡음(noise)이란 신호를 전송하는 과정에서 발생하는 원하지 않는 신호이다. 잡음은 전송매체의 물리적인 특성으로부터 유발되는 잡음과 태양과 달, 번개 등의 돌발적인 외적 요인으로부터 유발되는 잡음 등이 있다.

잡음은 크게 열잡음(thermal noise), 주파수 상호간섭(intermodulation noise), 누화(crosstalk), 돌발적 잡음(impulse noise) 등으로 분류된다.

(1) 열잡음

전도체 내부의 전자들이 열에 따른 불규칙한 움직임에 의한 내부로부터의 잡음이다. 이 잡음은 어떤 형태의 전자장비와 매체에서도 나타나며, 그 크기는 절대온도에 비례한다. 또한 모든 범위의 주파수에 대해 균일한 정도의 전력 스펙트럼을 갖고 있다. 열잡음은 백색광과 같은 형태의 주파수 스펙트럼을 가지므로 백색 잡음(white noise)이라고도 불린다. 이 잡음은 제거될 수 없으므로 열잡음 이외의 왜곡이 없는 이상적인 전송매체의 용량은 이론적으로 가능한 최대 용량이 된다.

(2) 주파수 상호간섭

동일 매체를 서로 다른 영역의 주파수로 구성되는 신호들이 이용할 때 주파수들의 합, 차 또는 배수에 해당되는 새로운 주파수가 만들어짐으로써 나타나는 잡음이다. 즉, 주파수 f1, f2를 그 주파수 요소로 가지는 신호로부터 f1 + f2, f1 − f2 등의 새로운 주파수가 생기는 경우에 발생한다. 예를 들어 4,000Hz와 8,000Hz의 주파수를 주파수 요소로 가지는 신호가 동일한 매체를 이용할 때 12,000Hz에 해당하는 새로운 주파수가 생성될 수 있다. 이 경우 이미 12,000Hz 크기의 주파수를 사용하는 다른 신호와 간섭현상을 일으킨다.

전송과정에서 송신기, 수신기 등의 장비가 선형성을 만족하지 않으면 이러한 잡음이 발생하기 쉽다. 송신기나 수신기 등의 장비는 비정상적인 작동이나 지나치게 큰 입력신호 등에 대해서는 주파수 요소들의 합이나 차에 해당하는 새로운 주파수를 발생시켜 이러한 잡음을 야기시킨다.

(3) 누화

전화 통화중 다른 사람의 말이 들리는 혼선과 같은 현상으로 열잡음에 비해서는 크기가 작은 편이다. 차폐가 안 된 동선가닥이 인접해 있거나 안테나로 신호를 수신할 때 반사된 신호가 같이 수신되는 경우에 발생된다.

(4) 돌발적 잡음

예측할 수 없는 외부적 요인 즉, 번개, 통신장비의 결함 등으로부터 발생하는 잡음이 돌발적 잡음이다. 이 잡음은 단속적이고, 펄스와 같이 뾰족하게 돌출한 형태를 띠며 순간적이지만 다른 잡음에 비해 상대적으로 크다. 이 잡음은 음성과 아날로그 정보의 전송에서는 큰 문제가 되지 않으나 디지털 전송에서는 중대한 문제를 초래하기도 한다. 예를 들어 아날로그 전송을 하는 전화 통화중의 짧은 단속은 내용 파악에 큰 지장을 주지 않는다. 그러나 디지털 전송에서는 매우 짧은 순간도 상당수의 비트를 포함하기 때문에 많은 정보의 손실을 가져 올 수 있다. 예를 들어 4,800bps의 속도로 전송될 때 0.01초 동안의 짧은 단속도 50bit에 해당하는 정보를 상실하게 하여 전체 정보를 파악할 수 없게 될 수도 있다. 그림 3.21는 디지털 전송에서 잡음의 영향을 보여 주고 있다.

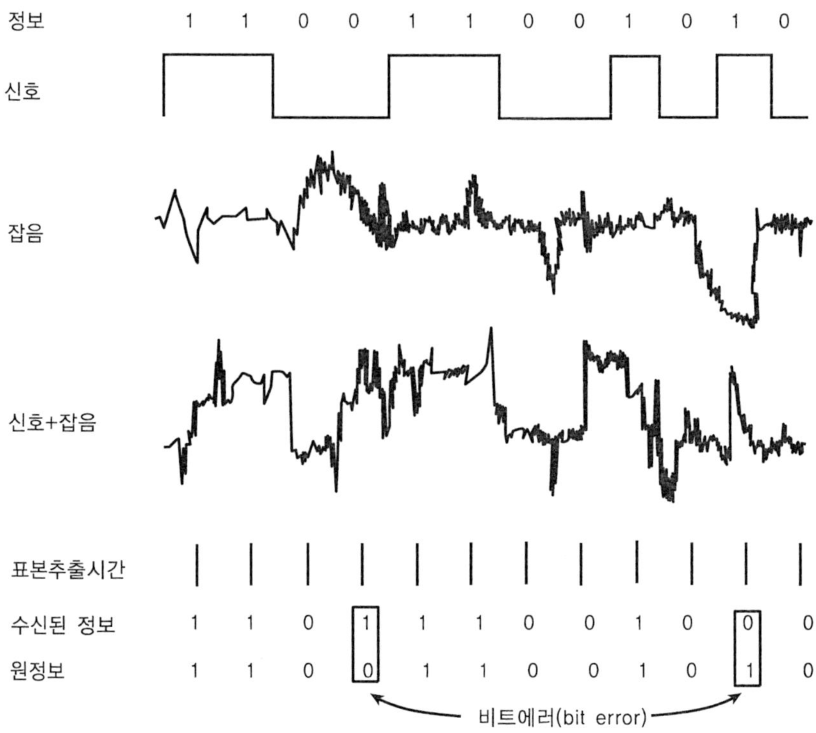

그림 3-21 디지털 전송에서 잡음의 영향

[참고문헌]

[1] 김영춘, 민경일, 신용달, 조용석, 현대사회의 정보통신개론, 홍릉과학출판사, 2010.
[2] 고응남, 최신 정보통신 개론, 한빛아카데미, 2014.
[3] 이호웅, 정보통신개론, 기한재, 2012.
[4] 김창환, 이종두, 김명생, 정보통신개론2판, 복두출판사, 2013.
[5] 강경인, 정보통신개론, 오성미디어, 2011.
[6] 이창희, 백덕화, 임해진, 정보통신개론, 정익사, 2011.

연습문제

01. 통신회선 중에서 이중 나선, 동축 케이블, 광섬유 케이블의 특성 및 장·단점에 대해 설명하시오.

02. 통신 속도에서 bps와 보오(baud)를 비교 설명하시오.

03. 단방향, 반이중, 전이중 통신에 대해서 설명하시오.

04. 아날로그 데이터와 디지털 데이터를 비교 설명하시오.

05. 직렬전송과 병렬전송을 비교 설명하시오.

06. 동기식 전송과 비동기식 전송을 비교 설명하시오.

07. 전송 중에 신호 감쇠에 대해서 설명하고, 해결책을 설명하시오.

08. 전송 중에 지연 왜곡에 대해서 설명하고, 해결책을 설명하시오.

Chapter 04

인터넷

4.1 서론

전 세계에 흩어져 있는 개별 네트워크(network)는 원래 사용자의 상이한 요구사항을 만족시키도록 특정화된 것이다. 따라서 하나의 특정한 망 구성기술이 모든 사용자들의 요구를 만족시킬 수는 없기 때문에 전 세계적인 단일망 구성은 실질적으로 어렵다. 그러나 다양한 정보에 대한 필요성이 개별 네트워크들을 서로 접속되어 운영되는 방향으로 나가게 되었다. 서로 다른 하드웨어 구성을 가지는 컴퓨터들로 이루어진 또는 서로 다른 운영체제를 사용하는 망들을 서로 연결시켜 그것을 하나의 통일된 망처럼 사용하게 하는 기술을 연동(internetworking)이라 하고, 그림 4.1에서처럼 상호 연결하여 만들어진 복잡한 망을 인터네트워크(internetwork)라 한다. 연동기술은 실제적인 네트워크 하드웨어의 물리적인 연결 부분은 감추고 공통의 표준 통신프로토콜(protocol)을 사용하여 다른 기종의 컴퓨터들 간의 통신을 가능하게 하는 것이다. 즉, 서로 다른 종류의 네트워크를 연결하고 하나의 통신 프로토콜을 둠으로써 다양한 하드웨어 및 소프트웨어 기술을 필요로 하며, 관련 장비로는 리피터(repeater), 브리지(bridge), 라우터(router), 게이트웨이(gateway) 등이 있다.

인터넷(internet)이란 전 세계에 있는 개별 네트워크 사이에 정보 교환을 가능하도록 연동해

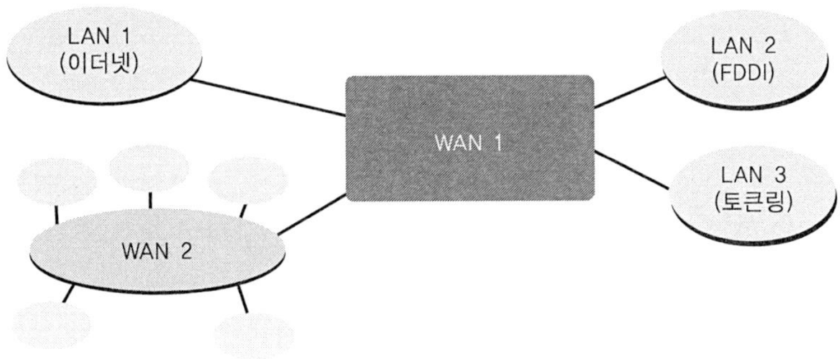

그림 4-1 인터네트워크

놓은 것이다. 즉, 전 세계에 널리 퍼져 있는 근거리 및 원거리 통신망으로 구성된 네트워크의 네트워크(network of network)라 할 수 있다. 이러한 인터넷은 실제 네트워크의 물리적 연결과정이 감추어져서 사용자가 마치 하나의 네트워크에 연결된 듯한 투명성(transparency)이 확보되어야 가능하다. 이러한 접속의 투명성을 위해서 공통된 통신프로토콜을 사용해야 하는데, TCP/IP(Transmission Control Protocol/Internet Protocol)라는 프로토콜을 사용하는 컴퓨터 네트워크의 네트워크를 인터넷(Internet)이라 한다. 여기서 설명되는 Internet은 고유명사로서 일반명사 internet과는 구별된다.

본 장에서는 현재 가장 널리 이용되고 있는 인터넷에 대해서 알아본다. 먼저 인터넷의 개요 및 역사에 대해서 알아보고, 현재 인터넷의 국내외 현황, 인터넷 서비스의 종류에 대해서 알아본다. 그리고 인터넷 전자상거래 기술과 차세대 인터넷의 발전 방향에 대해서 알아보기로 한다.

4.2 인터넷의 역사

4.2.1 인터넷의 발전사

인터넷은 1969년 알파넷(ARPANET)으로부터 시작되었다. 알파넷은 미국 국방성(DoD : Department of Defense)에서 UCLA, 스탠포드 대학 등 관련 연구기관 사이의 정보교환을 위해 4개의 호스트 컴퓨터를 전화선을 통하여 연결한 네트워크이다. 이 알파넷은 과학자, 연구원 및 국방 관계자 등이 서로 다른 장소에서 전자우편을 보낸다든지 또는 실시간 대화를 가능하게 하였다. 그 후 알파넷의 사용자가 늘고, 컴퓨터 시스템의 기종이 다양해짐에 따라 그때까지 사용하였던 NCP(Network Control Protocol)를 대신할 TCP/IP를 개발하게 되었다. 이때 개발된 TCP/IP가 바로 지금까지 인터넷에서 사용되고 있는 프로토콜이다.

TCP/IP의 개발로 알파넷 이용이 활발해지자 1983년 군사용 MILNET과 연구 목적의 알파넷으로 나누었는데, 이 연구용 네트워크가 인터넷의 모태가 된다. 또한 1986년 미국 과학재단(NSF : National Science Foundation)은 슈퍼컴퓨터(super-computer) 센터 간의 통신을 위한 NSFNET을 만들었는데, 이것이 알파넷과 연결되면서 슈퍼컴퓨터를 자유로이 사용할 수 있게 되자 인터넷에 접속 수요는 급격히 증가하였다. 미국 과학재단의 지속적인 투자에 힘입어 NSFNET의 전송 속도와 망 관리기술이 발전하면서 알파넷의 기능이 점점 소멸되어 1990년에 알파넷은 NSFNET에 인터넷 기간망 자리를 넘겨주고 공식 해체되었다. 그 후에도 NSFNET는 인터넷 기간망으로서 중추적 역할을 하여 유럽과 아시아 등지의 기간 네트워크들도 이에 연결되고 있으며, 이에 따라 인터넷이 전 세계를 연결하는 하나의 거대한 네트워크가 되었다. TCP/IP 인터넷, 글로벌 인터넷으로도 불리는 인터넷은 전 세계의 정보를 마치 옆방 컴퓨터 안의 정보를 검색하는 것과 같이 사용할 수 있는 환경을 만들어 주었다. 표 4.1에 인터넷의 발전사를 간략하게 나타내었다.

표 4-1 인터넷의 발전사

- 1969년 : ARPANET 탄생
- 1972년 : Telnet 및 FTP 표준 제정
- 1977년 : E-mail 표준안 확정
- 1979년 : USENET 서비스 시작
- 1982년 : NCP(network control protocol)를 TCP/IP로 전환
- 1983년 : ARPANET을 MILNET(군사용) 및 ARPNET(연구용)으로 분리
- 1984년 : DNS(domain name server) 개념 도입
- 1986년 : 미국 과학재단(NSF)에서 NSFNET 지원
- 1989년 : CERN에서 WWW 개발
- 1990년 : ARPANET 공식 해체, NSFNET로 이관, Archie 서비스 시작
- 1991년 : WAIS, Gopher 서비스 시작
- 1992년 : WWW, Veronica 서비스 시작
- 1993년 : InterNIC(국제인터넷 정보센터) 설립
- 1993년 : 모자이크(mosaic) 개발(최초의 멀티미디어 웹 브라우저)
- 1994년 : 넷스케이프(netscape) 발표
- 1995년 : 상업화(미국 ANS, 유럽 EUNET, 한국통신, 일본 KDD 등)

4.2.2 국내 인터넷의 역사

국내 인터넷은 1982년 서울대학교와 KIET(전자통신연구소(ETRI)의 전신) 사이에 SDN(System Development Network)이라는 네트워크가 설치되면서부터 시작되었다. 1990년에 KAIST를 중심으로 몇몇 대학과 연구소가 공동으로 설치한 하나망(HANA/SDN)이 56Kbps급 전용회선으로 인터넷에 연결되면서부터 본격적으로 시작되었고, 지금은 교육망(KREN), 연구전산망(KREONET), 그리고 상용망인 KORNET 등이 국제 인터넷과 연결되어 서비스를 제공하고 있다. 표 4.2에 국내 인터넷의 발전과정을 간략하게 나타내었고, 그림 4.2에 국내 인터넷망의 구성도, 그림 4.3은 국내 인터넷망의 연동도 및 그림 4.4는 해외 인터넷망의 연동도를 나타내었다.

표 4-2 국내 인터넷의 발전사

- 1982년 : 서울대학교와 KIET 사이에 TCP/IP를 기반으로 하는 SDN 구축
- 1983년 : 국가기간전산망 사업 시작
  (학술망, 정부전산망, 금융전산망, 국방전산망, 보안전산망)
- 1984년 : SDN-CSNET(정보과학연구망) 연결
- 1985년 : SDN-PACNET(아·태지역 학술연구망) 연결
- 1988년 : SDN-MHSNET(학술용망) 연결
- 1989년 : 교육망(KREN) 및 연구전산망(KREONET) 구축
- 1990년 : KAIST에서 하와이 대학과 인터넷 전용선 연결(한국통신 하나망, 56Kbps)

• 1991년 : 시스템 공학연구소와 샌디애고 슈퍼컴퓨터 센터를 56Kbps로 연결
• 1993년 : 행정종합정보망 개통
• 1993년 : 인터넷링크를 256Kbps로 증속(하나망)
• 1994년 : KORNET 구축(한국통신), 상용 ISP 등장(한국통신, 데이콤 등),
상용망 서비스 시작
• 1998년 : 초고속인터넷 상용 서비스 개시(두루넷)
• 1999년 : 정보통신부에서 한국인터넷정보센터(KRNIC: 현재 한국인터넷진흥원) 설립
• 2005년 : 인터넷전화(VoIP) 상용 서비스 개시
• 2008년 : IPTV 상용 서비스 개시

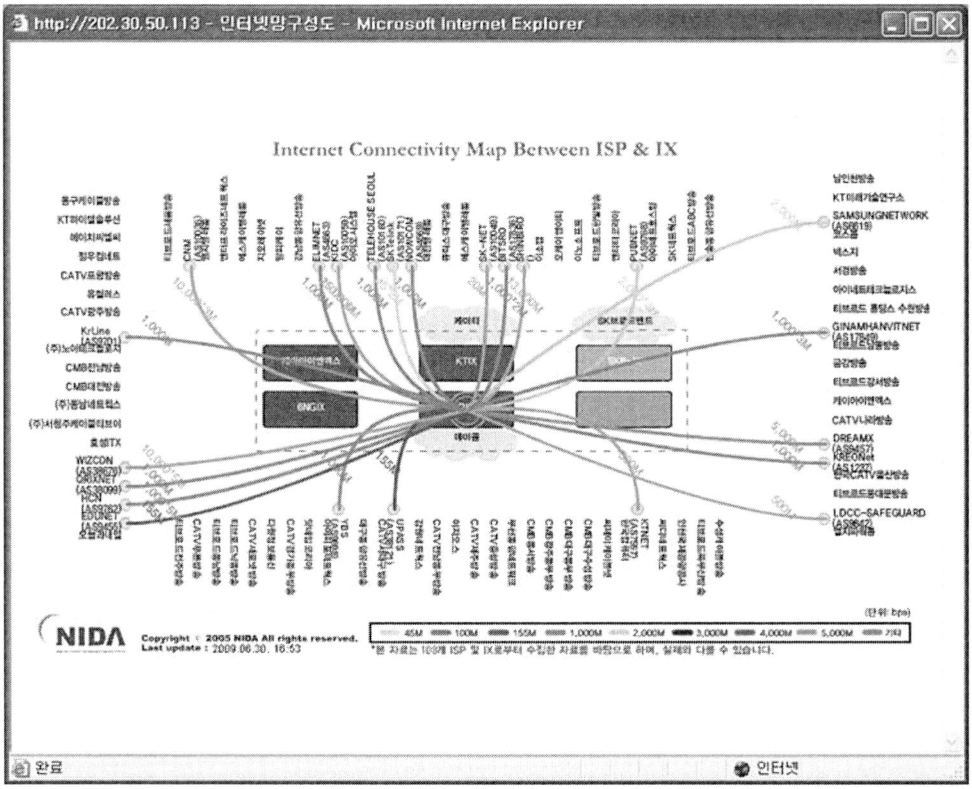

그림 4-2 국내 인터넷망의 구성도

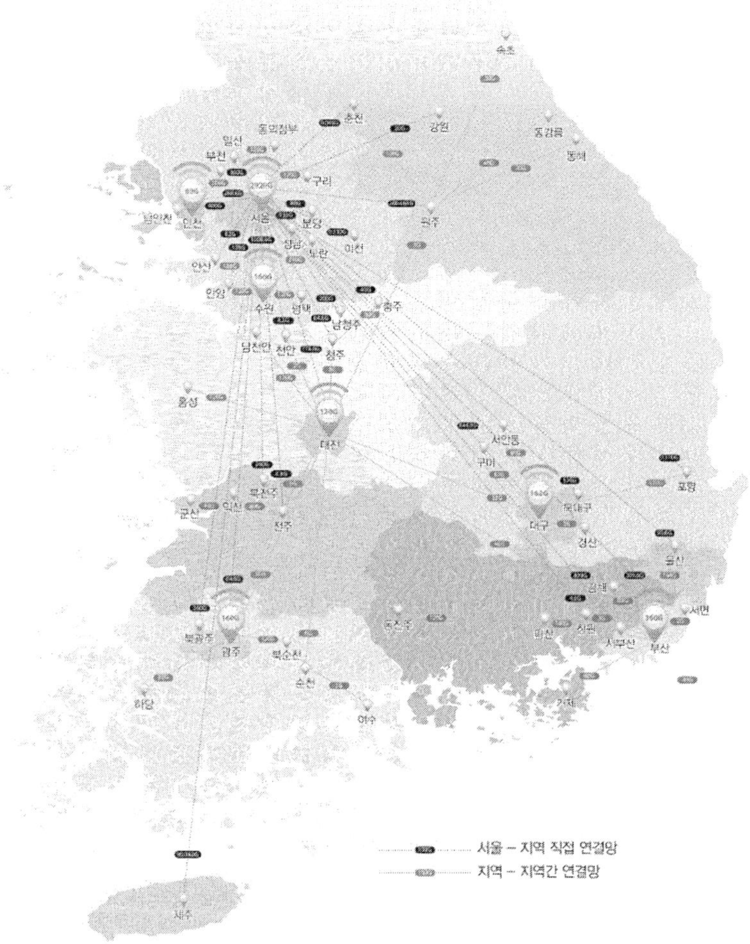

그림 4-3 국내 인터넷망 연동도(2012년)

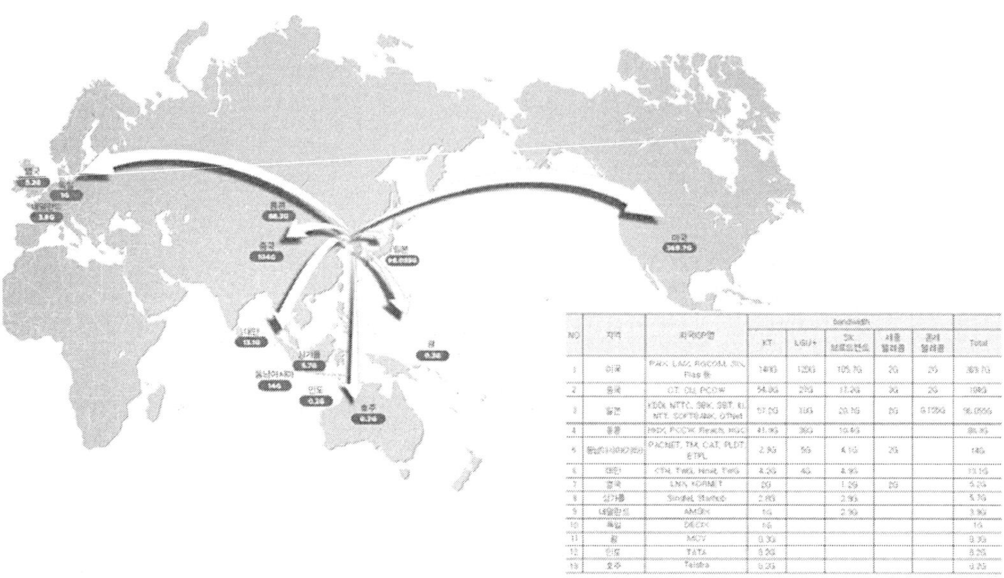

그림 4-4 해외 인터넷망 연동도(2012년)

4.3 국외 인터넷 현황

1969년 미국 국방성의 알파넷에서 시작한 인터넷은 약 45년 정도의 짧은 기간에 양적, 질적으로 엄청날 정도로 팽창하였다.

세계 인터넷 이용률 및 이용자수를 그림 4.5 및 그림 4.6에 각각 나타내었다. 그림에서 볼 수 있듯이 2002년에 약 6억7천만 명이 인터넷을 이용하고 있었던 반면, 2013년 약 27억 명 이상으로 약 4배 이상이 증가하였고, 이용률도 2002년 11%에서 2013년 39%로 많이 증가되었음을 알 수 있다. 이와 같이 불과 10년 정도의 기간에 양적으로 엄청나게 이용자가 증가되어 앞으로도 이용자가 더욱 더 증가할 것으로 추측할 수 있다.

년도	2002	2003	2004	2005	2006	2007
이용률(%)	11	12	14	16	18	21
이용자수(백만명)	677	785	914	1,024	1,151	1,365
년도	2008	2009	2010	2011	2012	2013
이용률(%)	23	26	29	33	36	39
이용자수(백만명)	1,556	1,747	2,023	2,273	2,497	2,749

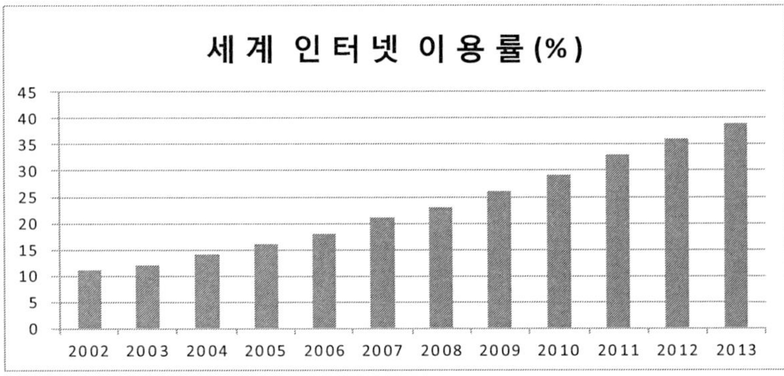

[출처 : 한국인터넷진흥원]

그림 4-5 세계 인터넷 이용률

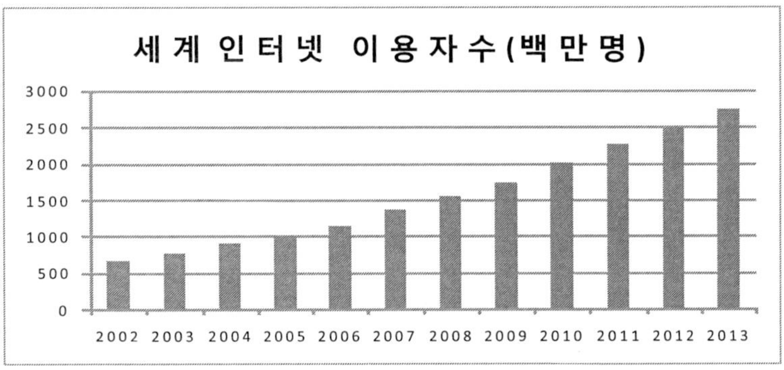

[출처 : 한국인터넷진흥원]

그림 4-6 세계 인터넷 이용자수

4.4 국내 인터넷 현황

국내 인터넷의 현황을 살펴보면, 먼저 국내 인터넷 이용률 및 이용자수를 그림 4.7 및 그림 4.8에 각각 나타내었다. 그림에서 볼 수 있듯이 2002년에 약 2천6백만 명이 인터넷을 이용했던 반면 2013년에는 약 4천만 명이 이용하여 많이 증가되었음을 알 수 있고, 이용률에서도 2013년에는 인구의 82% 정도가 인터넷을 사용하고 있어, 인구 대부분이 인터넷을 사용하고 있음을 알 수 있어 양적으로 엄청나게 발전하였음을 알 수 있다.

년도	2002	2003	2004	2005	2006	2007
이용률(%)	59.4	65.5	70.2	72.8	74.1	75.5
이용자수(천명)	26,270	29,220	31,580	33,010	34,910	35,590
년도	2008	2009	2010	2011	2012	2013
이용률(%)	76.5	77.2	77.8	78.0	78.4	82.1
이용자수(천명)	36,190	36,580	37,010	37,180	38,120	40,080

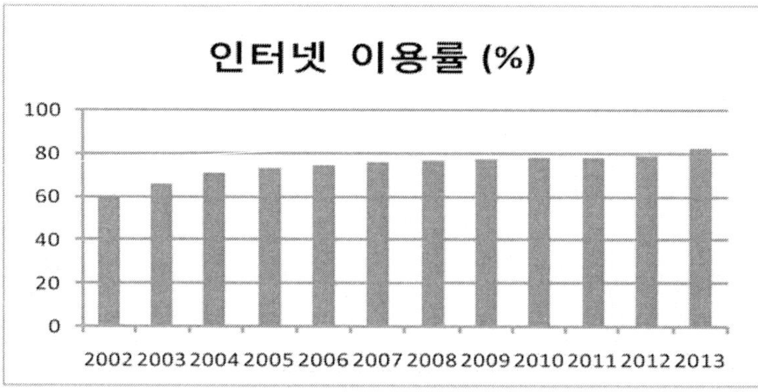

[출처 : 한국인터넷진흥원]

그림 4-7 국내 인터넷 이용률

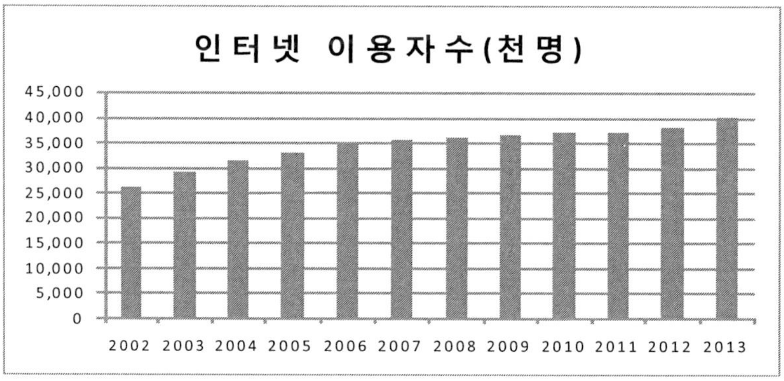

[출처 : 한국인터넷진흥원]

그림 4-8 국내 인터넷 이용자수

2012년 및 2013년의 국내 광역시도별 인터넷 이용률을 그림 4.9에 나타내었다. 그림에서 볼 수 있듯이 거의 대부분의 지역에서 2012년에 비해 2013년 인터넷 이용률이 높고, 2013년에 울산이 89.5%로 인터넷 이용률이 가장 높고, 전남이 68.2%로 가장 낮음을 알 수 있다.

지역	서울	부산	대구	인천	광주	대전	울산	경기
인터넷 이용률(2012년, %)	81.5	76.3	76.5	82.2	81.4	81.4	85.7	83.1
인터넷 이용률(2013년, %)	83.2	84.3	84.7	82.1	83.0	87.9	89.5	84.3
지역	강원	충북	충남	전북	전남	경북	경남	제주
인터넷 이용률(2012년, %)	72.1	72.7	71.1	73.7	68.5	69.0	73.2	74.5
인터넷 이용률(2013년, %)	75.8	80.7	80.3	73.5	68.2	76.6	81.9	80.8

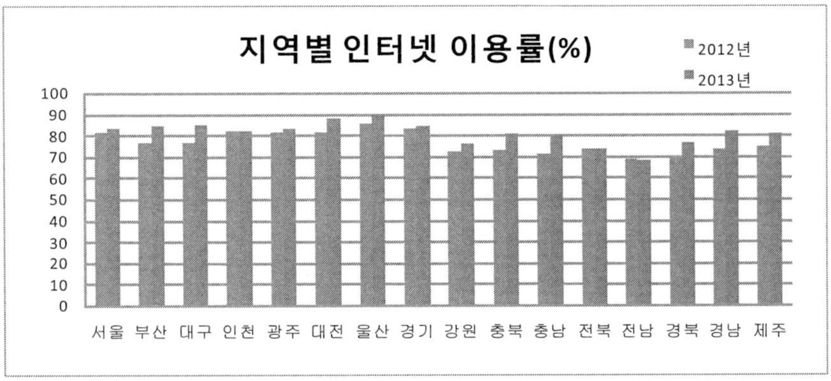

[출처 : 한국인터넷진흥원]

그림 4-9 지역별 인터넷 이용률

2012년 및 2013년의 연령대별 인터넷 이용률을 그림 4.10에 나타내었다. 그림에서 볼 수 있듯이 10대에서 30대는 거의 대부분이 인터넷을 이용하고 있고, 50대의 경우에는 2012년에 비해 2013년에 약 20% 만큼 많이 증가하였고, 60대, 70대의 경우에도 점점 인터넷 이용률이 점점 증가하고 있음을 알 수 있다.

연령대	10세미만	10대	20대	30대	40대	50대	60대	70세이상
인터넷 이용률 (2012년, %)	88.2	99.9	99.9	99.5	89.6	60.1	38.5	9.7
인터넷 이용률 (2013년, %)	80.1	99.7	99.9	99.7	96.8	80.3	41.8	11.3

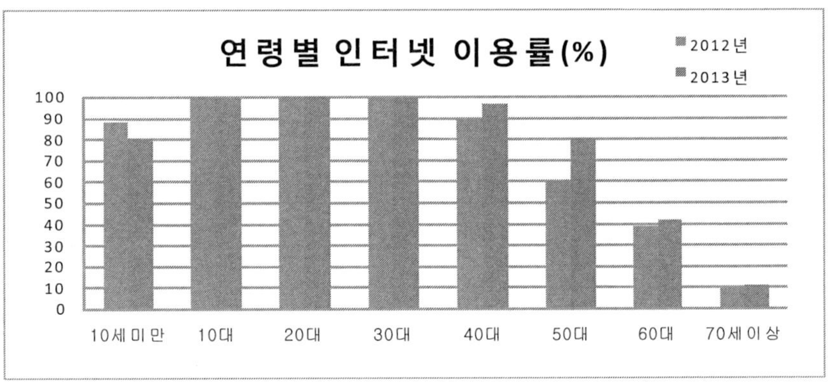

[출처 : 한국인터넷진흥원]

그림 4-10 연령대별 인터넷 이용률

2013년 성별, 연령별 인터넷 이용 용도를 표 4.3에 나타내었다. 표에서 보는 바와 같이 남성 및 여성 모두 자료 정보 획득 용도로 대부분 이용하였고, 남성에 비해 여성이 인터넷 구매 및 판매 용도로 많이 이용하고 있음을 알 수 있다. 연령대별로 살펴보면, 10대의 경우에는 다른 연령대에 비해 교육학습 용도로 많이 이용하고 있고, 20대의 경우에는 다른 연령대에 비해 인터넷구매, 커뮤니티 활동, SW 다운로드, 구직활동 등에 많이 이용하고 있음을 알 수 있다. 30대의 경우에는 다른 연령대에 비해 인터넷 금융 용도로 많이 이용하고 있고, 50대 및 60대의 경우에는 여가 활동에 인터넷을 많이 이용하고 있음을 알 수 있다.

표 4-3 성별, 연령별 인터넷 이용용도(2013년, %)

	자료정보 획득	여가활동	커뮤니 케이션	인터넷 구매 및판매	인터넷 금융	홈페이 지운영	교육 · 학습	커뮤니티	SW다 운로드 /업그 레이드	구직활동	파일공유 서비스
남성	91.9	87.3	85.9	40.6	43.3	37.7	19.5	17.8	14.6	10.5	8.9
여성	90.6	85.3	85.1	52.6	40.1	36.4	18.3	17.1	10.0	7.9	5.5
3-9세	28.4	96.0	27.9	0.9	-	2.9	32.2	1.2	0.9	-	0.0
10대	93.7	97.2	91.9	28.6	7.8	45.2	56.9	18.1	11.6	4.3	7.0
20대	99.8	97.6	99.6	81.4	62.1	67.3	28.7	30.8	22.1	27.0	14.1
30대	99.8	93.3	98.7	73.0	71.8	50.9	8.4	25.0	16.7	11.9	11.4
40대	98.2	82.9	92.7	47.7	51.6	29.7	6.0	14.5	12.2	6.0	6.1
50대	91.6	68.6	76.1	22.6	30.0	14.3	2.7	8.9	6.2	2.4	2.2
60대이상	74.7	50.2	45.0	7.8	12.1	5.4	1.2	3.4	2.2	1.1	0.5

[출처 : 한국인터넷진흥원]

국내 가구에서 인터넷 가능여부를 알 수 있는 컴퓨터 보유율을 그림 4.11에 나타내었다. 그림에서 보는 바와 같이 최근에는 80%의 가구에서 컴퓨터를 보유하고 있어 인터넷이 가능하여 인구 대부분이 인터넷에 쉽게 접근할 수 있음을 알 수 있다.

년도	2000	2001	2002	2003	2004	2005	2006
가구컴퓨터 보유율(%)	71.0	76.9	78.6	77.9	77.8	78.9	79.6
년도	2007	2008	2009	2010	2011	2012	2013
가구컴퓨터 보유율(%)	80.4	80.9	81.4	81.8	81.9	82.3	80.6

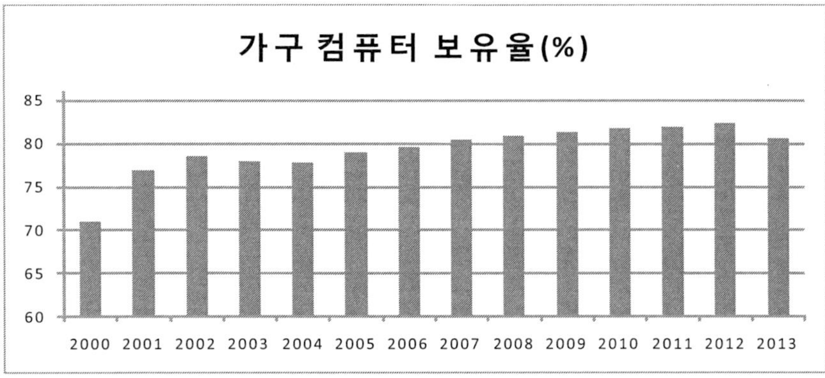

[출처 : 한국인터넷진흥원]

그림 4-11 가구 컴퓨터 보유율

국내 가구의 인터넷 접속률을 그림 4.12에 나타내었다. 그림에서 보는 바와 같이 회사나 사무실이 아닌 일반 가구에서도 대부분이 인터넷에 접속할 수 있음을 알 수 있다.

년도	2002	2003	2004	2005	2006	2007
가구 인터넷 접속률(%)	70.2	68.8	86.0	92.7	94.0	94.1
년도	2008	2009	2010	2011	2012	2013
가구 인터넷 접속률(%)	94.3	95.9	96.8	97.2	97.4	98.1

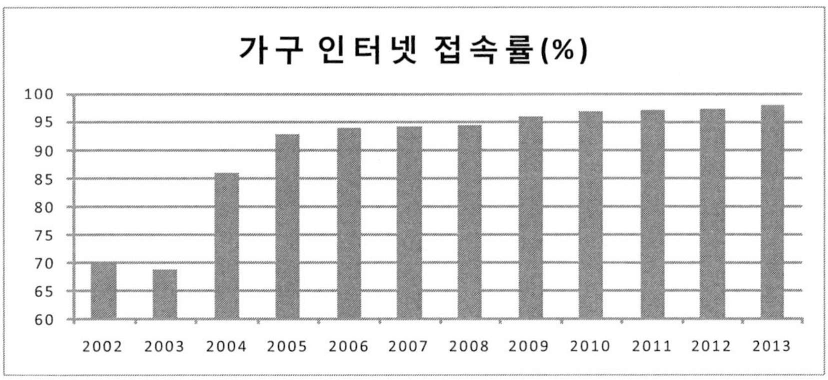

[출처 : 한국인터넷진흥원]

그림 4-12 가구 인터넷 접속률

일반적으로 가정에서 인터넷을 하기 위한 국내의 초고속인터넷가입자수를 그림 4.13에 나타내었다. 그림에서 보는 바와 같이 2003년에 초고속인터넷가입자수가 약 1100만 명에 비해 2014년 약 1900만 명이 가입되어 있어 거의 모든 가구에서 초고속 인터넷을 사용하고 있다는 알 수 있다.

연도	2003	2004	2005	2006	2007	2008
초고속인터넷 가입자수 (천명)	11,178	11,921	12,190	14,042	14,709	15,474
연도	2009	2010	2011	2012	2013	2014
초고속인터넷 가입자수 (천명)	16,348	17,224	17,859	18,252	18,737	19,116

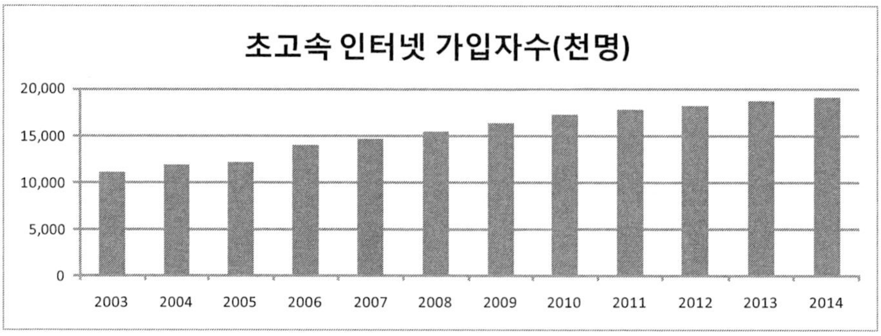

[출처 : 한국인터넷진흥원]

그림 4-13 국내 초고속 인터넷 가입자수

국내 ISP 수를 그림 4.14에 나타내었다. 여기서 ISP(internet service provider)는 개인이나 기업에게 인터넷 접속 서비스, 웹사이트 구축, 웹호스팅 서비스 등을 제공하는 회사를 말한다. 국내에는 KT, SK 브로드밴드, LGU+ 등이 있다. 그림에서 볼 수 있듯이 1999년에 50개 정도의 업체에서 인터넷의 사용자가 급증함에 따라 2014년에는 115개의 업체가 서비스를 하고 있다.

연도	1999	2000	2001	2002	2003	2004	2005	2006
ISP수(개)	54	83	99	82	78	78	79	106
연도	2007	2008	2009	2010	2011	2012	2013	2014
ISP수(개)	112	125	126	127	121	119	119	115

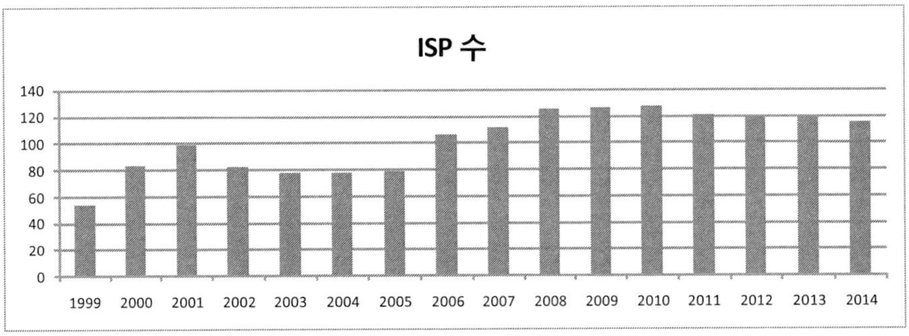

[출처 : 한국인터넷진흥원]

그림 4-14 국내 ISP 수

국내의 IPv4 보유수를 그림 4.15에 나타내었다. 그림에서 보는 바와 같이 1994년 약 385만 개였던 반면 2014년에는 1억 1천만개 이상의 IP를 보유하고 있어 인구 1인당 2개 정도의 IP를 가지고 있다는 것을 알 수 있다.

연도	1994	1996	1998	2000	2002	2004
IPv4 보유수(만개)	385	621	817	1,892	2,718	3,423
연도	2006	2008	2010	2012	2014	
IPv4 보유수(만개)	5,113	6,669	10,350	11,226	11,229	

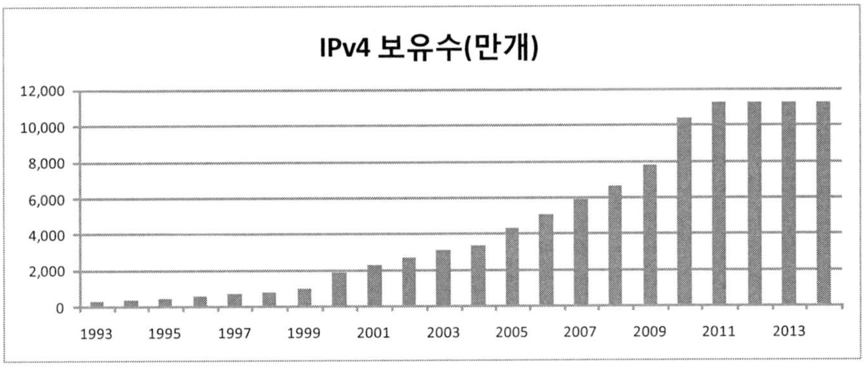

[출처 : 한국인터넷진흥원]

그림 4-15 국내 IPv4 보유수

IPv4의 고갈 문제를 해결하기 위한 국내의 IPv6 보유수를 그림 4.16에 나타내었다. 그림에서 보는 바와 같이 2005년 약 4천 개였던 반면 2014년에는 약 5천 2백 개의 IP를 보유하고 있어 IPv6의 보유수도 점점 증가하고 있음을 알 수 있다.

연도	1999	2000	2001	2002	2003	2004	2005	2006
IPv6 보유수(/32개)	2	5	11	15	18	31	4,145	5,185
연도	2007	2008	2009	2010	2011	2012	2013	2014
IPv6 보유수(/32개)	5,191	5,198	5,201	5,209	5,219	5,229	5,239	5,246

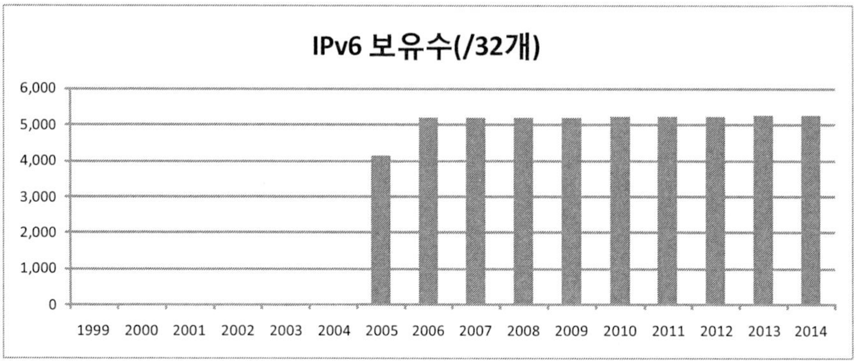

[출처 : 한국인터넷진흥원]

그림 4-16 국내 IPv6 보유수

국내의 인터넷 도메인수를 그림 4.17에 나타내었다. 그림에서 보는 바와 같이 2013년에는 1백만 개 이상의 도메인을 가지고 있다는 것을 알 수 있다. 이는 우리나라 인구 50명당 약 1개의 도메인을 가지고 있다는 것을 의미한다.

이상에서 살펴보았듯이 국내의 인터넷 사용 현황은 우리나라 국민 대부분이 남녀노소 구분 없이 이용하고 있으며, 사용자가 거의 기하급수적으로 증가되고 있다는 것을 알 수 있다.

연도	1993	1994	1995	1996	1997	1998	1999	2000	2001	2002	2003
.kr도메인수 (천개)	0.06	0.19	0.43	2.6	8.0	26.2	207	517	457	515	612
연도	2004	2005	2006	2007	2008	2009	2010	2011	2012	2013	2014
.kr도메인수 (천개)	591	643	706	930	1,001	1,064	1,077	1,299	1,186	1,110	1,084

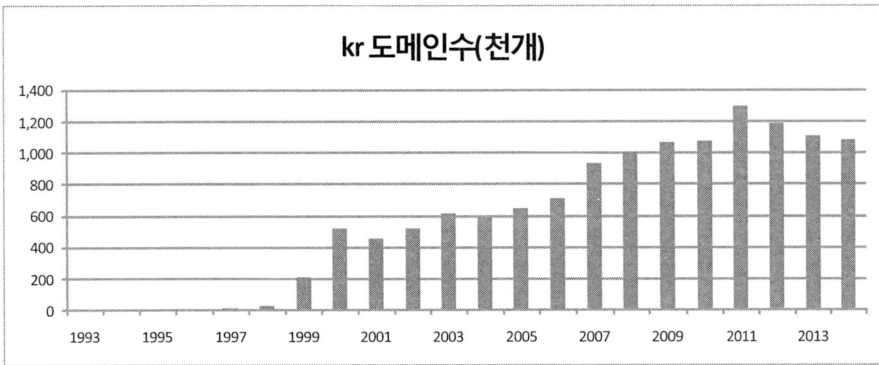

[출처 : 한국인터넷진흥원]

그림 4-17 국내 인터넷 도메인수

4.5 세계 속 한국의 인터넷 현황

흔히 우리나라를 정보통신 또는 인터넷 선진국이라고 말한다. 그만큼 국내의 인터넷을 위한 인프라, 이용자수 등이 충분히 인터넷 선진국이라 할 수 있다.

먼저 2014년 10월 기준 주요국의 IPv4 보유수를 그림 4.18에 나타내었다. 그림에서 보는 바와 같이 세계에서 여섯 번째로 보유수가 많다는 것을 알 수 있다.

순위	국가명	IPv4 수(천개) (2014년10월 기준)
1	미국	1,593,141
2	중국	331,657
3	일본	202,592
4	영국	123,679
5	독일	119,100
6	대한민국	112,310
7	프랑스	84,046
8	브라질	80,892
9	이탈리아	53,354

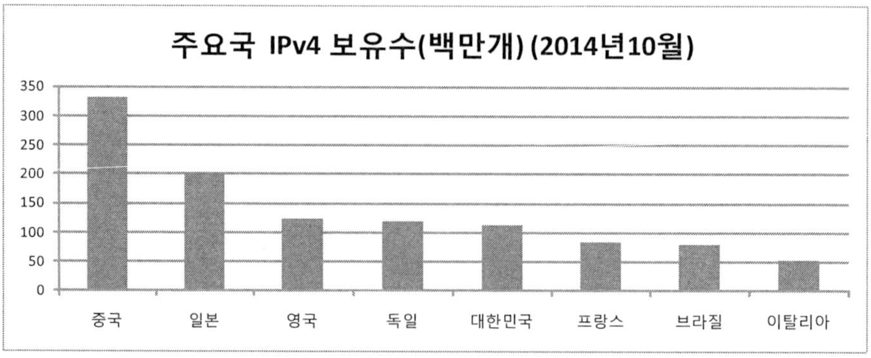

[출처 : 한국인터넷진흥원]

그림 4-18 주요국의 IPv4 보유수

2014년 10월 기준 주요국의 IPv6 보유수를 그림 4.19에 나타내었다. 그림에서 보는 바와 같이 세계에서 8번째로 보유수가 많다는 것을 알 수 있다.

순위	국가명	IPv6 수(개) (2014년10월 기준)
1	미국	32,374
2	중국	18,790
3	독일	12,714
4	프랑스	9,735
5	일본	9,370
6	호주	8,699
7	유럽연합	6,299
8	대한민국	5,246
9	아르헨티나	4,377

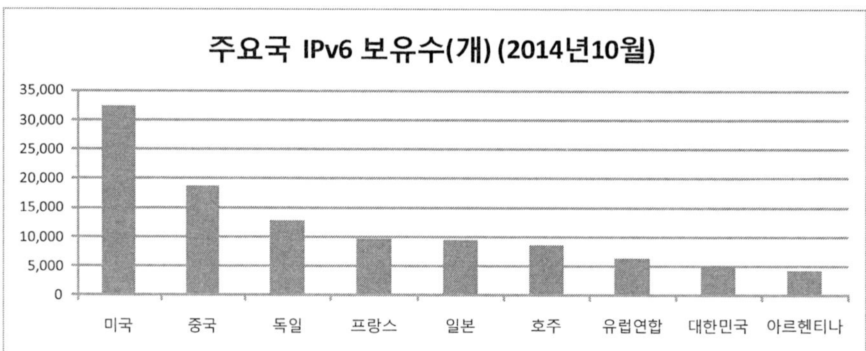

[출처 : 한국인터넷진흥원]

그림 4-19 주요국의 IPv6 보유수

세계 각국의 2013년 인터넷 이용률(인구 100명당 인터넷 이용자수)을 그림 4.20에 나타내었다. 그림에서 보는 바와 같이 약 80% 이상이 인터넷을 이용하고 있다는 것을 알 수 있고, 순위가 앞선 나라들은 상대적으로 인구수가 적은 나라들이고, 우리나라가 20번째로 이용률이 높다는 것을 알 수 있다.

순위	국가	이용률(%)	순위	국가	이용률(%)	순위	국가	이용률(%)
1	아이슬란드	96.55	9	룩셈부르크	93.78	17	일본	86.25
2	버뮤다	95.30	10	핀란드	91.51	18	캐나다	85.80
3	노르웨이	95.05	11	모나코	90.70	19	카타르	85.30
4	스웨덴	94.78	12	페로군도	90.00	20	대한민국	84.77
5	덴마크	94.63	13	바레인	90.00	21	미국	84.20
6	안도라	94.00	14	영국	89.84	22	독일	83.96
7	네덜란드	93.96	15	아랍에미리트	88.00	23	호주	83.00
8	라히텐슈타인	93.80	16	스위스	86.70	24	뉴질랜드	82.78

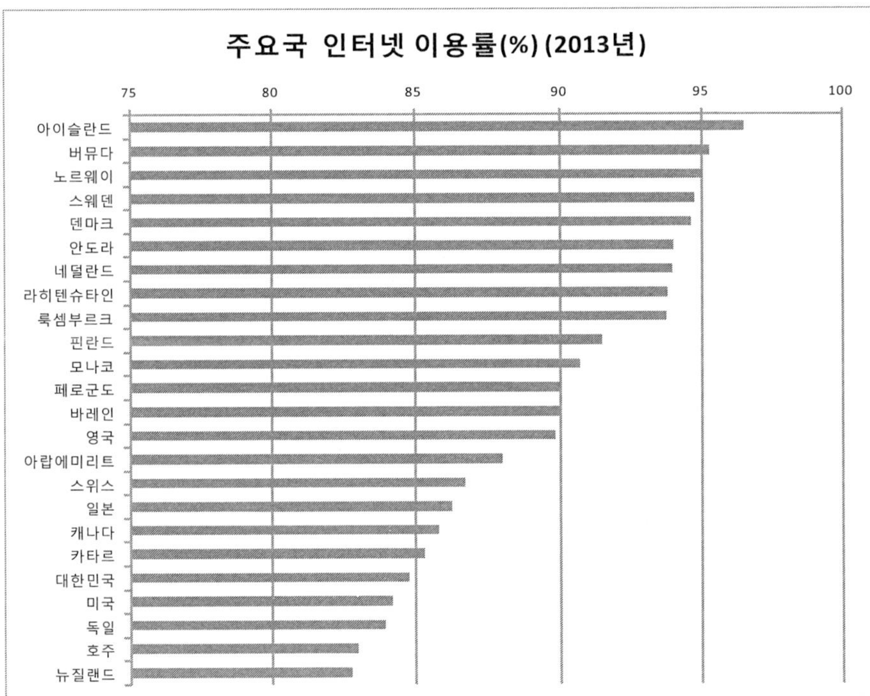

[출처 : 한국인터넷진흥원]

그림 4-20 주요국의 인터넷 이용률

세계 주요국의 상대적인 인터넷 가입자수를 알아보기 위하여 2013년 인구 100명당 초고속인터넷 가입자수를 그림 4.21에 나타내었다. 그림에서 보는 바와 같이 우리나라는 약

37.5명이 가입하여 거의 모든 가구가 가입되어 있음을 알 수 있고, 다섯 번째로 높은 가입율을 나타내고 있다.

순위	국가명	가입자수(명)	순위	국가명	가입자수(명)	순위	국가명	가입자수(명)
1	스위스	44.9	9	독일	34.8	17	일본	28.1
2	네덜란드	40.4	10	벨기에	34.4	18	스페인	26.3
3	덴마크	40	11	캐나다	33.5	19	그리스	26.2
4	프랑스	37.6	12	룩셈부르크	32.5	20	오스트리아	26.1
5	대한민국	37.5	13	스웨덴	32.4	21	호주	26
6	노르웨이	37	14	핀란드	30.8	22	에스토니아	25.5
7	아이슬란드	35.8	15	뉴질랜드	30.2	23	이스라엘	25.1
8	영국	35.2	16	미국	29.8	24	슬로베니아	25.1

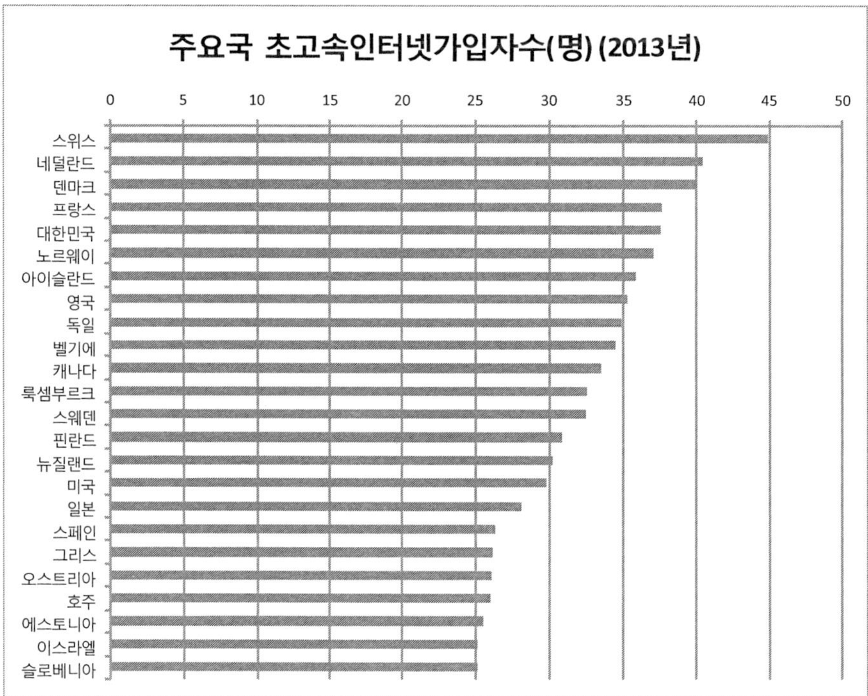

[출처 : 한국인터넷진흥원]

그림 4-21 주요국의 초고속 인터넷 가입자수

이상에서 살펴본 바와 같이 우리나라는 인터넷을 위한 인프라 구축 및 이를 이용하는 인터넷 사용자수 등 인터넷의 모든 면에서 세계의 선진국임을 알 수 있다.

4.6 인터넷의 특징 및 활용

오늘날 인터넷의 고속 성장 배경은 인터넷이 가지고 있는 몇 가지 특징에서 찾을 수 있다.

첫 번째 인터넷은 사용자, 프로토콜, 규격 등이 완전히 개방된 네트워크이다. 인터넷은 누구에게나 열려 있고, 여러 가지 다양한 컴퓨터들과 연결될 수 있다. 또한 어떤 국가나 기관에 의해 통제 받지 않는다. 즉 별도의 운영자가 없이 사용자의 자율성에 의해 운영되는 것이다. 따라서 개인 사용자가 인터넷과 연결된 전 세계의 서버들과의 통신을 통해서 무한한 정보를 얻을 수 있다. 이것이 인터넷을 광대한 정보의 바다라고 부르는 이유이다.

두 번째는 인터넷에 연결된 모든 컴퓨터는 동등한 위치에 있다. 인터넷은 제어를 위한 중앙집중식 네트워크가 아닌 서버/클라이언트 시스템에 기반을 두기 때문에 모든 호스트들은 동등한 위치에 있고, 따라서 이러한 여러 개의 호스트를 거치면 세계의 무한한 정보들을 공유할 수 있는 것이다.

세 번째는 인터넷을 위한 비용이 적다는 것이다. 인터넷을 사용할 때는 기본적인 통신회선의 사용 비용을 제외하면 거의 모든 정보 및 서비스들이 대부분 무료로 제공되고 있다. 예를 들어 일반우편을 보내려면 우표비용, 등기비용 등을 배달되어야 하는 지역이나 국가에 따라서 다양한 비용 부담을 가지지만, 인터넷을 통한 전자우편은 기본 비용만으로 세계 어디든지 정보를 보낼 수 있는 것이다. 따라서 어디든지 접속이 가능하고 접속만 되어진다면 엄청난 양의 유용한 정보를 저렴한 비용으로 얻을 수 있는 것이다.

네 번째로 실시간 멀티미디어 정보 교환이 가능하다는 것이다. 인터넷을 이용하는 사용자 간에 실시간, 양방향으로 멀티미디어 통신이 가능하여 시간과 공간상의 제약을 줄여준다. 예를 들어 보통 신문이라는 것은 하루에 아침 또는 오후에 1번 배달되어 하루 동안의 새로운 뉴스를 제공한다. 그러나 요즘은 인터넷 상의 신문을 통하여 실시간으로 뉴스를 볼 수 있으며, 속보 등을 바로 바로 접할 수 있게 된다. 이를 응용한 것이 인터넷 채팅, 인터넷 게임, 인터넷 화상전화, 인터넷 TV 등이다.

이러한 인터넷의 특징들을 바탕으로 인터넷을 통해 할 수 있는 일들이 굉장히 광범위해지고 있으며, 심지어 인터넷 없이는 생활하기가 힘들 정도라 할 수 있다. 예를 들어 인터넷을 통해 할 수 있는 일들을 살펴보면 다음과 같은 무한히 많은 일들을 인터넷에서 해결할 수 있다.

- 전 세계 컴퓨터에 접속이 가능하다.
- 전자우편을 주고받을 수 있다.
- 멀티미디어 정보 검색이 가능하다.
- 인터넷 전자상거래가 가능하다.
- 인터넷 방송을 시청할 수 있다.
- 실시간 대화가 가능하다.

- 인터넷 게임을 즐길 수 있다.
- 필요한 자료의 송수신이 가능하다.
- 인터넷 전화를 할 수 있다.
- 관심 분야에 대한 토론을 할 수 있다.

4.7 인터넷의 서비스 종류

인터넷에서는 다양한 종류의 서비스를 제공하고 있으며, 그 종류가 확대되어가고 있다. 대표적인 서비스를 그림 4.22에 나타내었다.

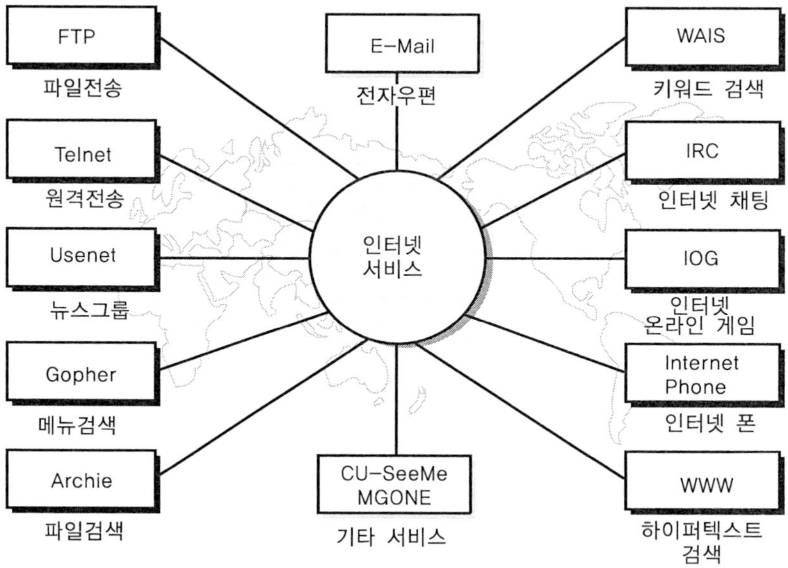

그림 4-22 인터넷 서비스 종류

4.7.1 전자우편(e-mail)

전자우편은 인터넷에서 가장 널리 사용되고 있는 서비스로서, 네트워크를 통해 문서뿐만 아니라 음성 데이터, 화상 데이터 등 모든 종류의 정보를 전송할 수 있다. 인터넷 초창기부터 정보교환이나 의사전달 수단으로 가장 널리 이용되고 있다. 전자우편은 세계 어느 곳이든, 언제든지 짧은 시간 내에 전송이 가능하여 경제적이고 빠르다.

인터넷 사용자는 전자우편을 보내기 위해서 상대방의 전자우편 주소와 이름을 정확하게 알고 있어야 한다. 이러한 전자우편 주소는 표준 형식을 가진다.

▣ **전자우편 주소의 형식 : (사용자 ID@호스트 컴퓨터의 주소)**

예를 들어 yckim이라는 사용자 ID를 가지고 있고 사용자의 호스트 컴퓨터의 주소가 yd.ac.kr이라면 전자우편 주소는 yckim@yd.ac.kr이 된다. 사용자 ID는 호스트 컴퓨터로부터 부여받은 계정으로 인터넷에 접속할 때 사용되며, 이때 @ 표시는 영어로 'at'이라는 의미를 가지고 있으며, 사용자 ID가 있는 호스트 컴퓨터의 주소를 나타낸다는 의미를 가지게 된다. 즉, 어느 호스트 컴퓨터에 있는 사용자 ID가 받는 사람의 메일 주소가 되는 것이다.

4.7.2 파일전송(FTP)

파일전송(FTP : File Transfer Protocol)은 인터넷상에서의 기본 프로토콜로써 파일을 주고받는 서비스이다. FTP는 다른 컴퓨터에 접속해서 일반 텍스트 데이터, 그림 파일, 프로그램, 오디오 데이터와 같은 파일을 전송받거나(download), 원격지 시스템에 파일을 전송하는(upload) 프로토콜이다. 일반적으로 접속 대상이 되는 컴퓨터를 서버(server)라 하고, 접속하려고 하는 호스트를 클라이언트(client)라고 한다.

서버에 접속하기 위해서는 클라이언트에서 프로그램을 동작시켜야 하는 클라이언트 프로그램이 FTP 프로그램이다. 클라이언트에서는 이러한 FTP 프로그램을 이용하여 서버로 파일을 전송하거나, 서버로부터 파일을 받는다.

이렇게 서버에 접속하기 위해서는 접속할 자격을 가져야 한다. 자격을 가진 사용자만이 접속하여 파일 전송할 수 있는데, 접속 자격이라는 것이 일반적으로 서버에 로그인할 수 있는 ID와 비밀번호(password)를 가진 사용자이다.

그러나 인터넷의 기본 취지인 정보 공유라는 측면에서 누구나 접속할 수 있게 한 서비스가 익명 FTP(anonymous FTP)이다. 이는 사용자 계정과 비밀번호가 없어도 접속하여 원하는 파일을 송수신할 수 있도록 해주는 서비스이다. 그러나 모든 FTP 서버가 이 서비스를 제공하는 것은 아니다.

4.7.3 원거리 접속(Telnet)

원거리 접속은 멀리 떨어져 있는 원격지 컴퓨터에 접속하여 마치 현재 자신이 사용하는 컴퓨터처럼 사용할 수 있도록 해주는 서비스이다. 이는 원격에서 접속을 시도한 컴퓨터가 터미널로 변하여 작업 명령을 접속한 원격지 컴퓨터로 보내고 처리된 결과를 받아 보는 것이다. 원거리 접속 서비스를 이용하면 전 세계에 퍼져 있는 다양한 컴퓨터에 접속하여 제공해 주는 데이터베이스를 검색하고, 전자게시판(Bulletin Board Service : BBS) 및 정보도서관에서 많은 정보도 얻을 수 있어 인터넷을 이용하는 사람들에게 많은 도움을 준다. 하이텔, 천리안 등과 같은 PC 통신망에 계정을 만들어 집에서 모뎀을 이용하는 것이 원거리 접속의 예이다.

4.7.4 뉴스 서비스

뉴스 서비스 즉, 유즈넷(Usenet : User's network)은 인터넷상에서 동일한 관심과 취미를 가진 사용자끼리 일종의 동호회를 형성하여 정보를 분배, 조회 및 교환 등을 할 수 있게 해주는 전자게시판(BBS)을 말한다. 현재 인터넷 상에는 많은 방대한 BBS를 가지고 있으며, 사용자들은 이러한 게시판을 이용하여 많은 정보를 교환하고 있다. 매일 쏟아져 나오는 방대한 양의 정보를 개인이 비교 평가하는 것은 어려운 일이다. 이때 문제를 토의할 동일한 관심을 가진 집단이 있다면 개인의 부담과 선택에 따라 위험 부담이 줄어들 것이다. 이렇게 서로 공통된 관심사항들을 갖고 있는 사용자들과 항상 그 정보를 교류함으로써 방대한 정보를 얻을 수 있게 도와주는 네트워크 뉴스그룹이 유즈넷이다. 이를 통한 토론 모임은 게임이나 컴퓨터를 주제로 한 것부터 유즈넷의 네트워크 뉴스는 학술, 영화, 노래, 요리 등 주제가 자유롭고 광범위하다.

4.7.5 인터넷 검색

인터넷 검색은 수많은 인터넷 사이트에서 자신이 원하는 파일이나 정보를 어디에 있는지 쉽게 찾을 수 있도록 해주는 서비스이다. 이러한 인터넷 검색은 방법에 따라서 아키(archie), 고퍼(gopher), WAIS 등이 있는데, WWW의 탄생으로 그 역할이 많이 줄어들었다.

(1) 아키(Archie)

수많은 인터넷 사이트에서 제공하는 파일이나 정보를 찾을 수 있게 해주는 정보 검색 서비스이다. 즉, 전 세계의 데이터베이스에 있는 파일이나 정보를 검색할 수 있는 데이터베이스 검색 서비스이다.

이는 일정기간마다 각 호스트가 저장하고 있는 자료의 항목을 제공받고, 이를 정리하여 데이터베이스로 보관한다. 이때 사용자가 찾는 파일이나 프로그램 이름이 입력되면 자신의 데이터베이스를 참조하여 어느 호스트의 어느 디렉터리에 있는지 알려준다. 이 서비스를 이용하는 방법은 Telnet을 이용하는 방법과 직접 자신의 시스템에 Archie 프로그램을 설치해서 사용하는 방법이 있다.

(2) 고퍼(Gopher)

인터넷을 통해 전 세계에 분산되어 있는 각종의 파일이나 정보를 검색할 수 있게 해주는 서비스이다. Archie와 다른점은 메뉴 방식을 이용하여 정보를 검색함으로써 보다 편리하게 사용할 수 있다. 사용자가 어떠한 자료를 인터넷에서 찾고자 할 때, 고퍼가 사용자를 대신하여 필요한 절차를 수행하여 자료가 있는 네트워크상의 호스트에 연결하고 디렉터리를 찾아가서 원하는 자료를 가져오는 것이다.

(3) WAIS

WAIS(Wide Area Information Service)는 사용자가 찾고자 하는 키워드에 따라 일치하는 자료를 찾아주는 서비스로서, 색인된 자료를 찾는데 유용한 서비스이다. 찾는 자료의 제목 등을 정확히 알지 못해도 자료내용을 가리키는 키워드만을 입력하여 Archie보다는 지능적으로 해당 자료를 찾을 수 있도록 되어 있다.

4.7.6 웹(WWW)

웹(Web or WWW(world wide web))은 1989년 CERN에서 하이퍼텍스트(hypertext) 개념을 기반으로 개발되었다. 기존의 FTP, Telnet, Usenet, Gopher 등을 사용하려면 각각의 서비스마다 사용법을 따로 익혀야 하는 불편이 있다. 이러한 불편을 해소하기 위해 웹은 하나의 통합된 툴을 제공하여 단지 웹만을 이용하여 인터넷에서 제공되는 모든 서비스를 이용할 수 있도록 하였다. 웹은 기존의 텍스트 중심의 인터넷 서비스들과 달리 그래픽 사용자 인터페이스(GUI : Graphic User Interface)를 사용함으로서 명령어를 별도로 숙지할 필요가 없는 장점을 가진다. 또한 웹은 정보검색과 교환이 매우 쉽다. FTP를 사용하려면 먼저 아키 등의 서비스를 통해 정보의 소재를 파악한다. 그러나 웹은 HTTP(HyperText Transfer Protocol)라는 통신프로토콜을 이용하여 모든 정보를 하이퍼텍스트로 연결하고 있기 때문에 원하는 정보를 쉽게 찾을 수 있도록 한다.

하이퍼텍스트란 문서의 단어나 문구가 외부자료와 연결고리(link)를 가지는 문서의 형태를 말한다. 예를 들면 하이퍼텍스트로 작성된 문서들은 서로 연결되어 있어서 어떤 어렵고 새로운 단어가 나오면 그 단어를 설명하는 다른 문서를 가리키는 연결고리를 따라가서 그 단어에 관한 문서를 보여준다. 이와 같이 하이퍼텍스트 문서의 연결 방법을 하이퍼링크(hyperlink)라고 한다. 따라서 웹에서는 다양한 정보를 문자뿐만 아니라 그림, 그래픽, 사운드, 및 영상 등을 포함하는 각종 문서들을 손쉽게 연결시켜 편리한 방법으로 전송하고 검색할 수 있는 서비스를 제공해주는 하이퍼미디어(hypermedia) 정보 검색 도구이다. 여기서 하이퍼미디어는 하이퍼텍스트와 멀티미디어의 합성어이다.

자료 검색을 하기 위해 웹에 접속하려면 웹 브라우저(web browser)라는 프로그램을 실행시켜야 한다. 현재 사용하고 있는 대표적인 웹 브라우저에는 익스플로러(explorer), 넷스케이프(netscape), 모자익(mosaic) 및 핫자바(hotjava) 등을 들 수 있다. 이들은 모두 HTTP를 사용하여 정보를 효과적으로 검색하고 기존의 인터넷 서비스를 통합적으로 지원함으로써 사용하기에 아주 편리하다.

익스플로러나 넷스케이프 등 웹 브라우저를 이용했을 때 화면에 표시되는 문자, 음성, 영상 등은 HTTP 내의 URL(Uniform Resource Locator)이라는 방식을 통해서 다른 자료들과 링크되어 있다. 여기서 URL은 인터넷상에 있는 모든 자료의 형태와 위치를 알려주는 표준으로 자료접근 방법, 인터넷주소, 자료이름 등으로 구성된다. 예를 들면, http://www.youngdong.ac.kr/home.html과 같이 표현한다면 이는 HTTP 프로토콜을 사용하여 www.youngdong.ac.kr이라는 인터넷 주소의 home.html이라는 파일을 나타낸다. HTTP를 통해 전달되는 데이터는 HTML(HyperTtext Markup Language) 파일과 이미지 및 동영상 파일 등의 다양한 미디어 데이터들이다.

웹에서는 정보 또는 자원을 효율적으로 이용하기 위해 마치 FTP의 미러(mirror) 사이트와 같은 기능을 가지는 프록시(proxy)가 있다. 이는 웹 브라우저와 웹서버 사이에 존재하면서

캐시(cache), 방화벽(firewall), 코드 변환, 멀티프로토콜 기능을 제공한다. 따라서 웹 브라우저에서 보면 프록시는 웹서버처럼 보이지만, 웹서버에서 보면 웹 브라우저처럼 보이게 된다.

4.7.7 기타 서비스

이외에 인터넷에서 제공해주는 서비스로는 인터넷을 통해 전화를 할 수 있도록 해주는 인터넷 전화 서비스가 있다. 최근 가장 많은 관심을 받고 있는 서비스로써 기존의 전화선을 통한 전화가 아니고 인터넷을 통하여 해주는 서비스로써 지역 구분이 없기 때문에 국제전화도 일반전화 요금으로 사용할 수 있도록 해주며, 이를 통해 화상전화, 화상회의 등 많은 서비스를 해주고 있다.

4.8 인터넷 주소

일반적으로 인터넷상의 모든 호스트는 자신만의 고유한 주소를 가져야 한다. 일반전화가 서로 연결되려면 송신 및 수신지 전화번호가 있어야 하며, 일반우편을 배달하려면 발신지 및 수신지 주소가 있어야 하고, 개개인의 주민등록번호를 가지고 있는 것과 동일한 의미이다. 인터넷에서 사용하는 고유한 주소도 전화번호나 집 주소처럼 전 세계적으로 유일해야 하므로 중복되어서는 안 된다. 이러한 인터넷 시스템에서 반드시 가져야 하는 주소를 IP 주소(IP address) 또는 인터넷 주소(internet address)라고 한다. 거의 동일한 의미로 사용되지만 IP 주소는 컴퓨터가 인식할 수 있는 주소이며, 인터넷 주소는 사람이 인식할 수 있는 주소로 엄격하게 구분하기도 한다.

4.8.1 주소 관리체계

전 세계 IP 주소는 ICANN(Internet Corporation for Assigned Names and Numbers) 또는 IANA(Internet Assigned Number Authority)에서 자원을 관리한다. ICANN은 인터넷 도메인 이름, IP 주소, 그리고 프로토콜의 범주와 포트번호를 할당하는 업무를 담당하고 있고, 관련 정책결정과 인터넷 도메인체계(DNS) 관련 기능 감독, 그리고 도메인 분쟁의 조율과 중재 등을 한다. 새로운 최상위 도메인을 만들거나, 기존의 최상위 도메인(.com .net .org .info .biz 등) 등록 업무를 제공하려는 회사(registrar)는 ICANN의 승인을 받아야 한다.

아시아 태평양 지역을 담당하는 APNIC(Asia Pacific Network Information Center)에서 IANA로부터 책임과 대표 역할을 위임받아 관리하고 있고, 그 아래에 각 국가별 NIC가 존재하여 각 국가별로 관리한다. 아시아 이외의 지역별 관리담당 기관을 표 4.4에 나타내었다. 우리나라의 경우에는 한국인터넷진흥원(KISA : Korea Internet & Security Agency)의 한국인터넷정보센터(KRNIC)에서 할당 및 관리를 하고 있다. NIDA에서는 IP 주소 및 도메인의 자원 관리를 기본 업무로 인터넷 활성화, 차세대 IP 주소 자원 관리 등의 다양한 사업을 진행하고 있다. 즉, 국내에서 IP 주소 혹은 도메인을 사용하기 위해서는 한국인터넷정보센터로부터 할당받아야 한다.

표 4-4 지역별 관리담당 기관

담당기관	관리 지역
APNIC	아시아 태평양
ARIN	북아메리카, 사하라 이남의 아프리카
RIPE NCC	유럽, 중동, 중앙아시아, 적도 부근의 아프리카 및 개국
LACNIC	라틴아메리카와 카리브해의 섬지역

4.8.2 IPv4

IPv4(internet protocol version 4)는 현재 사용하고 있는 IP 주소체계로서 8비트씩 4개의 필드로, 각 필드는 점(.)으로 구분한 32비트로 구성된다. 즉, 202.30.58.1의 형태를 가진다. 각 필드는 8비트로 구성되기 때문에 0-255의 숫자를 사용할 수 있다. IPv4의 경우 32비트로 구성되기 때문에 약 42억9천개 정도의 주소를 표현할 수 있다.

IP 주소는 네트워크 번호와 호스트 번호로 구성된다. 네트워크 번호는 기관에 할당된 번호이고, 호스트 번호는 기관의 호스트에 붙여진 번호이다. 이들 IP 주소는 A, B, C 클래스로 나눌 수 있다. 이들의 구분은 첫 번째 필드의 상위 3자리에 비트를 할당할 수 있다. 이를 그림 4.23에 나타내었다.

A 클래스는 첫 번째 비트가 0으로서, 1.0.0.0-127.255.255.255의 주소 범위를 가질 수 있다. 네트워크 번호에 7비트를 할당하고, 호스트 번호에 24비트를 할당한 구조이다. 따라서 특수 목적 용도를 포함하여 약 1600만개의 호스트를 할당할 수 있다.

B 클래스는 처음 2비트가 1, 0으로서, 128.0.0.0-191.255.255.255의 주소 범위를 가질 수 있다. 네트워크 번호에 14비트, 호스트 번호에 16비트를 할당한 구조이다. 따라서 특수 목적용도를 포함하여 약 65,000개의 호스트를 할당할 수 있다. 예를 들어 위의 IP 주소의 경우 202.30은 네트워크 번호이고, 58.82는 호스트 번호이다.

C 클래스는 처음 3비트가 1, 1, 0으로서, 192.0.0.0-255.255.255.255의 주소 범위를 가질 수 있다. 네트워크 번호에 21비트, 호스트 번호에 8비트를 할당한 구조이다 따라서 특수 목적용도를 포함하여 256개의 호스트를 할당할 수 있다.

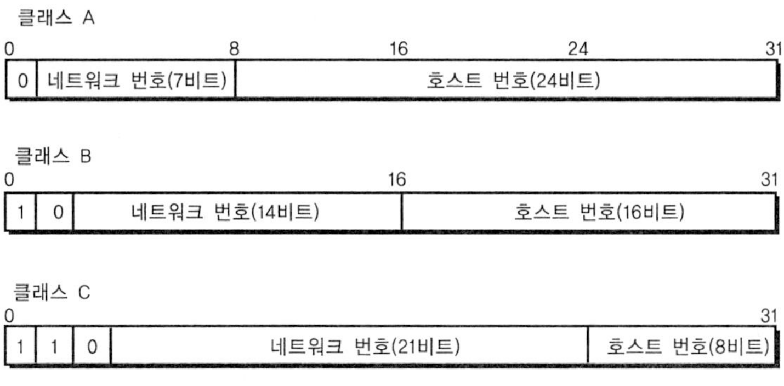

그림 4-23 IPv4의 주소체계

4.8.3 IPv6

IPv6(internet protocol version 6)는 새로운 최신 IP 주소체계로서, IPv4를 보완하기 위해 개발되어 현재 많이 사용되고 있으며, 차세대 주소 IPng(IP next generation)라고도 한다. IPv4의 경우 32비트로 구성되기 때문에 약 42억9천개 정도의 주소만 표현할 수 있어 인터넷의 확장으로 인한 네트워크 주소의 부족 현상이 발생되어 이를 보완하기 위하여 128비트로 구성된 주소체계이다.

IPv4에 비하여 IPv6가 가지고 있는 장점을 요약하면 다음과 같다.

▣ 보편성(Universal)더 큰 주소 공간

IPv6의 주소는 128비트를 사용한다. 이것은 32비트를 사용하는 IPv4에 비해 주소 공간이 엄청나게 증가한 것이다.

▣ 더 나은 헤더 형식

IPv6는 주소의 선택사항 부분을 기본 헤더에서 분리하여 필요할 때 기본 헤더와 상위계층 데이터 사이에 따로 삽입하여 사용하는 새로운 형식을 사용한다. 이렇게 하면 라우터가 선택사항을 검사하지 않아도 되기 때문에 라우팅 처리가 간단해지고 속도가 향상된다.

▣ 새로운 선택사항들

IPv6는 추가적인 기능을 위해 새로운 선택사항을 가지고 있다.

▣ 확장을 위한 승인

IPv6는 새로운 기술이나 응용에 의해 요구되면 프로토콜의 확장이 가능하도록 설계되었다.

▣ 자원 할당의 지원

IPv6에서는 서비스 유형(type of service) 필드가 없어지고, 발신지가 패킷의 특별한 처리를 요구할 수 있도록 흐름표지(flow label)라고 부르는 방법이 추가되었다. 이 방법은 실시간 오디오나 비디오와 같은 트래픽을 지원하는 데 사용될 수 있다.

▣ 강화된 보안의 지원

IPv6에서 암호화와 인증은 패킷의 기밀성(confidentiality)과 무결성(integrity)을 제공한다.

(1) IPv6 주소

IPv4의 경우 202.30.58.1과 같이 10진수로 주소를 표현하지만, IPv6의 주소 구문 형식은 그림 4.24와 같이 이진수 128비트(16바이트)를 16비트 8블록으로 나누고, 블록 내의 16비트는 16진수로 표현하고 각 블록은 콜론(:)으로 구분한다.

16진수 형식으로 표현된 IPv6 주소는 매우 길기는 하지만, 많은 수의 0을 포함하고 있다. 이런 경우 주소를 간단하게 하기 위하여 0을 생략할 수 있다. 섹션(2개의 콜론 사이에 있는 4개의 숫자)의 앞에 있는 0들은 생략할 수 있다. 그러나 섹션의 뒤에 붙는 0들은 생략할 수 없다. 그림 4.25에 이러한 생략의 예를 나타내었다. 그림 4.25에서 보듯이 0074는 74로 표기할 수 있으며, 000F는 F로, 0000은 0으로 표현할 수 있다. 그러나 3210은 321로 축약할 수 없다는 것에 유의하여야 한다.

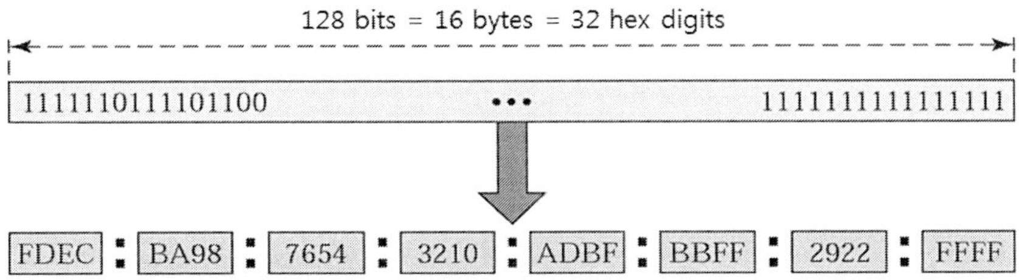

그림 4-24 IPv6 주소

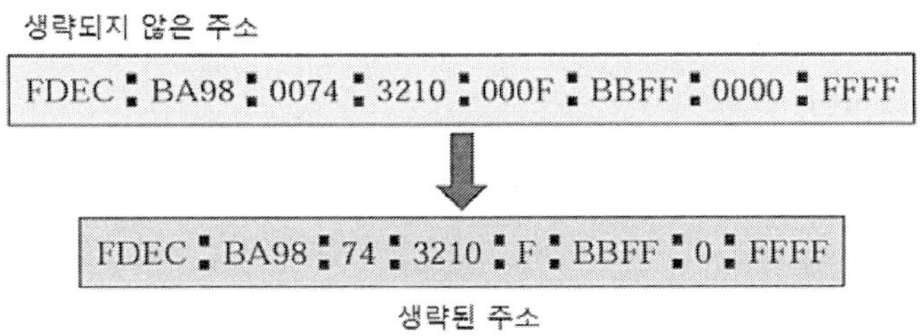

그림 4-25 IPv6 주소의 생략

(2) IPv6 주소의 종류

IPv6는 유니캐스트, 애니캐스트, 멀티캐스트의 3가지 유형의 주소를 정의한다.

▣ Unicast Address

유니캐스트 주소는 하나의 목적지 컴퓨터를 지정한다. 유니캐스트로 전송된 패킷은 특정한 컴퓨터에게만 전달된다.

▣ Anycast Address

애니캐스트 주소는 같은 접두사(prefix)를 가지고 있는 한 그룹의 컴퓨터를 지정한다. 예를 들어 물리적 네트워크에 연결된 모든 컴퓨터는 같은 접두 주소를 공유한다. 애니캐스트 주소로 전송된 패킷은 가장 가깝거나 가장 쉽게 접속할 수 있는 그룹의 멤버들 중 하나에게 전송된다. 전화에서 사용되는 대표번호와 유사한 개념이다.

▣ Multicast Address

멀티캐스트 주소는 같은 접두사를 공유할 수도 있고 아닐 수도 있으며, 같은 물리적 네트워크로 연결되어 있을 수도 있고 아닐 수도 있는 컴퓨터들의 그룹이다. 멀티캐스트 주소로 전송된 패킷은 그 그룹의 각 소속원들에게 모두 전달된다.

(3) IPv6 데이터그램 형식

IPv6의 데이터그램은 그림 4.26과 같이 필수적인 기본 헤더와 따라오는 페이로드로 구성된다. 페이로드는 선택적인 확장 헤더와 상위 계층 데이터의 두 부분으로 구성되어 있다. 기본 헤더는 40바이트를 차지하며 확장 헤더와 상위 계층 데이터는 최대 65,535바이트까지 포함할 수 있다.

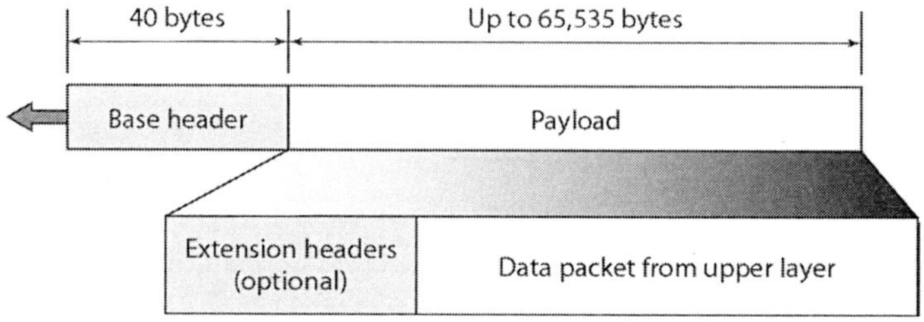

그림 4-26 IPv6 데이터그램의 구조

기본 헤더(base header)는 그림 4.27과 같이 8개의 필드로 구성되어 있다.

▣ VER(Version)

버전 필드는 4비트이며, IP의 버전 번호를 나타낸다. IPv6에서 이 필드의 값은 2진수로 0110이다.

▣ PRI(Priority)

우선순위 필드는 4비트이며, 트래픽 혼잡에 대한 패킷의 우선순위를 정의한다.

▣ Flow label

흐름표지 필드는 3바이트(24비트)이며, 데이터의 특정한 흐름을 위한 특별한 처리를 제공하기 위하여 설계되었다.

▣ Payload length

페이로드 길이 필드는 2바이트(16비트)이며, 기본 헤더를 제외한 IP 데이터그램의 길이를 나타낸다.

▣ Next header

다음 헤더 필드는 1바이트(8비트)이며, 기본 헤더를 뒤따르는 헤더를 정의한다. 다음 헤더는 IP가 사용하는 선택사항 확장 헤더의 하나이거나, UDP나 TCP와 같은 캡슐화된 패킷의 헤더이다. 각 확장 헤더도 이 필드를 포함한다. IPv4에서는 이 필드를 프로토콜 필드라고 불렀다.

▣ Hop limit

홉 제한 필드는 1바이트(8비트)이며, IPv4의 TTL 필드와 같은 목적으로 사용된다.

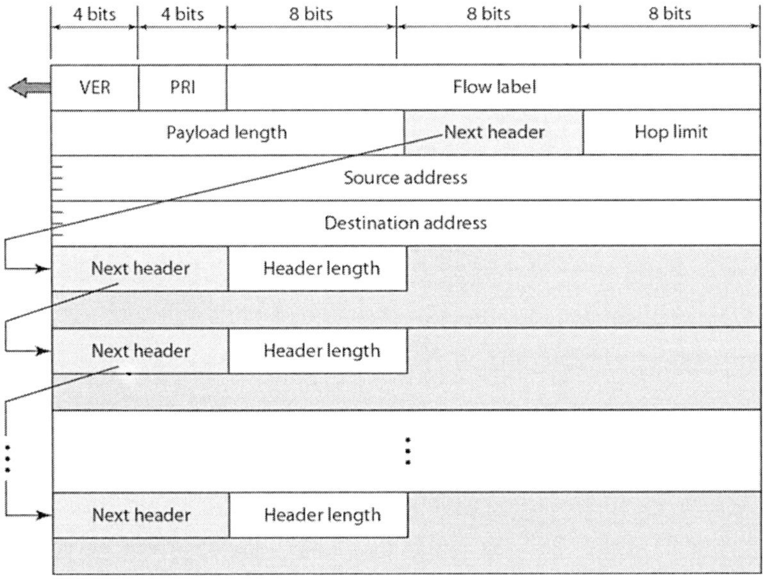

그림 4-27 IPv6 데이터그램의 기본 헤더 형식

▣ Source address

발신지 주소 필드는 16바이트(128비트)이며, 데이터그램의 최초 발신지를 나타내는 인터넷 주소이다.

▣ Destination address

목적지 주소 필드는 16바이트(128비트)이며, 데이터그램의 최종 목적지를 나타내는 인터넷 주소이다.

기본 헤더의 길이는 40바이트로 고정되어 있다. 그러나 IP 데이터그램에 보다 많은 기능을 제공하기 위하여 기본 헤더 뒤에 6개까지의 확장 헤더를 둘 수 있다. IPv4와 IPv6의 헤더를 비교하면 다음과 같다.

① IPv6는 헤더의 길이가 고정되어 있기 때문에, IPv6에서는 헤더 길이(header length) 필드가 삭제되었다.

② IPv6에서는 서비스 유형(service type) 필드가 삭제되었다. 우선순위(priority)와 흐름표지(flow label) 필드가 서비스 유형 필드의 기능을 대신하고 있다.

③ IPv6에서는 전체 길이(total length) 필드가 삭제되고, 페이로드 길이(payload length) 필드로 대체되었다.

④ IPv6의 기본 헤더에서는 식별자(identification), 플래그(flag), 오프셋(offset) 필드가 삭제되고, 이들은 단편화 확장 헤더(fragmentation extension header)에 포함되었다.

⑤ IPv6에서는 TTL 필드를 홉 제한(hop limit) 필드로 부른다.

⑥ IPv6에서는 프로토콜 필드가 다음 헤더(next header) 필드로 대체되었다.

⑦ IPv6에서는 헤더 검사합(header checksum) 필드가 삭제되었다. 검사합은 상위 계층 프로토콜에서 계산한다.

⑧ IPv6에서는 선택사항(option) 필드를 확장 헤더(extension header)로 구현한다.

4.8.4 도메인 네임

IP 주소는 숫자로 되어 있기 때문에 불편하다. 예를 들어 인터넷 사용자가 가장 많이 사용하고 있는 포털 사이트인 네이버의 IP 주소를 알고 있는가? 아마도 거의 없으리라 생각된다. 네이버의 IP 주소는 202.131.29.71이다. 이러한 IP 주소만을 사용하다면 다음, 구글 등 많이 사용하고 있는 여러 사이트의 주소를 모두 안다는 것은 거의 불가능하다고 볼 수 있다.

따라서 사용자가 주소를 보다 편리하게 기억하기 위해 이러한 숫자로 표현하지 않고, 문자로 표현한 주소를 도메인 네임(domain name) 또는 그냥 도메인이라고 한다. 예를 들어 네이버의 경우 IP 주소는 202.131.29.71이고, 도메인 네임은 www. naver.com으로 사용한다. 후자의 경우가 기억하기에 편리하고 거의 대부분의 사용자가 이를 이용하여 접속할 것이다. 영동대학교에 접속하기 위해서는 www.youngdong.ac.kr 도메인을 사용하고, 이의 IP 주소는 202.30.58.1이다.

이러한 도메인은 계층적 구조를 가진다. 일반적인 4계층으로 이루어진 구조를 그림 4.28에 나타내었다. 호스트명.기관명.기관유형.국가명 등으로 구성된다.

kr은 최상위 1단계(top level)로서 국가명을 나타내고, 각 국가별 도메인을 표 4.5에 나타내었다. 또한 ac는 2계층으로 기관유형을 나타내는데 국내에서는 6가지 일반 도메인과 현행 행정구역 분류에 의해 16개의 지역 도메인(seoul, chungbuk 등)을 가진다. 국내에서 사용하는 일반 도메인을 표 4.6에 나타내었다. 국내의 16개 지역 도메인 및 도메인 수를 그림 4.29에 나타내었고, 국내의 교육기관 유형의 도메인 및 도메인수를 그림 4.30에 나타내었다. 또 youngdong은 3계층으로 기관명(영동대학교)을 나타내며, 일반적으로 3계층까지를 도메인 네임이라고 한다. 이하 4계층부터는 신청기관이 자율적으로 확장하여 사용할 수 있는 호스트명을 뜻한다. 따라서 info.youngdong.ac.kr는 한국의 영동대학교 내의 info라는 호스트를 나타낸다.

도메인 체계는 국가마다 조금씩 다르다. 또한 국가별 최상위 계층을 사용하지 않고 도메인 이름을 만들 수도 있다. 이를 표 4.7에 나타내었다.

그림 4-28 도메인 네임의 구조

표 4-5 국가별 도메인

국가명	도메인	국가명	도메인	국가명	도메인	국가명	도메인
가나	GH	독일	DE	미안마	MM	사우디아라비아	SA
가봉	GA	동티모르	TP	바레인	BH	세네갈	SN
과테말라	GT	라오스	LA	바티칸시티	VA	소말리아	SO
괌	GU	라트비아	LV	바하마	BS	스리랑카	LK
그라나다	GD	러시아	RU	방글라데시	BD	스와질랜드	SZ
그루지아	GE	레바논	LB	버뮤다	BM	스웨덴	SE
그리스	GR	룩셈부르크	LU	베네주엘라	VE	스위스	CH
그린란드	GL	르완다	RW	베트남	VN	스페인	ES
나이지리아	NG	리베리아	LR	벨기에	BE	슬로바키아	SK
남아공화국	ZA	리투아니아	LT	벨라우시	BY	슬로베니아	SI
네델란드	NL	마카오	MO	보스니아	BA	시리아	SY
네팔	NP	말레이지아	MY	볼리비아	BO	시프루스	CY
노르웨이	NO	멕시코	MX	부탄	BT	싱가폴	SG
뉴질랜드	NZ	모나코	MC	북한	KP	아랍에미레이트	AE
니카라과	NI	모로코	MA	불가리아	BG	아르메니아	AM
대한민국	KR	모잠비크	MZ	브라질	BR	아르헨티나	AR
덴마크	DK	몽골	MN	브루나이	BN	아이스란드	IS
도미니카	DM	미국	US	사모아	WS	아일랜드	IE
아제르바이잔	AZ	우크라이나	UA	카자흐스탄	KZ	토고	TG
아프가니스탄	AF	유고슬라비아	YU	카타르	QA	통가	TO
알바니아	AL	이디오피아	ET	캄보디아	KH	투르크메니스탄	TM
알제리아	DZ	이라크	IQ	캐나다	CA	튀니지	TN
앙골라	AO	이란	IR	케냐	KE	트리니다드토바고	TT
에스토니아	EE	이스라엘	IL	코스타리카	CR	파나마	PA
에콰도르	EC	이집트	EG	코트디부아르	CI	파라과이	PY
엘살바도르	SV	이탈리아	IT	콜롬비아	CO	파키스탄	PK
영국	UK	인도	IN	콩고	CG	페루	PE
예멘	YE	인도네시아	ID	쿠바	CU	포르투갈	PT
오만	OM	일본	JP	쿠웨이트	KW	폴란드	PL
오스트레일리아	AU	자마이카	JM	크로아티아	HR	푸에르토리코	PR
오스트리아	AT	잠비아	ZM	키르키스탄	KG	프랑스	FR
온두라스	HN	중국	CN	타이완	TW	피지	FJ
요르단	JO	짐바브웨	ZW	타지키스탄	TJ	핀란드	FI
우간다	UG	체코	CZ	탄자니아	TZ	필리핀	PH
우루과이	UY	칠레	CL	태국	TH	헝가리	HU
우즈베키스탄	UZ	카메룬	CM	터키	TR	홍콩	HK

표 4-6 국내의 일반 도메인

도메인	의미	예
ac	대학 또는 대학원(academy)	영동대학교 www.youngdong.ac.kr
co	기업 및 상용기관(company)	인터파크 www.interpark.co.kr
go	중앙정부기관(government)	사이버테러대응센터 www.netan.go.kr
re	연구기관(research)	한국전자통신연구원 www.etri.re.kr
or	비영리 기관(organization)	한국인터넷진흥원 www.kisa.or.kr
nm	네트워크 관리기관(network management)	거의 사용 않음

지역 도메인	도메인수(개) (2014년10월)
SEOUL.kr	587
GYEONGGI.kr	62
INCHEON.kr	57
GANGWON.kr	48
CHUNGBUK.kr	31
CHUNGNAM.kr	32
DAEJEON.kr	43
GYEONGBUK.kr	29
GYEONGNAM.kr	36
DAEGU.kr	76
BUSAN.kr	98
JEONBUK.kr	35
JEONNAM.kr	32
GWANGJU.kr	33
ULSAN.kr	48
JEJU.kr	99

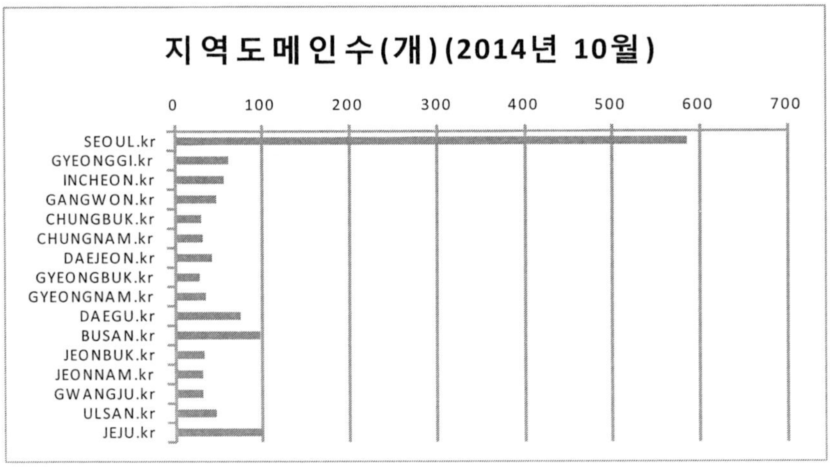

[출처 : 한국인터넷진흥원]

그림 4-29 지역도메인 및 도메인수

교육기관유형	도메인수(개)
es	5,036
ms	2,747
hs	2,147
ac	1,567
kg	345
sc	226

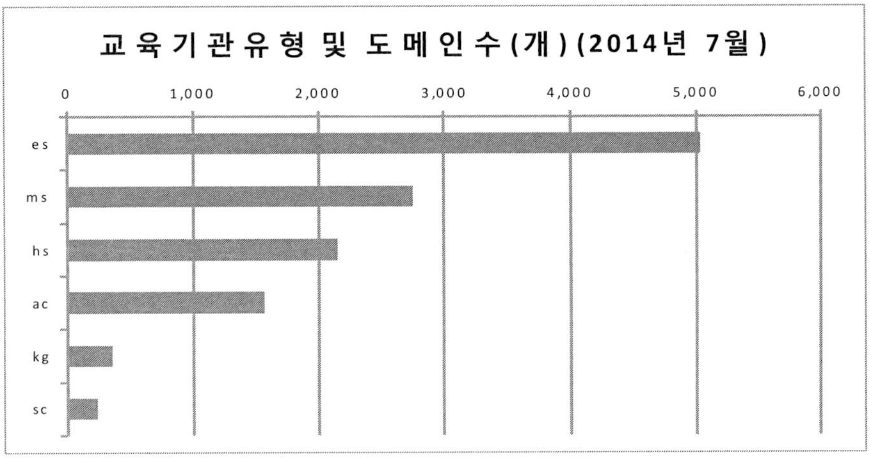

[출처 : 한국인터넷진흥원]

그림 4-30 국내 교육기관 유형 및 도메인수

표 4-7 국가별 최상위 계층을 사용하지 않는 최상위 계층 도메인

도메인	해당 기관	예
com	회사, 영리기관	네이버 www.naver.com
edu	교육기관	미네소타대학교 www.umn.edu
gov	정부기관	미국항공우주국 www.nasa.gov
int	국제조직	국제형사경찰기구 www.interpol.int
mil	군사기관	미국공군 www.af.mil (대한민국 육군 www.army.mil.kr)
net	네트워크기관	다음 www.daum.net
org	비영리기관	삼성경제연구소 www.seri.org

4.9 TCP/IP의 개념

서로 다른 여러 가지 물리적 망들은 상호 연동하여 세계의 전산망들을 연동시켜 구축한 네트워크의 네트워크가 인터넷이다. 이때 여러 가지 망들을 상호 연동시켜 주는 컴퓨터 시스템을 라우터(router)라 하고, 이를 이용하여 연결된 네트워크를 그림 4.31에 나타내었다.

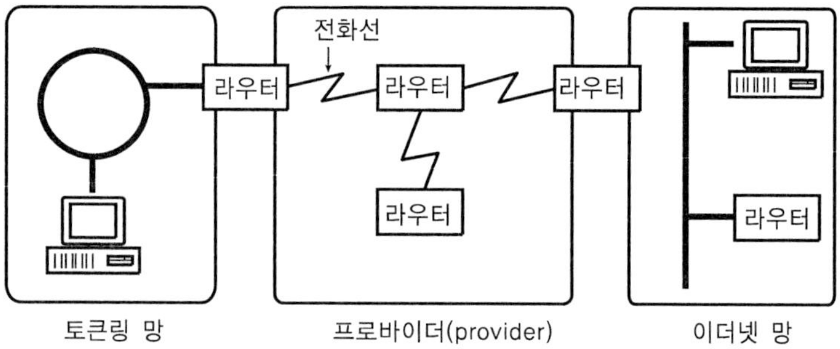

그림 4-31 라우터로 연결된 네트워크

TCP/IP(Transmission Control Protocol/Internet Protocol)는 인터넷에서 사용하는 통신 프로토콜이다. 일반적으로 통신프로토콜은 크게 4계층 즉, 링크 계층(link layer), 네트워크 계층(network layer), 트랜스포트 계층(transport layer) 및 응용 계층(application layer)으로 나눌 수 있다. 여기에서 TCP는 트랜스포트 계층에 해당하며, IP는 네트워크 계층에 해당하는 프로토콜이다.

TCP/IP의 개념을 이해하기 위해 인터넷과 일반우편 서비스에 대한 비교를 표 4.8과 같이 나타내었다. 일반편지가 목적지까지 여러 우체국을 거쳐 전달되듯이 라우터도 이와 같은 방식으로 목적지까지 전송하기 위한 최적경로를 찾아서 패킷을 전송한다. 이때 라우터가 패킷의 목적지를 알기 위해 필요한 것이 목적지의 IP 주소이다. 또한 일반편지의 종류에 따라 처리방법이 다르듯이 인터넷에서도 패킷을 전송하고 처리하는 규칙이 있다. 앞에서 말한 경로결정, 인터넷주소, 패킷처리와 관련된 모든 규칙들은 서로 다른 체계의 망들이 서로 통신하기 위해서 공동으로 지켜야 할 규칙이 IP(Internet Protocol)이다.

실질적으로 인터넷에서는 IP만 이용하여도 데이터 전송에는 무리가 없지만, IP 패킷의 크기 제한, 유실 또는 왜곡 등의 문제가 있어 사용이 불편하다. 따라서 패킷을 크기 제한에 따른 분할 및 재조합, 그리고 왜곡된 정보의 처리를 알아서 대행해주는 역할을 하는 것이 TCP(Transmission Control Protocol)이다. 즉, TCP는 기본적으로 통신을 하기 위하여 통신하고자 하는 양단에 연결을 설정한다. 그리고 송신자가 전송하고자 하는 정보를 필요한 경우 우선 알맞게 분할한다. 분할된 각 조각은 순서대로 번호를 매겨 재조합 시 순서를 틀리지

표 4-8 인터넷과 일반우편 서비스와의 비교

	일반우편	인터넷
수송매체	수송트럭, 항공기	이더넷, 공중전화망
분류(집결)	우체국	라우터
주소	우편주소	IP address
배달규칙	보통, 등기, 빠른우편	Internet Protocol(IP)
분할 및 재조합		TCP(Transmission Control Protocol)

않게 한다. 이러한 정보를 저장하기 위해서 TCP에는 자기 나름대로의 패킷 형식이 있다. TCP 패킷은 이후 IP 패킷에 넣어져서 네트워크를 통해 전송된다. 수신측의 TCP 소프트웨어는 전송되어온 IP 패킷을 다시 모아서 재조립하고 유실 또는 손상된 부분이 있으면 송신자에게 재전송하도록 한다. 그래서 모든 정보를 다 받게 되면 알맞은 순서로 재조합해서 수신자에게 전달해 준다. 이와 같은 TCP 패킷의 개념을 그림 4.32에 나타내었다.

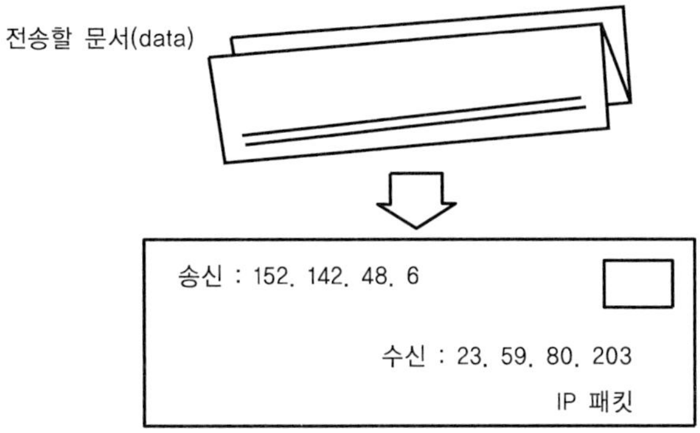

그림 4-32 TCP 패킷의 개념

4.10 인터넷 전자상거래

최근 인터넷 사용자가 가장 많이 이용하고 있는 서비스는 전자우편, 검색, 파일송수신, 게임 등이다. 이와 함께 가장 널리 이용하고 있는 서비스는 인터넷 쇼핑이다. "어느 사이트에서 책을 산다.", "어디에서 mp3를 주문했다.", "최신노래를 다운받았다." 등 온라인을 통하여 주문하고, 온라인 및 오프라인을 통하여 주문한 상품을 받아볼 수 있는 것이다. 이러한 것들이 인터넷 전자상거래이다. 이와 같은 인터넷 전자상거래는 통일된 정의는 없지만 일반적으로 인터넷을 활용하여 이루어지는 상거래 비즈니스라 할 수 있다. 이때 팔고 사는 물건들은 주로 고객입장에서 볼 때 도서, 가전제품, 컴퓨터, CD 등과 같은 상품이 되겠지만, 기업과 기업간의 상거래에서는 반도체, 전자부품, 기계부품 등과 같은 생산재 상품까지도 속하게 된다. 물론 이밖에도 정보자료나 소프트웨어 등과 같은 디지털 상품도 판매되고 있다.

이상과 같이 전자상거래는 인터넷이라는 범세계적인 네트워크를 기반으로 디지털 정보로 비즈니스가 형성되기 때문에 거리나 시간적인 제약없이 상거래가 이루어진다.

4.10.1 인터넷쇼핑 이용 현황

최근 인터넷 사용자가 가장 많이 이용하고 있는 서비스 중의 하나가 인터넷쇼핑이다. 2013년 만 12세 이상 인터넷 이용자에 대한 인터넷쇼핑 이용률을 그림 4.33에 나타내었다. 이에서 보는 바와 같이 최근 1년 이내 인터넷을 통해 상품이나 서비스를 구매(예약, 예매 등)

한 이용자는 50.4%이며, 최근 1개월 이내 이용한 경우는 23.0%에 이른다.

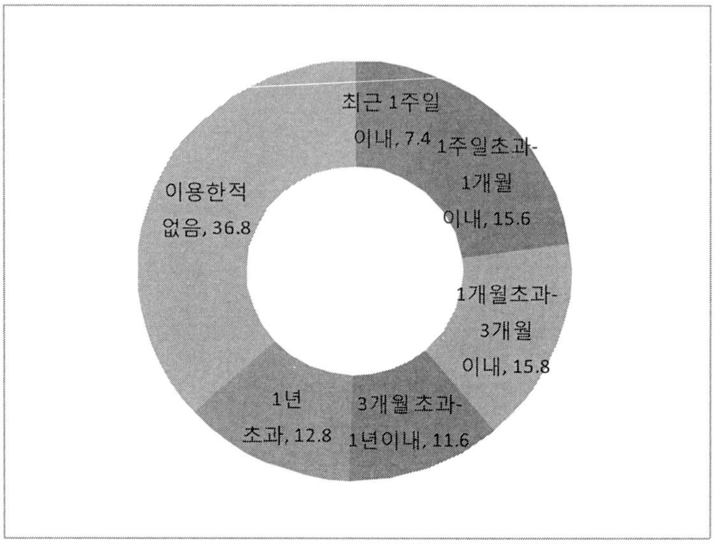

[출처 : 한국인터넷진흥원]

그림 4-33 인터넷쇼핑 이용률(2013년)

만 12세 이상 인터넷쇼핑 이용자의 이용빈도를 그림 4.34에 나타내었다. 이에서 보는 바와 같이 21%가 월평균 2회 이상 인터넷을 통해 상품이나 서비스를 구매하였으며, 월평균 인터넷쇼핑 이용빈도는 1.2회에 이른다.

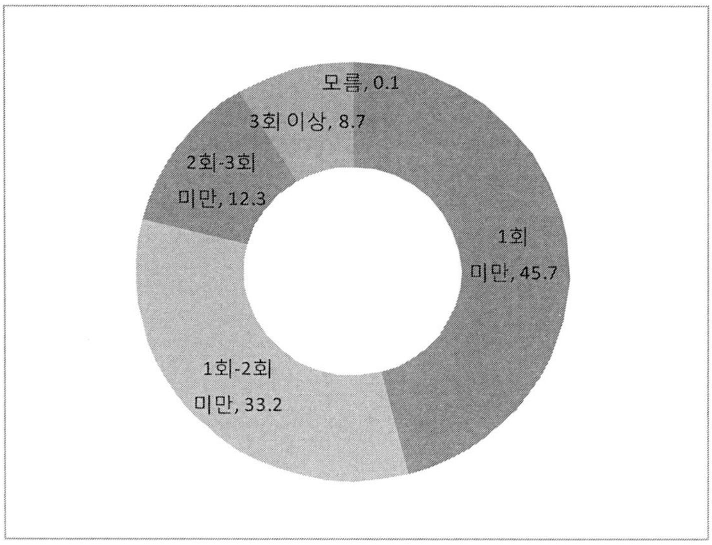

[출처 : 한국인터넷진흥원]

그림 4-34 인터넷 쇼핑 이용 빈도(2013년)

만 12세 이상 인터넷쇼핑 이용자의 구매품목을 그림 4.35에 나타내었다. 이에서 보는 바와 같이 화장품이 68.2%로 가장 높았으며, 의류, 예약 및 예매, 컴퓨터, 동영상 등의 순으로 나타났다.

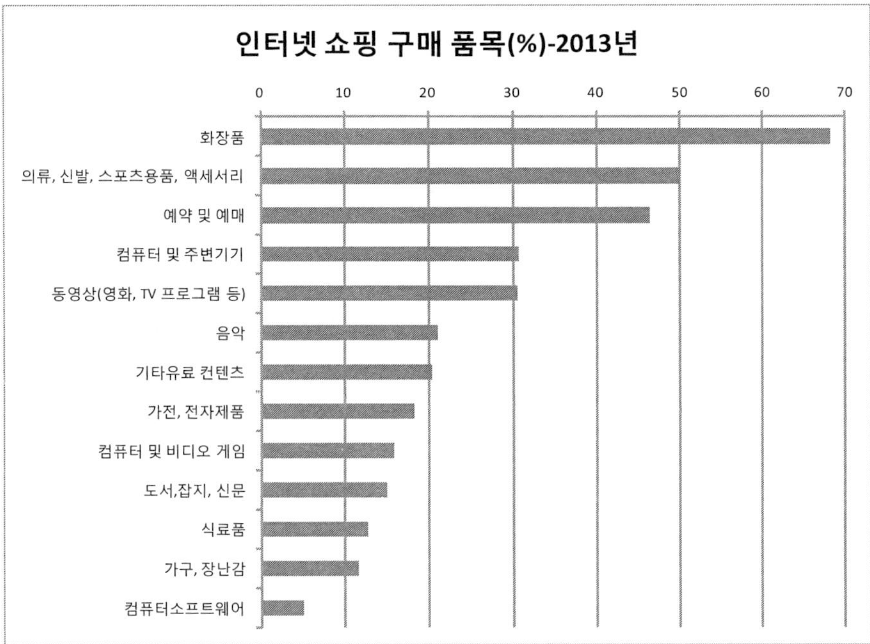

[출처 : 한국인터넷진흥원]

그림 4-35 인터넷 쇼핑 구매 품목(2013년)

4.10.2 인터넷 전자상거래 시스템

인터넷 전자상거래 기술은 정보통신기술이 집약된 시스템통합기술 분야이므로 모든 정보통신기술이 필요하다. 그러나 전자상거래를 실현시키기 위해서는 기본적인 전자상거래 기능을 지닌 단위 시스템 기술이 필요하다. 일례로 쇼핑몰을 인터넷상에서 생성하고, 운영관리하기 위해서는 쇼핑몰을 만들 수 있는 머천트 시스템 기술이 요구되며, 소비자가 원하는 물건을 손쉽게 검색하기 위해서는 상품 정보에 대한 검색 엔진이 필요하고, 구입한 상품에 대한 대금을 지급하기 위해서는 금융망과 연결된 지불 시스템과 신용에 대한 인증 시스템이 필요하다.

더불어 미래의 전자화폐나 전자수표 등의 디지털 지불수단을 보관 관리하기 위해서는 실물의 지갑기능을 갖는 전자지갑도 필요하다. 그리고 디지털 상품에 대한 배달을 위해서는 온라인 상품전송 시스템 기술도 요구되는 것이다. 이상의 인터넷 전자상거래 구조를 도시하면 그림 4.36과 같이 나타낼 수 있다.

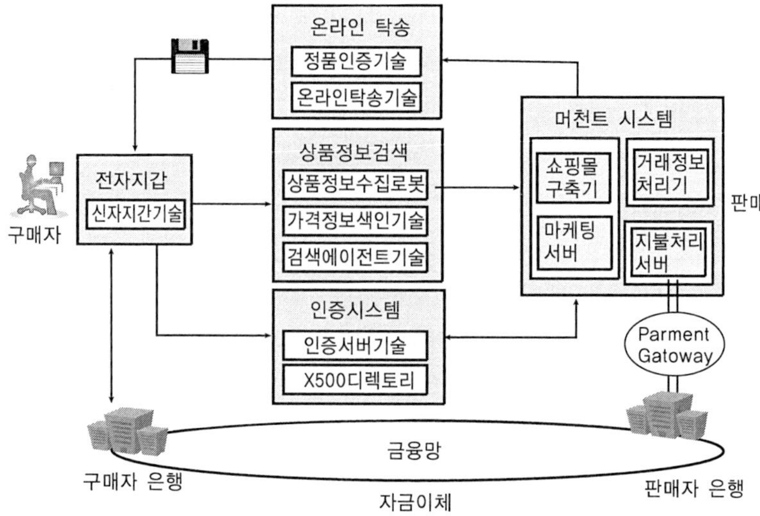

그림 4-36 인터넷 전자상거래 구조도

(1) 머천트 시스템

판매자가 인터넷상에 쇼핑몰을 구축하고 운영하며, 고객의 주문정보 등을 관리할 수 있는 종합적인 쇼핑몰 생성/운영/관리 시스템으로 쇼핑몰을 구축하기 위해서는 카탈로그 관리기능 및 콘텐츠를 제작할 수 있는 저작 시스템과 고객의 취향에 맞는 상품을 추천하는 마케팅서버 시스템 그리고 주문정보를 관리하는 사후관리 시스템 등이 포함된다.

(2) 상품 정보검색 시스템

인터넷상에 존재하는 쇼핑몰들에서 판매되는 상품 정보(상품명, 제조회사명, 모델명, 가격 등)를 수집하여 데이터베이스에 보관한 후, 고객이 원하는 상품 정보를 요청하는 경우 여러 쇼핑몰의 상품들을 동시에 비교 검색하도록 하는 상품 정보 안내시스템이다.

(3) 인증 시스템

판매자와 구매자가 인터넷상에서 서로 만나 상거래가 이루어지기 때문에 구매자는 판매자가 올바른 판매자인지를 확인해야 하고, 판매자는 구매하는 사람이 대금을 지불할 수 있는 신용이 있는 사람인지를 확인하고자 할 것이다. 따라서 인증 시스템에서는 판매자와 구매자가 발행한 인증서를 기반으로 이들에 대한 신원 및 신용인증을 확인하는 기능을 수행하게 한다.

(4) 전자지불 시스템

구매자가 쇼핑몰에서 원하는 물건을 주문하는 경우 구매한 물품에 대한 대금결제를 전자적으로 처리토록 하는 결제 시스템이다. 구매자가 선택한 결제수단에 따라 지불 시스템은 자체승인 또는 금융망과 연동되어 금융기관으로부터 지불에 대한 승인을 처리한다.

(5) 온라인 탁송 시스템

Hard 상품인 경우에는 기존의 물류망(택배)을 따라 상품이 전달되어지나, Soft 상품인 경우에는 인터넷망을 통하여 디지털로 상품이 전달되어진다. 따라서 디지털 상품을 고객한테 전달하기 위해서는 온라인으로 상품을 탁송할 수 있는 시스템이 필요하다.

(6) 전자지갑

실물지갑과 동일한 개념에서 구매자의 신분증이나 신용카드, 통장계좌번호, 전자화폐 등을 관리하며, 고객이 사용한 거래실적 등을 관리할 수 있는 사용자 소프트웨어이다.

이상과 같은 인터넷 전자상거래 시스템 기술을 기반으로 전자상거래 시나리오를 살펴보면, 먼저 구매자는 본인의 전자지갑에 비밀번호를 입력하여 접근권한을 부여받은 다음, 전자지갑을 통하여 인터넷과 직접 연결되어진다. 이때 원하는 상품을 검색하기 위해 상품을 안내하여 주는 상품 정보검색 시스템에 들어가게 된다. 여기서 원하는 상품명과 가격 그리고 성능 등을 입력한 후, 자료검색을 요청하면 고객이 원하는 조건을 만족시키는 상품들을 여러 쇼핑몰에서 선택하여 출력시켜 주므로 고객은 원하는 물건들을 동시에 검색할 수 있다.

이후 구매자는 자기가 원하는 상품이나 상점을 선택하게 되면 해당 상품을 파는 가상상점과 접속되어 해당 상품을 구매하게 된다. 이때 구매하는 물건에 대한 대금결제수단으로 지갑 내의 전자화폐나 신용카드 그리고 전자수표 등을 선택하면 인증 시스템과 연결되어 신분인증과 더불어 금융망과 연동되어 대금결제에 대한 승인을 받게 된다. 이와 같이 구매물품에 대한 대금승인이 이루어지면, 이후 쇼핑몰에서는 주문 상품에 대한 사후 관리 시스템으로 정보가 전달되며 실물적인 상품인 경우에는 포장되어 운송장이나 출하전표와 함께 택배 시스템에 의하여 고객에게 상품이 전달되어진다. 또한 구매한 상품이 디지털 상품인 경우에는 온라인 다운로드를 통하여 고객에게 전달되어진다.

[참고문헌]

1. 김영춘, 민경일, 신용달, 조용석, 현대사회의 정보통신개론, 홍릉과학출판사, 2010.
2. 고응남, 최신 정보통신 개론, 한빛아카데미, 2014.
3. 이호웅, 정보통신개론, 기한재, 2012.
4. 김창환, 이종두, 김명생, 정보통신개론2판, 복두출판사, 2013.
5. 강경인, 정보통신개론, 오성미디어, 2011.
6. 이창희, 백덕화, 임해진, 정보통신개론, 정익사, 2011.
7. 한국인터넷진흥원, 2013년 인터넷이용실태조사 최종보고서, 2013.
8. 한국인터넷진흥원(http://www.kisa.or.kr).
9. 한국인터넷진흥원 인터넷통계정보검색시스템(http://isis.kisa.or.kr).

연습문제

01. 인터넷의 개념과 구성 요소에 대하여 설명하시오.

02. 인터넷 주소에서 IP 주소와 도메인 네임을 비교 설명하시오.

03. 인터넷이 제공하는 서비스의 종류를 나열하고, 이를 각각 설명하시오.

04. WWW에 대하여 설명하시오.

05. TCP/IP 프로토콜에 대하여 설명하시오.

06. 인터넷 전자상거래에 필요한 시스템의 종류를 나열하고, 이를 각각 설명하시오.

Chapter 05
정보통신망

통신망은 어떤 임의의 수단으로 송·수신자간의 정보를 교환하는 행위인 통신이 이루어 질 수 있도록 송수신 측의 매개체 역할을 담당하는 하나의 시스템을 의미한다. 즉, 통신망이란 인간의 의사, 또는 기계나 장치에서 발신되는 데이터 정보 등의 정보 전달체계라 정의할 수 있으며, 전달 수단으로서 전기적 수단을 사용하는 것을 전기통신망(Telecommunication Network), 또는 통신망, 네트워크라 한다.

본 장에서는 교환망, 근거리통신망, 고속 가입자망, 종합정보통신망, 광대역 ISDN에 대하여 간략하게 알아본다.

5.1 교환망

교환망은 정보의 전달체계로 지역적으로 분산된 다수의 정보원 중에서 둘 이상의 정보원간을 결합시켜 상호간 정보교환이 가능하게 하는 전달매체로서, 그림 5.1과 같이 노드(node)와 링크간의 집합이라 한다. 노드들은 전송로로 연결되어 있고 전송되어질 정보는 한 노드에서 다른 노드로 보내지면서 목적지에 도착한다. 정보를 송신 측에서 수신 측으로 전달하고자 할 때 한 노드에서 다른 노드로 정보를 교환하는 방법에 따라 회선 교환망, 메시지 교환망, 패킷 교환망으로 나눌 수 있다.

5.1.1 회선 교환망(Circuit Switching Network)

(1) 회선 교환망의 개요

회선 교환망은 회선 교환 형태의 서비스를 제공하는 통신망으로, 일반전화에 사용되는 교환방식이다.

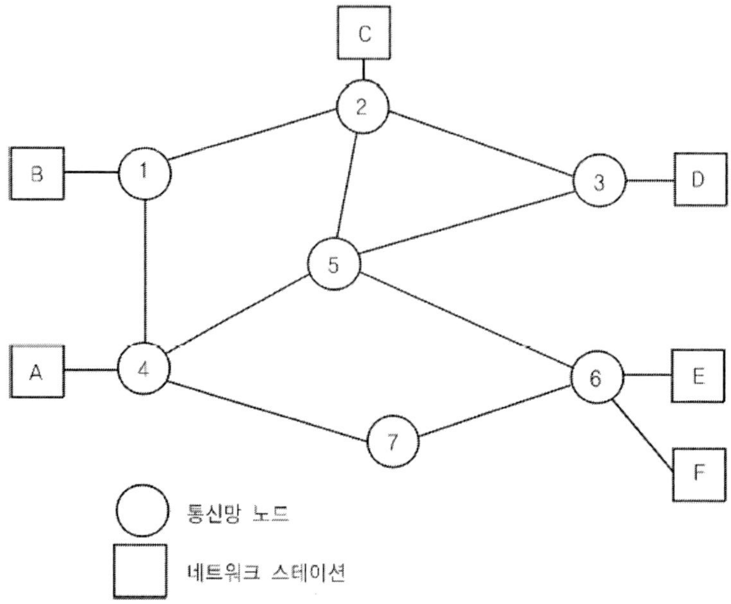

그림 5-1 일반적인 교환망의 예

회선 교환망에서의 통신절차는 회선 설정, 데이터 전송, 회선 해제의 3단계로 이루어지며, 데이터 전송이 시작되기 전에는 반드시 회선이 설정되어야 한다. 따라서 회선 교환망에서는 먼저 교환기를 통하여 송·수신 상호간의 통신회선을 직접 연결한 후 통신을 하는 방식으로, 이렇게 통신회선을 연결한 다음 송신 측(송신 스테이션)과 수신 측(수신 스테이션)사이에 음성 혹은 데이터를 전송하게 된다. 이와 같이 한 회선이 연결되면 데이터의 전송 중에는 회선 연결 상태가 계속 유지되며, 사용자가 그 경로를 내어놓지 않는 한 회선을 사용하는 여부에 상관없이 다른 정보 전송에 사용할 수 없도록 독점하는 방식이다. 이와 같이 통신을 원하는 두 스테이션사이에 통신을 할 수 있는 경로가 미리 제공되는 경우를 회선 교환이라 한다.

그림 5.2는 송신 측인 스테이션 A에서 수신 측인 스테이션 B로 회선교환 방식으로 통신을 하고자 한다. 먼저 송신 측인 스테이션 A가 호 설정을 요구하게 되면 교환기는 전송링크 상에 사용되지 않는 회선이 있으면 다음 교환기로 연결을 해 주게 된다. 여기서, 회선이란 전송링크를 시분할 혹은 주파수 분할로 다중화 하였을 경우 하나의 채널에 해당한다. 이와 같은 방법으로 여러 개의 교환기를 지나서 최종적으로 수신측인 스테이션 B까지 정보를 전송하기 위해서는 각 링크마다 비어 있는 회선이 있으면 이를 고정적인 회선으로 설정한다. 이렇게 이미 설정된 회선은 사용여부에 상관없이 점유되어 있으므로 다른 정보를 전송하기 위해 사용할 수 없는 단점이 있다.

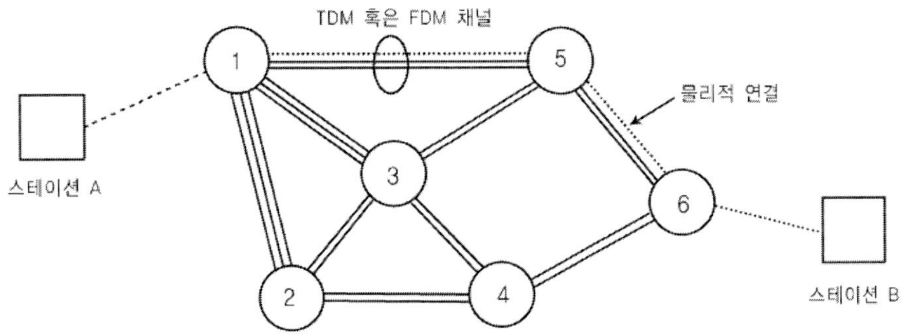

그림 5-2 회선교환 방식

회선 교환망에서는 호(call, 呼) 설정 시에 다음 교환기로 비어 있는 회선을 찾아 연결하는데 다소 지연이 있지만, 일단 송수신 스테이션 간에 호 설정이 이루어지고 나면 항상 정보를 연속적으로 전송할 수 있는 전용 통신로가 형성된다. 따라서 호 설정이 이루어진 다음은 교환기 내에서 처리를 위한 지연이 거의 없으며 데이터는 확보된 전송 채널을 통하여 일정한 전송률로 전송된다. 회선 교환망에서는 정보 전송이 완료되면 호 해제를 통하여 점유되었던 회선을 내어놓음으로써 다른 통신을 위해 사용될 수 있도록 한다. 이러한 특징을 갖는 회선 교환은 주로 음성통신과 같이 연속적이면서 실시간 전송이 요구되는 미디어의 전송에 적합하다. 그러나 실시간적인 전송보다는 에러 없는 정보 전달이 요구되는 데이터 서비스를 위해서는 부적합한 면을 가지고 있다.

호(call, 呼) 란?
이용자가 통신을 목적으로 통신회선을 이용하고 있는 일에 대한 어떤 형태를 말하는 것

(2) 회선 교환망의 분류

회선 교환망은 공간 분할 회선 교환망과 시분할 회선 교환망으로 분류한다.

① 공간 분할 회선 교환망

공간 분할 회선 교환망은 그림 5.3과 같이 종래의 전화교환방식과 같은 방식으로 통화로가 특정한 호에 의해서 사용되는 경우 그 호의 보유시간 중에도 연속하여 통화로가 사용되는 교환망이다. 이 방식은 과거의 음성 전화 회선망을 그대로 이용할 수 있어 간단한 저속의 데이터 전송에 효과적이지만 본래가 음성용이므로 데이터통신을 하기 위해서는 융통성이 적고, 오류율이 높으며 데이터 전송용 교환기에 비하여 연결 접속 시간이 길고, 고속으로 데이터 전송이 어려운 단점이 있다.

보유시간 이란?

호의 발생에서부터 회선에 접속되고 통신이 끝날 때까지 그 회선을 점유하고 있는 시간을 말한다.

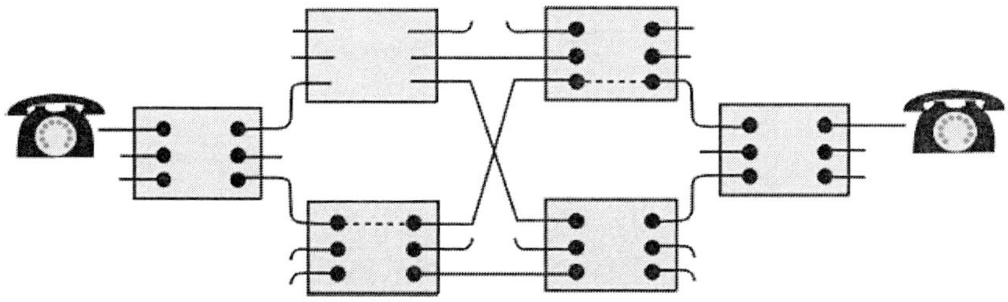

그림 5-3 공간 분할 회선교환 방식

② 시분할 회선 교환망

시분할 회선 교환망은 그림 5.4에서와 같이 전자부품의 고속성을 이용하여 통화로 스위치를 시분할하여 다중적으로 이용하여 교환하는 방식으로 시분할 다중화 회선의 타임 슬롯을 선택하는 기능(시간 스위치)과 시분할 회선을 선택하는 기능(공간스위치)이 있다. 일반적으로 데이터 교환망에서는 시분할 교환망 방식이 사용된다.

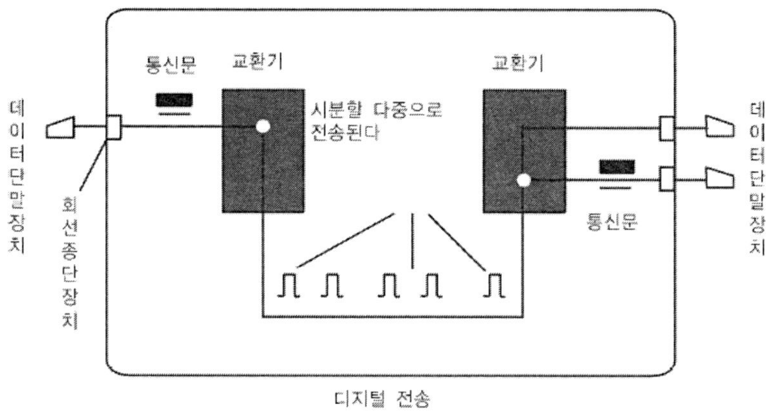

그림 5-4 시분할 교환방식

여기에서 시분할 통화로 장치는 그림 5.5에서와 같이 시간 스위치(time switch)와 공간 스위치(space switch)로 구성된다. 시간 스위치는 하이웨이 상의 타임슬롯의 시간 순서를 바꾸는 기능이고, 공간 스위치는 공간적으로 게이트를 배열하여 하이웨이 상호간의 채널을 바꾸어 접속하는 기능이다.

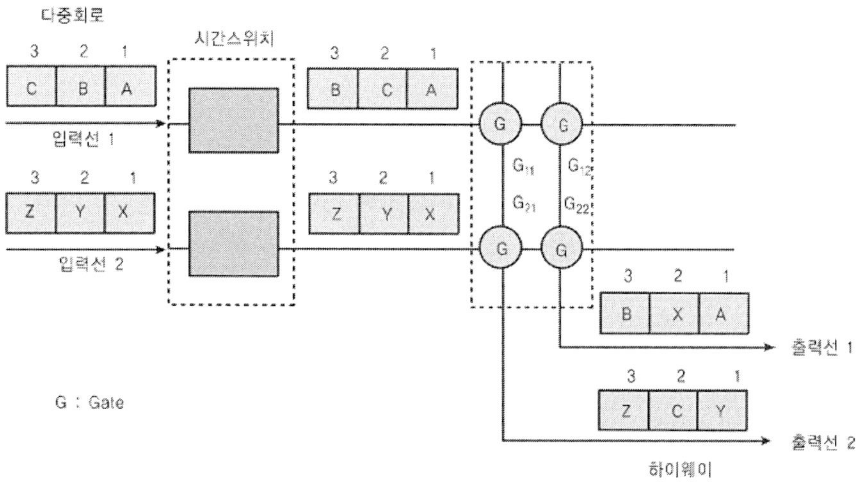

그림 5-5　시분할 교환방식의 시간 및 공간 스위치

시분할 회선 교환 방식은 그림 5.6과 같이 단말장치, 회선 종단 장치, 교환기, 집선 다중화 장치 등으로 구성되며, 이것은 송신 측 터미널에서 발생하는 여러 속도의 데이터를 댁내 회선 종단 장치에서 디지털 신호로 변환하여 집선 다중화 장치에 입력시키면, 이 집선 다중화 장치는 여러 개의 회선을 통하여 디지털 교환 장치에 입력시킨다. 이 디지털 교환 장치는 입력되는 다중화된 디지털 신호를 이미 설정된 통신 경로를 통해 수신 측 집선 다중화 장치에 전송하고, 이 수신 측 집선 다중화 장치는 다중화된 디지털 신호를 댁내 회선 종단 장치를 거쳐 원래 형태의 데이터로 복원하여 수신 측 터미널에 전달된다.

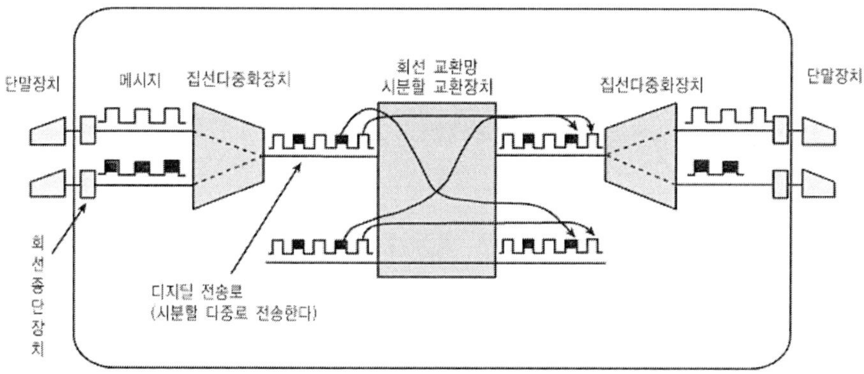

그림 5-6　시분할 회선 교환의 원리

5.1.2 메시지 교환망(Message Switching Network)

메시지 교환망은 회선 교환망과 달리 통신하고자 하는 송수신 스테이션간에 독점하는 통신 경로를 미리 설정할 필요가 없다. 한 스테이션에서 다른 스테이션으로 메시지를 보내려고 할 경우, 메시지에 목적지 주소를 첨부하여 자신의 로컬 교환기로 전송하면 교환기 간에는 축적-전송(store and forward)방식으로 메시지가 전달된다. 축적-전송은 도착하는 메시지를 일단 저장한 후, 다음 노드로 가는 링크가 비어 있으면 전송하는 방식이다. 여기서 메시지는 전자우편(e-mail), 컴퓨터파일과 같은 논리적인 데이터 단위를 말한다.

그림 5.7에서는 메시지 교환 방식을 이용해서 스테이션 A에서 스테이션 B로 메시지를 전송하는 방법을 나타내고 있다. 스테이션 A에서 전달할 메시지가 발생하면 메시지의 헤더에 목적지 주소를 첨부하여 바로 교환망으로 전송한다. 메시지 교환기의 컴퓨터는 도착되는 모든 메시지를 하드디스크에 저장한다. 메시지가 완전히 수신되면 에러 유・무를 검사하고 에러가 없을 경우에는 다음 교환기로 보내기 위한 경로를 결정하여 다음의 교환기로 메시지를 전송하게 된다. 이와 같이 여러 교환기를 거쳐서 스테이션 B로 메시지를 전송하게 된다. 메시지 교환 방식은 메시지가 전송되기 위한 전달 지연이 비교적 길고 가변적이기 때문에 실시간 통신이나 대화형 데이터 통신보다는 전송 지연이 크게 문제가 되지 않는 전자 우편이나 파일 전송에 적합하다.

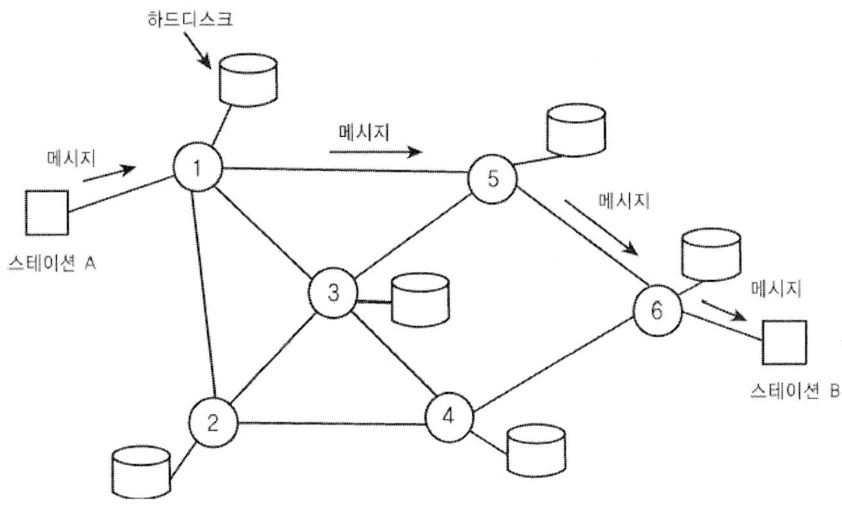

그림 5-7 메시지 교환 방식

5.1.3 패킷 교환망(Packet Switching Network)

패킷 교환 방식은 회선 교환 방식과 메시지 교환 방식의 장점을 취하면서 단점을 최소화시키는 교환 방식으로서 대화형 데이터 통신에 적합하도록 개발된 교환방식이다.

메시지 교환방식은 하나의 메시지 단위로 전송하는 방식이기 때문에 빠른 응답시간을 요구하는 대화형 데이터 통신에는 부적당하다. 패킷 교환 방식은 메시지 교환 방식과 같은 축적-전달 방식을 사용한다는 면에서는 메시지 교환 방식과 비슷하지만 메시지 단위로 전송하는 것이 아니라 패킷이라는 더 작은 단위로 쪼개어 전송하게 된다. 각 패킷에는 네트워크

상의 경로를 찾아서 목적지에 전달하기 위한 최소한의 정보인 송수신 측의 주소, 전송되는 데이터 등이 들어 있다.

패킷 교환방식은 데이터를 전송하기 전에 경로를 설정하는 방법에 따라 데이터그램(datagram)과 가상회선(virtual circuit) 교환방식으로 나눌 수 있다.

패킷이란?
메시지를 정보 통신망을 통하여 전송하기에 적합한 크기로 쪼개어 보내는데 이때 전송되는 하나의 작은 블록을 패킷이라 한다.

(1) 데이터 그램 교환방식

데이터 그램 교환방식은 데이터를 몇 개의 패킷으로 쪼갠 후 전달 경로의 사정에 따라 각각의 패킷별로 전달 경로가 선택되어 패킷이 전송되는 방식으로서 패킷을 전송하기 전에 미리 전달 경로를 설정할 필요가 없는 비연결형(connectionless) 서비스 방식이다.

데이터 그램 교환방식은 각 패킷마다 독립적으로 전달 경로를 설정하여 목적지까지 데이터를 전송해야 되기 때문에 모든 패킷의 헤더에는 목적지의 완전한 주소를 가지고 있어야 한다. 그림 5.8에서는 데이터 그램 패킷교환방식의 예를 나타내고 있다.

이 그림에서 송신 측 A에서 수신 측 B로 패킷 1, 2 및 3을 전송하고자 한다. 각 교환노드들은 각 패킷을 수신할 때마다 다음 노드를 향해 패킷을 전송하기 위해서 최적의 전달 경로를 선택한다. 그림에서 먼저 패킷 1을 교환노드 1과 2사이의 링크로 패킷을 전송한다. 패킷 2를 전송하려 할 때 교환노드 1과 2사이의 링크에 과부하가 걸려 이 링크를 사용할 수 없는 경우, 교환노드 1은 수신 측까지의 우회경로인 교환노드 3으로 패킷 2를 전송한다. 다음으로 패킷 3을 전송하려할 때 교환노드 1과 2사이의 링크가 다시 사용할 수 있으면 패킷 3은 교환노드 1과 2를 통과하여 수신 측 B에 도착한다. 또한 우회 경로로 전송되어진 패킷 2는 목적지의 주소 정보를 이용하여 교환노드 3에서 축적 후 전송에 의해 교환노드 3에서 교환노드 2로 1번 더 전송하여 최종적으로 수신 측 B에 도달하게 한다. 이 경우에서는 도착된 패킷의 순서는 원래 보낸 순서와 다를 수 있으므로 목적지에서는 패킷들의 순서를 재구성하는 기능을 가져야 한다.

이 방식의 응용분야는 짧은 메시지의 전송의 경우는 연결설정이 필요 없는 데이터 그램 패킷교환이 유리하다.

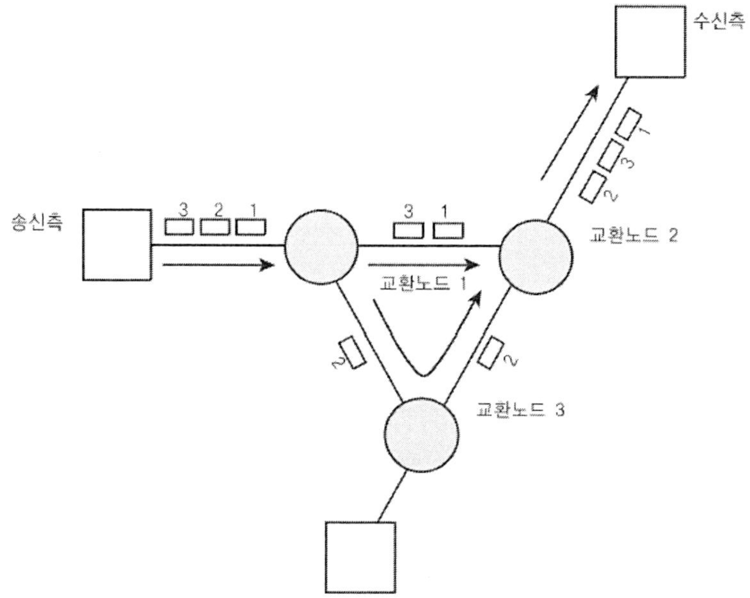

그림 5-8 데이터그램 패킷교환방식의 예

(2) 가상회선 패킷교환

가상회선 교환방식은 데이터 그램 방식과 달리 연결형 방식으로 회선 교환망과 비슷하게 패킷이 전송되기 전에 송·수신측간에 하나의 회선을 설정한다. 또한 이 방식은 회선 교환방식과는 달리 회선을 구성하는 각각의 링크들이 한 쌍의 송·수신측간에 의해서 독점되지 않고, 다른 쌍의 송·수신측간의 전송에서도 사용될 수 있다. 이와 같이 설정된 경로를 통해서 모든 패킷들은 그 경로만을 통해서 전송되고, 이렇게 전송된 패킷들은 데이터 그램 방식과 달리 패킷들이 순서대로 수신 측에 도달한다.

그림 5.9는 송신 측 A에서 수신 측 B로 가상회선 교환방식으로 패킷을 전송하는 것을 나타내고 있다. 이 그림에서 먼저 교환노드 1과 2를 지나는 경로를 설정하였다. 이것은 회선교환방식과 달리 교환노드 1과 2사이의 링크는 다른 사용자도 사용할 수 있다. 즉 C에서 D로 데이터를 전송하는 경우 망의 상황을 고려하여 교환노드 1, 2 및 3을 지나는 전송 경로가 선정되었을 경우 교환노드 1과 2사이의 링크는 A-B쌍과 C-D쌍이 공유될 수 있다.

이 방식의 응용분야는 데이터 그램에 비해 긴 메시지의 전송에 유리하다.

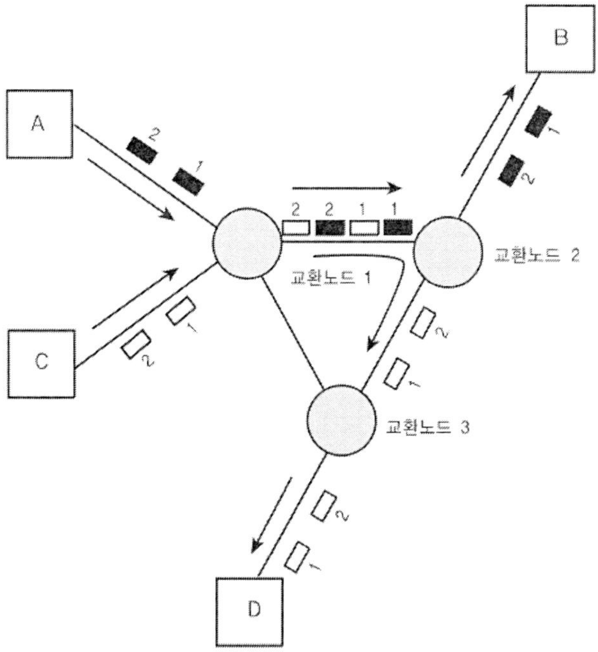

그림 5-9 가상회선 교환방식

5.2 근거리통신망(LAN)

근거리 통신망(LAN : Local Area Network)은 가까운 거리에 있는 각종 정보관련 기기, 사무자동화 기기 및 통신처리장치 들을 고속 전송회선으로 연결하여 빠른 속도로 정보를 교환하게 하는 통신망을 말한다. 즉, LAN은 컴퓨터, 단말장치, 프린터, 디스크 저장장치 등과 같은 여러 가지 개별장치를 연결하기 위한 데이터 통신망이다.

일반적으로 LAN이 구축되는 거리는 수 km 이내로 제한된다. 이에 비하여 보다 넓은 지역에 걸친 통신망을 WAN(Wide Area Network)이라고 한다. 기업, 연구소, 대학, 병원, 정부기관 등 거의 모든 조직은 LAN을 통해 정보를 주고받는데, 이들과 또 서로 연결되어 인터넷을 형성하므로, 그 기능과 역할은 거의 무한히 확대될 수 있다.

LAN을 몇 가지로 구분하여 정의하면, 수십 km이내에 지역으로 한정하고, 기업, 연구소, 대학, 병원 등 단일기관의 소유이고, 10M~10Gbps 정도의 전송속도를 가진다. LAN을 사용한 정보시스템을 그림 5.10에 개략적으로 나타내었다.

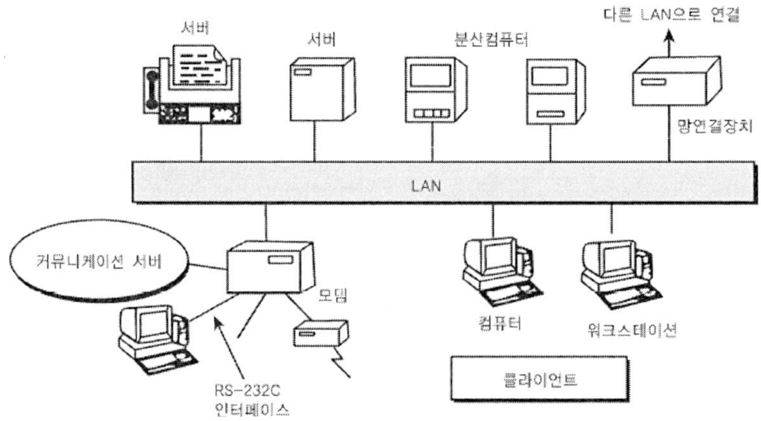

그림 5-10 LAN을 사용한 정보시스템

5.2.1 LAN의 발달 과정 및 특징

전자, 통신, 반도체 신기술과 컴퓨터 산업의 비약적인 발전과 더불어 기업과 조직 및 사회의 정보 공유, 분산처리 등의 요구가 다양해짐에 따라 LAN을 탄생시키는 계기를 마련하였다. 이를 간단히 요약하면 다음과 같다.

① 정보처리량의 증대에 따른 작업량의 분산 및 자원의 공동 활용
② OA의 보급(단일 제품에서 복합 System)
③ 고기능 Intelligent 단말의 증가
④ 정보전송의 고속화 요구
⑤ Application의 다양화

LAN은 컴퓨터와 통신기술의 비약적인 발전과 정보처리의 다양화에 대한 요구로 출현하게 되었다. 1970년대 초 컴퓨터 이용에 대한 수요가 급증하고, 집적회로의 발전과 더불어 다양한 기능과 저렴한 컴퓨터가 널리 보급됨에 따라 효율적으로 자원을 이용하기 위하여 여러 곳에 산재해 있는 컴퓨터를 상호 연결할 필요성이 대두됨으로써, XEROX사에서 LAN에 대한 학문적 연구가 시작되어 이더넷(Ethernet)이 탄생하였고, 각 대학에서 이때부터 본격적인 연구가 진행되었다. LAN의 제품이 시장에 등장한 것은 1970년대 말로 CSMA/CD 기술을 이용한 Network System상의 Hyper channel, 토큰 패싱 기술을 이용한 Data point 사의 ARCNET 등이 있다. 대부분의 LAN 제품은 1982년 IEEE에 의해 표준화 안이 추진되었고 CSMA/CD 방식은 Ethernet, 토큰 버스방식은 ARCNET, 토큰링 방식은 IBM LAN이 기준으로 정해졌다.

LAN은 단거리 전송이기 때문에 광대역 전송로가 값싸게 실현될 수 있다. LAN에서는 이 광대역 전송로를 각 단말이 공유하는 형식을 취하고 통신제어는 각 단말에서 분산되어 신뢰성이 높고 확장성이 풍부해지며 더 나아가 시스템이 간단화 되는 이점을 가지고 있다.

LAN에 사용되는 전송매체로는 평형케이블, 동축케이블, 광섬유케이블, 무선 등을 이용하고 있지만, 거리, 전송속도에 따라 구분해 사용할 수 있으므로 주로 컴퓨터간의 통신에 중점을 두고 선택하여 사용한다. 또한 전송매체, 네트워크의 구조, 사용하는 프로토콜의 종류에 따라 달라진다.

일반적으로 원거리 통신망과의 차이점은 다음과 같다. 첫째 동축케이블 혹은 광섬유케이블을 사용하므로 10Gbps까지 고속통신 가능하다. 둘째 통신제어는 각 단말에 분산되어 신뢰성이 높고 확장성이 풍부하여 시스템이 간단화 됨으로써 경제적이다. 셋째 고속통신이고 통신거리가 짧기 때문에 패킷지연이 최소화된다. 넷째 동축케이블 및 광섬유케이블의 오류율이 낮기 때문에 오류율을 감소시킬 수 있다. 다섯째 네트워크 내의 어떤 장치와도 통신이 가능하다.

5.2.2 LAN의 응용 분야

LAN의 응용 분야는 매우 다양하여 개인용 컴퓨터의 효율적인 이용, 사무자동화, 공장자동화, 데이터 처리용 통신망, 연구실 자동화 등 아주 많은 분야에 응용될 수 있다.

(1) 개인용 컴퓨터의 효율적 이용

개인용 컴퓨터의 용도가 워드프로세싱, 데이터처리, 인터넷 접속 등 다양화되면서 다른 컴퓨터와의 연결, 전자우편, 전자파일 공유 등의 업무를 효율적으로 이용할 수 있다. 전자우편, 프로토콜변환, 매체변환, 통신회의, 속도변환 등의 통신처리서비스를 통일된 프로토콜에 의거하여, LAN 내와 LAN 사이에서 효율적인 통신시스템이 요망되며, 이를 위한 고위 서비스의 프로토콜 규정이 필요하다.

(2) 사무자동화(OA : Office Automation)

사무실에서 필요한 전자우편, 전자파일, 워드프로세싱, 음성통신, 원격회의 등의 업무처리를 효율적으로 이용할 수 있다. 따라서 다양한 사무 기기들이 연결되어야 하며, 음성, 데이터, 영상, 화상신호 등도 동시에 처리할 수 있다.

(3) 공장자동화(FA : Factory Automation)

컴퓨터 등을 이용하여 생산관리, 공정관리, CAD/CAM 등에 이용되나, 높은 신뢰성을 요구한다.

(4) 데이터 처리용 통신망

다수의 단말장치나 컴퓨터들을 효율적으로 연결함으로써 상호간의 자원을 공유하고, 데이터를 분할 처리하여 파일을 전송함으로써 데이터 처리 능력을 향상시킬 수 있다. 한정된 지역 내에서 사용되는 LAN은 통신량의 증대, 이용형태의 고도화에 수반하여 광역망 등에 연결을 생각하게 된다. LAN의 특성과 결합되어 가능한 광역망(패킷교환망, 전화망,

전용선, ISDN 등)을 선택할 수 있도록 해주는 강력한 게이트웨이 장치가 요망된다.

(5) 연구실 자동화(laboratory automation)

연구의 계획, 실험 및 실험 기기의 공유 등에 이용함으로써 연구활동의 효율을 향상시킬 수 있다.

(6) 멀티미디어 통신시스템

음성, 영상 및 데이터의 통합을 위해 문서를 음성으로 변환하거나 영상으로 변환하여 출력시키는 멀티미디어 시스템에 이용할 수 있다. LAN은 문자 이외에 음성과 화상을 포함하는 멀티미디어의 통신을 가능하게 한다.

5.2.3 유선 LAN

일반적으로 LAN은 여러 가지 방법으로 분류할 수 있으나, 크게 유선 LAN과 무선 LAN으로 분류할 수 있다.

(1) 유선 LAN의 전송방식(통신방식)

전송 방식은 신호가 가지는 고유의 주파수 대역을 사용하는 기저대역 전송과 높은 주파수 대역의 반송파를 사용하는 광대역 전송으로 나눌 수 있다. 기저대역 전송의 경우 디지털 신호가 직접 전송매체에 실리며, 하나의 전송매체에서는 하나의 채널만 가능하다. 이에 비하여 광대역 전송은 반송파의 주파수 간격에 따라 하나의 전송매체가 여러 개의 채널로 나누어진다. LAN에서는 이러한 전송 방식에 따라 기저대역 LAN과 광대역을 전송하는 광대역 LAN으로 분류한다.

기저대역 LAN은 컴퓨터의 내부코드에 상응하는 디지털 신호를 전송매체로 직접 전송하는 LAN으로서 동축케이블(coaxial cable)이나 연선쌍(twisted pair) 등의 전송매체에 이용된다. 그러나 단 하나의 채널만 제공되므로 이를 공유하는 노드들이 동시에 사용하고자 할 때 이를 효율적으로 제어하여야 한다. 특히 제어를 전담하는 별도의 제어전용 노드가 없는 경우, 모든 노드들이 효율적인 운용을 위해 자유 경쟁법(contention method) 및 토큰 이용법(token method)이라는 제어 방법을 사용한다.

광대역 LAN은 전송매체를 여러 개의 주파수 대역으로 나누어 여러 개의 채널을 사용하는 방법이다. 일반적으로 동축케이블을 주된 전송매체로 사용하고 있다. 이러한 광대역 LAN은 주파수 분할 다중화(FDM : Frequency Division Multiplexing) 방식을 이용하여 주파수 대역을 여러 개의 채널로 나누어 사용한다. 따라서 하나의 전송매체로 데이터, 음성, 동화상 등을 포함하는 다양한 멀티미디어 서비스를 제공할 수 있다.

일반적으로 광대역 LAN은 버스형 또는 나무형 구조를 가지며, 기저대역 LAN과는 달리 각 채널에서의 신호는 단방향으로만 흐른다. 따라서 대화형의 서비스를 위하여 양방향 채널을 구현할 수 있어야 한다.

(3) 채널 액세스 방식

LAN은 하나의 통신 회선에 많은 노드가 연결되어 공용으로 사용하는 구조이다. 따라서 여러 개의 단말이 동시에 데이터를 전송하고자 한다면 문제가 발생할 수 있으므로 이를 제어할 수 있는 방법이 필요하다. LAN에서는 이러한 채널 액세스 방식에 따라 토큰 링(token ring) 방식, 토큰 버스(token bus) 방식 및 CSMA/CD(Carrier Sense Multiple Access with Collision Detection) 등으로 나눌 수 있다. 여기서 토큰은 특정의 비트 패턴으로 된 제어 패킷이다. 토큰 링 방식과 토큰 버스 방식은 공유하는 통신회선에 대한 제어 신호를 각 노드간에 순차적으로 이동시키는 토큰 패싱(token passing) 방식으로서, 이를 링형에 적용하면 토큰 링 방식이고, 버스형에 적용하면 토큰 버스 방식이 된다.

토큰 링 방식은 통신회선으로 토큰이 각 노드를 순차적으로 옮겨가며 데이터를 전송하는 방식이다. 이때 토큰이 통과하는 순서는 링 상의 노드 위치와 일치하기 때문에 토큰에는 별도의 주소 정보가 필요 없다. 각 노드는 토큰의 수신을 조사하여 송신할 데이터가 없으면 다음 노드에 해당토큰을 통과시킨다. 또 데이터를 수신하면 그대로 다음 노드로 보내고, 자기 노드에 해당되는지를 조사한 후 만약 자기 노드이면 데이터를 수신한다.

송신 데이터가 있는 경우와 없는 경우를 토큰에 나타내기 위하여 토큰에는 프리토큰(free token)과 비지토큰(busy token)이 있다. 만약 송신 데이터 있는 노드에서는 프리토큰을 받아 비지토큰으로 바꾼 다음 데이터를 전송하고, 전송이 종료되면 이를 다시 프리토큰으로 바꾸어 다음 노드로 전송한다. 전송을 원하는 노드가 있을 때 만약 프리토큰이 없으면 계속 프로토큰을 기다려야 한다. 이에 대한 동작과정을 그림 5.11에 나타내었다.

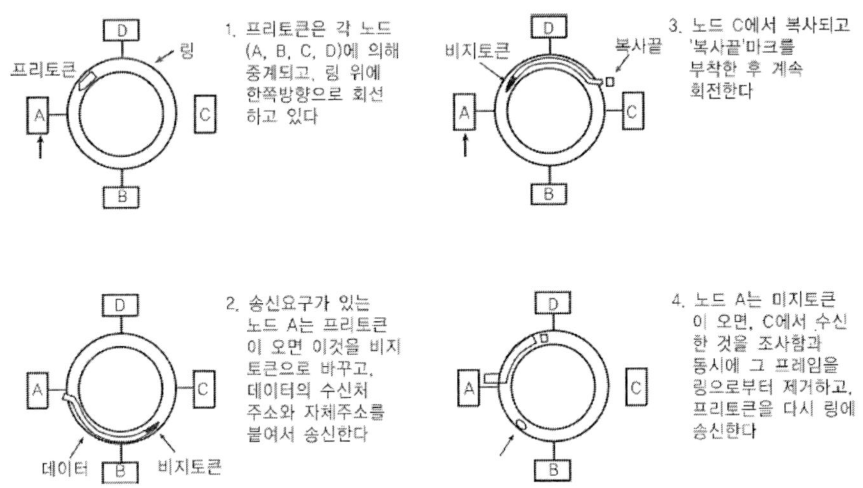

그림 5-11 토큰링 방식의 동작 과정

이와 같이 데이터를 송수신하는 토큰 링 방식은 앞에서 언급하였듯이 링 상의 노드의 위치와 동일한 순서로 통과하기 때문에 토큰에 별도의 주소 정보가 필요 없다. 토큰이 유실되거나 비지토큰이 계속 링을 돌 수 있는데 이를 방지하기 위하여 토큰을 감시하는 노드를 두어 유실되었을 경우 새로운 프리토큰을 생성시켜 줄 수 있다. 그러나 토큰에 이상이 발생하였을 경우 링의 작동이 어렵고 시스템을 작동이 어려운 단점을 가진다.

토큰 버스 방식은 토큰이 버스 구조의 노드로 형성된 논리적인 링 구조를 따라 돌며, 토큰을 가진 노드는 특정 시간 동안 통신회선을 점유하여 패킷을 전송할 수 있다. 토큰을 가진 노드가 전송을 마쳤거나 일정한 시간이 지나면 토큰은 논리적인 순서대로 다음 노드로 넘어간다. 이때 토큰은 물리적인 노드의 위치와 상관없이 논리적인 노드의 순서에 따라 순환하게 된다. 따라서 토큰링 방식과의 차이점은 토큰에 송신과 수신 측의 주소가 부여되어야 하고, 토큰은 논리적 링의 위치와 관계없이 모든 노드에서 가질 수 있으며, 전송 중에 토큰 표시가 변경되지 않기 때문에 중계기의 기능이나 송신데이터의 삭제 기능이 불필요하다. 또한 노드의 추가와 삭제의 경우 논리적 링의 수정이 필요하다.

토큰 버스 방식은 통신량을 조절하여 전송이 가능하고, 높은 부하에서도 CSMA/CD 방식에 비해 안정되며, 접근시간이 대체적으로 일정하다는 장점을 가진다. 그러나 너무 복잡하여 가격이 비싸고 통신량이 적을 때, 토큰을 옮기는데 생기는 과부하의 비중이 커지고, 평균대기시간이 길다는 단점이 있다. 그림 5.12에 토큰 버스 방식의 원리에 대해 설명해 놓았다.

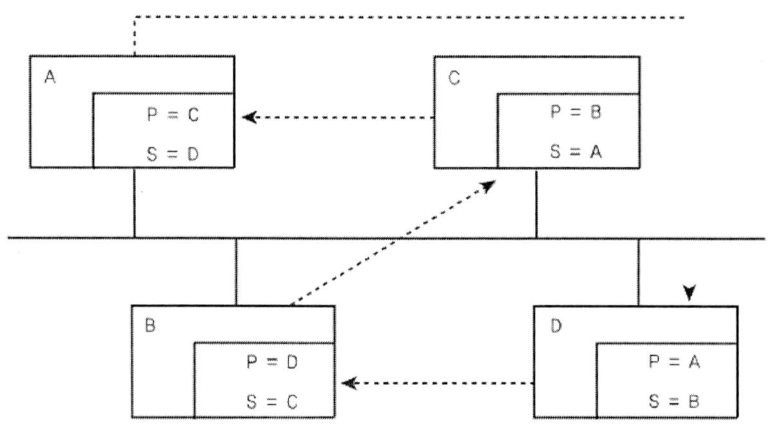

그림 5-12 토큰 버스 방식의 동작 과정

CSMA/CD 방식은 주로 버스 형태의 망 구조에 사용하며, 각 노드는 데이터를 전송하기 전에 통신회선이 다른 노드에서 사용하고 있는가 아닌가를 조사하여 사용하고 있으면 송신을 잠시 기다리고, 아니면 데이터를 전송하는 방식이다. 그러나 이 방식은 하나의 공통회선을 사용하므로 회선에 2개 이상의 데이터가 존재할 경우 충돌(collision)이 발생된다.

충돌은 송신 측에서 전송된 데이터가 수신 측에 도착하기 전에 다른 노드가 데이터를 전송하면 발생하거나, 하나의 노드에서 데이터 전송이 완료된 후 모든 노드에서 동시에 데이터를 전송하려고 할 때에 발생한다. 이때에 충돌이 일어난 경우 회선을 사용할 수 없기 때문에 이를 보완하여 전송 중에 충돌이 발생하면 즉시 검출하여 데이터 송신을 중단하고 일정시간 만큼 기다린 다음 다시 전송을 시작하는 방식이CSMA/CD 방식이다. 즉, 전송하고자 하는 노드에서 전송 회선의 상태를 조사하다가 전송회선이 비어 있는 경우 데이터는 전송하는 CSMA 방식에 전송 후에도 계속 전송회선에서의 충돌의 발생을 감시하는 기능을 추가한 방식이 CSMA/CD 방식이다.

통신회선이 사용중이 아님을 아는 두 지국이 거의 동시에 데이터 프레임의 전송을 시작한 경우 충돌은 피할 수 없는 일이며, 충돌이 감지되어지면 가장 먼저 충돌을 감지한 지국이 모든 지국으로 충돌 신호를 보내고, 데이터를 전송 중이던 지점은 즉시 데이터 전송을 중단한다. 이에 대한 동작과정을 그림 5.13에 나타내었다.

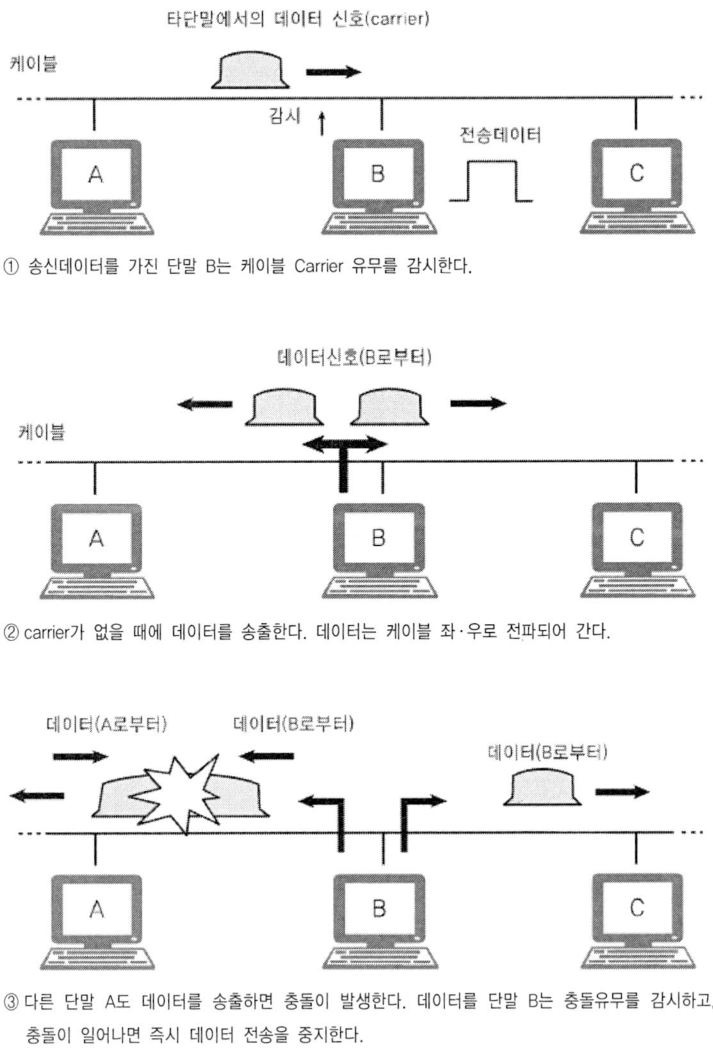

그림 5-13 CSMA/CD 방식의 동작 과정

이러한 CSMA/CD 방식은 첫째, 노드가 상위계층으로부터 데이터를 받아 전송을 완료할 때까지의 시간은 확률적으로 변화한다. 둘째, 모든 노드의 동작은 수동적이기 때문에 노드의 장애가 전체적인 장애가 될 가능성이 적다. 셋째, 채널로 전송된 데이터는 모든 노드에서 수신이 가능하다. 넷째, 모든 노드는 대등한 접근 권리를 갖는다는 특징을 가지고 있다.

(4) 고속 이더넷

1990년대 들어 멀티미디어 서비스의 확산과 함께 대역폭에 대한 수요가 급격하게 증가하면서 초기 이더넷은 고속 이더넷으로 발전하게 된다. 고속 이더넷은 100 Mbps 급의 패스트 이더넷(Fast Ethernet)과 Gbps 급의 기가비트 이더넷(Gigabit Ethernet)으로 구분된다.

패스트 이더넷과 기가비트 이더넷은 IEEE 802.3 이더넷 프레임과 CSMA/CD MAC을 이용하여 초기 이더넷과 완벽하게 호환된다. 단말들은 동축케이블 대신 UTP(Unshielded Twisted Pair)나 광섬유를 이용하여 반이중 통신의 허브나 전이중 통신을 지원하는 스위치에 연결된다.

리피터나 허브에서 채택하고 있는 CSMA/CD 방식에서 중요한 점은 공유매체에 전송하는 도중에 충돌 사실을 감지해야 패킷 전송에 문제가 발생했다는 사실을 알게 되어 재전송할 수 있다는 것이다. 따라서 고속 이더넷에서와 같이 패킷 전송 소요시간이 짧아지면 자신의 패킷 충돌을 확인하기가 어려워진다. 패스트 이더넷에서는 이더넷의 최소 패킷 길이인 64바이트를 그대로 유지하는 대신, UTP의 배선 길이를 100m 이내로 제한하여 이를 해결하였다.

기가비트 이더넷의 경우는 패스트 이더넷보다 10배 빠르게 전송하기 때문에 배선 길이가 1/10로 짧아져야 한다. 그런데 10m 이내로의 제한은 기존에 설치된 케이블을 사용할 수 없는 비현실적인 방안이어서, 배선 길이를 100m로 유지하는 대신 64바이트의 최소 패킷 길이를 512바이트로 연장하였다. 즉 512바이트보다 짧은 패킷은 CRC 필드 다음에 캐리어 연장 필드(carrier extension field)를 추가하여 512바이트가 되게 하였다. 광섬유로 배선하는 경우에도 같은 이유로 패스트 이더넷은 400m 이내로, 기가비트 이더넷은 550m로 배선 길이를 제한한다.

리피터나 허브 없이 스위치만으로 구성된 고속 이더넷에서는 단말 상호 간에 송신과 수신을 위한 별도의 채널이 설정되어 전이중 방식으로 통신한다. 각 단말이 스위치에 접속되어 일대일로 연결된 상태이므로 MAC이 필요 없고 패킷의 충돌도 발생되지 않는다. 따라서 64바이트의 최소 패킷 길이를 그대로 사용하여도 문제가 발생하지 않는 것은 물론 배선 길이에 대한 제약도 크게 완화된다. 예를 들어 기가비트 이더넷 NIC가 설치된 서버와 패스트 이더넷 NIC가 설치된 단말이 전이중 방식으로 통신하는 경우, 두 NIC 사이에 있는 스위치들에 의해 이 두 NIC들을 연결하는 독점적인 송수신 채널이 설정되고, 가능한 최고 속도인 100Mbps에 맞춰 통신한다.

① 패스트 이더넷

초기 이더넷과의 호환을 위해 패스트 이더넷은 초기 이더넷의 MAC 프로토콜과 프레임 형식을 사용한다. 패스트 이더넷의 전송 매체로는 TP와 광섬유 케이블이 사용된다. 100Base-T는 TP 전송 매체를 사용하는 패스트 이더넷을 총칭하는 것으로 다시 100Base-TX와 100Base-T4로 세분화된다. 그리고 100Base-FX는 광섬유 케이블을 전송 매체로 사용하는 패스트 이더넷 규격이다.

100Base-TX는 패스트 이더넷 규격 중 가장 널리 사용되는 것으로 두 쌍의 Category 5 UTP 또는 STP를 이용하며 세그먼트의 최대 길이는 100m 정도이다. 100Base-T4는 패스트 이더넷의 초기 규격으로 4쌍의 Category 3 UTP이 이용된다. 2쌍의 멀티모드 광섬유 케이블을 사용하는 100Base-FX의 세그먼트 길이는 반이중 링크인 경우는 약 400m 그리고 전이중 링크인 경우는 약 2,000m가 된다. 값이 보다 비싼 단일모드 광섬유 케이블을 사용하면 세그먼트의 길이는 확장될 수 있다.

② 기가비트 이더넷

대역폭 요구가 증가함에 따라 3Com을 비롯한 네트워크 업체들은 기가비트 이더넷 연맹(Gigabit Ethernet Alliance)을 결성하였고, IEEE도 이더넷 표준을 기가비트 속도로 확장하였다. 새로운 표준은 1 Gbps의 대용량 대역폭을 제공하며 기존의 10/100 Mbps 이더넷과 호환된다. 기가비트 이더넷은 패스트 이더넷에 비해 설치비용은 더 들지만 성능이 크게 향상되었고, 수없이 많은 기존의 이더넷 노드와 호환성을 유지하는 큰 장점을 가지고 있다.

기가비트 이더넷은 크게 1000Base-X 계열과 1000Base-T로 구분되며, 전자는 다시 1000Base-CX, SX, LX의 3가지로 나뉜다. 구리선을 이용한 기가비트 전송에는 1000Base-T와 1000Base-CX가 사용되고, 광케이블을 사용하는 방식 중 1000Base-SX는 단거리용, 1000Base-LX는 장거리용이다.

③ 10기가비트 이더넷

10기가비트 이더넷은 이더넷 기술을 이용하여 기가비트 이더넷의 10배의 전송 속도를 구현한 기술로 2002년 최초규격이 제정되었다. 10기가비트 이더넷의 프레임 형식은 기존 이더넷의 형식과 동일하다. 그러나 기가비트 이더넷에서까지 지원되었던 CSMA/CD 프로토콜을 이용한 반이중 방식의 통신은 더 이상 지원하지 않게 되었다.

10기가비트 이더넷의 전송 매체로는 광케이블과 일반 케이블(비광 케이블)이 사용되는데 광케이블을 사용하는 물리계층 규격으로는 10GBase-SR(Short Range), 10GBase-LR (Long Range), 10GBase-LRM(Long Reach Multimode), 10GBase-ER(Extra Range), 그리고 10GBase-LX4가 있다. 일반 케이블을 사용하는 물리계층 규격으로는 10GBase-CX4와 10GBase-T가 있다. 동축 케이블과 유사한 Twinaxial 케이블을 이용한 10GBase-CX4는 약 15m의 전송거리를 갖는 데 비해, UTP 또는 STP를 이용하는 10GBase-T의 전송거리는 100m 정도가 된다.

(5) 기타 고속 LAN

① FDDI

LAN의 보급이 증가함으로써 LAN의 기간망으로서 역할뿐만 아니라 교환 기능도 갖춘 고속 LAN이 등장하게 되었고, 대표적인 고속 LAN으로는 FDDI(Fiber Distributed Data Interface)가 있다. FDDI는 여러 개의 중, 저속 LAN 간을 중계하는 기간 LAN, 호스트 컴퓨터 간을 연결하여 대용량 데이터를 전송하는 단일 LAN, 워크스테이션 간을 고속으로 연결하는 프론트 LAN 등에 이용할 수 있다. 그 예로는 고층 건물과 넓은 구내 등에서 각 층 혹은 각 건물마다 설치되어 있는 LAN들을 서로 연결하여 전체를 대규모 LAN으로 만드는 것을 들 수 있다. FDDI로 구성된 기간 LAN의 예를 그림 5.14에 나타내었다.

일반적으로 FDDI의 네트워크는 100Mbps의 전송 속도를 제공하는 2개의 링으로 구성되어 있다. 보통은 1차 링을 사용하지만 전송로에 고장이 생겼을 때 2차 링을 사용한다. FDDI는 총 500개의 노드를 연결할 수 있고 노드간의 거리는 2Km 이내로 제한되어 있다.

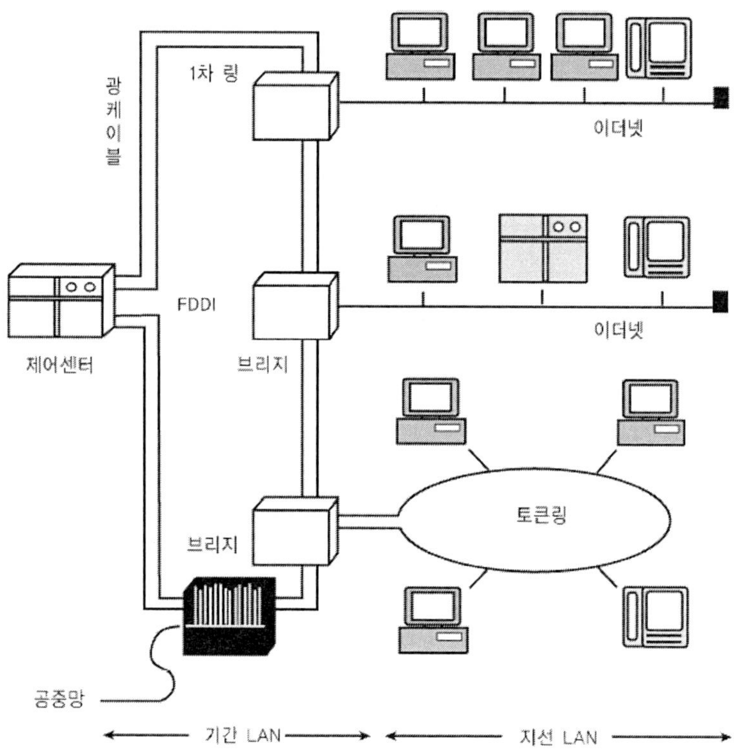

그림 5-14 FDDI로 구성된 기간 LAN의 예

FDDI는 IEEE 802 표준과 마찬가지로 토큰링 알고리즘을 이용하지만 고속의 전송률과 링의 효율을 향상시킬 수 있는 몇 가지 다른 점을 가지고 있다.

그림 5.15에 FDDI의 링 동작을 나타내었다. 종단 A는 토큰을 획득한 다음 F1 프레임을 전송하고 나서 즉시 새로운 토큰을 송신한다. F1의 목적지인 종단 C에서 F1 프레임을 받아 복사하고 그 프레임은 링을 계속 돌다가 다시 송신 종단인 A로 가서 제거된다. 그 동안에 종단 B가 종단 A에 의해 전송된 토큰을 획득하여 F2 프레임을 전송하고 즉시 토큰을 송신한다. 이러한 과정이 여러 번 반복되면 어느 시점에서는 링에 여러 개의 프레임이 동시에 돌게 된다. 각각의 프레임은 그 프레임의 송신 종단에서 제거된다.

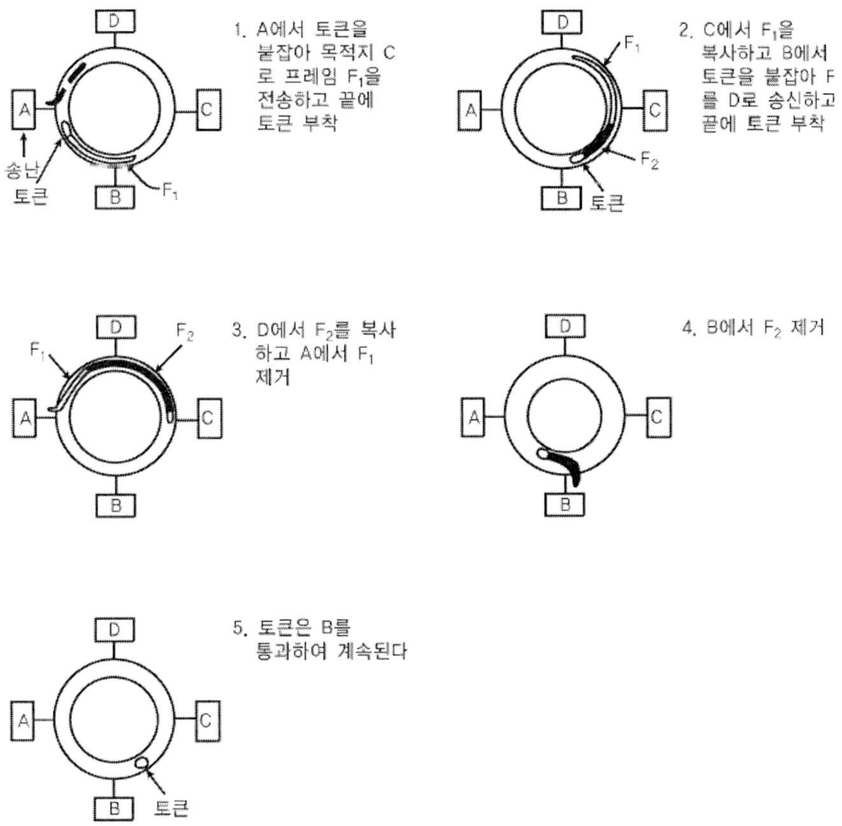

그림 5-15 FDDI의 링 동작

FDDI에서는 각 종단이 프레임을 전송한 다음 즉시 토큰을 전송한다. 그러나 IEEE 토큰링에서는 자신이 전송한 프레임이 돌아온 후에 새로운 토큰을 송신하는데, 이런 점에서 보면 FDDI가 규모가 큰 링에서 더 효율적이라 할 수 있다.

IEEE 토큰링과 FDDI 알고리즘 간의 또 하나의 큰 차이점은 통신용량 배당에 관련된 것이다. FDDI는 넓은 범위의 고속 전송의 요구에 대해서도 효율적이고 유연하게 대처할 수 있도록 설계되어 있다. 특히 위성 프로토콜 부분에서 요구되는 버스티 트래픽(bursty traffic: 짧고 산발적인 통신)과 스트림 트래픽이 혼용되어 있는 경우에도 서비스를 제공한다.

② DQDB

DQDB(Distributed-Queue Dual Bus) 프로토콜은 IEEE 802.6에서 규정한 MAN(Matripolitan Area Network) 표준의 일부분이며 이중버스 구조로 되었다. 이에 대한 구조를 그림 5.16에 나타내었다.

두 버스는 53 옥텟(Octets)의 고정길이 데이터 슬롯의 연속 스트림을 운반하는데 노드는 그 슬롯으로부터 데이터를 읽고 복사한다. 헤드(A)는 버스 A에 헤드(B)는 버스 B에 슬롯을 발생시킨다. 그림 5.16에서 원(●)은 슬롯 생성을, 사각형(■)은 버스 종단을 의미한다.

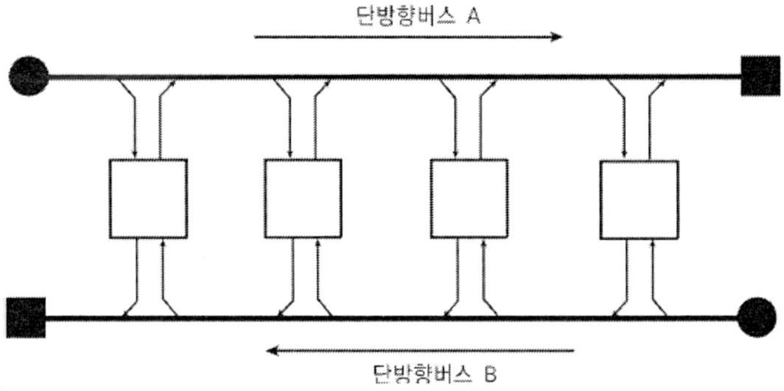

그림 5–16 DQDB의 이중 버스 구조

네트워크의 동작은 125㎲ 클럭으로 제어된다. 즉 헤드 A와 헤드 B의 슬롯 발생기는 매 125㎲ 마다 공유 전송 매체에 여러 개의 슬롯을 전송한다. 이때 한 클럭 사이클에 전송되는 슬롯의 수는 물리적인 데이터 전송률에 의해 결정된다.

버스상의 모든 슬롯은 53 옥텟의 길이를 가지는데 1 옥텟의 엑세스제어 필드와 52 옥텟의 세그먼트로 이루어진다. 네트워크에서 생성되는 슬롯의 유형에는 QA(Queue Arbitrate)와 PA(Pre-Arbitrate)의 2가지가 있다. QA 슬롯은 패킷교환형 데이터를 전송하는데 사용되고 PA 슬롯은 회선 교환형 데이터를 전송하는데 사용된다.

DQDB 매체상의 QA 슬롯의 액세스 방식은 분산큐잉 액세스 프로토콜에 기초를 둔다. 한 노드에 대해서는 이 프로토콜의 기본 메커니즘이 간단하지만 전체적인 분산된 동작은 복잡하다. 분산큐잉 프로토콜에서는 버스 A, B 2개의 매체가 있는데 각 버스에 대한 액세스 제어 메커니즘이 서로 같으므로 여기서는 버스 A에 대해서만 논한다.

분산큐잉 액세스 프로토콜은 분산예약기법을 사용하는데 이 기법은 토폴로지의 성격과 밀접한 관계가 있다. 이 프로토콜의 내용을 요약하면 노드 X가 노드 Y로 전송한 데이터 블럭을 가지고 있을 경우 X는 전송할 버스를 선택해야 하는데, 이때 그 버스 상에서 Y가

X의 아래쪽 방향이어야 한다.

선택된 버스를 버스 A로 가정하면 Y는 X의 아래쪽 방향 A이다. X는 테이블 블럭을 Y로의 슬롯에 전송하기 위해서는 위쪽 방향 A로부터 오는 빈 블럭을 사용해야 한다. 만일 위쪽 방향 A 종단이 전송매체를 독점하고 있으면 X는 전송이 불가능해지기 때문에 예약 요청을 하게 되는데 이 예약 요청은 위쪽 방향 A로 보내져야 한다. 그런데 X의 위쪽 방향 A 종단은 또한 X의 아래쪽 방향 B도 되므로 이 예약 요청은 버스 B를 사용하게 된다.

이 프로토콜에서는 각 종단이 자신의 전송요구보다 아래쪽 방향 종단의 전송요구를 우선시 한다. 즉, 하나 이상의 아래쪽 종단이 예약 요청을 했을 경우 스테이션은 자신의 전송을 포기하고 빈 슬롯을 아래쪽 종단으로 넘겨준다. 이때 각 종단이 모든 자신의 아래쪽 종단의 요청을 유지하는 메커니즘이 필요하게 된다.

각 노드의 실제 동작은 버스상의 위치에 따라 달라지게 된다. N 노드로 이루어진 DQDB 네트워크가 그림 5.17에 나타내었다.

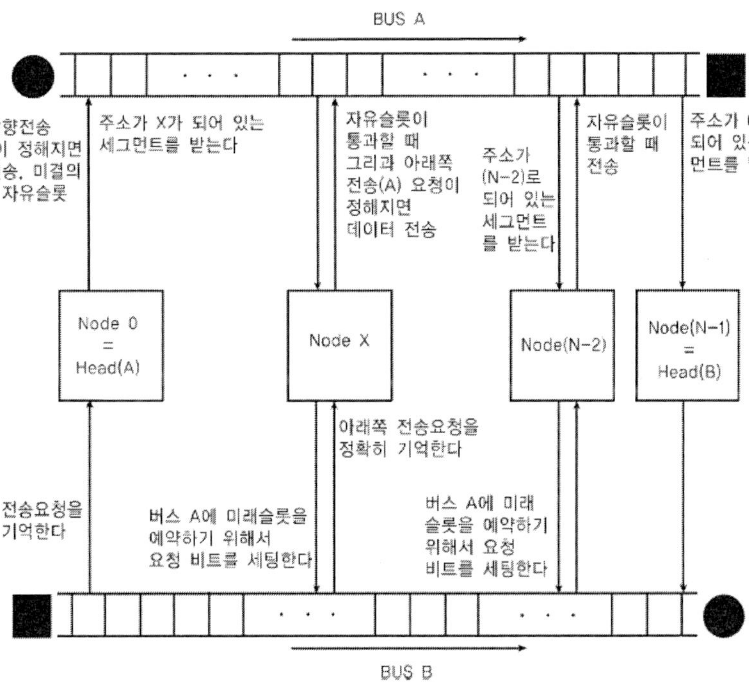

그림 5-17 DQDB의 기본 동작

헤드(B)인 (N-1) 노드를 보면 어떤 노드도 이 노드에 대해서 아래쪽 방향 A가 아니므로 버스 A로의 전송은 불가능하고 따라서 버스 B에 예약 요청할 필요가 없다. (N-1) 노드는 버스 A에 대해서만 수신이 가능하다. 이 노드는 통과하는 모든 슬롯을 읽어서 자신이 목적지로 되어 있는 QA 슬롯을 복사한다.

(N-2) 노드의 경우 이 노드는 전송할 데이터가 있으면 버스 A상의 빈 슬롯을 얻기 위해 버스 B에 예약 요청을 보낸다. 이것은 통과하는 슬롯의 요청 비트를 1로 세팅함으로써 수행된다. (N-2) 노드는 버스 B에 예약을 할 수 있어도 예약 요청을 수신하지는 못한다. 이 노드의 위쪽 방향 B는 (N-1) 노드 하나뿐인데 (N-1) 노드는 예약 요청을 하지 않기 때문이다.

(N-2) 노드는 버스 A에서 자신이 목적지로 되어 있는 데이터 세그먼트를 수신한다. 버스 A로 송신할 데이터가 있고 버스 B로 예약 요청을 했을 경우 이 노드는 버스 A 상에서 통과하는 첫 번째 빈 슬롯에 자신의 데이터 세그먼트를 실어서 송신한다. 슬롯마다 그 슬롯의 사용 여부를 알려주는 비트가 1개 있다.

5.2.4 무선 LAN

최근 회로 및 부품 기술의 발달과 허가 없이 사용할 수 있는 주파수 대역의 공개, 그리고 휴대용 컴퓨터로 통신을 하고자 하는 욕구로 말미암아 무선 LAN에 대한 관심이 증가하고 있으며, 이로 인해 많은 무선 LAN 제품들이 개발되고 있다. 특히 유선 LAN의 선로 유지 보수, 증설, 단말 장비의 이전 등의 어려움을 해소하기 위해 무선 LAN에 대한 필요성이 증대되고 있다.

대역 확산과 비인가 협대역 무선 LAN은 ISM(Industrial, Scientific and Medical) 밴드를 사용하며, 적외선 LAN은 가시광선 바로 아래의 주파수 대역을 사용한다. 산업, 과학, 의료의 용도로 지정된 ISM 대역은 2.4~2.484 GHz, 5.725~5.850 GHz의 주파수 대역을 포함한다. 북미의 경우에는 ISM 대역을 사용할 경우 FCC로부터 승인을 받을 필요가 없다는 장점으로 인해 많은 제품들이 이 대역을 사용하고 있다. 그러나 무선 LAN 제품들이 비인가 대역을 사용하고 자신의 제품에 의존적인 형태로 구현함으로써 다른 회사 제품과의 호환성에 문제점을 유발시키게 되었다. 이를 해결하기 위해 IEEE에서는 802.11 위원회를 설치하고 무선 LAN 표준을 위한 검토를 시작하였다.

(1) 무선 LAN의 종류

무선 LAN에는 적외선 LAN, 협대역 마이크로웨이브 LAN, 주파수 대역 확산 LAN 등으로 나눌 수 있다.

적외선 LAN은 크게 레이저를 사용하는 방법과 LED를 사용하는 방법으로 나눌 수 있다. 레이저를 사용하는 방법인 경우 적외선을 매우 밀집된 빔으로 전송하여 변조가 용이하고, 또한 멀리까지 도달할 수 있어서 실외에서의 응용에 널리 사용된다. 이에 비하여 LED를 사용하는 방법인 경우 레이저 보다 강도가 약하고 신호가 물체를 통과할 수 없어 제한된 범위에서만 사용할 수 있어 실내에서의 응용에 널리 사용되고 있다. 또한 전자기 간섭이 적고 속도가 빠르다는 장점을 가지고 있다.

마이크로웨이브(microwave)는 라디오파(radiowave)와 적외선의 중간 주파수 대역을 가지며 무선 LAN의 최대 주파수는 18~19GHz이다. 일반적으로 전자기적 스펙트럼 상에서 높은 주파수를 사용하기 때문에 직진성 기반의 기술이며, 이 대역을 사용하는 전자기적 장치가 거의 없어서 간섭이 없다는 장점이 있다. 그러나 신호가 송신 측에서 수신 측까지 여러 경로를 통해서 전달되는 단점을 가지고 있다. 수신기 주위의 가구나 칸막이 벽 등에 의해 생기는 페이딩 현상과 신호가 벽에서 반사됨에 따라 생기는 다중 경로 페이딩으로 인하여 수신 측에서는 경로에 따라 달라진 전송신호들을 복합해서 수신하게 된다.

대역확산 방법은 도청 방지를 위하여 송신단의 주파수가 고정되어 있지 않고 자연적으로 생기는 잡음이나 고의적인 전자방해 같은 간섭에 강하다. 이러한 이유 때문에 주로 군사용으로 사용하고 있으며, 보안을 유지하여야 하는 상업적인 응용에 많이 사용되고 있다. 대역확산은 대역폭에 할당된 규정 출력을 만족시켜 주기 위하여 넓은 지역에 걸쳐 에너지를 퍼뜨림으로써 해결한다. 따라서 그림 5.18에서 보는 바와 같이 일반적인 전파 방법은 신호를 인식할 수 있는 크기로 전송하는 것이나 대역확산 기술은 신호를 넓은 대역에 퍼뜨려 전송한다.

대역 확산 방식은 직접 시퀀스 대역확산(DSSS : Direct Sequence Spread Spectrum) 방식과 주파수 도약 대역확산(FHSS : Frequency Hopping Spread Spectrum) 방식으로 나눌 수 있다. 이들 두 방식은 CDMA 기술에 의해 여러 명의 사용자가 같은 주파수를 공유할 수 있도록 해준다. 직접 시퀀스 대역확산은 데이터의 대역폭과 관계있는 매우 넓은 대역폭을 가지는 원 신호를 변조함으로써 확산하다. 주파수 도약은 직접 시퀀스 방식보다 간섭현상에 대해 강하다.

이상에서 살펴본 무선 LAN의 종류와 특성을 표 5.2에 나타내었다.

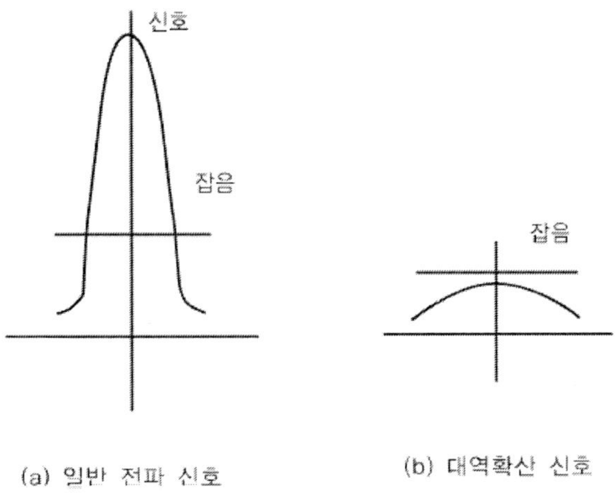

그림 5-18 대역 확산 신호의 개념

표 5-2 무선 LAN의 종류와 특성

	적외선	협대역 마이크로웨이브	대역확산
주파수	3x10^{14}Hz	18.825-19.205GHz	902-928MHz 2.4-2.4835GHz 5.725-5.825GHz
최대거리	9-24m	12-39m	32-240m
가시선	예	아님	아님
전송출력	적용불가	25mW	1W 이하
전송효율	50-100%	33%	20-50%
FCC 승인여부	비승인	승인	비승인
장 점	· 고속성, 무간섭 · 동일지역에 다중 LAN 공존가능 · FCC 승인 불필요	· 전송시 고체 통과 · 간섭없음 · 동일지역에 다중 LAN 공존 가능	· 보안성 우수 · FCC 승인 불필요 · 전송시 고체 통과
단 점	· 전송시 고체 통과 못함 · 다른 방식보다 운용범위가 좁음	· FCC 승인 필요	· 속도가 가장 느림 · 다른 무선신호의 간섭받음

(2) 무선 LAN의 표준 규격

IEEE 802.11은 1997년에 채택된 WLAN에 관한 표준 규격이다. IEEE 802.11이 최초로 표준으로 인증을 받은 이래 기존 기술에 대한 대폭적인 기능 향상을 도모하여 여러 가지 개선안이 등장하였다. 최초 표준안인 IEEE 802.11과 구분하기 위해 개선안들은 IEEE 802.11x (a, b, c, ...) 등으로 표시되는데, 이를 총체적으로 IEEE 802.11 계열로 부르기도 한다.

① IEEE 802.11b

IEEE 802.11b는 2.4 GHz ISM 대역을 사용하는 WLAN 표준으로 1999년 9월에 승인되었고 HR-DSSS(High Rate Direct Sequence Spread Spectrum) 방식을 통하여 최대 11 Mbps의 전송 속도를 제공한다. CCK(Complementary Code Keying)라는 부호화 방법을 사용하는 것을 제외하고는 HR-DSSS는 DSSS와 유사하다. IEEE 802.11b에 기반한 제품들은 IEEE 802.11 DSSS 표준에 기반한 기존 제품들과 상호 호환성을 가지며 초기 WLAN 활성화에 크게 기여하였다.

② IEEE 802.11a

IEEE 802.11a는 고속 WLAN의 표준으로 1999년 9월 IEEE 802.11b와 거의 동시에 채택되었으며, 5.8GHz ISM 대역에서 OFDM(Orthogonal Frequency Division Multiplexing)

기술을 적용하여 최대 54Mbps 전송 속도를 제공한다. IEEE 802.11a는 고속 WLAN을 공중망과 연동하여 광대역 무선 서비스를 제공할 수 있도록 함과 동시에 유럽의 HIPERLAN 시리즈와의 호환을 염두에 두고 있었다. 그러나 5.8GHz 대역의 높은 주파수 대역을 사용하는 802.11a는 802.11b에 비해 라디오 전파 환경이 불리하고 고속의 전송속도를 위한 서비스 영역의 축소로 802.11b에 구축 비용이 상대적으로 높은 것으로 알려져 있다.

③ IEEE 802.11g

고속 WLAN의 표준으로 제정된 IEEE 802.11a는 5 GHz 대역을 대상으로 하여, 이미 무선 LAN 시장의 상당 부분을 차지하고 있던 2.4 GHz 대역의 IEEE 802.11b 기반 제품과의 호환성 문제가 있었다. 802.11g는 2.4 GHz 대역에서 802.11a와 비견되는 54 Mbps 속도 지원을 목적으로 2003년 제정된 표준안이다. 802.11g의 물리계층은 OFDM 기술을 사용한다. IEEE 802.11g는 IEEE 802.11b/a와의 호환성이 보장된다.

④ IEEE 802.11n

IEEE 802.11n은 차세대 WLAN 표준안으로 2009년 현재 표준화 작업이 진행되고 있는데 최대 540Mbps 정도의 전송 속도를 목표로 하고 있다. 이를 위해 다중안테나를 이용하여 주파수 효율을 증가시키는 MIMO(Multiple Input Multiple Output) 방식, 적응적 OFDM 기술 등이 고려되고 있다.

표 5.3에 IEEE 802.11 계열의 표준 규격을 정리하였다.

표 5-3 무선 LAN의 종류와 특성IEEE 802.11 계열 표준안

표준안	제정시기	주파수 대역	변조방식	전송속도
IEEE 802.11	1997년	2.4GHz	FHSS, DSSS, IR	2Mbps
IEEE 802.11a	1999년	5GHz, 5.8GHz	OFDM	54Mbps
IEEE 802.11b	1999년	2.4GHz	HR-DSSS	11Mbps
IEEE 802.11g	2003년	2.4GHz	OFDM/DSSS	54Mbps
IEEE 802.11n	2009년	2.4GHz	OFDM	600Mbps

5.3 종합정보통신망(ISDN)

과거의 통신망들은 전화 교환망, 패킷 교환망, 팩시밀리 교환망 등과 같이 통신 서비스마다 각각의 통신망 형태로 구성되는 것이 일반적이었다. 이와 같이 다양하게 요구되는 여러 가지 서비스에 대하여 개별적인 통신망을 구성하게 되어 통신망 구조가 더욱 복잡해지고 또한 경제적인 면에서 비효율적이다.

현대사회는 점점 정보화 사회로 발전됨에 따라 더욱 다양한 정보통신 서비스들을 요구하고 있다. 따라서 종합정보통신망(ISDN : Integrated Services Digital Network)이란 음성전화, 데이터통신, 화상통신 등의 다양한 정보통신 서비스를 그림 5.19와 같이 하나의 통신망을 이용하여 종합적으로 정보를 제공할 수 있도록 이용자간에 디지털 접속 기능을 갖는 종합적인 서비스 통신망이다. ISDN 상용 서비스로 1997년에 우리나라 전 지역에서 실시하였으며, 1986년에는 미국, 1988년은 일본에서 상용 서비스를 실시하였다.

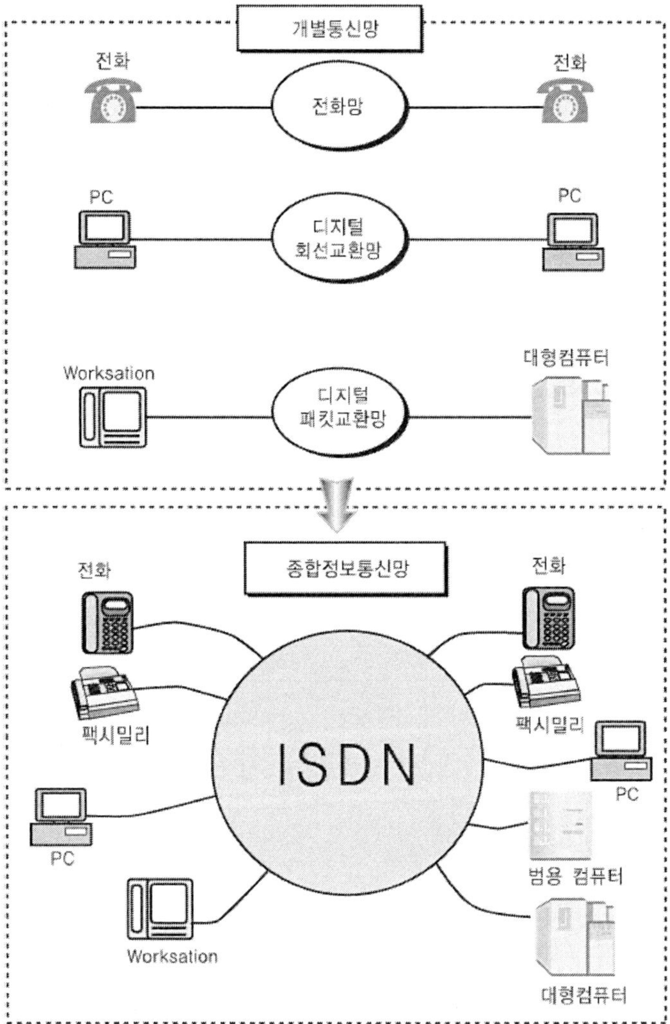

그림 5-19 ISDN의 개념

ISDN은 기본전송속도에 따라 64K~2Mbps급의 협대역 ISDN(N-ISDN)과 155~600 Mbps급의 광대역 ISDN(B-ISDN)으로 구분한다.

종합정보통신망의 본질은 다양한 정보서비스를 제공하고, 새로운 정보서비스를 구현하기 위해서 디지털 기술을 실현하는 것이다.

N-ISDN을 통하여 제공되는 다양한 통신 서비스는 음성 서비스와 비음성 서비스로 크게 나눌 수 있다. 지금까지는 전화기를 통하여 음성을 단순히 전달하는 서비스가 주종을 이루어 왔으나, 필요할 경우 음성을 저장 및 처리하는 음성우편 등의 고품질의 다양한 서비스가 제공된다. 또한 음성서비스 외에 비디오텍스(videotex), 텔레텍스트(teletext), 팩시밀리, 영상회의, 전자사서함, 데이터통신 서비스 등의 비음성 서비스가 제공된다. N-ISDN의 기본 전송속도는 64Kbps로 하여 회선 및 패킷전송을 지원한다. 이는 음성이외에 데이터, 정지화상, 팩시밀리 등의 정보 전송이 가능하고, 동영상, 고속 고용량 데이터 전송 등 64Kbps이상의 전송속도를 필요로 하는 경우에는 한계가 있다.

5.3.1 N-ISDN 서비스

N-ISDN에서 제공하는 서비스는 그 속성에 따라 OSI 7 계층 중 하위계층(계층 1~3)에서 제공하는 베어러 서비스(bearer service)와 하위계층과 상위계층(계층 4~7) 및 통신망 운영과 관련된 특성들을 갖는 텔리 서비스(tele-service)로 나눌 수 있다. 그리고 기본적인 통신 서비스에 기능 추가 또는 변형에 의해서 부가서비스가 제공될 수 있다.

(1) 베어러 서비스

N-ISDN에서 제공하는 베어러 서비스는 OSI 하위 3개 계층(물리계층, 데이터링크계층, 네트워크계층)에서 지원하는 서비스이다. 이의 전송서비스는 회선방식 및 패킷방식 서비스가 있다. 회선방식 서비스는 음성서비스를 위한 64Kbps, 영상전화, 화상회의 등을 위한 p×64Kbps 디지털 서비스, H0채널을 사용한 384Kbps 디지털 서비스, H11채널을 사용한 1,536Kbps 디지털 서비스(북미, 일본), H12채널을 사용한 1,920Kbps 디지털 서비스(유럽) 등이 있다. 패킷방식 서비스는 비연결형 패킷방식 서비스와 영구가상회선 패킷방식 서비스가 있다.

(2) 텔리 서비스

N-ISDN에서 제공하는 텔리 서비스는 OSI 상위 4개 계층(전달계층, 세션계층, 표현계층, 응용계층)까지도 지원하는 서비스로서, 이 텔리 서비스로는 음성통신, 문자다중방송(teletext), 팩시밀리, 문자와 정지화상(videotex), 텔렉스 서비스 등이 제공되어 진다.

(3) 부가 서비스

ISDN 부가 서비스는 음성, 데이터, 텍스트 및 영상 등의 기본 서비스에 추가되어 응용성과 편리성을 향상시키는 서비스 기능으로서, 부가 서비스 자체로는 독립적인 서비스로 존재할 수 없다. 부가 서비스 종류는 다음과 같이 회선교환 및 패킷교환 서비스가 있다.

회선교환 서비스에는 번호표시 서비스, 호출 제공 서비스, 복수 통화 서비스, 특정그룹 서비스, 부가정보 서비스 등이 있다.

패킷교환 서비스에는 그룹 내 가입자 사이만의 통신을 제공하는 폐역 사용자 그룹 서비스, 착신 측에서 요금 부담하는 착신 과금 서비스, 착신 전용 논리 채널, 발신 전용 논리채널 서비스 등이 있다.

5.3.2 N-ISDN 이용자-망 접속

ISDN에서는 다양한 서비스를 제공할 수 있는 각종 단말기가 통신망 즉 교환기에 접속될 수 있어야 한다. 그러기 위해서는 단말기와 교환기간 접속되는 과정에서 정확한 기능이 정의되어야 하는데, 이를 위하여 이용자-망간 접속기능 구조를 정의하였다. 이용자의 접속기능은 사용자가 망의 기능을 이용하기 위한 통신망과 단말기 사이의 접속규약을 나타낸다. 기존 전화망에서의 이용자-망 접속점은 가입자 회선 끝의 단자함이나 집안에 설치되어 있는 전화콘센트이다. ISDN에서는 이용자가 사용하는 단말의 종류에 따라 여러 가지 접속 중에서 선택할 수 있다. ITU-T에서는 접속점 및 기능 그룹을 이용하여 ISDN 이용자-망 인터페이스의 표준 구조를 제시하고 있다. ISDN 이용자-망 접속의 기능 그룹들은 그림 5.20에서 NT1, NT2, TE1, TE2, TA로 구성되고, 또한 각 기능 그룹간의 접속되는 기준점은 T, S, R, U와 같다.

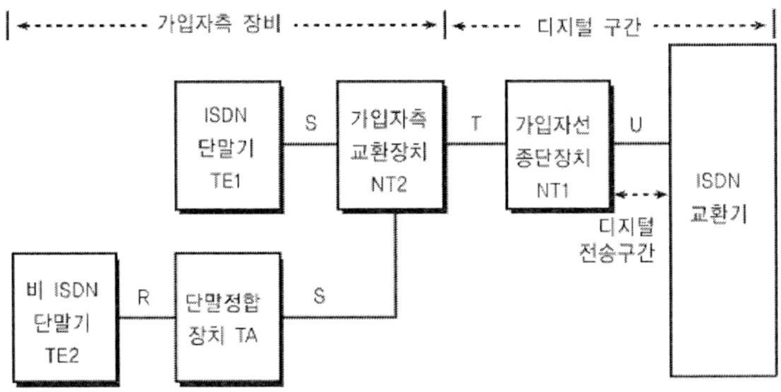

그림 5-20 ISDN 이용자-망 접속

(1) 기능 그룹

그림 5.20과 같이 ISDN 가입자 지역 장치의 구조에서 최종 단말기와 교환기 사이의 정보전송을 위한 기능에 따라 6개의 기능 그룹으로 구분되어 있다. 그러나 이런 기능 그룹들은 실제로 장치를 구현할 경우는 그림 5.21과 같이 NT1+NT2인 형태 (그림 (b)), NT2+TA 형태 (그림 (c)), NT2가 없는 형태 (그림 (d))가 가능하다.

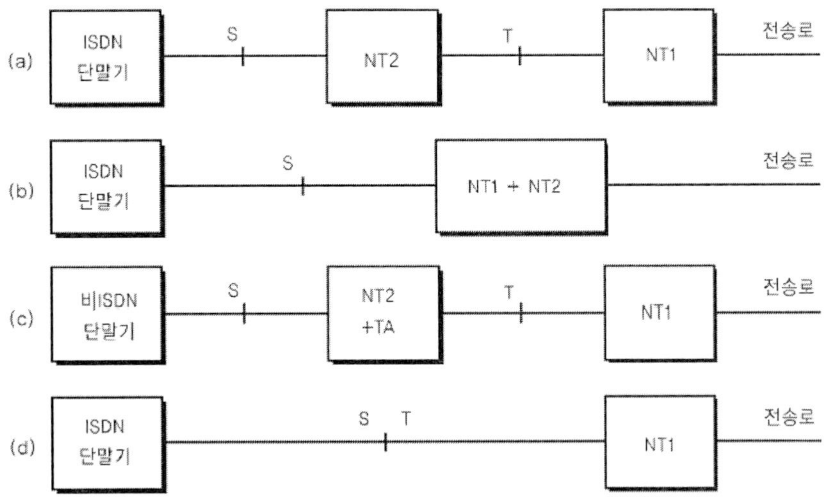

그림 5-21 NT1과 NT2 기능 구현의 예

① NT1(Network Termination 1)

OSI 계층에서 물리계층에 속하는 기능그룹으로 가입자 측 교환장치와 ISDN 교환기사이의 중계장치로서, 사용자와 약속된 ISDN의 물리적, 전기적 종단 장치에 관련된 기능을 담당한다. 그리고 계층 1의 선로 유지 보수 및 성능을 감시한다. 예를 들면 디지털회선용의 데이터서비스 장치(DSU) 등이 이에 해당하는 장비이다.

② NT2(Network Termination 2)

NT2는 가입자 지역에서 회선교환과 접속기능을 수행하며, 다양한 정보들을 다중화, 집중화 및 교환하는 2, 3계층의 프로토콜 처리를 담당하며 교환기측의 2, 3계층과 통신한다. 예를 들면 PBX(Private Branch eXchange), LAN, 단말제어기 등이 이에 해당하는 장비이다.

③ TE1(Terminal Equipment type 1)

디지털전화기, 디지털팩시밀리 등과 같은 표준 ISDN 인터페이스를 가진 단말장비를 말한다.

④ TE2(Terminal Equipment type 2)

기존의 인터페이스 단말, 즉 ISDN 접속 기능이 없는 단말로서 TA를 통하여 ISDN에 접속할 수 있다. 여기에는 RS-232C나 X.21 인터페이스가 TE2에 속한다.

⑤ TA(Terminal Adapter)

ISDN 접속기능이 없는 TE2 단말기를 ISDN 단말기의 TE1과 같은 기능을 갖도록 하여 ISDN 망에 접속할 수 있게 해주는 단말정합장치이다. TA의 기능으로는 64Kbps보다 낮은 속도의 데이터 스트림을 64Kbps로 맞추는 기능을 하는 속도정합, 기존 인터페이스 단말의 신호 프로토콜을 ISDN 신호 프로토콜로 변환하는 신호변환 기능과 X.25 접속 프로토콜을 B 채널이나 D 채널에 맞게 동작하도록 변환하는 X.25변환 등이 있다.

(2) 기준점(reference point)

각 기능그룹에서 분기점을 나타내는 점으로서 전송선로에서 가까운 곳으로부터 U, T, S, R점이 정의 되어있다.

① T(terminal) 기준점

NT1과 NT2 사이에 정보전송을 위한 신호규정으로 인터페이스 구조에 따라 기본 인터페이스와 1차군 인터페이스 등 상위 인터페이스에 호환성을 주기 위한 접속점이다.

② S(system) 기준점

NT2와 TE1, NT2와 TA사이에 디지털 정보전송 및 단말을 제어하기 위한 신호규정으로 정의한다. 각각의 ISDN 단말기들에게 제공되는 인터페이스로서 사용자의 단말기와 네트워크와 관련된 통신장비를 구분하는 곳이다.

③ R(rate) 기준점

비 ISDN 단말기(일반전화기, 팩스, 모뎀)와 TA사이의 인터페이스로서 ITU-T(International Telecommunication Union-Telecommunication : 국제전기통신연합-유선통신) 권고 V, X 계열 권고안을 따른다.

④ U(user) 기준점

NT1과 ISDN 교환기의 가입자 구내 회선종단장치 사이에 접속점으로서 양방향으로 디지털 정보를 송수신하는 기존 가입자 선로 부분이다.

5.3.3 N-ISDN 채널과 접속구조

ISDN에는 여러 종류의 전송속도를 갖는 서비스를 제공하므로 다양한 대역폭의 채널이 요구된다. 이용자-망 접속에서 정보 및 신호전송을 위한 채널의 종류, 가입자 접속 구조에 대하여 알아본다.

(1) 채널의 종류

가입자 단말장치에서 ISDN 교환기까지 디지털 신호 및 디지털 데이터 정보를 전달하는 채널은 용도에 따라 요구되는 용량이 다를 것이며, ITU-T에서는 인터페이스의 채널로 임의의 정보전송에 사용되는 정보채널로서 기본채널인 B 채널(64Kbps), 고속채널인 H 채널(384Kbps, 1536Kbps, 1920Kbps)을 연결하기 위한 제어정보를 전송하는 D 채널(16Kbps, 64Kbps)이 있으며, 이들 각 채널에 대한 채널속도 및 용도는 표 5.4와 같다.

표 5-4 채널형태 및 용도

채널형태		채널속도	용 도	비 고
B		64Kbps	가입자 정보채널 가입자 정보량 : 8, 16, 32, 64Kbps	정보용채널
D		16 또는 64Kbps	회선교환의 신호채널	제어신호용채널
H	H0	384Kbps	고속팩시밀리 화상회의 고속데이터, 고감도 오디오	정보용채널
	H11	1536Kbps		
	H12	1920Kbps		

① B 채널

B 채널은 64Kbps의 전송속도를 갖는 기본적인 사용자 정보채널로서 가입자 정보를 회선방식으로 처리하기 위한 회선교환 방식, 패킷교환, 전용선의 3가지 통신모드에 이용된다. ISDN에서는 B 채널을 기본으로 하고 B 채널 단위로 교환접속 기능을 수행한다. B 채널은 64Kbps로 PCM 부호화 된 디지털 음성, 64Kbps이하의 데이터정보 및 혼합정보 등에 이용될 수 있다.

② D 채널

D 채널은 신호 정보를 전달하기 위한 신호채널로 호출제어, 가입자 대 가입자의 신호정보의 전달 외에도 패킷교환용 저속 가입자 데이터 등을 전송하는데 사용된다. D 채널의 전송속도는 16Kbps와 64Kbps가 있다.

③ H 채널

H 채널은 고속팩스, 비디오, 고품질 오디오, 화상회의 등과 같은 대용량 데이터를 고속으로 전송하기 위한 고속 데이터 채널이다. 다양한 전송속도를 수용하기 위해 H0, H11, H12 등의 채널형태가 있다. H0 채널은 전송속도가 384Kbps이며, 이 채널은 B 채널 6개와 같다. H11 채널은 전송속도가 1,536Kbps이며, B 채널 24개, H0 채널 4개와 같다. H12 채널은 전송속도가 1,920Kbps이며, B 채널 30개, H0 채널 5개와 같다.

(2) ISDN 접속 채널 구조

ISDN의 접속 채널은 가입자의 정보처리를 위한 B 채널 또는 H 채널, 제어신호를 위한 D 채널들이 혼합된 전송 구조로 제공된다. 이 구조는 주로 적은 용량의 정보처리를 하는 일반 사용자들이 많이 사용하는 기본 접속(BRI : Basic Rate Interface)과 대용량 전송(디지털 사설 교환기나 LAN)을 요구하는 1차군 접속(PRI : Primary Rate Interface)의 2가지 형태가 주로 이용된다.

① 기본 접속(Basic Rate Interface)

기본 접속의 구성은 전이중통신(full-duplex) 64Kbps B 채널 2개와 전이중통신 16Kbps D 채널 1개, 즉 2B + D로 이루어져 있으며, 가입자가 이용할 수 있는 전체속도는 144Kbps

(2×64 Kbps + 16Kbps)가 된다. 그리고 프레이밍(framing), 동기(synchronization) 및 다른 부가 비트가 추가되어 기본 접속의 실제 전송 속도는 192Kbps가 된다.

기본접속의 경우 2개의 B 채널을 이용하여 2대의 전화를 또는 전화와 팩시밀리를 동시에 쓸 수 있다. 또한 D 채널을 이용하여 PC를 동시에 이용할 수 있다.

② 1차군 접속(Primary Rate Interface)

1차군 접속은 23B+D 또는 30B+D의 접속 구조를 갖는 고속 데이터 전송용 접속이다. 이 중에서 미국, 캐나다, 일본 등에서는 B 채널 23개와 D 채널(64Kbps) 1개로 '23B+D' 구성되어 1,536Kbps가 되며, 유럽에서는 B 채널 30개와 D 채널 1개로 '30B+D' 구성되어 1,984Kbps가 된다. 또한 B 채널과 H 채널을 다양하게 조합하여 사용하고, 자세한 접속 구조는 표 5.5에 나타나 있다.

표 5-5 ISDN의 접속점 S, T에서의 접속 구조

액 세 서	기본액세서	일차군 액세서	
	144Kbps	1,536Kbps	1,984Kbps
B 채널 구조	B+B+D(16)	23B+D(64)	30B+D(64)
H0채널 구조	-	4H0	5H0+D(64)
H11채널 구조	-	H11	H12+D(64)
혼합구조	-	nB+mH0+D(64) nB+mH0	nB+mH0+D(64) nB+mH0

5.3.4 N-ISDN 프로토콜 모형

프로토콜은 통신하는 2개(송신 측/수신 측)의 장치 사이에서 송・수신 상호간의 신호교환 형식이나 순서를 미리 결정하여 통신을 순조롭게 하기 위한 약속(규범, 절차)을 담당한다.

N-ISDN의 프로토콜은 OSI 모형을 기본으로 개발되었다. 그러나 OSI가 한 종류의 정보(회선, 패킷 등)의 처리에 중점을 두고 있는데 비하여, N-ISDN은 혼합된 여러 가지 정보(음성, 데이터, 팩스, 제어신호 등)를 하나의 흐름으로 처리하기 위한 것이므로 이들은 정확하게 일치하지 않는다.

OSI 모형과 N-ISDN 프로토콜 모형의 관계는 다음의 그림 5.22와 같다. OSI 모형과 N-ISDN 모형간의 특징은 그림에서처럼 OSI의 4에서 7계층과는 관련이 없다는 것이다. 즉 가입자간의 정보의 교환과 관련된 기본 및 부가 서비스는 OSI 모형과 관련을 가지지 않고 서비스 제공자가 개발하여 제공한다. 반면에 네트워크 접속과 관련된 OSI 1에서 3계층은 N-ISDN 모형과 밀접한 관련이 있다.

OSI 모형에서 물리계층에 해당하는 N-ISDN에서의 프로토콜은 ITU-T의 I시리즈 중에서 I.430(기본 접속에 관한 권고안)과 I.431(주접속에 관한 권고안)에 정의되어 있다. B채널과

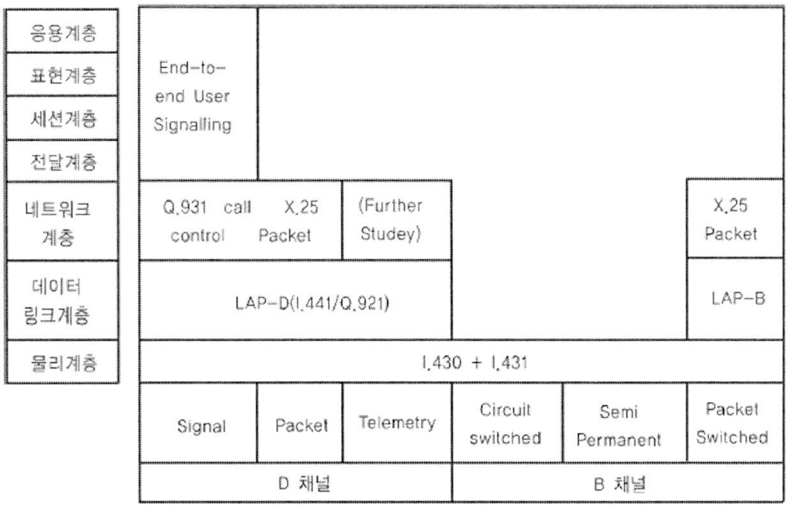

그림 5-22 N-ISDN 계층 구조

D 채널은 동일한 물리적 인터페이스를 통해 다중화 되어 물리계층으로 전달된다. 그러나 물리계층과는 달리 데이터링크 계층과 네트워크 계층에서는 B 채널과 D 채널은 처리가 서로 다른 표준에 의해 처리된다.

데이터링크 계층의 경우는 D 채널 처리를 위한 LAP-D(Link Access Protocol on the D channel), B 채널을 통한 X.25 패킷처리를 위한 LAP-B, 그리고 회선 스위칭 및 반영구적 연결의 처리를 위한 I.465/V.120이 각각 제안되고 있다. 여기에서 LAP-D와 LAP-B는 D 채널과 B 채널의 처리를 위해 HDLC(High-level Data Link Control)에 사용되던 것을 N-ISDN에 맞게 수정한 프로토콜이다.

네트워크 계층에서 D 채널은 사용목적에 따라 지원하는 프로토콜이 다르다. D 채널을 통한 호의 제어(호의 연결, 유지, 완료)는 I.451/Q.931 표준에 따르고, X.25 패킷의 전송은 LAP-D 프레임을 통하게 된다. 또한 B 채널을 통한 패킷의 전송도 가능한데, 이 때 X.25 패킷의 전송은 LAP-B 프레임을 이용한다.

5.4 광대역 ISDN (B-ISDN)

5.4.1 B-ISDN의 개요

1980년 중반이후로 개인용 컴퓨터(PC)와 중·대형컴퓨터의 급속하게 보급되었으며, 또한 정보통신 기술의 발달로 인하여 음성, 문자 및 영상정보 서비스와 같은 정보통신 서비스를 많이 요구하게 되었다.

협대역 ISDN은 기존의 64Kbps 급의 협대역 통신 서비스에 한정되어 전화, 팩시밀리, 화상전화, 화상회의 등 비교적 간단한 영상정보를 제공할 수 있으나 비디오, 영화와 같은 동영상 정보에 대한 서비스 구현이 힘들게 되었다. 그러므로 그림 5.23에서와 같이 B-ISDN은 광대역 전송 및 교환 기술을 기초로 하여 집중 또는 이산되어 있는 가입자 및 서비스 제공자들을 연결하여 수 Kbps에서 수백 Mbps에 이르는 폭넓은 대역 분포를 갖는 각종 서비스들을 종합적으로 제공하는 디지털 통신망이다. 이와 같이 대용량 고속전송을 필요로 하는 영상정보서비스를 광대역 서비스라고 하는데, ITU-T에서는 2Mbps이상의 전송속도를 요구하는 서비스를 광대역 서비스라고 규정하고 있다.

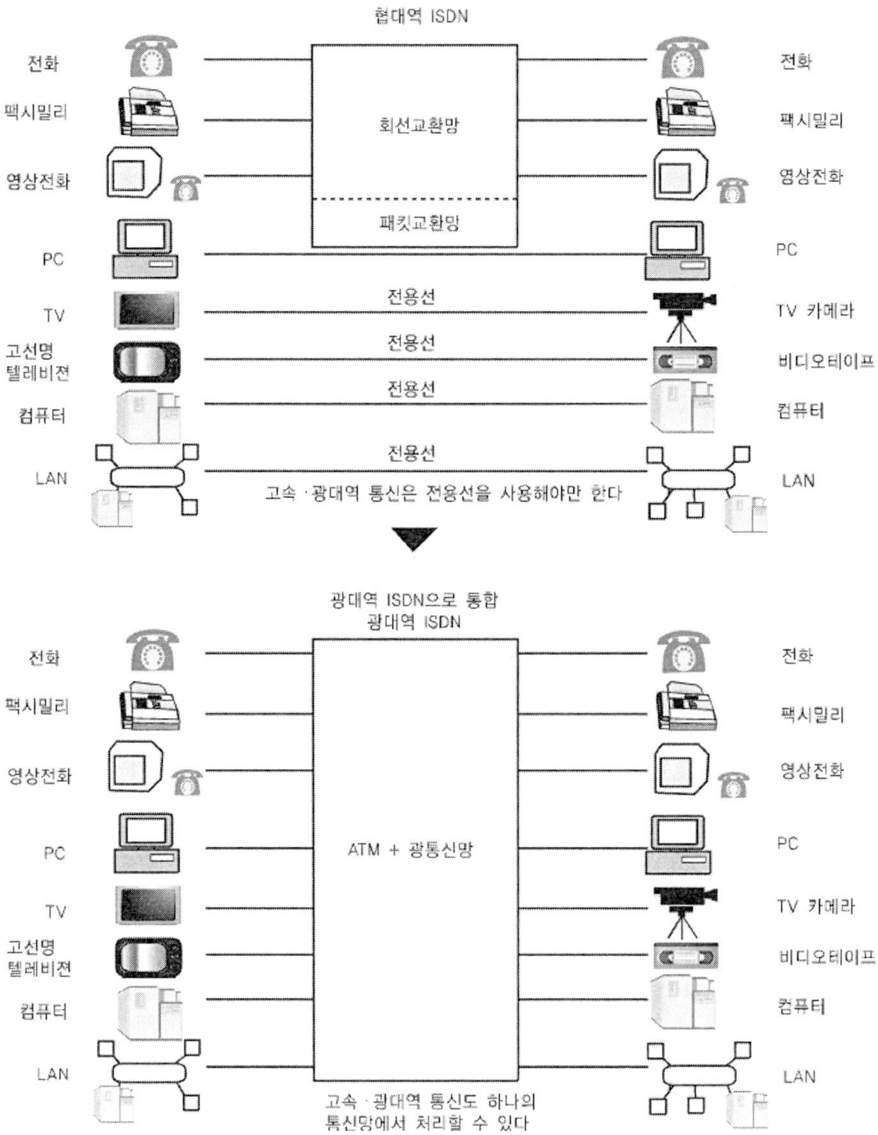

그림 5-23 광대역 ISDN

광대역 서비스의 특징은

- 수 Kbps급의 저속에서 수백 Mbps급의 초고속까지의 다양한 대역폭을 갖는다.
- 정보의 흐름이 양방향, 단방향, 방송 등 대칭적 또는 비대칭적이다.
- 서비스의 종류에 따라 고정 전송속도를 갖거나 가변전송속도를 갖는다.
- 정보의 전송지연과 정보손실의 정도에 따라 다른 통신 품질을 갖는다는 점

등을 들 수 있다. 따라서 이러한 특성의 광대역 서비스를 효과적으로 제공하기 위해서는

- 데이터의 고속전송이 가능한 전송장비 및 전송 기술이 요구되고
- 대용량의 데이터를 신속하게 교환 처리할 수 있는 고속 교환 기술이 필요하다.

이런 요구에 의하여 개발된 교환 기술이 비동기식 전달 모드(ATM : Asynchronous Transfer Mode)에 기반을 둔 교환 기술이다.

B-ISDN에서는 음성 혹은 비음성의 다양한 데이터를 저속에서 초고속까지의 전송속도로 효과적으로 제공하기 위하여 ATM 셀(cell)로 교환처리하고, ATM 셀들은 동기식 광통신망을 통하여 고속 전송하도록 권고하고 있다.

5.4.2 B-ISDN의 서비스

B-ISDN에서는 전화, 데이터, 팩시밀리, 전자우편 등의 협대역 서비스와 고속데이터 전송, 영상전화, CATV, HDTV, 영상우편, 영상회의 등의 광대역 서비스와 같이 미래의 통신망에서 존재 가능한 모든 서비스들을 대상으로 한다.

B-ISDN 서비스는 ITU-T 권고안 I.211에 따르면 교신형(interactive) 서비스와 분배형(distribute) 서비스로 나눌 수 있다. 분배형 서비스는 가입자의 제어 유・무에 따라 나눌 수 있다.

(1)교신형 서비스

① 대화형 서비스

대화형 서비스는 가입자와 가입자 사이 또는 가입자와 서비스 제공자 사이에 이루어지는 양방향 실시간 정보 처리 서비스를 말한다. 이때 서비스 정보는 양방향 대칭 또는 비대칭일 수도 있으며 때로는 단방향 일 수 도 있다. 이 서비스는 광대역 비디오폰, 영상회의, 영상감시, 영상 및 음향 정보 전송, 고속 데이터 전송, 대용량 파일 전송, 고속원격처리, 고속 원격 팩시밀리, 정밀영상통신 등과 같이 B-ISDN에서 가장 광범위한 서비스이다.

② 메시지 서비스

메시지 서비스는 가입자 사이에 필요한 정보를 저장장치 등을 이용하여 축적 후 전달하는 서비스이다. 이때 메시지 처리기능으로는 정보편집, 처리, 변환 등의 기능이 있으며, 이 서비스의 예로는 동영상, 정지영상, 음성정보 메시지처리 서비스, 우편 서비스 등이 있다.

③ **검색 서비스**

검색 서비스의 가입자는 중앙의 정보저장센터에 저장해 둔 정보를 검색할 수 있는 서비스로서, 가입자의 요구에 따라 해당 가입자에게 정보를 전달한다. 이의 예로는 뉴스 검색, 문서 검색, 의료영상 등과 같은 정밀 영상 검색 등이 있다.

(2) 분배성 서비스

① **제어 불능형 분배성 서비스**

이 서비스는 방송 서비스와 같이 중앙의 서비스 제공자(방송국)로부터 많은 가입자에게 연속적으로 정보를 제공하는 서비스이다. 이 때 가입자들은 이 정보의 흐름에 접근할 수는 있으나, 정보 흐름의 시작 시간이나 순서 등을 제어할 수는 없다. 이 서비스의 예는 TV방송, VOD(Video On Demand), 정지화상서비스(전자신문, 전자서적 등) 등이 있다.

② **제어 가능형 분배성 서비스**

이 서비스도 중앙의 서비스 제공자로부터 많은 가입자에게 연속적으로 정보를 제공하는 서비스이다. 그러나 정보형태는 제어 불능형과 달리 일련의 정보항목이 순환적으로 반복되어 제공된다. 따라서 가입자는 순환 분배된 정보를 개인별로 접근하여 그 시작 시간과 순서를 제어할 수 있다. 즉, 정보 항목들이 순한 반복되어 전송되기 때문에 가입자가 해당 정보를 처음부터 살펴보는 것이 가능하다. 이의 예로는 방송용 및 케이블 문서 서비스가 있다.

5.4.3 B-ISDN의 제반 기술

B-ISDN이 제공하는 서비스들은 다양한 특징을 갖기 때문에 B-ISDN을 구현하기 위해서는 여러 가지 기초 기술 발전이 필요하다. 먼저 고속 및 광대역 서비스 신호들이 주축을 이루게 되므로 고속처리 및 소자기술이 필요하고, 광대역 전송 및 교환 기술이 요구된다. 또한 B-ISDN의 주요 서비스는 주로 영상정보서비스이므로 영상 데이터 처리 기술 및 장치의 개발이 필요하다. 또한 저속 및 고속의 서비스, 회선모드 및 패킷모드 서비스 등의 서비스들이 공존하므로 이에 상응하는 통신망 기술이 요구된다.

광대역 서비스들이 갖는 다양한 특징들을 통합 수용하는 수단으로 B-ISDN에서는 ATM(Asynchronous Transfer Mode) 방식을 사용한다.

(1) 광대역 전송기술

B-ISDN에서 광대역 전송기술은 동기식 전송방식을 이용한다. 이 전송방식은 광통신 망을 통하여 고속으로 데이터를 전송하기 위하여 미국의 벨 통신 연구소(Bellcore : Bell Communications Research)에서 제안되고, ANSI에 의해 표준화된 광통신 시스템 접속표준인 SONET(Synchronous Optical NETwork)가 있다. 또한 ITU-T에서는 SONET와 호환되면서 고속전송이 가능한 동기식 디지털계위(SDH : Synchronous Digital Hierarchy) 표

준을 제안하였다.

SONET는 미국의 Bellcore에서 제안한 표준으로 이는 미국내의 디지털 신호위주로 구성되어 있어서, 유럽식 디지털 신호들을 수용하는 데에는 한계점이 있었다. SDH는 ITU-T 권고에서 B-ISDN의 전송을 고려하여 전세계에 통용될 수 있게 표준화한 것이다.

이와 같이 SDH 표준을 가능하게 한 것은 SONET 표준화 작업이고, 또 SONET를 세계적인 통신망에 사용될 수 있도록 확장시킨 것이 SDH인 것이다.

SDH와 SONET 전송속도는 표 5.6과 같다. 이 표에서 광전송의 기본 단위는 OC-N (Optical Carrier Level-N)인데 이는 STS-N(Synchronous Transport Signal level N)의 전기신호를 광신호로 변환함으로써 얻어진다.

표 5-6 SDH와 SONET 전송속도

전송기본단위	전송속도(Mbps)	SONET	SDH
OC-1	51.84	STS-1	-
OC-3	155.52	STS-3	STM-1
OC-9	466.56	STS-9	-
OC-12	622.08	STS-12	STM-4
OC-18	933.12	STS-18	-
OC-24	1244.16	STS-24	-
OC-36	1866.24	STS-36	-
OC-48	2488.32	STS-48	STM-16

이 표에서 STS와 STM(Synchronous Transport Module)는 각각 SONET와 SDH에서 정의한 기본전송단위이며, 이의 값은 51.85Mbps와 155.52Mbps이다. SONET와 SDH는 동기식 전송이므로 이의 전송속도(STS-N, STM-N)는 정확하게 기본전송단위(STS-1, STM-1)의 N배가 된다. 또한 STM-1의 전송속도는 STS-1의 전송속도의 3배와 같으므로 SDH와 SONET는 상호 호환이 될 수 있음을 알 수 있다.

(2) ATM 통신 기술

광대역 서비스를 전송 및 교환하기 위해서 기존의 동기식 전송방식(STM : Synchronous Transfer Mode)에 따라 고정된 대역을 설정하여 서비스하는 것은 매우 비효율적이다. ATM은 엑세스하는 채널의 정보 유무에 따라 필요시만 채널이 할당되므로 고정적으로 채널이 할당되는 STM에 비하여 전송효율이 증가되고, 또한 채널속도의 가변성으로 인하여 다양한 속도의 광대역 서비스가 가능한 장점 있으나 헤더의 추가에 따른 처리기능이 요구되는 단점이 있다. ATM에서는 ATM 셀들을 비동기 시분할 다중화(ATDM : Asynchronous Time Division Multiplexing)를 통해서 다중화하기 때문에 비동기식 이라고 한다.

STM이란?

STM은 그림 5.27에서와 같이 동시에 사용하는 사용자들의 데이터가 전송프레임 내에서 동일한 순서를 유지한다.

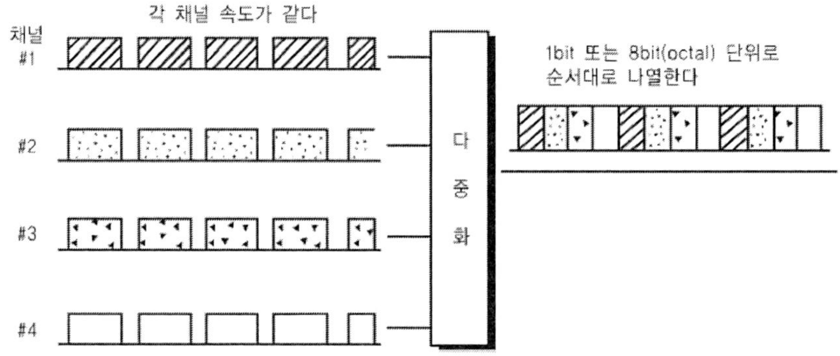

그림 5-24 STM(동기 다중화)

ATM이란?

ATM은 그림 5.28에서와 같이 전송되는 데이터 (셀)들에 대한 정보가 헤더에 기록되어 있으므로 사용자들 간의 전송순서는 중요하지 않다.

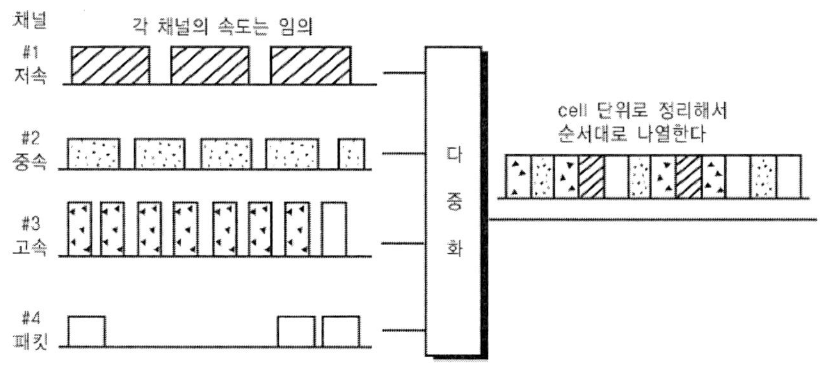

그림 5.25 ATM(비동기 다중화)

그림 5-25 ATM(비동기 다중화)

ATM 셀이란?

B-ISDN에서는 일정한 크기를 갖는 패킷들의 연속적인 흐름에 의해서 정보가 전달되는데, 이 고정된 크기의 패킷을 말한다. ATM 셀의 구조는 그림 5.26에서와 같이 헤더 (5바이트)와 정보 (48바이트)로 구성되어 총 53바이트의 고정된 셀로 이루어 져 있다.

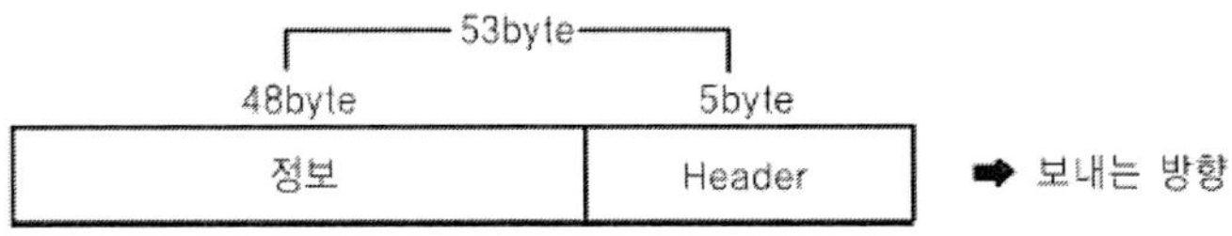

그림 5-26 ATM 셀의 구조

① ATM 교환의 원리 및 기술적 특징

ATM의 원리는 패킷교환과 회선교환의 장점을 살리며 패킷교환의 단점을 보완하는 방향으로부터 시작되었다. 전자에 해당하는 것으로는

- 사용자 정보를 셀이라 불리는 고정적 단위 길이의 패킷으로 나누고,
- 사용자 정보의 전송량에 따라 셀을 동적으로 할당하여,
- 셀 헤더의 논리 채널번호와 논리 경로 번호의 다중화 및 라우팅을 수행하게 된다.

후자에 해당하는 것으로는 광섬유 기술의 발달로 저렴한 가격의 품질 좋은 고속 전송로를 확보할 수 있으며, 150Mbps 급의 CMOS 스위치용의 LSI 기술이 제공되므로 소프트웨어의 도움 없이 고속 스위칭이 가능하다는 점을 바탕으로

- 흐름제어와 에러제어를 단말간 처리하게 하여 망 내에서의 프로토콜 처리를 간략화하고,
- 호 설정시 연결지향(connection-oriented)의 논리채널 및 논리경로 번호를 부여하여
- 셀 헤더의 하드웨어적 처리만으로 교환을 수행하게 된다.

따라서 ATM 교환은 기존 회선교환이나 패킷교환과는 달리 다음과 같은 특성을 갖게 되었다.

- 모든 서비스 정보를 셀에 의해 통일적으로 다루게 되어 서비스의 추가에 유연하게 대처할 수 있다.
- 셀의 동적 할당으로 통계적 다중화가 이루어져 전송망의 사용이 효율적으로 되었으며, 고정단위 길이의 특성에 따라 고속화 및 병렬처리가 가능하게 되었다.
- 전송속도의 유연성이 확보되어 통신 중 속도 변환 및 대역의 동적 할당이 가능하므로, 고정 및 가변 전송속도를 갖는 서비스도 수용할 수 있다.

• 망 내에서는 셀 헤더의 채널 식별, 다중화, 라우팅 등의 셀 전송에 필요한 최소한의 기능으로 단일 교환 기능을 수행하며, 사용자 망간 또는 망과 망간의 동일 접속을 실행함으로써 경제적인 통신망의 구축이 가능하다.

② ATM 교환기의 종류

ATM 교환기는 교환방식에 따라 교차형 교환기, N2경로 교환기, 공통 메모리형 교환기, 공통 매체형 교환기, 다단 연결형 교환기로 나눌 수 있으며, 버퍼의 위치에 따라 입력버퍼형 교환기, 출력버퍼형 교환기, 공용버퍼형 교환기로 분류할 수 있다.

B-ISDN에서 실제로 사용될 교환기는 대용량의 교환기이다. 이 대용량 교환기는 적은 용량의 교환기를 여러 단 연결하여 전체적으로 대용량을 이루도록 하는 것이 가장 일반적이다. 대용량 ATM 교환기의 구성을 위해 제안되었던 방법들은 상호연결 조직을 이용한 2단 교환기, 다중화기를 사용한 2단 교환기, 3단 상호 연결 교환기 등이 있다.

5.4.4 B-ISDN 프로토콜의 참조 모델

B-ISDN에서는 B-ISDN에서 요구되는 다양한 기능을 수행하기 위해서 프로토콜 참조 모델(PRM : Protocol Reference Model)을 채택한다. 이것은 전반적인 통신 기능을 계층으로 분리시키고, 각 계층의 기능을 정의한 것이다. 이 때 인접 계층간에는 하위계층이 상위계층에게 규정된 서비스를 제공해 주는 관계를 갖고, 양단에 있는 동일 계층간에는 투명한 연결이 제공된다.

B-ISDN의 프로토콜 참조 모델은 개방시스템 연결(OSI : Open Systems Interconnection)과 유사한 계층화 개념과 원리에 기초를 두고 있다.

B-ISDN의 프로토콜 참조 모델은 그림 5.27과 같이 사용자 평면, 제어 평면, 관리 평면으로 구성된다.

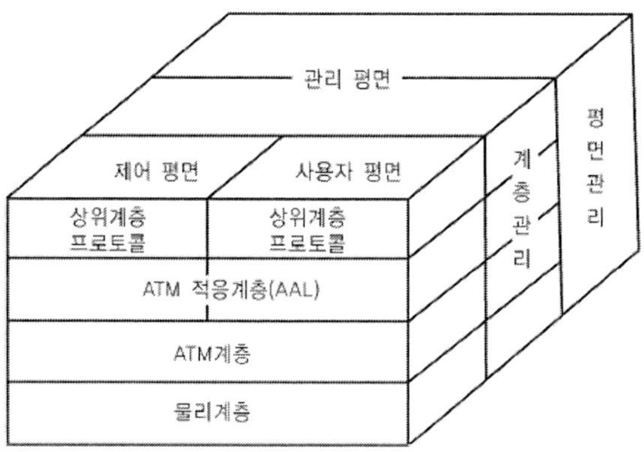

그림 5-27 B-ISDN 프로토콜 참조모델

관리평면은 계층관리와 평면관리로, 사용자 평면은 계층적 구조를 가지며 B-ISDN의 사용자 정보 흐름의 전송, 흐름제어, 오류정정 등의 기능을 제공하고, 또한 제어 평면도 계층적 구조를 가지며 호 설정, 호 감시, 호 해제 등에 관련된 기능을 제공한다.

관리 평면은 계층관리와 평면관리의 두 기능으로 나눌 수 있다. 평면관리 기능은 계층화되어 있지 않으며, 모든 평면들 간의 조정 역할을 통해 전체 시스템을 관리하는 기능이고, 계층관리 기능은 각 프로토콜 계층에 있는 변수나 자원과 관련된 운영기능을 수행하고 특정 계층에 대해 운용 및 유지 보수 정보를 관리한다.

사용자 평면과 제어 평면은 각각 물리계층, ATM 계층, ATM 적응 계층(ALL)과 상위 계층들로 구성된다.

물리계층은 물리 매체 종속(PMD : Physical Medium Dependent) 부계층 및 전송 수렴(TC : Transmission Convergence) 부계층으로 구성되어 있다. PMD 부계층은 물리매체와 비트 전송에 관련된 기능을 제공하고, TC 부계층은 ATM 셀 흐름을 물리매체를 통해 송수신 되는 데이터 비트 흐름으로 변환하는 기능을 제공한다.

ATM 계층은 물리계층과는 독립이며, 송신 측에서는 가상경로(VP)와 가상채널(VC)을 갖는 ATM 셀들을 다중화 하여 하나의 복합적인 셀 흐름을 형성하고, 수신 측에서는 역다중화로 원래의 셀 흐름을 복구하는 기능이 있다. 또한 셀 가상경로 식별번호(VPI : Virtual Path Identifier)와 가상채널 식별번호(VCI : Virtual Channel Identifier) 변환 기능, 셀 헤더 생성 및 추출 기능, 일반 흐름 제어 기능 등이 있다.

ATM 적응 계층(AAL)은 ATM 계층과 상위 계층간의 연결부 역할을 수행하며, 이 계층은 하위의 절단 및 재결합(SAR : Segmentation and Reassembly) 부계층과 상위의 수렴 부계층(CS : Convergence Sublayer)으로 나뉘어 진다. 하위의 SAR 계층은 프로토콜 데이터 단위(PDU)를 절단하여 ATM 셀의 사용자 정보 구간을 형성하거나 그 역의 기능을 수행하며, 상위의 CS 계층은 AAL 상위 계층의 사용자 서비스 정보를 PDU로 만들어 주거나, 그 역의 기능을 수행하는 역할을 한다.

가상채널과 가상경로란?

ATM에서의 논리적 연결을 가상채널(VC : Virtual Channel)이라 한다. VC는 X.25나 프레임 릴레이에서의 가상회선에 해당한다. 최종 사용자간에 VC가 설정되면 셀은 이를 통해서 흐르게 된다. 그리고 가상경로(VP : Virtual Path) 는 여러 개의 가상채널들이 결합된 것으로, 고용량 전송 시 정보의 전송효율을 높이기 위해서 도입된 개념이다.

[참고문헌]

[1] 김영춘, 민경일, 신용달, 조용석 공저, 현대사회의 정보통신개론, 홍릉과학출판사, 2010.

[2] 조용석, 임동균 공저, 데이터통신, 한티미디어, 2012.

[3] 차동완, 백천현, 정용주 공저, 디지털통신과 인터넷, 생능출판사, 2009.

[4] 최윤철, 한탁돈, 임순범 공저, 컴퓨터와 IT 기술의 이해, 생능출판사, 2009.

[5] 강문식 저, 최양희 감수, 데이터통신과 컴퓨터 네트워킹, 한빛미디어, 2009.

[6] Behrouz A. Forouzan, Data Communications and Networking, 4th Edition, McGraw Hill, 2007.

연습문제

01. 패킷 무선망에 대하여 설명하시오.

02. 근거리 통신망의 정의를 설명하시오.

03. 메시지 교환망에 대하여 설명하시오.

04. 패킷 교환망에서 데이터그램 방식과 가상회선 방식에 대하여 설명하시오.

05. xDSL에 대하여 설명하시오.

06. LAN에서 이용하고 있는 전송매체를 분류하고, 각각의 특징을 설명하시오.

07. LAN을 토폴로지에 따라 분류하고, 각각의 특징을 설명하시오.

08. 베이스 밴드 전송 방식과 브로드 밴드 전송방식을 비교 설명하시오.

09. CSMA/CD 방식의 동작 개념을 설명하시오.

10. ISDN의 개요, 서비스, 목적에 대하여 간략히 설명하시오.

11. 광대역 ISDN 서비스에 대하여 설명하시오.

12. 광대역 전송기술에 대하여 설명하시오.

13. ATM 교환의 원리 및 기술적인 특징에 대하여 설명하시오.

14. 광대역 ISDN 프로토콜의 참조모델에 대하여 설명하시오.

Chapter 06

전자파 및 위성통신

6.1 서론

1957년 10월 소련에 의해 세계 최초의 인공위성 Sputnik가 발사된 이래 현재 국가 간, 국내 및 지역 간의 통신서비스를 제공하는 많은 시스템이 운영되어 거의 전 세계에 보급되어 있다. 인공위성은 고정통신 외에도 이동통신, 방송 등에 널리 이용되어 여러 종류의 다양한 서비스를 제공하고 있다. 인공위성을 이용한 우주무선통신은 그 이용 목적에 따라 고정국간에 통신하는 고정위성업무, 항공, 선박, 자동차 등과 같은 이동체를 대상으로 하여 통신하는 이동위성업무, 일반 대중에게 방송을 하는 방송위성업무, 위성정보업무를 제공하는 측위업무, 기상위성업무, 아마추어 위성업무 등으로 구분할 수 있다. 또한 위성은 서비스 지역 범위에 따라 국제위성, 지역위성, 국내위성으로 나누어진다. 이 장에서는 무선통신의 기초가 되는 기본적인 전자파의 전파 원리 및 안테나의 개요에 대하여 살펴보고, 인공위성을 이용한 통신 및 방송에 대한 개요 및 기본 원리에 대하여 기술한다.

6.2 전자파의 발생 및 전파 원리

전자파는 전파 또는 전자기파(電磁氣波, electromagnetic wave)라고도 하는데 전계와 자기가 상호 수직으로 존재하여 빛과 같은 속도로 전파(傳播)되는 파이다. 통신시스템에서 전자파를 사용하는 형태는 다양하다. 이동전화, 무전기, 텔레비전이나 라디오 방송 등에 사용되는 전파는 우리 일상생활에서 흔히 접하는 전자파이다. 뿐만 아니라 전화선 및 동축케이블로 유도되는 전기신호와 광섬유로 유도되는 빛 또한 역시 전자기파이다. 그리고 병원에서 사용되는 X선이나 살갗을 태우는 자외선 등도 주파수만 달리할 뿐 모두 같은 속성을 갖는 전자파이다.

지금부터 약 150년 전에 영국의 맥스웰(Maxwell, 1831~1879)이 전자파의 존재를 이론적으로 고찰하고, 그 후 1888년에 독일의 헤르츠(Hertz, 1857~1894)가 실제로 전파를 발생시켜 전파의 존재를 확인하였다. 전자파의 발견은 인류에게 새로운 통신수단을 가져오게 되었다.

패러데이(Faraday, 1791~1867)가 "자기장(magnetic field)이 변화하는 공간에서는 전기장(electric field)이 유도되며, 유도 전기장의 크기는 자기장의 크기에 비례하고 유도된 전기장의 방향은 변화하는 자기장의 방향에 수직이다." 라는 전자기 유도 법칙을 발견하였다. 맥스웰은 패러데이의 법칙으로부터 전자기 현상의 대칭성을 생각해내고, "전계가 시간적으로 변화하면 자계가 발생한다."라는 법칙을 첨가하여 전자기 현상을 통합적으로 설명하였다. 이 두 법칙을 조합하여 보면 처음에 전기장을 변화하면 자기장이 발생되고, 다음에 자기장이 변화하면 전기장이 발생된다.

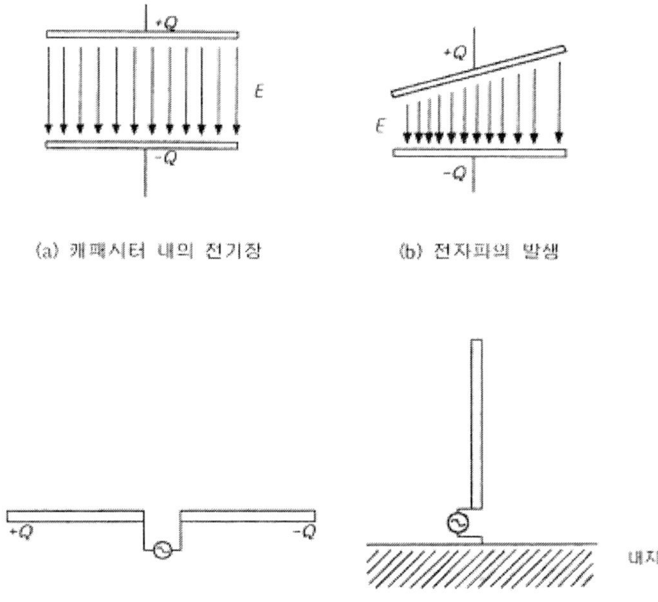

(a) 캐패시터 내의 전기장 (b) 전자파의 발생

(c) 비접지 안테나 (d) 접지 안테나

그림 6-1 전자파의 발생 원리

전자기파가 발생되는 원리를 살펴보자. 먼저 그림 6.1(a)와 같은 기본적인 회로 소자의 하나인 커패시터를 살펴보자. 평행판 전극에 교류 전압을 가하면 두 평면 전극판 사이의 공간에는 전기장이 발생하여 이 전기장의 변화에 따른 변위 전류가 흐른다. 그러나 평행평면판에서는 전극판 사이의 간격이 일정하기 때문에 변위 전류에 의해서 각 부분에 발생하는 자기장은 서로 상쇄되어 외부로 복사되지 않는다. 그림 6.1(b)와 같이 전극 간격을 변화시키면 간격이 좁은 부분은 용량이 커져서 전하가 많이 모이므로 전계의 세기가 강하고, 간격이 넓어질수록 용량이 작아져서 전하가 적어지므로 전계의 세기도 약해진다. 그러므로 변위 전류의 세기도 달라져 자계의 발생도 달라져서 상쇄되지 않고 남은 자계가 외부로 복사된다. 전극판 간격의 차가 클수록, 인가되는 전원의 주파수가 높을수록 외부로 복사되는 전자파의 양은 많다. 자계의 발생 능률을 좋게 하기 위하여 그림 6.1(c)와 같은 구조를 하며 이것을 안테나라고 한다. 그림 6.1(d)는 접지 안테나이다.

전자파의 퍼짐을 간단한 형태의 반파장 다이폴 안테나를 이용하여 살펴보자. 그림 6.2는 전자파가 발생되어 퍼져나가는 모습을 전기력선에 관하여 나타낸 것이다. 안테나에 (+) 교류 전압이 가해지면 도선에 전류가 흘러 전하가 증가하면 그림 6.2(a), (b)와 같이 전기력선은 늘어나지만 전하가 감소해도 전기력선은 그림 6.2(c)와 같이 원래대로 되돌아가지 않는다. 전압이 0이 되면 유도되는 전하가 없기 때문에 모든 전기력선은 그림 6.2(d)와 같이 도선에서 떨어져 나간다. 반대로 (-) 교류전압이 가해지면 그림 6.2(e)와 같이 반대 방향으로 전기력선이 발생되어 퍼져나간다. 일반적으로 안테나에 가해지는 전원은 사인파로 변화하는 고주파이다. 그러므로 음(-), 양(+)으로 변하는 전류에 의하여 전기력선이 사방으로 퍼져 나간다. 그림 6.3은 한 평면상으로 전파하는 전기장을 나타낸 것이다. 안테나에서 떨어져 나간 전기장이 안테나에 가해진 전원 주파수와 같은 주파수로 변화하기 때문에 맥스웰 법칙에 의해 자기장이 생기게 되며, 자기장이 시간에 따라 변화할 때 패러데이 유도법칙에 따라 전기장이 발생된다. 이와 같이 전기장과 자기장이 번갈아 가면서 발생되면서 그림 6.4와 같이 전자파는 전기장과 자기장의 직각 방향으로 퍼져 나간다.

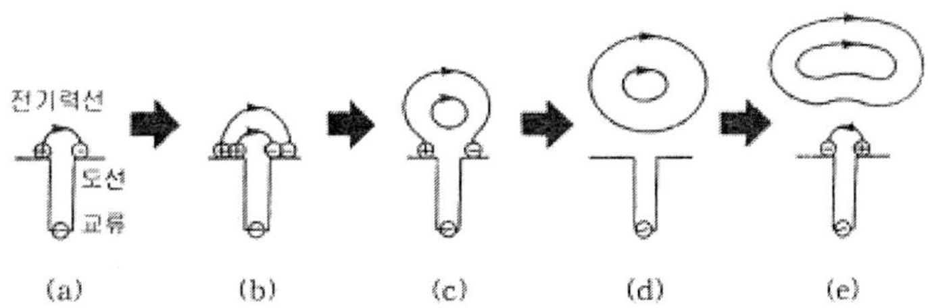

그림 6-2 반파장 다이폴 안테나로부터 전자파의 발생

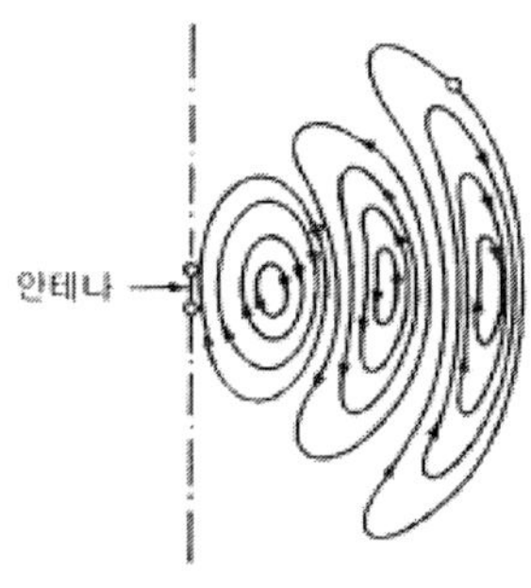

그림 6-3 전기장의 복사

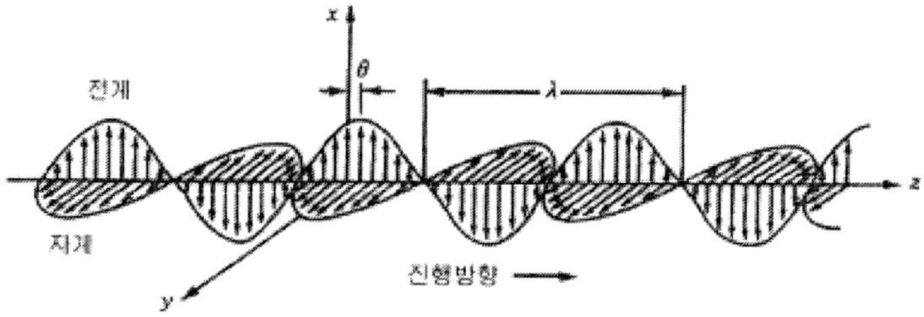

그림 6-4 전자파의 진행

6.3 전자파의 분류

6.3.1 주파수에 의한 분류

넓은 의미에서의 전자파는 무선통신에서 사용되는 주파수 영역뿐만 아니라 적외선, 가시광선, X-선, γ-선 및 우주선을 총칭하는 것이다. 그러나 좁은 의미에서는 3000GHz 이하의 전자파로 보통 무선 통신에 이용하고 있는 전자파를 전파라고 한다. 전자파의 전파는 주파수에 따라 표 6.1과 같이 분류하며 마이크로파주파수 대역은 표 6.2와 같다.

표 6-1 전자파의 주파수에 의한 분류

구분	주파수 범위	전파양식	용 도
VLF(Very Low Frequency)	3~30KHz	표면파, 전리층파	전세계선박통신
LF(Low Frequency)	30~300KHz	표면파	1500km 무선항해
MF(Medium Frequency)	300~3000KHz	표면파(단거리)	표준방송(526.5~1606.5KHz)
		공중파(장거리)	항공, 선박, 아마추어무선
HF(High Frequency)	3~30MHz	공중파	3~6MHz 대륙간 이동통신 6~30MHz 이동통신, 상업 아마추어통신, 국제시티즌 대역
VHF(Very High Frequency)	30~300MHz	공간파	가시거리통신, VHF, FM방송 (88MHz~108MHz), 다중통신 2000km
UHF(Ultra High Frequency)	300~3000MHz	공간파 산란파	레이다, 다중통신, 이동통신 6000km
SHF(Super High Frequency)	3~30GHz	공간파	위성통신, 고정통신, 레이다
EHF(Eetreme High Frequency)	30~300GHz	공간파	미래통신

표 6-2 IEEE 권장 마이크로파 주파수 대역

명칭	주파수대역[GHz]
L Band	1~2
S Band	2~4
C Band	4~8
X Band	8~12
Ku Band	12~18
K Band	18~27
Ka Band	27~40
U Band	40~60

6.3.2 전자파 통로에 의한 분류

안테나에서 복사된 전자파는 직진, 반사, 굴절 및 회절 현상에 의하여 전파된다. 전자파가 송신 안테나에서 멀리 떨어진 수신 안테나에 도달하기까지는 송수신 안테나 사이의 거리, 사용주파수, 복사 전력, 계절 및 주간과 야간 등에 따라 다른 전파 통로를 거치게 된다. 그림 6.5에 나타낸 것과 같이 전파 통로는 지상파, 공중파로 크게 나눌 수 있으며 세분화하면 다음과 같다.

(1) 지상파

① 직접파

송신점에서 대지 및 전리층을 거치지 않고 수신점에 직접 도달하는 전자파

② 대지 반사파

대지, 건물, 산악, 반사판 등에서 반사한 후 수신점에 도달하는 전자파

③ 지표파

지표면을 따라 전파하여 수신점에 도달하는 전자파

④ 회절파

지상에 있는 장애물을 넘어서 수신점에 도달하는 전자파

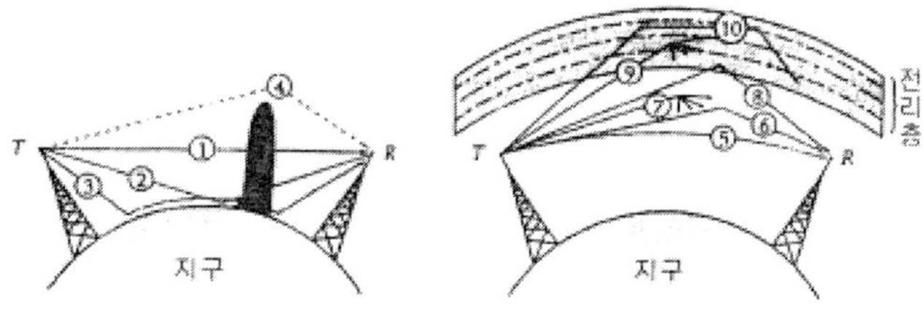

① 직접파 ② 대지반사파 ③ 지표파 ④ 회절파 ⑤ 내류권 굴절파
⑥ 내류권 반사파 ⑦ 내류권 산란파 ⑧ 전리층 반사파 ⑨ 전리층 산란파
⑩ 전리층 활행파

그림 6-5 전자파의 전파 통로

(2) 공중파

① 대류권파

가) 대류권 굴절파

대류권의 초굴절 현상에 의해 전파되는 전자파

나) 대류권 반사파

대류권에서 반사되어 전파되는 전자파

다) 대류권 산란파

대기의 와류나 난류에 의한 유정율의 급격한 변동으로 인한 산란현상에 의해 전달되는 전자파

② 전리층파

가) 전리층 반사파

D층, E층 및 F층 같은 전리층에서 반사되어 수신점에 도달하는 전자파

나) 전리층 산란파

E층 아래 부분의 전자 밀도가 불균일한 영역에서 산란되어 전파되는 전자파

다) 전리층 활행파

전리층을 따라서 수신점에 도달하는 전자파

이상과 같은 통로는 단독으로 존재하는 것이 아니라 송수신 지점에 사이에 전파되는 경로는 2종 이상의 전파 통로를 거쳐 도달되는 경우가 보통이다.

6.4 안테나

개인용 휴대전화가 널리 사용되어지면서 전파의 이용도도 대폭 증가하였으며 무선기술의 진보와 함께 우리 주변에서 다양한 안테나가 여러 가지 용도로 사용되고 있다.

안테나의 형태로 분류하면 그림 6.6 및 표 6.3과 같다. 선형 안테나(wire antenna)는 가장 흔히 볼 수 있는 안테나로서 저 이득이며 AM, FM, 텔레비전 방송의 송수신기, 자동차, 건물옥상, 선박 등의 저주파수 대역에서 사용되고 있다. 개구면 안테나(aperture antenna)는 고 이득으로 항공기, 위성통신 및 위성방송 등의 마이크로파 대역에서 사용되고 있다. 배열 안테나(array antenna)는 1개의 안테나로 원하는 복사특성을 얻을 수 없을 때 여러 개의 안테나를 적당한 거리로 배치하여 고 이득을 얻을 뿐만 아니라 원하는 방향과 형태로 빔의 조작이 가능한 안테나이다. 한편으로 안테나는 무선통신만을 목적으로 하지 않고, 비교적 근거리에 전자계의 에너지를 복사시키는 도구로서도 사용되고 있으며, 암 치료용 하이퍼서미어(hyperthermia)에의 응용, 지하탐사 레이더, 차량충돌방지용 레이더, 핵융합 플라즈마 가열 안테나 등으로도 사용되고 있다.

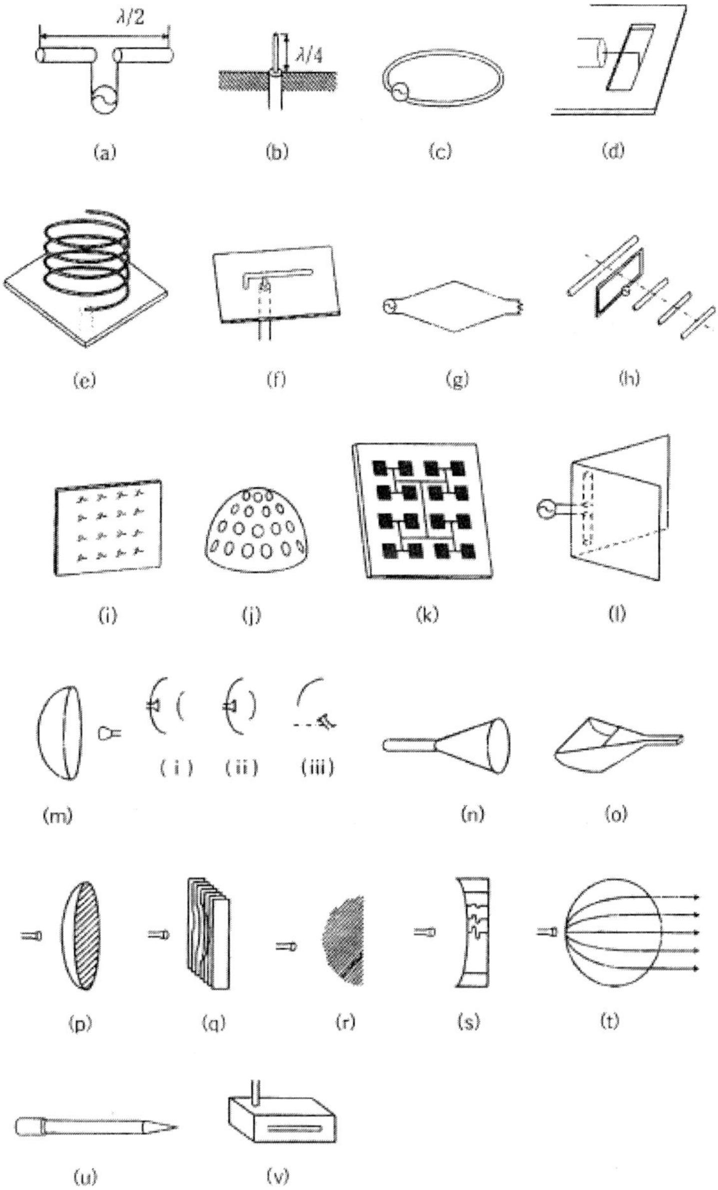

그림 6-6 안테나의 종류

표 6-3 안테나의 분류

<table>
<tr><th colspan="2">분 류</th><th>주파수</th><th>이득</th><th>안테나명</th></tr>
<tr><td colspan="2">선형안테나</td><td>저</td><td>저</td><td>a. 다이폴
b. 모노폴
c. 루프
d. 스롯
e. 헤리컬
f. 전송선로형
g. 롬빅</td></tr>
<tr><td colspan="2">배열안테나</td><td>중~고</td><td>중~고</td><td>h. 야기
i. 2차원 배열
j. 구면 배열
k. 마이크로스트립 배열</td></tr>
<tr><td rowspan="3">개구면안테나</td><td>리플렉터</td><td rowspan="4">마이크로파</td><td rowspan="3">고</td><td>l. 코너 리플렉터
m. 파라볼라
(i) 가세그린
(ii) 그레고리안
(iii) 옵셋트 파라볼라</td></tr>
<tr><td>혼</td><td>n. 혼
o. 혼 리플렉터</td></tr>
<tr><td>렌즈</td><td>p. 유전체
q. 도파관
r. 통로장
s. 롯트만 렌즈
t. 루네베르그</td></tr>
<tr><td colspan="2">기 타</td><td>중~고</td><td>u. 진행파
v. 누설파</td></tr>
</table>

6.5 인공위성의 역사

1957년 최초의 인공위성인 Sputnik를 발사하여 원격측정 정보를 발사하였고, 그 뒤를 이어 미국도 1958년 초 Explor-1을 발사하여 원격측정정보의 전송에 성공하였다.

그 후 1960년 8월에 미항공우주국(NASA)에서 통신위성의 시초인 수동위성 ECHO-1호를 발사하여 처음으로 전화와 TV 신호의 중계를 성공한 이래 1962년 7월에는 미국의 벨연구소에서 능동위성 Telstar-1호를 발사했고, 같은 해 12월 릴레이-1호가 NASA에 의해 발사되어 처음으로 마이크로파대 중계기에 의해 전화와 TV 신호를 증폭·중계하는 실험이 실시되었다. 다음해 1963년 7월 SYNCOM-Ⅱ호가 발사되어 통신위성으로서의 면모를 갖추었고 1964년 8월에는 SYNCOM-Ⅲ호가 발사되어 같은 해 10월 동경 올림픽 상황이 TV로 전세계에 중계됨으로써 통신위성의 유용성이 널리 알려지게 되었다.

1965년에는 세계 최초의 상업용 통신위성인 INTELSAT Ⅰ호(early bird)가 대서양 상공 위에 발사되었다. 이후 증가하는 국제 통신량의 증가로 2011년 현재 INTELSAT는 운용위성 수는 60기와 8개소 Teleport를 운영하고 있다.

1964년 8월 상업통신위성에 관한 업무를 수행하기 위해 설립된 INTELSAT가 설립되었으며, 우리나라는 이 기구에 1967년 가입하였다. 또한 1979년에는 항해중인 선박에 대한 통신서비스를 수행하기 위해 INMARSAT가 설립되어 운용되고 있으며, 우리나라는 1985년 가입하였다.

1995년 8월 5일 발사된 무궁화 1호로 우리나라도 본격적으로 국제통신위성 시장에서의 경쟁에 참여하게 되었으며, 2006년 8월 무궁화 5호 위성 및 2010년 올레 1호(무궁화 6호)이 발사되어 운용되고 있다.

6.6 위성통신의 특징

적도 상공 약 36,000km 지점에 있는 정지궤도상의 인공위성 지구 자전과 같은 방향으로 24시간에 지구를 한 바퀴를 회전하기 때문에 지구에서 보면 마치 정지해 있는 것처럼 보여 정지위성이라고 부른다. 정지위성은 지구의 약 3분의 1을 서비스영역으로 삼을 수 있기 때문에 그림 6.7과 같이 3개의 정지궤도상에 120° 간격으로 배치하면 지구 전체를 커버할 수 있다.

지상통신에 비해서 위성통신의 다음과 같은 **장점**이 있다.

① 서비스 지역의 광역성

하나의 정지위성이 최대 지구의 1/3을 지역을 커버 할 수 있을 만큼 넓은 지역을 통신의 대상으로 삼을 수 있다.

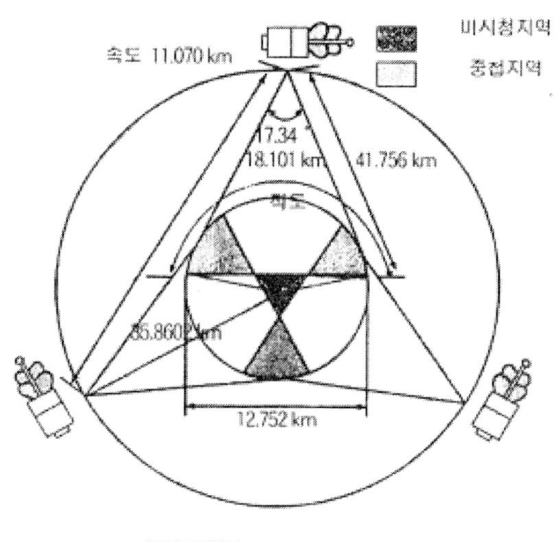

그림 6-7 정지궤도 위성

② **고속대용량**

위성의 탑재용 중계기의 주파수대역이 27～72MHz이므로 고속 전송이 가능하고, 많은 양의 정보를 전송할 수 있다.

③ **지리적 장애의 극복**

섬, 벽지, 사막, 산악지대 등 지리적 장애에 좌우되지 않는 회선 설정을 할 수 있다.

④ **통질 품질의 균일성**

서비스 영역내의 어느 지점에서도 통신 품질이 거의 균일하다.

⑤ **내재해성**

통신 지점 사이에는 우주 공간에 있는 위성에 의한 중계점 밖에 없기 때문에 지진, 화재, 풍수해 등과 같은 재해에 거의 영향을 받지 않는다.

⑥ **동보성**

한 지점에서부터 광역에 걸쳐 산재하는 다수의 수신 대상 설비에 대하여 동시에 동일한 내용의 정보를 전송하는 통신 및 방송에 적합하다.

⑦ **다중 접속성**

넓은 지역에 분포된 다수의 지구국에서 공동 이용하여 그 회선 사용 효율을 향상시키는 다중접속을 할 수 있다.

⑧ **전송 비용은 거리에 관계가 없다.**

하나의 위성이 커버할 수 있는 범위 내에서는 지사의 거리에 관계없이 전송 비용이 일정하기 때문에 장거리 전송에 경제적이다.

⑨ **이동성**

지구국을 이동시키면 어느 곳에서나 자유롭고 신속하게 회선을 설정할 수 있다.

반면에 위성통신은 다음과 같은 **단점**을 가지고 있다.

① **전파 지연**

정지위성의 경우 지구에서 위성을 거쳐 지구로 되돌아오는 거리는 72,000km 정도이기 때문에 0.25초의 전파 지연이 되어 전화 통화시 부자연스러운 경우가 있다.

② **암호화 필요**

위성이 커버하는 지역 내에서는 누구나 수신이 가능하므로 비밀 유지를 위해서는 암호화가 필요하다.

6.7 위성통신 시스템의 구성

위성통신은 위성, 지상 설비, 이용자 등의 3가지 요소로 구성된다.

① **우주 부분(위성) :**

고정위성업무용, 이동위성업무용 등의 통신위성

② **지상 부문(지상설비) :**

관제 · 제어 지구국, 통신용 지구국

③ **사용자 부분(이용자) :**

공공 기관, 민간 기관, 개인 등

여기서 관제 · 제어 지구국은 위성의 정상적인 운용을 유지하기 위해 위성의 상태를 감시하고 제어하기 위한 국이다.

위성통신 회선의 구성은 그림 6.8과 같으며 지구국으로부터 위성으로 올라가는 회선의 경우 지구국에서 발사된 전파의 세기는 거의 거리의 제곱에 반비례로 감소되어 위성에 도달한다. 위성에서는 수신한 전파를 트랜스폰더로 증폭시켜 지구를 향해 다시 송신한다. 그 전파는 다시 거리의 제곱에 반비례로 감소되어 지구국에 도달한다. 이 때 지구국으로부터 위성으로 가는 회선을 상향회선(uplink)이라고 하며 위성으로부터 지구국으로 오는 회선을 하향회선(downlink)이라고 한다. 지구국에서는 파라볼라 안테나 등을 사용하여 약한 전파를 증폭시켜 필요한 정보를 추출한다. 이 경우 올라가는 회선의 성능을 결정하는 변수는 지구국의 전력, 안테나의 크기, 지구국과 위성간의 거리, 수신기의 감도 등이다.

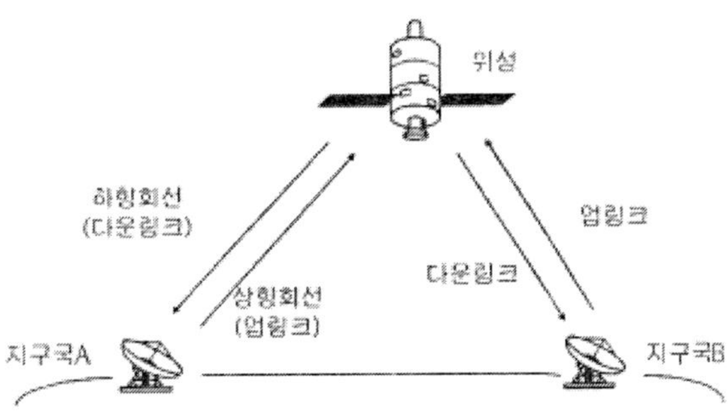

그림 6-8 위성통신 회선의 구성

6.8 주요 통신위성 시스템

6.8.1 INTELSAT

1964년에 발족된 국제통신위성기구(International Telecommunication Satellite Organization)로 전세계에 서비스를 제공하는 광역 상업 통신 위성 시스템을 운영하고 있다.

1965년 최초의 상용 통신위성인 INTELSAT Ⅰ 발사한 이래 2012년 현재 약 53개의 정지위성을 보유하고 있으며, 2014년 현재 회원국은 149 여개국이다. 위성은 궤도의 위치에 따라 태평양 위성, 대서양위성, 태평양 위성 등 3 종류가 있다. 인텔셋 위성은 주로 국제가의 전화, 전보, 텔레비전 프로그램 전송 등 공중 통신에 이용되고 있다.

6.8.2 INMARSAT

1979년에 발족된 국제해상기구(International Maritime Satellite Organization)로서 항해중인 선박과 육지 또는 선박간의 아동통신 서비스의 제공을 목적으로 1982년 처음 서비스를 시작하였으나 2001년부터 9기의 위성(대서양 3기, 인도양 3기, 태평양 3기)을 이용하여 전 세계를 대상으로 해상 및 항공 서비스뿐 아니라 광대역응용서비스, 첨단멀티미디어서비스, 기업응용서비스, 방송 등의 서비스를 하고 있다.

INMARSAT의 시스템 구성도는 그림 6.9와 같다.

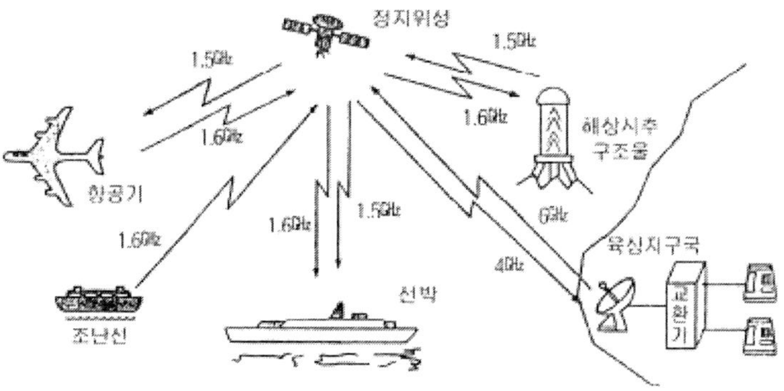

그림 6-9 INMARSAT의 시스템 구성도

6.9 무궁화 위성

6.9.1 무궁화 위성의 개요

우리나라도 난시청 지역을 해소와 정보의 고속화 사업의 일환으로 1990년 한국통신에서 위성사업단이 발족되어 무궁화 위성(KOREASAT) 사업을 추진하게 되었다. 그 결과 무궁화 1호 위성은 1995년 8월 5일 발사되었으나, 주 엔진에 부착된 보조 로켓 중 하나가 분리시스템의 도화선 손상으로 인하여 제때에 분리되지 않아 위성이 목표궤도에 못 미치는 사고가 발생하였다. 그래서 위성정지궤도에 진입시키기 위하여 위성자체가 가지고 있던 추진제를 사용하였으며 그 결과 위성의 수명이 당초 10년에서 4.5년으로 단축되었다. 무궁화 위성은 1996년 3월부터 상용 서비스를 개시하였다. 무궁화 2호은 1996년 1월에 발사, 궤도진입에 성공하였다. 또한 1999년 9월에 무궁화 3호를 발사함으로써 초고속 위성 멀티미디어 인터넷, 다채널 디지털 위성방송, 기업 통신 네트워크 등에 다목적으로 이용할 수 있게 되었다. 그 후 2006년 8월 무궁화 2호를 대체하기 위한 무궁화 5호를 발사하였으며, 2010년 12월에는 무궁화 3호를 대체하기 위한 올레 1호(무궁화 6호)를 발사하여 운용하고 있다.

무궁화 위성이 제공하는 서비스는 직접 위성 방송, 위성기업통신망(VSAT : Very Small Aperture Terminal), 비디오 중계 서비스, 대도시 전화국간 중계, 행정, 비상재해 등이다.

무궁화 위성 1, 2, 3, 5호, 올레1호의 제원은 표 6.4와 같으며, 그림 6.10은 올레 1호 위성의 모습이며, 그림 6.11은 위성 방송 수신용 안테나의 모습이다. 우리나라가 지금까지 쏘아 올린 위성은 1992년 8월 11일 발사한 우리별 1호를 비롯해, 우리별 2호(1993년 9월 26일), 무궁화 1호(1995년 8월 5일), 무궁화 2호(1996년 1월 14일), 우리별 3호(1999년 5월 26일), 무궁화 3호(1999년 9월 4일), 아리랑 1호(1999년 12월 21일), 과학기술위성 1호(2003년 9월 27일), 한별(2004년 3월 13일), 아리랑 2호(2006년 7월 28일), 무궁화 5호(2006년 8월 22일), 천리안(2010년 6월 27일), 올레 1호(무궁화 6호, 2010년 12월 28일), 아리랑 3호(2012년 5월18일), 나로과학위성(2013년 1월 30일), 아리랑 5호(2013년 8월 22일), 과학기술위성 3호(2013년 1월 21일)가 있다.

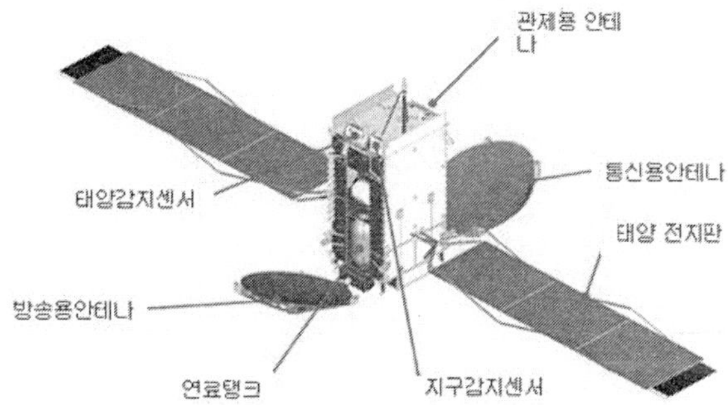

그림 6-10 올레 1호 위성

그림 6-11 위성방송 수신용 안테나

표 6-4 무궁화 위성의 제원

	1호	2호	3호	5호	올레 1호(6호)
위성 발사일	1995.8.5	1996.1.14	1999.9.4	2006.8.22	2010.12.28
수명	2005년 종료	2008년 종료	2014년 종료	2021년 예정	2025년 예정
궤도	동경 116°	동경 116°	동경 116°	동경 113°	동경 116°
탑재중계기	Ku-Band : 통신용12기 Ku-Band : 방송용3기	Ku-Band : 통신용12기 Ku-Band : 방송용3기	Ku-Band : 통신용 24기 방송용 6기 Ka-Band : 통신용6	Ku-Band : 통신용 24기	Ku-Band : 통신용 24기 방송용 6기
제공 서비스	최초 상용 서비스	중계기 임대	직접위성방송(DBS) 중계기 임대, CATV 분배망, VSAT, 머티미디어 서비스	기존 2호 위성 서비스 대체, 멀티미디어 서비스, 지역 위성 서비스	기존 3호 위성 서비스 대체 직접위성방송(DBS) 중계기 임대, CATV 분배망, VSAT, 머티미디어 서비스

6.9.2 무궁화 위성의 서비스

① 위성 전용망(저속회선)

공용 지구국의 중심국(Hub)을 중심으로 전국 지사, 지점, 공사장 등에 소형 위성통신 지구국 설비를 설치하여 고객사별로 전용 통신망을 구성하여 건설 업계 공사 현자, 산간, 도서 벽지의 통신망을 구축하여 고객 관리, 재고관리 전산망과 단방향의 방송 등을 서비스한다.

② 위성 전용망(고속회선)

고객사의 사업장 구내에 고속위성통신 지구국을 설치하여 지상 구간 없이 전국 어디서나 음성, 팩스밀리, 데이터, 화상회의 등의 사설 전용통신망과 금융기관, VAN 사업자, 그룹사 등의 주요 간선망 등을 서비스한다.

③ 위성 고정 비디오

고품질의 영상신호를 방송 형태로 기업체, 그룹사별 사내 TV방송, 광고방송, TV방송중계/학교, 학원 등에서의 원격 강의, 경마 중계 등을 전송하는 서비스로 간단한 설비만 갖추면 전국 어디서나 수신 가능한 서비스이다.

④ 위성 이동 중계

차량형과 휴대형 위성이동 중계장비(SNG : Satellite News Gathering)를 이용하여 전국 어디서나 방송국 등의 뉴스 취재, 스포츠 중계, 행사 중계, 사건 및 사고 중계/재해 지역 또는 산악, 도서 지역에서의 긴급 영상 등을 전송하는 서비스이다.

⑤ 위성 이동 데이터

공공기관, 기업체 등에서 차량, 선박과 같은 이동체를 관리하기 위하여 이동중인 이동체의 위치 확인은 물론 이동 경로 등의 정보를 전자 지도를 통해 확인하고 상호간의 저속의 데이터를 통신할 수 있는 서비스이다.

⑥ 위성 중계기 임대 서비스

통신 또는 방송용 위성 중계기의 일정 대역(채널)을 임대하는 서비스로 고객사별로 자체의 위성 지구국을 운용한다.

⑦ 위성방송 서비스

방송국에서 제작한 고화질, 고음질의 위성방송 프로그램을 전송하는 서비스이다.

⑧ 종합유선방송 프로그램 전송 서비스

케이블을 통해 방송될 다채널 종합유선방송(CATV) 프로그램을 프로그램 공급사로부터 방송국까지 전송하는 서비스이다.

⑨ 지역위성 서비스(Ku밴드)

기존의 1, 2호에서 국내에 한정되었던 서비스 지역을 아시아-태평양 지역까지 서비스를 제공한다.

⑩ Ka밴드 서비스

가) 광대역 정보검색 서비스

사용자가 위성 단말기를 이용하여 국제 또는 국내 정보 센터의 정보를 고속으로 받을 수 있는 서비스를 말하며, 대표적인 예가 인터넷 서비스이다.

나) 원격 진료 복지 서비스

농어촌 및 산간 벽지 지역의 환자를 대도시의 종합국립병원의 전문 의사에게 진료를 받을 수 있도록 위성을 통한 원격 진료를 제공하는 서비스이다.

다) 초고속 LAN간 위성통신 서비스

위성을 통하여 지역간의 초고속(155Mbps) 통신을 제공하는 서비스를 말하며 국내 주요 도시간 기간 구축망에 이용될 예정이다.

라) 기타

고속 광대역 내의 오디오, 데이터 및 영상 등의 멀티미디어 및 B-ISDN 등의 서비스 제공이 가능하다.

6.10 위성 방송

1995년 8월 발사된 무궁화위성 1호는 통신과 방송 중계기를 탑재한 위성으로 1996년 7월 KBS에 의해 처음으로 방송위성 업무를 시작하였다. 위성방송(SB : Satellite Broadcasting)은 적도상공 약 36,000Km의 궤도에 쏴 올린 방송위성을 이용해 지상의 지구국으로부터 전파를 수신하여 이를 각 가정에 직접 방송한다. 가정에서는 파라볼라 안테나를 설치함으로써 방송위성에서 송신한 전파를 수신하게 된다.

6.10.1 위성방송과 지상 방송의 비교

위성방송은 산이나 빌딩 등의 영향에 의한 잡음이 거의 발생하지 않고, 지상방송에서 발생되는 전파의 굴곡이 없어 산의 음지 부분이나 낙도 등에 깨끗한 화질의 영상을 전송할 수 있게 된다. 지상 방송에 비해 위성방송의 장・단점은 다음과 같다.

① 광역성

단일 반송파로 전국을 동일한 방송 서비스로 제공할 수 있다.

② 고화질

위성을 보는 앙각이 높고 방송파가 산악이나 고층빌딩 등에 차단되는 일이 없기 때문에 난시청해소, 고스트 장애 등의 개선을 이루어 고품질의 방송 서비스를 제공할 수 있다.

③ 경제성

다수 수신자의 경우 지상에 중계국을 건설하는 것보다 경제적인 시스템을 구축할 수 있다.

④ 대용량

지상의 방송파보다 넓은 주파수 대역(지상 : 6MHz, 위성 : 27MHz)를 갖고 있기 때문에 TV 방송 외에 새로운 서비스의 실현이 가능해진다.

⑤ 내재해성

위성이 우주에 있기 때문에 지상의 재해에 대한 영향을 받는 일이 없고 고정형 지구국이 피해를 입는 경우에도 이동형 지구국 등의 운용에 따라 방송 연속이 가능하다.

⑥ 실시간 방송 수신

지상파로 중계가 곤란한 낙도 등에서도 실시간 방송의 수신이 가능하다.

⑦ 강우 감쇠

Ku 밴드(14/12 GHz)를 사용하기 때문에 강우에 의한 신호 감쇠가 매우 커서 위성의 피드 링크(feed link)를 안정하게 확보하기 위해 부국 등의 다이버시티(diversity) 설비가 필요하다.

⑧ 일식과 월식

봄과 가을에 위성이 지구 그림자에 가려져 태양 전지를 이용할 수 없는 기간이 있었으나,

최근에는 전지의 대용량화로 일식 및 월식에서도 운용 가능한 위성이 실용화되었다.

(1) 지상파 방송

가) AM 방송

주파수가 526.5～1606.5KHz인 전파를 사용하여 음성 및 기타 음향 정보를 보내는 방송으로 중파방송이라 하며 9KHz마다 구분한 120채널을 사용한다. 변조방식은 아날로그 양측파대(DSB) 진폭변조(AM)방식을 사용한다.

현재의 AM 방식은 모노방식으로 진폭변조 방식의 특성상 잡음 등의 영향으로 방송 품질이 FM 방송에 비해 현저히 떨어져 방송품질의 향상 및 FM 방송의 신규 수요에 대처하기 위해 AM 방송을 스트레오화한 AM 스테레오도 일부 실시하고 있다. AM 스테레오는 진폭변조된 방송파에 위상변조(PM)를 가하는 방법에 의해 부채널을 만들어 스테레오화하는 방식이다.

나) 단파방송

주파수 5.9～26.1MHz 사이의 주파수를 5KHz마다 구분한 617채널을 세계 각 지역의 단파 방송국에서 음성 및 기타 음향 정보를 방송한다.

다) FM 방송

주파수 88～108MHz 사이의 주파수를 200KHz마다 구분한 100채널이 할당되어 있다.

FM 방송은 아날로그 주파수변조(FM) 방식을 이용하여 모노 방식과 스테레오 방식이 있다. AM 방식에 비해 전송에 넓은 주파수 대역이 필요하기 때문에 VHF대 이상의 주파수대로 방송한다.

라) 디지털 텔레비전 방송

우리나라는 아날로그 텔레비전 방송을 2012년 12월 31일 종료하고 현재는 디지털 텔레비전 방송만을 하고 있다.

ATSC(Advanced Television Systems Committee) 방식을 사용하며, 주파수는 470～698 MHz(채널 14～51)이 할당되어 있으며 한 채널의 점유주파수 대역폭은 6MHz이다.

마) 다중방송

텔레비전 방송의 다중방송은 음성다중방송과 문자다중방송의 2가지가 있다. 음성다중방송의 경우 텔레비전 방송의 전파에 중첩하여 음성 및 기타 음향 정보를 보내는 방송으로 스테레오방송과 2개 국어방송이 있으며 문자다중방송은 텔레비전 방송 전파에 중첩하여 문자정보나 그림을 보내는 방송이다.

FM 방송의 경우 기존의 FM 방송 전파에 차량항법용 실시간 교통정보, 뉴스, GPS, 증권정보 등의 디지털 정보를 다중화시켜 주파수이용 효율을 높이고, 이용자에 대한 서비스를 증대시키기 위하여 FM 다중화에 대한 기술 개발과 상용화가 진행되고 있다.

6.10.2 디지털 위성방송

디지털방송은 협의로는 방송의 전송이 디지털방식으로 되는 경우를 언급하나 광의로는 방송프로그램의 제작, 송출, 수신에 이르기까지 전과정의 디지털화를 의미한다. 그러나 현실적으로 디지털방송의 도입은 송출차원에서 주로 언급되는 것이 현실이다. 기존의 아날로그방식에서는 음성과 영상은 연속적으로 변화하는 전자 신호로 변환되어 송신되나 디지털방식에서는 2진수 즉, 일련의 0과 1로 변환되어 송신된다. 따라서 복원력이 강하고, 암호화가 용이하다는 성격을 가지고 있다. 그러면서도 디지털 신호는 아날로그 신호보다 강하고 적은 출력으로 송신할 수 있다는 장점이 있다. 따라서 지상파의 디지털 송신에 아날로그에서는 이용할 수 없었던 주파수 대역을 이용할 수 있다. 뿐만 아니라 영상신호압축이라는 처리에 의해 복수의 프로그램 서비스를 동일한 주파수대역내에서 송신할 수 있다. 따라서 디지털방송은 다채널화, 향상된 양질의 영상과 음성, 광폭 TV 등 새로운 서비스 및 수신의 향상(이동간 수신 등)과 같은 장점을 제공한다. 송출부문에서의 디지털화에 그치지 아니하고 수신 측에서도 디지털화가 이루어지면 멀티미디어 서비스는 물론이고 실질적인 쌍방향 서비스를 가능하게 하며 영상, 음성, 데이터 정보를 다원·복합활용을 가능하게 한다.

(1) 디지털 위성 방송의 특징

현재는 아날로그 기술을 사용하여 위성 방송이 이루어지고 있지만, 이 아날로그 위성 방송에 비하여 디지털 위성방송의 장점은 다음과 같다.

① 위성의 한 중계기에서 다채널 (예 : 4채널)전송이 가능하다.
② 다양한 서비스에 필요한 비트율을 유연하게 할당할 수 있다.
③ 전송비용과 화질의 타협점에 따라 비트율을 조정함으로써 디지털영상 화질을 다양하게 선택할 수 있다.
④ 타 채널이나 위성 회선과의 간섭이 적고 오류에 강하다.
⑤ 디지털 전송회선에 의한 오류를 정정하는 기능을 제공할 수 있다.
⑥ 소형 안테나로 고스트 현상이나 열화가 없는 영상 수신이 가능하다.
⑦ 고집적 디지털 처리용 LSI칩을 이용함으로써 비용 절감을 할 수 있다.

이와 같은 장점 때문에 다양한 형태의 DSB 서비스가 세계적으로 실현되고 있다.

DSB에서는 아날로그 데이터를 MPEG-2 표준으로 부호화 하여 다른 프로그램과 기타 부가정보를 함께 다중화 하여 전송하며, 사용자는 수신된 여러 프로그램 중에서 필요한 채널을 선택하여 시청한다.

6.10.3 위성방송을 이용한 서비스

위성방송의 서비스는 기본 기능으로 난시청 해소, 내재해성, 기동성, 채널 증대 등이다.

난시청 해소란 낙도, 산간, 도시 고층화에 따른 수신장애를 해소하는 것이며, 내재해성은 지진 태풍 등에 의한 중계국에 미치는 영향을 제거됨을 의미하며, 기동성은 SNG (Satellite News Gathering)와 같이 비상 재해시 현장으로부터 중계 또는 전국 각지로부터의 기동성 있는 중계가 가능함을 의미한다. 이외에도 고선명 TV(HDTV : High Definition Television)를 비롯하여 디지털 음성방송, 문자방송, 팩시밀리방송, 종합정보 디지털방송 서비스 등의 새로운 서비스가 대두되고 있다.

6.11 위성항법시스템(GPS)

6.11.1 GPS의 역사

GPS(Global Positioning System)는 미 국방성에서 자국의 군사목적을 위하여 개발한 것으로 지구상 어디에서나 기후에 구애받지 않고 표준 좌표 계에서의 위치, 속도, 시간 측정을 가능하게 해주는 인공위성을 이용한 첨단 항법체계이다.

GPS는 1950년대 후반과 1960년대 초기에 걸쳐 미 해군은 위성에 기초한 두 종류의 측량 및 항해 체계를 마련하였다. 트랜짓(Transit)이라고 불리워지는 시스템은 1964년부터 가동되기 시작하였고 1969년에 일반에게 공개되었다. 한편 티메이션(Timation)은 위성에 기초한 측량 및 항해 체계의 원형으로만 자리 잡았을 뿐 실행에 옮겨지지 못하였다. 때를 같이하여 시스템 621B 라고 일컬어지는 계획을 미 공군에서 착수하였는데 1973년에 미 국방차관이 해군에서 계획했던 티메이션과 시스템 621B를 통합할 것을 지시하였고 이것이 DNSS(Defense Navigation Satellite System)으로 명명되었으며, 후에 Navstar (Navigation System with Timing And Ranging) GPS로 발전되었다. 위성 항해 개념의 검증을 위한 1단계가 1970년대에 착수되었는데 최초로 위성이 제작되고 여러 실험이 행해졌다. 1977년 6월에 최초로 기능을 수행할 수 있는 Navstar 위성이 발사되었고 NTS-2 (Navigation Technology Satellite 2)라고 불리워 졌다. NTS-2는 단지 7달 동안만 운영되었으나 위성에 기초한 항해 이론이 타당함을 입증하였고 1978년 2월 최초의 Block I 위성이 발사되었다. 1979년에 2단계로 전체 규모의 설계와 검증이 행해졌는데 9개의 Block I 위성이 이후 6년 동안 추가로 발사되었다. 3단계는 1985년 말에 2세대의 Block II 위성이 제작되면서 시작하였다.

GPS를 개발한 초기의 목적은 위 정의에 볼 수 있듯이 군사적 이용이었으나, 1983년 소련에 의한 한국 항공기 KAL-007기의 격추 사건을 계기로 1984년 레이건 대통령이 민간 수신을 공식 선언하였다. 지금까지 미 국회는 GPS의 민간 사용의 허가범위를 확대하여 왔고 이러한 민간 이용자의 참여로 인하여 지난 10년 동안 GPS의 이용기술은 괄목할만한 성장을 이룩하였다. 여러 민간 단체 중 무엇보다 GPS의 정밀도를 향상시키는데 기여한 기관은 국제 GPS 관측망(IGS : International GPS Service for Geodynamics) 이며 한국은

1995년 9월 천문대가 이 기관에 정식 등록되므로 써 본격적으로 전세계 GPS 기술 개발대열에 참여하게 되었다.

6.11.2 시스템의 구성

GPS는 우주부분, 지상관제 부분, 사용자 부분의 3가지 부분으로 구성되어 있다.

(1) 우주 부분

GPS 우주 부분은 6개의 궤도면에 모두 24개의 위성으로 구성되는데 이 중 21개가 항법에 사용되며 3개의 위성은 예비용으로 배치된다. 모든 위성은 고도 20,200km 상공에서 12시간을 주기로 지구 주위를 돌고 있으며 궤도면은 지구의 적도면과 55°의 각도를 이루고 있다. 모두 6개의 궤도는 60°씩 떨어져 있고 한 궤도면에는 4개의 위성이 위치한다. 이와 같이 GPS 위성을 지구 궤도상에 배치하는 것은 지구상 어느 지점에서나 동시에 5개에서 최대 8개까지 위성을 볼 수 있게 하기 위함이다. 각 위성의 무게 900kg 정도로 태양전지판을 완전히 펼쳤을 경우 폭이 약 5m정도 된다. 각 위성은 2가지의 다른 주파수의 신호를 동시에 발생시키는데 L1 반송파 1.57542GHz 주파수와 L2 반송파 1.2276GHz 주파수의 신호로 구성되어있다. L1은 P(Precise)코드 및 C/A(Coarse/Acquisition), L2는 P 코드를 반송한다. GPS 위성에서 송신되는 위성 데이터는 이러한 반송파에 각 위성 번호에 따라 특수하게 설계된 PRN(Pseudo Random Noise)코드와 항법 메시지(Navigation Message)가 포함되어 코드 다중 분할 방식(CDMA : Code Division Multiple Access)으로 사용자에게 전송된다.

(2) 지상관제 부분

GPS의 관제는 하나의 주 관제국(MCS : Master Control Station)과 무인으로 운영되는 5개의 부 관제국(Monitor Station)으로 구성된다. 주 관제국은 미국 콜로라도 스프링슈리버 공군기지에 위치해 있고 부 관제국들은 전 세계에 나뉘어져 배치되어 있다. 한편 이들 관제국 이외에 적도면을 따라 일정한 간격으로 위치하고 있는 3개의 지상 안테나를 운영하고 있으며 유사시 주 관제국을 대신할 수 있는 2개의 예비 주 관제국을 두고 있다. 무인으로 운영되는 부 관제국들은 주어진 시간에 관측할 수 있는 모든 GPS 위성의 신호를 추적, 신호를 저장한 다음 주 관제국으로 전송하게 되는데 이 통신 시설을 DSCS(Defense Satellite Communication System)이라고 부른다. 이렇게 여러 부 관제국에서 보내온 자료를 주 관제국에서는 방송 궤도력(Broadcast Ephemerides)과 위성에 있는 원자시계 오차(Clock-bias)를 추정하는데 사용하며 결과를 주기적으로 GPS 위성으로 전송하여 위성의 시각을 동기화 한다.

(3) 사용자 부분

GPS의 사용자 부분은 GPS 수신기와 사용자 단체로 이루어진다. GPS 수신기는 위성으로부터 수신 받은 신호를 처리하여 수신기의 위치와 속도, 시간을 계산하는데 4개 이상 위성의 동시관측을 필요로 한다. 이것은 3차원 좌표와 시간이 합쳐져 4개의 미지수를 결정해야 하기 때문이다. GPS 수신기는 현재 항해와, 위치 측량, 시간 보정 등 다양한 분야에 이용되고 있다.

6.11.3 GPS의 작동 원리

근본적으로 GPS는 삼각측량의 원리를 사용하는데 전형적인 삼각측량에서는 알려지지 않은 지점의 위치가 그 점을 제외한 두 각의 크기와 그 사이 변의 길이를 측정함으로 결정되는데 반해 GPS에서는 알고 싶은 점을 사이에 두고 있는 두 변의 길이를 측정함으로 미지의 점의 위치를 결정한다는 것이 고전적인 삼각 측량과의 차이점이라 할 수 있다. 인공위성으로부터 수신기까지의 거리는 각 위성에서 발생시키는 부호 신호의 발생 시점과 수신 시점의 시간 차이를 측정한 다음 여기에 빛의 속도를 곱하여 계산한다.

$$\text{거리} = \text{빛의 속도} \times \text{경과시간}$$

실제로 위성의 위치를 기준으로 수신기의 위치를 결정하기 위해서는 이 거리 자료 이외에도 위성의 정확한 위치를 알아야 하는데 이 위성의 위치를 계산하는데는 GPS 위성으로부터 전송되는 궤도력을 사용한다.

6.11.4 GPS의 오차의 원인과 크기

GPS 위치측정의 정확성을 떨어뜨리는 요소들은 다음과 같은 것들이 있다. 인공위성 시간 오차, 인공위성 위치 오차, 전리층과 대류층의 굴절, 잡음 및 다중 경로(Multipath)가 있다. 이 요소들이 모두 잠재적으로 합쳐져서 매우 큰 오차 결과를 낳는데 이것을 UERE(User Equivalent Range Error)라고 한다. 각 오차들은 시간과 장소에 따라서 매우 크게 변한다. 다음은 각 오차들의 크기를 나타낸 것이다.

- 인공위성 시간 오차 : 0~2m
- 인공위성 위치 오차 : 1 ± 2.5m
- 전리층의 굴절 : 0 ± 5m
- 대류층의 굴절 : 0 ± 0.5m
- 수신기의 잡음 : 0 ± 10m
- 다중 경로 : 0 ± 1m

SA(selective Availability, 선택적 사용점)는 허가되지 않은 일반 사용자들이 일정 한도 내로 정확성을 얻지 못하게 하기 위해 고의적으로 인공위성의 시간에다 오차를 집어넣어서 95% 확률로 최대 100m 까지 오차가 나게 만든 것을 말한다. 1996년 3월 29일 클린턴 대통령이 4년 이내에 SA의 작동은 영원히 중지 될 거라고 발표한 후 2005년 5월 1일부터

SA 2차를 0으로 설정함으로써 SA 기능이 실질적으로 제거 되었다.

6.11.5 DGPS(Differential GPS)

C/A 코드 하나만 사용할 경우 10~30m 이상의 정밀도로 위치를 결정하는 것은 현실적으로 불가능 한데 이것은 수신기가 결정하는 위성까지의 거리자료에 여러 가지 오차 요인이 복합적으로 영향을 미치기 때문이다. 단독으로 작동되는 수신기가 자신이 계산하고 있는 위치 정보가 틀린지 맞는지를 판단 할 수 있는 방법이 없다. 만약 어떤 제 2의 장치가 수신기 근처에 존재하여 지금 현재 수신 받는 자료가 얼마만큼 빗나간 양이라는 것을 수신기에게 알려줄 수 만 있다면 위치 결정의 오차를 극소화시킬 수 있는데 바로 이 방법이 Differential GPS 또는 DGPS 기술이다.

(1) DGPS가 필요한 이유

GPS는 현재까지 개발된 전파에 기반을 둔 항법 체계 중 가장 정확한 정보를 제공한다. 현재 실제로 많은 응용분야에 있어서도 기본적인 GPS만으로 충분한 정밀도를 제공하기는 하지만 좀 더 향상된 정확도를 가지는 체계를 마련하기 위해서 DGPS 라는 방법이 고안되었다. DGPS 체계는 기본 GPS에 수반하는 여러 오차요인을 제거함으로써 움직이는 물체에 있어서는 수 m, 정지한 대상에 대해서는 1m 이내의 위치 측정을 가능하게 한다. 기본 GPS에 비해 괄목할만한 정밀도를 제공하는 DGPS는 GPS가 배나 비행기의 항법에 사용될 수 있을 뿐만 아니라 자동차 및 정밀성이 요구되는 측지 등에까지 응용될 수 있는 길을 마련하였다.

(2) 작동 원리

DGPS는 두 개의 GPS 수신기를 필요로 한다. 그림 6.12와 같이 하나의 수신기는 정지해 있고 다른 하나는 이동을 하면서 위치측정을 시행한다. 정지한 수신기가 바로 DGPS 개념의 핵심이 되는 것으로 이 정지된 수신기는 실제 위성을 이용한 측정값과 이미 정밀하게 결정된 실제 값과의 차이를 계산한다. GPS 수신기는 4개 이상의 위성으로부터 시각 정보를 담은 신호를 수신 받아 위치 측정에 이용한다. 신호가 위성에서 수신기까지 이르는 동안 거치는 여러 오차 요인으로 인하여 이 신호는 정확도가 떨어지게 되는데 각 위성의 신호가 이런 식으로 오차를 포함하고 있으므로 이들을 이용하여 계산한 위치 정보도 어쩔 수 없이 오차를 수반하기 마련이다. 인공위성은 지표면으로부터 상당히 먼 거리에 위치하므로 지표 상에서 사용자가 이동하는 거리는 상대적으로 작은 길이가 된다. 만약 자신의 정확한 위치를 알고 있는 수신기로 하여금 위성으로부터 계산한 값과 비교하여 오차를 계산하도록 만들고 이것을 움직이고 있는 다른 수신기에 전달할 수만 있다면 결과적으로 신호경로에 수반되는 오차를 제거하는 것이 된다.

여러 차례의 측지를 통하여 위치가 정확히 알려진 지점에 기준 수신기를 배치시킨다.

이 수신기는 움직이는 수신기와 동일한 위성신호를 받지만 일반 수신기와는 다른 방식의 계산(역으로 방정식을 거슬러 올라가는)을 수행한다. 즉 위성의 신호로부터 위치를 계산하는 대신에 이미 정확하게 알려진 그 지점의 위치를 이용하여 신호의 값을 추정하고 이것을 수신받은 신호와 비교한다. 바로 이 차이가 보정 값이 된다. 이러한 보정 값을 기준계에서 움직이는 수신기에 전송하며 이동하는 수신기는 이 보정 값을 이용하여 자신의 위치 측정값을 수정한다. 이동중인 수신기가 이용할 수 있는 위성 중 어느 것을 위치계산에 사용할지를 기준국에서는 알 수 없으므로 기준 점 수신기는 가능한 모든 위성신호를 받아 각 위성의 보정 값을 계산한다. 이 보정 값을 표준 형식으로 전환 한 다음 이동중인 수신기로 전송한다.

DGPS 방식에는 관측이 먼저 행해지고 이때 저장했던 측량자료를 후처리(post processing)하여 위치를 계산하는 후처리 DGPS 방식과 자료들은 그 즉시 이용해야 될 경우 실시간(real time)으로 계산하는 실시간 DGPS 등이 있다.

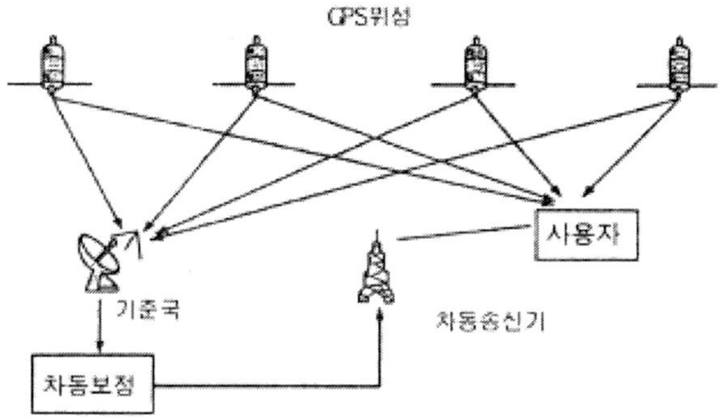

그림 6-12 DGPS의 개념도

6.11.6 GPS의 응용 분야

GPS는 원리에 있어서는 매우 간단하나 응용분야에서는 다음과 같이 매우 다양하다.

① 지리정보 : 전자지도, 지하매설물 지도, 측지, 지각운동, 지진 · 화산 감시
② 항공항법 : 착륙, 항로, 비행교통
③ 우주항법 : 궤도결정, 자세결정
④ 선박항법 : 항만접근, 정상운항 항로, 조난신호, 유전, 어군추적
⑤ 지상운송 : 도로안내, 최단거리, 교통정보, 차량추적, 배달위치정보, 구급차, 경찰청
⑥ 일반레저 : 등산, 낚시, 조난
⑦ 기타 : 기상연구, 대류층 연구, 농업, 산림관리

[참고문헌]

[1] 김영춘 외 3인, 정보통신개론, 홍익과학출판사, 2010.
[2] 강정진, 최신 안테나공학, 기한재, 2005.
[3] David M. Pozar, Microwave Engineering, Addison Wesley, 2012.
[4] John D. Kraus, Antenna, McGraw-Hill, 2001.
[5] Constantine A. Balanis, Antenna Theory, John Wiley & Sons, 2005.
[6] 홍완표, 인공위성과 위성통신, Ohm사, 2000.
[7] INTELSAT 홈페이지(http://www.intelsat.int/)
[8] INMARSAT 홈페이지(http://www.inmarsat.org/)
[9] 한국과학기술연구원 인공위성연구소 홈페이지(http://satrec.kaist.ac.kr/)
[10] 김광영, 차세대 위성통신공학, 유페이퍼, 2013.
[11] 여운영 역, 이동통신입문, 한빛미디어, 2008.
[12] 김명주 외 1인, 정보통신의 이해, 이한출판사, 2010.

연습문제

01. 전자파란 무엇인지 간단히 설명하시오.

02. 전자파의 발생 및 전파 원리를 설명하시오.

03. 지상파에 대하여 설명하시오.

04. 대류권파에 대하여 설명하시오.

05. 전리층파에 대하여 설명하시오.

06. 선형 안테나의 예를 들고 설명하시오.

07. 개구면 안테나의 예를 들고 설명하시오.

08. FM용(100MHz) 반파장 안테나의 길이를 계산하시오.

09. 위성통신의 장·단점을 설명하시오.

10. INTELSAT과 INMARSAT에 원어를 쓰고 간단히 설명하시오.

11. 무궁화 5호에 대하여 간단히 설명하시오.

12. 지상파 방송에 대한 위성방송의 장·단점을 설명하시오.

13. 디지털 위성 방송의 특징을 설명하시오.

14. 위성방송을 이용한 서비스에 대하여 설명하시오.

15. GPS의 원리를 설명하시오.

16. GPS의 응용분야를 설명하시오.

Chapter 07
이동통신

이동통신(mobile communications)이란 보행자, 자동차, 열차, 선박, 항공기 등과 같은 이동체를 대상으로 하는 통신으로 통신 상대방 중 한쪽 또는 양쪽 모두가 움직이고 있는 경우를 말한다. 즉 이동체와 고정된 지점간 또는 이동체 상호간을 연결하는 통신방식이다.

통신에 있어서 끈으로부터 벗어나기(tetherless) 위한 노력은 1897년 마르코니(G. Marconi)가 전파를 사용한 무선전신을 개발한 이후로 꾸준히 계속되고 있다. 이러한 요구는 앞으로도 계속될 것이며, 실제로 전 세계적으로 이동전화 가입자 수가 유선전화 가입자 수를 넘어섰다.

이동통신 산업은 최근 폭발적인 성장을 거듭해왔다. 1980년대 초까지만 해도 이동통신이 오늘날과 같이 급속히 보급되리라고는 누구도 예상하지 못했다. 이렇게 되기까지는 RF 회로기술의 발달과 배터리 기술 그리고 디지털 기술, 특히 VLSI 기술과 디지털신호처리 기술의 눈부신 발전이 있었기 때문이다.

대표적인 이동통신 서비스를 살펴보면 셀룰러전화(cellular phone), 무선전화(cordless telephone), 무선호출(radio paging), 주파수공용통신(TRS : Trunked Radio System), 무선 LAN을 포함한 무선 데이터통신, 위성을 이용한 위성이동통신(GMPCS : Global Mobile Personal Communication Service)과 위치측정 시스템인 GPS(Global Positioning System) 등을 들 수 있다.

이동통신 시스템은 제1세대라고 할 수 있는 아날로그 시스템에서 제2세대인 디지털 시스템, 제3세대인 IMT-2000(International Mobile Telecommunications 2000)을 거쳐, 4세대 직전 서비스인 LTE(Long Term Evolution)가 서비스를 개시하였다. 4세대 시스템인 IMT-Advanced의 표준화는 2012년 1월 공식적으로 완료되었으며 이제 막 5세대 시스템의 표준화가 시작되었다.

본 장에서는 이동통신 시스템의 구성 요소와 주요 기술을 간단히 살펴보고, 제1세대 시스템인 아날로그 시스템과 제2세대인 디지털 시스템, 제3세대인 IMT-2000 시스템, 그리고 제4세대인 IMT-Advanced 시스템의 개요와 특징을 살펴본다. 그리고 이제 막 표준화가 시작되고 있는 제5세대 시스템을 간략히 소개한다.

7.1 이동통신 시스템의 구성 요소와 주요 기술

이동통신은 1900년대 초에 해상선박의 안전운행과 긴급통신용으로 무선전신이 사용되기 시작하여 제1차 세계대전 후에는 무선전신에서 무전기로, 제2차 세계대전 후에는 해상용에서 육상용으로 발전해왔다. 초기의 육상용 이동통신은 차량을 대상으로 한 차량전화이었다.

최초의 차량전화 시스템은 1921년 미국 디트로이트 경찰국의 순찰차에 설치하여 사용한 것으로 전화기가 커서 사용이 불편하고 자동차의 배터리를 과다하게 소모하는 비효율적인 장치였지만 이동성을 확보하여야 하는 순찰차와 소방차 등에 설치되어 사용되었다. 초기의 서비스는 전화기를 이용했다기보다는 무전기를 이용했다고 보는 편이 어울리며, 직접 다이얼을 돌릴 수 없었고 교환을 통하여야만 상대방과 통화가 가능하였다.

1934년에는 미국의 194개 도시의 경찰과 58개의 주 경찰국에서 진폭변조(AM : Amplitude Modulation) 방식의 시스템을 운용하였다. 1935년 암스트롱(Edwin Armstrong)이 주파수 변조(FM : Frequency Modulation) 방식을 개발한 이후로 FM은 차량전화 시스템의 주된 변조방식으로 사용되었다. 1940년경에는 미국의 모든 경찰이 FM으로 시스템을 전환하였으며 2차 세계대전 중 군사용으로 급격한 발전을 이루었다. 그러나 이때까지는 경찰서, 소방서, 군대 등의 특수한 계층에서만 사용되는 것이었다.

실제 일반인이 자동차에서 이동 중에 다른 사람과 통화할 수 있는 최초의 이동전화 서비스는 1946년 미국의 세인트루이스에서 시작되었다. 이 시스템은 FM 방식으로 150MHz 대역에서 운용되었으며 교환원을 통하여 공중전화망(PSTN)과 접속되는 수동 접속식이었다. 각 도시에서 3개의 채널만을 사용하였기 때문에 동시통화는 6명만이 가능하였으므로 통화시간을 많이 점유할 수 없었다. 또한 한 쪽에서 말할 동안에는 상대편은 듣기만 할 수 있는 반2중(half-duplex) 통신방식이었다.

1964년 개발된 IMTS(Improved Mobile Telephone Service)는 교환원을 거치지 않는 자동다이얼 방식을 도입하였으며 동시에 대화를 나눌 수 있는 전2중(full-duplex) 통신방식을 사용하였다.

이상과 같은 초기의 이동전화 시스템은 그림 7.1과 같이 고출력의 단일 대형 무선기지국 단위로 운용되었으며 서비스 영역은 반경 수십 km로 송신기의 출력에 따라서 결정되었다. 이때에는 전파의 음영지역이 발생하여도 거의 해결방법이 없었으며 수용할 수 있는 가입자의 수도 한계가 있어서 수요가 많은 도심지역에서는 이동전화의 개통을 위해 대기순서를 정해놓고 기다려야만 했다. 또한 통화자가 자신이 속해 있는 무선기지국에서 멀리 떨어져 있을수록 혼선도 심해지고 접속도 곤란하였으며 다른 기지국의 서비스 지역으로 이동하게 되면 그 지역의 주파수로 전환하지 않으면 통화가 불가능하였다. 따라서 한 지역에서 통화하는 도중에 그 지역을 벗어나면 통화가 끊어지는 불편함이 있었다.

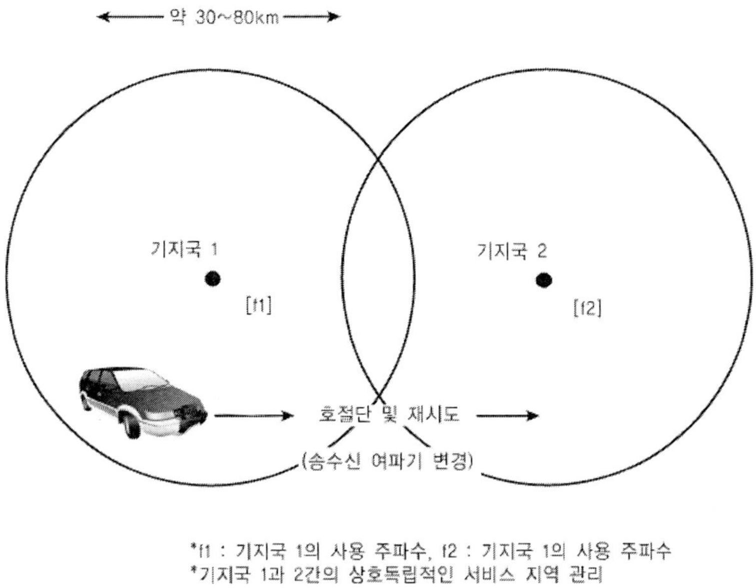

그림 7-1 초기의 이동전화 시스템의 구성

이러한 문제점들을 해결하기 위하여 1960년대에 AT&T Bell 연구소를 중심으로 셀룰러(cellular) 방식의 이동전화를 개발하였다. 셀룰러 방식의 개념은 전체 서비스 영역을 셀(cell)이라는 작은 영역으로 분할하고 각 셀에 있는 소규모의 무선기지국들을 중앙의 교환 시스템과 유선으로 연결하여 집중 제어함으로써 가입자가 셀 간을 이동하면서도 통화가 끊기지 않고 계속할 수 있도록 하는 것이다.

이렇게 하면 송신기간의 간섭이 일어나지 않을 만큼 충분히 거리가 떨어져 있으면 같은 주파수를 재사용할 수 있게 된다. 이러한 기본 아이디어는 텔레비전 방송국과 라디오 방송국을 지역에 할당할 때와 같은 방식으로 같은 주파수 대역을 다른 지역에 지정하여 사용하는 것과 같다. 이와 같은 셀룰러 방식은 AT & T가 1968년 FCC(Federal Communication Commission)에 제안하였지만 그 당시 기술로는 구축할 수 없었으며 1970년대 후반에야 실현이 가능하였다.

7.1.1 셀룰러 시스템의 개요

셀룰러 이동전화는 늘어나는 이동전화의 수요 때문에 야기되는 주파수 대역의 혼잡을 피하기 위하여 1968년 AT&T사가 제안한 것이다. 이것은 그림 7.2와 같이 넓은 지역을 고출력 송신기로 서비스하는 기존의 방법 대신에 셀이라는 작은 지역으로 분할하는 방법이다.

셀룰러 이동전화 시스템은 단말기의 사용주파수가 특정 채널로 고정되어 있는 것이 아니라 기지국에서 제어채널을 통하여 지정해 주는 통화채널에 따라 단말기가 해당 주파수를 자동으로 동조시킨다. 따라서 인접한 셀은 간섭을 피하기 위해서 다른 주파수를 사용하여야 하지만 일정 간격 이상 떨어져 있는 셀 간에는 같은 주파수를 재사용할 수 있다. 또 셀과 셀 간을 이동 중인 가입자가 지속적인 통화를 할 수 있도록 하기 위해서 단말기가 이동하는 곳에 따라 교환기는 제어채널이나 통화채널을 통제하여 단말기를 적절한 주파수로 자동전환 시킨다.

이와 같은 셀룰러 방식은 여러 가지 장점이 있는 데 그 중에서 가장 중요한 것은 어느 정도 거리가 떨어진 셀에서는 같은 주파수를 다시 사용할 수 있다는 것이다. 또 하나의 장점은 셀의 크기가 작으므로 낮은 출력의 송신기를 사용할 수 있다는 점이다.

그러나 이동국이 여러 셀을 지나게 되는 경우가 자주 발생하게 되므로 이동국의 접속을 한 셀에서 다른 셀로 옮기는 제어가 필요하게 된다. 이러한 제어를 핸드오프(handoff) 또는 핸드오버(handover)라고 한다. 또 기존의 방식에 비해 같은 지역을 다수의 기지국으로 분할하였기 때문에 기지국의 수가 늘어나게 되고 그들을 서로 연결하는 유선망의 복잡도가 다소 증가하게 된다.

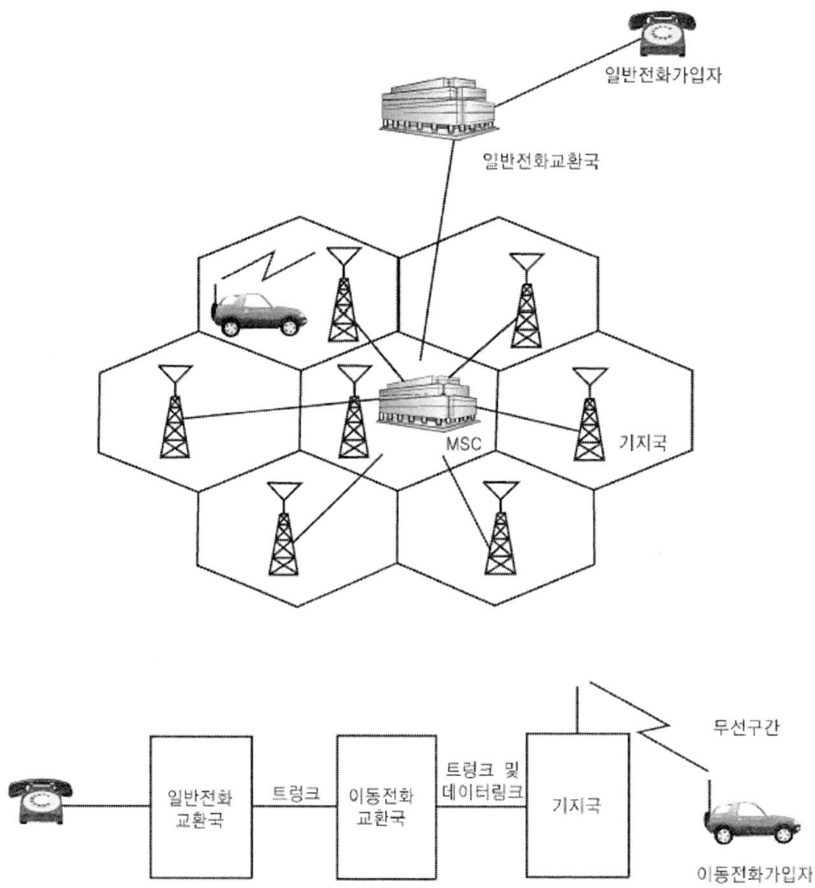

그림 7-2 셀룰러 이동전화 시스템의 구성

7.1.2 셀룰러 시스템의 구성요소

셀룰러 이동전화 시스템은 그림 7.2와 같이, 가입자가 사용하는 이동국(MS : Mobile Station), 이동국과 무선으로 연결되는 기지국(BS : Base Station), 그리고 각 기지국들과 유선으로 연결되어 있는 이동전화 교환국(MSC : Mobile Switching Center 또는 MTSO : Mobile Telephone Switching Office)으로 구성되어 있다. 공중 전화교환망(PSTN) 또는 다른 망과의 접속은 이동전화 교환국을 통하여 이루어진다.

이동국은 서비스 영역 내에서 이동하는 무선가입자 단말기로 기지국과 무선채널을 이용하여 통신하며, 송수신장치와 제어장치, 안테나장치 등으로 구성된다. 단말기와 기지국간의 음성과 신호정보는 무선채널을 통해서 전송된다.

기지국은 이동국과 이동전화 교환국 사이에 위치하여 이동국과의 무선전송과 교환국과의 유선전송에 적합하도록 신호를 변환하는 역할을 한다. 기지국은 이동전화교환국의 요청에 따라 통화 중인 이동국의 신호강도를 측정하여 제공함으로써, 이동전화 교환국이 그 이동국의 이동상황을 파악하는데 도움을 준다. 기지국과 이동전화 교환국간의 음성 및 신호정보의 전송은 유선의 통신회선과 데이터링크를 사용한다.

이동전화 교환국은 공중 전화교환망과 이동통신망간의 인터페이스 역할을 하고, 각 기지국에 할당된 채널을 관리하고 통제하는 중앙 제어장치의 역할을 수행한다. 또한 요금계산 및 이동국의 감시 기능과 신호처리 기능을 수행한다. 이동전화 교환국은 이동전화 가입자 상호간 또는 일반전화 가입자와 이동전화 가입자간의 통화가 이루어지도록 통화회선을 연결하며, 교환국과 기지국간에는 데이터링크를 이용하여 각종 신호정보를 주고받는다.

이동국과 기지국 사이의 통신에는 4개의 서로 다른 채널을 사용한다. 먼저 호(call)를 설정하거나 위치정보 등을 위한 제어채널(control channel)이 있다. 이 제어채널은 이동국의 전원이 켜져 있으면 항상 기지국과 정보를 주고받게 된다. 제어채널을 통하여 호접속이 이루어진 다음에는 통화채널(traffic channel)을 통하여 통화가 이루어진다. 이 통화채널을 음성채널(voice channel)이라고도 한다.

또 이동국과 기지국이 각각 동시에 송신과 수신이 가능한 전이중(full duplex) 통신을 위하여 2개의 분리된 채널이 할당된다. 기지국에서 이동국으로 정보를 전송하는 채널을 하향링크(downlink) 또는 순방향채널(forward channel)이라 하며, 이동국에서 기지국으로 정보를 전송하는 채널을 상향링크(uplink) 또는 역방향채널(reverse channel)이라고 한다.

이와 같이 전이중 통신을 위하여 2개의 채널을 사용하는 방식에는 주파수를 달리하는 주파수분할 이중화(FDD : Frequency Division Duplex)와 시간을 분할하는 시분할 이중화(TDD : Time Division Duplex)가 있다.

주파수분할 이중화를 사용하는 경우 기지국에서는 2개의 분리된 채널을 사용하기 위하여 송신 안테나와 수신 안테나를 구별하여 사용한다. 그러나 이동국에서는 하나의 안테나가 송수신 겸용으로 사용되기 때문에 두 주파수를 분리해주는 듀플렉서를 사용하게 된다.

시분할 이중화의 개념은 하나의 통신채널을 시간대를 다르게 하여 사용하는 것이다. 따라서 일정 시간동안에는 채널을 기지국에서 이동국으로 전송하는데 사용하고 다른 시간에는 이동국에서 기지국으로의 통신에 채널을 사용한다. 그러므로 엄밀하게는 동시에 송수신이 이루어지는 것은 아니다. 시분할 이중화를 사용하려면 디지털 형식의 정보와 디지털 변조 그리고 고도의 시간 정확성이 요구된다. 따라서 이 방식은 최근에 사용되기 시작하였으며 수 km의 반경을 가지는 기존의 셀룰러 시스템보다는 실내와 같이 좁은 지역에서 운용되는 무선전화나 무선 LAN 등에 사용된다.

7.1.3 이동통신 시스템의 주요 기술

(1) 핸드오프(handoff)

핸드오프는 이동국이 셀과 셀 사이의 경계 지점을 통과할 때 기존의 기지국과 통화 중인 통화채널을 끊고, 새로운 기지국으로부터 새로운 통화채널을 할당받아 통화를 계속할 수 있도록 자동으로 전환해 주는 것을 말한다.

기존의 방식은 우선 사용 중인 통화채널을 끊은 다음 새로운 통화채널을 접속시키는 것(break before make)으로 셀과 셀 사이의 경계 지점에서 2개의 통화채널 간에 핑퐁현상이 생길 수 있다. 이것은 핸드오프를 관장하는 교환기의 제어 프로세서에 과부하를 일으킨다. 또 핸드오프 상태에 있는 가입자가 듣기에 소리가 순간적으로 끊어지는 현상을 느낄 수 있다. 이러한 방법을 하드 핸드오프(hard handoff)라고 한다.

다른 방법으로 소프트 핸드오프(soft handoff) 방법은 기존의 기지국과 새로운 기지국 모두로부터 통화채널을 동시에 연결하고(make before break) 품질이 더 좋은 쪽을 선별하여 수신한다. 어느 한 쪽의 신호 세기가 임계값 이하로 떨어지면 그 통화채널을 끊는다. 이 방법을 사용하면 핸드오프 도중에 통화채널이 끊어지지 않으므로 사용자는 핸드오프가 된 사실을 감지하지 못한다. 만약 이동국이 3개의 셀 경계에 있다면 동시에 3개의 통화채널을 사용하게 된다. 따라서 통화채널의 사용효율이 떨어지는 단점이 있다. 그러므로 이 방식은 CDMA와 같은 고용량 시스템에서 채널 효율을 희생하는 대신에 고품질의 서비스를 확보하고자 하는 경우에 사용된다. 그림 7.3에 소프트 핸드오프의 과정을 보였다.

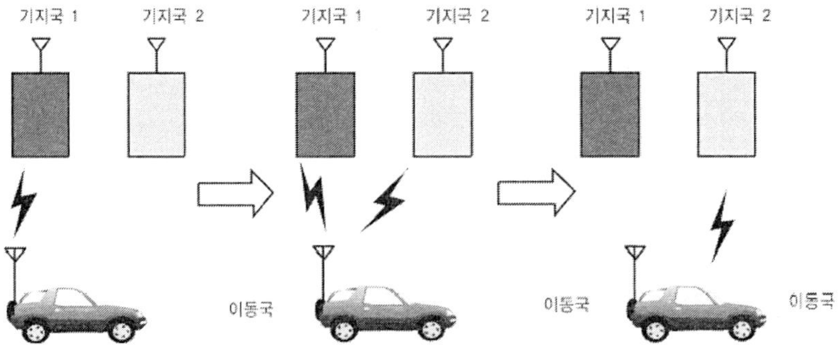

그림 7-3 소프트 핸드오프

(2) 로밍(roaming)

로밍이란 단말기가 등록되어 있는 시스템의 서비스 지역이 아닌 다른 지역 시스템의 서비스 지역에서도 통화를 가능하게 하는 것이다. 일반적으로 2개 이상의 사업자가 존재할 경우, 가입자가 자기가 가입한 사업자의 관할 지역을 벗어나서 통화를 시도하면 정상적인 서비스를 받을 수 없다. 미국 등과 같이 여러 사업자가 지역별로 구분하여 서비스를 제공하는 경우가 여기에 해당된다. 로밍 서비스가 가능하려면 일단 각 사업자간에 동일한 방식의 시스템을 사용하여야 하며 또 사업자간 요금정산 방법 등의 상호협정과 같은 행정적인 문제를 해결하여야 한다.

로밍 서비스는 사업자가 자신의 사업영역의 제한을 극복하기 위한 적극적인 방법으로 널리 이용되고 있다. 이 서비스는 국제 로밍을 위한 범유럽 표준으로 선정된 GSM에서 활발하게 이용되고 있으며 미국, 일본 등에서도 사업지역의 한계를 극복하기 위하여 널리 사용되고 있다. 하지만 우리나라의 경우 한 사업자가 우리나라 전 지역을 서비스 영역으로 하고 있기 때문에 국내에서의 로밍 서비스는 활발하지 못한 편이다.

(3) 위치등록(location registration)

시스템 내에 이동국의 위치정보가 전혀 없는 경우, 하나의 이동국 착신호를 연결하기 위해서는 서비스 지역 내의 모든 기지국이 동시에 해당 이동국을 호출하여야 한다. 이러한 호출 방법은 매우 간편하지만 호출을 위한 신호 트래픽의 폭주 및 부족한 무선자원의 낭비로 가입자가 많은 경우에는 적절하지 못하다.

따라서 현재 대부분의 시스템에서는 전체 서비스 영역을 몇 개의 위치영역들로 분할한 다음, 사전에 각 가입자의 위치정보를 위치영역 단위로 데이터베이스에 등록하고, 착신호 연결 시 해당 이동국이 있는 위치영역 내의 기지국들만이 그 이동국을 호출하는 방법을 사용한다. 이렇게 하려면 시스템은 각 가입자의 위치를 계속 추적하여 해당 데이터베이스에 등록하여야 한다.

(4) 다중접속 기술

다중접속(multiple access)은 이동통신 시스템에서 단말기들이 상호 간섭 없이 기지국에 접속하기 위한 기술이다. 반면에 다중화(multiplexing)는 기지국에서 여러 단말기로 보내는 정보를 하나로 묶어서 보내는 기술이다. 즉 다중접속과 다중화는 유사한 기술로 보는 관점의 차이에 따라 달라진다. 이동통신에서 사용되는 다중접속 방식으로는 FDMA, TDMA, CDMA, OFDMA 등이 있다.

FDMA(Frequency Division Multiple Access) 방식은 각 단말기들이 서로 다른 주파수를 이용하는 방식으로 아날로그 시스템에서 사용되었다. 그러나 제한된 주파수 대역에서 아날로그 방식의 이동통신 시스템이 제공할 수 있는 용량이 포화 상태에 이르게 되어 디지털 방식으로의 전환이 불가피하게 되었다.

TDMA(Time Division Multiple Access) 방식은 주파수를 고정시키고 시간을 분할하여 각각의 채널로 사용하는 방식으로 하나의 프레임을 구성하는 한 주기에서 일련의 타임 슬롯 중 하나가 하나의 채널에 대응된다. TDMA는 가입자 수용 용량이 FDMA 보다 2~3배 증가한다.

FDMA와 TDMA가 할당된 주파수를 협대역 채널로 나눈 후 채널 당 하나 또는 복수의 통화가 이루어지도록 하는 것과는 달리 CDMA(Code Division Multiple Access)는 대역확산(spread sectrum) 기술을 바탕으로 셀룰러 주파수의 전 채널에 걸쳐 다수의 통화가 가능하도록 한 방식이다. CDMA 방식은 이를 위해 각각의 음성 및 데이터 호(call)를 동일한 주파수 스펙트럼 내에서 동시에 전송되는 다수의 호와 구별하기 위해서 의사잡음 형태인 PN(Pseudo Noise) 코드라고 부르는 고유한 코드를 부여한다. 이 경우 수신기가 올바른 코드만 유지하고 있으면 모든 호 가운데서 원하는 호만을 선택하여 접속할 수 있게 된다. 예를 들어 여러 나라 사람들이 모인 장소에서 다른 사람들의 대화에 구애받지 않고 자신들의 모국어로 대화할 수 있는 상황과 유사하다. 즉 아무리 많은 사람들이 서로 다른 언어로 대화를 한다고 해도 같은 언어를 사용하는 사람들끼리는 서로의 의사를 충분히 교환할 수 있는 것과 같다.

OFDMA(Orthogonal FDMA) 방식은 기존의 다중접속 방식이 한 명의 사용자에게 하나의 반송파만을 할당하는 것과는 달리 여러 개의 반송파를 하나의 사용자에게 할당함으로써 고속의 데이터 전송을 가능하게 하는 방볍이다. OFDM은 전체 주파수 대역을 직교하는 작은 주파수 대역으로 나누고 한 사용자가 여러 개의 주파수를 사용한다. OFDMA는 3세대의 발전된 시스템인 LTE(Long Term Evolution)와 Wibro, 4세대 시스템인 LTE-Advanced, WiMAX에서 사용되고 있다.

7.2 이동통신 시스템의 세대별 특징

셀룰러 이동전화는 1978년 미국의 AT&T사가 시카고 지역에서 2,000 가입자를 대상으로 800MHz 대역에서 AMPS(Advanced Mobile Phone Service)라는 이름으로 실용화하였다. 이 AMPS는 1983년 본격적으로 상용화되었다. 일본에서는 1979년 NTT사가, 유럽에서는 스웨덴, 노르웨이의 NMT(Nordic Mobile Telephone), 영국의 TACS(Total Access Communication System) 등이 상용화되었다. 우리나라에서는 1984년 당시 한국이동통신(현 SK Telecom)이 AMPS 방식으로 본격적인 서비스를 개시하였다.

아날로그 방식에 비하여 주파수 자원을 더 효율적으로 이용할 수 있고 서비스의 다양화 및 고도화를 이룩할 수 있는 디지털 셀룰러 이동전화는 1992년 유럽에서 TDMA(Time Division Multiple Access) 방식인 GSM(Global System for Mobile Communication)이 제일 먼저 상용화되었으며 1993년에 미국의 디지털 셀룰러 시스템인 IS-54와 일본의 PDC

(Personal Digital Cellular) 방식이 상용화되었다.

1993년 미국에서는 Qualcomm사에서 제안한 CDMA(Code Division Multiple Access) 방식을 IS-95로 표준화하였다. 우리나라에서는 1996년 세계 최초로 이 CDMA 방식의 상용서비스를 개시하였다.

GSM 방식은 2.5세대인 GPRS(General Packet Radio Service) 방식을 거쳐 비동기식 IMT-2000인 WCDMA(Wideband CDMA)로 발전하였으며, WCDMA 신규 주파수 대역을 확보하지 못한 사업자와 기존 GSM 망의 활용을 위한 방안으로써 EDGE(Enhanced Data Rates for GSM Evolution) 방식이 2004에 상용화가 되었다. WCDMA 방식은 HSDPA(High Speed Download Packet Access), HSUPA(High Speed Upload Packet Access)로 진화하면서 규모의 경제와 지역적 호환성 면에서 동기식 IMT-2000 대비 우월한 경쟁력을 확보하였다.

IS-95A CDMA 방식은 2.5세대에 해당하는 IS-95B 방식을 거쳐 동기식 IMT-2000 방식인 cdma2000과 EV-DO(Evaluation Data Only), EV-DV(Evaluation Data and Video)방식으로 진화하였다.

제1세대 아날로그 이동통신 시스템은 한정된 시스템 수용량, 도청이나 도용 방지에 대한 취약점, 그리고 보다 강화된 기능 등을 제공하는 데에 한계가 노출되었다. 제2세대 시스템은 이러한 문제점들을 보완하기 위하여 제안되었으며, 매우 성공적이었다. IS-95와 GSM 그리고 IS-136은 훨씬 증가된 수용량과 통화 기능을 제공하는 보다 안정된 시스템들이다. 그러나 이들 시스템들은 음성 서비스에는 적합하지만 데이터 통신에는 적합하지 못하다. 전자 상거래와 멀티미디어 통신과 같은 인터넷 환경에서 이러한 특성은 결정적인 취약점이 되었다.

제3세대 이동통신은 ITU가 1999년 IMT-2000 시스템으로 비동기 방식인 WCDMA와 동기 방식인 cdma2000을 비롯하여 총 5개의 무선 접속 기준을 승인하면서 시작되었다. 제3세대 이동통신은 기존 제2세대 이동통신이 음성과 저속의 데이터 서비스를 제공하는 것과 달리 인터넷 접속을 포함하는 고속의 데이터 및 멀티미디어 콘텐츠를 제공할 수 있는 서비스이다.

IMT-2000으로 불리는 3세대 시스템은 국제적인 로밍이 가능하고, 데이터 전송 속도를 정지 시 2Mbps, 보행 시 384kbps, 고속 이동 시 144kbps까지 제공하며, 음성 서비스, 고속 데이터 서비스, 동영상 서비스를 제공하는 이동통신 시스템의 실현을 목적으로 하였다.

이동통신 부문에서 경쟁의 시작은 제2세대(2G)부터 시작한다. 1990년대 중반 아날로그에서 디지털로 이동통신이 전환되면서 유럽을 중심으로 비동기식 전송망 기술을 기반으로 하는 GSM과 우리나라와 미국을 중심으로 동기식의 CDMA가 제2세대 서비스로 서로 간 경쟁이 전개되었다. 특히 우리나라가 세계 최초로 상용화시킨 CDMA는 기존 유럽 중심의 GSM에 대항해 독자적 기술 표준으로 자립하게 되었다.

2000년대 들어서면서 제3세대 방식의 기술이 등장하였다. 비동기식의 3GPP 계열의 GSM은 IMT-2000을 기치로 WCDMA로 진화하게 되었으며, 국내를 비롯해 대부분의 국가에서 3세대 이동통신 서비스로 채택하여 주파수를 분배하고 사업자를 선정하였다. 그러나 WCDMA 기술은 당초 기대와는 달리 영상통화나 급증하는 무선 데이터 수요에 대응하기에는 제약이 있으며 킬러 서비스 부재, 무선 데이터의 높은 비용 구조의 한계점을 나타내 대부분의 국가에서 상용화가 지연되거나 서비스 확산이 이루어지지 못했다.

WCDMA 기술은 2000년대 중반 HSDPA로 진화하면서 하향 전송 속도가 기존 WCDMA에 비해 획기적으로 빨라지면서 새로운 전기를 맞게 된다. 이에 2006년 국내에서 거의 세계 최초로 HSDPA 서비스가 제공되었으며, 유럽을 중심으로 주요 국가에서는 HSDPA 상용화가 진전되면서 2G 대부분이 3G로의 세대간 전환이 이루어졌다. 2008년 이후 HSDPA는 상향 속도를 개선시킨 HSUPA로 발전하였다.

그런데 국내에서 세계 최초로 개발되어 2006년 상용화가 된 WiBro(mobile WiMAX)가 HSDPA 또는 LTE의 경쟁기술이 되었다. 한국전자통신연구원(ETRI)과 삼성전자를 중심으로 제3.9세대 (3.9G)의 모바일 브로드밴드에 적합한 WiBro가 2006년에 국내에서 상용화되었다. WiBro는 IEEE 802.16e를 기본 표준으로 하고 있으며, 2007년 ITU-R를 통해 3G인 IMT2000의 표준으로 승인되었다.

제4세대 이동통신은 2005년 말 ITU-R에서 공식명칭을 IMT-Advanced로 정의하였다. IMT-Advanced는 MIMO, OFDMA, SDR(Software Defined Radio), 스마트 안테나 등의 차세대 기술을 채택해 3G 서비스보다 매우 빠른 상하향의 전송 속도를 제공하며, 모바일 브로드 밴드의 초고속 무선인터넷 서비스를 구현하기 위한 것이다. IMT-Advanced는 고속이동 환경에서 100Mbps, 고정 또는 저속이동 환경에서 1Gbps의 데이터 전송 속도로 비대칭 및 대칭적 패킷과 방송 서비스를 포함한 다양한 서비스를 IP 기반으로 제공하는 기술이다.

ITU-R은 2012년 1월 WiBro가 진화한 802.16m 표준의 와이브로 에볼루션(WiBro-volution)과 3GPP 계열의 LTE-Advanced를 제4세대 시스템의 표준으로 선정하였다.

표 7.1에 세대별 이동통신 기술을 정리하였다.

표 7-1 세대별 이동통신 기술

구분	제1세대	제2세대	제3세대	제4세대
표준 기술	아날로그 통신 (AMPS, TACS, NMT)	TDMA, CDMA, GSM, PDC	WCDMA cdma2000	LTE-Acvanced IEEE 80.16m
전송 속도	10kbps 이하	14.4 ~ 64kbps	144kbps ~ 2Mbps	100M ~ 1Gbps
주요 서비스	음성	음성 단문메시지 저속인터넷	음성 고속인터넷 동영상통화	고품질의 멀티미디어
상용화 시기	1981년	1991년	2000년	2012년
영화 1편 다운로드 시간 (800MB 기준)	불가능	6시간 4분	9분 43초	5.6초

7.2.1 제1세대 : 아날로그 시스템

초기 셀룰러 시스템은 모두 음성전송으로 아날로그 FM을 사용하고 제어채널에는 FSK (Frequency Shift Keying)를 사용하였다. 각각의 통화채널은 서로 다른 주파수 대역을 사용하며 이렇게 주파수를 나누어 사용하는 방법을 주파수분할 다중접속(FDMA : Frequency Division Multiple Access)이라고 한다.

이와 같은 아날로그 셀룰러 시스템으로는 우리나라에서도 사용하였던 북미 표준인 AMPS (Advanced Mobile Phone Service), 영국의 TACS(Total Access Communication System), 스칸디나비아 제국의 NMT(Nordic Mobile Telephone), 일본의 NTT(Nippon Telephone and Telegraph) 시스템, 독일의 C450 등이 있다.

이들 시스템들은 그 구조는 비슷하지만 서로 호환성은 없으며 각 나라의 환경에 맞게 개발되었고 주파수 대역도 각 나라마다 다르게 선택되었다. 이러한 아날로그 셀룰러 시스템들을 제1세대 이동전화 시스템으로 분류하고 있다. 이 시스템들의 특성을 표 7.2에 정리하였다.

표 7-2 주요 아날로그 셀룰러 시스템들의 특성

	AMPS	TACS	NMT	C450	NTT
주요 도입국	북미, 호주, 한국	영국	스칸디나비아 제국	독일	일본
도입시기	1983	1985	1981	1985	1979
접속기술	FDMA	FDMA	FDMA	FDMA	FDMA
송신주파수 대역(MHz)					
기지국	870~890	935~960	463~467.5	461.3~465.74	870~885
이동국	825~845	890~915	453~457.5	451.3~455.74	925~940
송수신 주파수 간격(MHz)	45	45	10	10	55
채널 주파수 간격(kHz)	30	25	25	20	25
채널수	666/832	1,000	180	222	600
기지국 서비스 반경 (km)	2~25	2~20	1.8~40.0	5~30	5 (도시) 10 (교외)
변조 방식					
음성채널	FM	FM	FM	FM	FM
제어채널	FSK	FSK	FSK	FSK	FSK
데이터 전송율 (kbps)	10	8	1.2	5.28	0.3

그러나 이 아날로그 셀룰러 시스템은 곧 용량의 한계에 부딪치게 되었다. 가입자가 급격하게 증가됨에 따라 셀분할(cell splitting)이 가속화되어 셀의 크기가 매우 작아지게 되었다. 셀의 크기가 작아지면 빠른 핸드오프가 가능하여야 하며 그 만큼 제어신호의 처리가 과중하게 된다. 특히 단말기가 밀집하게 되는 도심 지역에서는 기지국이 과부하 상태에 이르게 되는 것이다. 따라서 용량을 증가시킬 수 있는 제2세대 시스템의 등장이 요구된 것이다.

또한 유럽에서는 나라간의 이동이 잦음에도 불구하고 각 나라마다 프로토콜 및 주파수가 각기 달라서 호환이 되지 않았다. 따라서 유럽에서는 새로운 주파수 대역을 할당하여 제2세대 범유럽 디지털 셀룰러 표준인 GSM(Global System for Mobile communication)을 개발하게 된다.

7.2.2 제2세대 : 디지털 시스템

제1세대 아날로그 셀룰러 시스템의 용량 포화와 단일 표준의 요구에 따라 제2세대 시스템의 개발이 가속화되었다. 이러한 문제점들은 디지털화로 해결할 수 있게 되었다. 디지털 음성부호화 기술과 고밀도의 집적회로 기술의 발달로 인하여 여러 가지 디지털 셀룰러 시스템이 등장하게 된다.

제2세대 디지털 셀룰러 시스템에서는 다중접속 방법으로 기존의 FDMA 대신에 TDMA (Time Division Multiple Access)와 CDMA(Code Division Multiple Access)를 사용한다. TDMA는 각 전파 채널을 여러 개의 시간 슬럿(slot)으로 나누어 각 사용자에게 특정 주파수의 특정 시간을 할당하는 방법이다. CDMA는 한 셀 내의 다수의 이동국이 동시에 같은 주파수 채널을 사용하며 각 사용자는 서로 다른 부호(code)를 가지고 신호를 확산시킴으로써 서로의 신호를 구별하는 것이다.

유럽에서는 범유럽 단일 표준의 디지털 셀룰러 시스템을 만들기 위하여 1982년에 CEPT(Conférence Européenne des Postes et Télécommunications)에서 "Groupe Spécial Mobilc"이라고 하는 이동통신 전문가 그룹을 설립하였다. 이 그룹에서 표준화한 것이 바로 GSM(Global System for Mobile communications) 이다. 이 GSM은 TDMA를 사용하며 900MHz 대에서 동작하는 디지털 셀룰러 시스템이다.

GSM의 큰 특징 중의 하나로 들 수 있는 것이 SIM(Subscriber Identification Module) 카드이다. 이 SIM 카드를 사용하면 단말기의 부정 사용을 막을 수 있고 또 단말기뿐만 아니라 사용자의 이동성도 향상시킬 수 있다. GSM은 1993년부터 상용화되기 시작하여 유럽의 26개국과 다른 지역의 26개국에서 채용되는 놀라운 성과를 거두었다.

미국에서는 주로 인구 밀집 지역에서의 셀 용량을 증가시키기 위하여 디지털 셀룰러 시스템을 도입하였다. 1991년 말 EIA(Electronic Industry Association)는 TDMA를 기반으로 하는 IS-54(Interim Standard-54)를 표준화하였다. 이 IS-54의 가입자 수용 용량은 AMPS의 3배에 이른다. 주파수 대역은 AMPS와 동일한 대역을 사용하므로 아날로그와 디지털 모두에서 이중 모드(dual mode)로 동작한다. 이것은 인구가 덜 밀집된 지역에서는 디지털로의 변환이 더디게 될 것을 예측한 결과이다. 이 IS-54는 미국의 주요 지역에서 서비스되었다.

IS-54 외에 미국은 또 하나의 디지털 셀룰러 표준을 채택하였다. 바로 CDMA를 기반으로 하는 IS-95이다. IS-95는 Qualcomm사에 의해 제안된 것으로 직접 확산대역(direct sequence spread spectrum) 기법을 사용한다. 이것 역시 IS-54와 마찬가지로 AMPS와 동일한 주파수 대역을 사용하여 이중 모드로 동작한다. IS-95는 가입자 수용 용량의 증대 (AMPS의 약 10배 내지 30배), 셀의 주파수 할당 계획 불필요, 소프트 핸드오프 등 많은 장점을 제공한다. 우리나라는 디지털 셀룰러 표준을 1996년에 세계 최초로 상용화하였다.

일본에서는 1991년 PDC(Personal Digital Cellular) 또는 JDC(Japanese Digital Cellular) 라고 불리는 디지털 셀룰러 시스템을 표준화하였다. 이상과 같은 제2세대 디지털 셀룰러 시스템들의 특성을 표 7.3에 정리하였다.

표 7-3 주요 디지털 셀룰러 시스템의 특성

	GSM	IS-54	IS-95	PDC
주 사용국	유럽 제국	북미	북미, 한국	일본
도입시기	1990	1991	1993	1993
접속기술	TDMA	TDMA	CDMA	TDMA
송신주파수대역(MHz) 기지국 이동국	 935~960 890~915	 869~894 824~849	 869~894 824~849	 940~960 810~915
이중화 방식	FDD	FDD	FDD	
RF 채널 간격(kHz)	200	30	1,250	25
변조 방식	GMSK	π/4 DQPSK	QPSK/BPSK	π/4 DQPSK
전력(mW) 최대/평균	1,000/125	600/200	600	
주파수 할당	동적	고정	-	
전력제어				
기지국	Y	Y	Y	
이동국	Y	Y	Y	
음성부호화 방식	RPE-LTP	VSELP	QCELP	VSELP
음성부호율(kbps)	13	7.95	8 (variable rate)	11.2
채널 비트율(kbps)	270.833	48.6	-	42
채널 부호화	1/2 rate convolutional	1/2 rate convolutional	1/2 rate forward, 1/2 rate reverse CRC	
프레임 기간(ms)	4.615	40	20	20

7.2.3 제3세대 : IMT-2000

(1) IMT-2000의 개요 및 서비스 특징

제2세대까지의 이동통신 시스템은 주로 시스템 용량의 확대와 품질개선을 위주로 발전되어 왔다. FDMA 방식의 제1세대인 아날로그 이동통신에서 TDMA나 CDMA 방식을 이용한 제2세대 디지털 이동통신, 그리고 개인통신의 실현을 목표로 시작되었지만 여러 가지 사정으로 인하여 제2세대인 디지털 이동통신을 주파수 대역만 높인, 그래서 2.5세대로 불리는 PCS가 모두 이 시스템 용량 확대와 품질개선을 위한 것이었다.

제3세대 이동통신의 목표는 다음과 같이 2가지로 요약된다. 그 첫 번째가 단말의 이동성뿐만 아니라 개인의 이동성과 서비스의 이동성까지를 지원하는 완벽한 이동성의 보장이다. 단말이 한 나라 내에서만이 아니라 전 세계에서 사용 가능하도록 하는 것, 즉 전 세계적인 로밍(global roaming) 기능의 실현이다. 이것은 개인번호와 전자카드에 의하여 실현하는 것이 적절하다는 생각이 주류를 이루고 있다. 또 개인번호만을 가지고 다녀도 어디에서나 서비스를 받을 수 있도록 하는 것이다. 더 넓은 의미로는 무선만이 아니라 유선계까지 포함하는 로밍의 실현이다.

두 번째는 전화만이 아니라 비전화 서비스로의 고도화를 꾀하는 것이다. 세대까지의 이동통신망에서 데이터 전송은 그 속도에서 극히 한정되어 있었다. 음성에서부터 데이터, 정지화상, 동화상 등으로의 멀티미디어화가 필요하였다. 전송 미디어의 성질에 따라 전송 방법도 실시간(real time)에서부터 축적계로, 평형모드에서부터 비평형모드로 다양화되어야 한다. 따라서 전송모드도 미디어의 특성을 살려서 회선교환 모드만이 아니라 패킷 모드의 복합화, 유연한 전송용량의 가변성도 요구되었다. 또한 통신장소, 이동체의 속도 등을 고려한 고속 데이터 전송의 개발이 필요하게 되었다.

이러한 요구 조건들을 수용하는 시스템으로 등장한 것이 제3세대 이동통신인 IMT-2000(International Mobile Telecommunications 2000)이다. IMT-2000의 목표는 개인의 이동성 및 서비스 이동성을 포함한 전 세계적인 직접 로밍, 유선전화와 동일한 수준의 품질 및 유무선망의 결합에 의한 다양한 응용서비스의 구현 등 초고속 멀티미디어 정보통신 서비스를 가능하도록 하는 것이었다.

1978년 당시 CCIR(Consultative Committee for International Radio communications, 1993년 ITU-R(International Telecommunications Union Radio communications sector)로 개칭)에서는 이동통신 시스템이 각기 나름대로의 방식을 채택하여 발전해 나가면 전 세계적인 로밍은 점점 더 멀어지게 된다는 판단 하에 향후의 공중육상 이동통신을 단일 표준으로 만들기 위한 연구과제를 채택하였다. 이 연구과제의 제목을 FPLMTS(Future Public Land Mobile Telecommunications Systems)라 하고 발음은 적합한 것은 아니지만 "플림스"라고 하였다.

1995년 ITU-R에서는 FPLMTS가 의미도 즉시 전달되지 않을 뿐만 아니라 발음하기도 어렵다는 인식에 따라 IMT-2000(International Mobile Telecommunications 2000)으로 명칭을 변경하였다. 여기에서 2000이라는 숫자는 사용 주파수 대역이 2000MHz 부근이고 그 도입 시기도 2000년경을 목표로 하고 있음을 강조하기 위하여 선택되었다.

IMT-2000은 언제 어디서나 하나의 단말기로 음성, 영상, 데이터 등의 멀티미디어 통신이 가능한 차세대 이동통신 서비스로서, 초고속망을 기본으로 하는 유무선 종합 차세대 멀티미디어 서비스로 정의하였다. IMT-2000 서비스의 특징은 한 마디로 정리하면 "글로벌 멀티미디어 통신서비스의 제공"이었다.

글로벌 서비스란 전 세계 어느 곳(선진국, 개발도상국, 도시, 교외 등)에서나, 또한 어떠한 무선환경(실내, 보행자 속도, 고속이동, 위성 등)에서도 이용자가 통신서비스를 받을 수 있는 것을 뜻한다. 이러한 글로벌 서비스를 실현하기 위해서는 무선접속망(무선환경, 사용주파수, 무선방식)과 core network(임의의 무선 인터페이스로 접속이 가능하여 이동통신

서비스 기능을 제공하는 네트워크)의 설계에 의존하지 않고 단말의 이동성, 개인의 이동성, 서비스의 이동성을 보장하여야 한다.

단말의 이동성이란 무선환경 및 지역에 무관하게 동일한 무선단말로 서비스에 접속할 수 있는 능력을 말하며, 개인의 이동성이란 특정한 무선단말에 의존하지 않고 서비스에 접속할 수 있는 능력을 말한다. 또 서비스의 이동성이란 이용자가 자신이 가입한 홈 망에서 이용하고 있는 서비스를, 즉 서비스 종류와 조작 절차 등을 로밍 망에서도 똑같이 이용할 수 있는 능력을 말한다.

IMT-2000 서비스는 광대역의 주파수 대역폭을 근간으로 멀티미디어 서비스를 지향하는 서비스이다. IMT-2000은 그림 7.4와 같이 운용 환경에 따라 144kbps부터 최대 2Mbps까지의 데이터 전송속도를 제공한다. 가정이나 사무실과 같이 고정된 환경에서는 2Mbps, 보행 속도와 같은 저속 이동환경에서는 384Kbps, 자동차나 기차 등과 같은 고속 이동환경에서는 144kbps로 데이터를 전송할 수 있다.

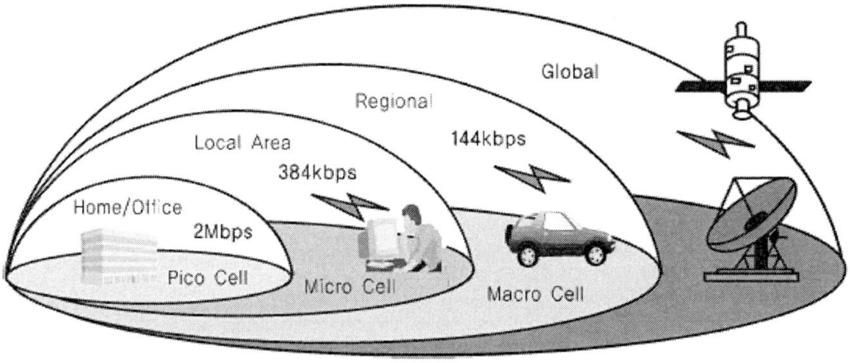

그림 7-4 IMT-2000의 개념도

(2) IMT-2000 기술 표준

1998년 6월 ITU-R에서는 세계 각국의 표준화단체로부터 지상이동통신용 무선전송기술 규격 총 10건을 접수하였다. 동기방식 CDMA로써는 미국 TIA에서 제안한 cdma2000이 제안되었다. 모토로라, 루슨트, 퀄컴, 노텔, 삼성, LG 등이 지원하였으며, 기지국간 동기방식으로 DS(Direct Sequence) 및 MC(Multi Carrier)를 지원하고 3.6864Mcps의 Chip Rate로써 기존 IS-95계열과 호환되며 ANSI-41에 기반을 둔 망구조로 되어 있다.

비동기 방식으로는 ETSI와 일본의 ARIB가 공동제안하고 에릭슨, 노키아, NTT DoCoMo가 지원하는 DS 방식의 W-CDMA 즉, UMTS를 제출하였다. 이것은 기지국간의 동기는 접수된 신호인식을 위하여 Filter를 사용하는 비동기 방식이며 4.096Mcps Chip Rate를 사용하고 GSM-MAP에 기반을 둔 망구조로 되어 있다.

또한 비대칭 주파수 밴드에서 사용하기 위한 TDD 방식의 기술규격으로 ETSI에서

TD-CDMA, 그리고 중국에서 TD-SCDMA가 각각 제안 되었다. 한편, 미국에서는 기존 TDMA방식을 발전시킨 UWC-136을 제안하였다.

이와 같이 제안된 무선기술규격들은 단일 표준을 만들고자 했던 ITU의 입장을 당혹스럽게 하였으며, Consensus Building을 통한 기술단일화를 추진하게 되었다. 이를 보다 못한 이동통신 사업자들은 1998년 말 IMT-2000국제표준의 단일화를 위하여 한시적 조직인 OHG(Operator Harmonization Group)을 구성하여 유사한 기술규격을 통폐합하여, 기술규격은 W-CDMA와 cdma2000으로 양분하고, W-CDMA는 FDD모드와 TDD모드의 선택을 허가하는 규격 단순화 방안을 제시하였다.

또한 각각의 기술규격을 단일 규격으로 통합하기 위해서 Hooks & Extensions라는 개념을 도입하였다. Hook는 단말이나 기지국에서 타망에 접속되기 위해 추가된 기술을 의미하며, Extension은 이를 수용하기 위해 확장된 기능을 의미한다. 이 개념을 통해서 다른 국가에서 통신망이 서로 다를지라도 1개의 단말기로 통화가 가능하게 하겠다는 것이다.

이러한 표준화 작업을 추진하기 위해 세계 표준화 단체들은 W-CDMA기술을 주축으로 한 유럽중심의 3GPP(The 3rd Generation Partnership Project)라는 단체와 cdma2000을 표준화하기 위한 미국중심의 3GPP2(The 3rd Generation Partnership Project 2)라는 단체로 재집결하였다.

결국 IMT-2000 표준은 MC-CDMA라고 부르는 미국방식의 cdma2000과 DS-CDMA라고 부르는 유럽방식의 W-CDMA로 양분되었으며 우리나라에서는 정확한 표현은 아니지만 동기식과 비동기식이라는 이름으로 불리게 된다. cdma2000과 W-CDMA의 무선접속 규격을 비교하면 표 7.4와 같다.

표 7-4 cdma2000과 W-CDMA의 무선접속 규격

구분	W-CDMA	cdma2000
Multiple Access Scheme	WB DS-CDMA	WB DS-CDMA Multi-Carrier CDMA
Bandwidth (MHz)	(1.25)/5/10/20	1.25/5/10/20
Chip Rate (Mcps)	(1.024)/4.096/8.192 /16.383	1.2288/3.6864/9.8304 /11.0592/14.7456
Frame Length	10msec	5msec/20msec
Inter-BS Synch.	Asynchronous	Synchronous
Modulation FL/RL	QPSK/BPSK	QPSK/BPSK
Spreading FL/RL	QPSK/OCQPSK(HPSK)	QPSK/OCQPSK(HPSK)
Vocoder	CS-ACELP/(AMR)	EVRC, QCELP(13kbps)

동기식과 비동기식의 차이점은 단말기가 기지국과 동기를 맞출 때 GPS를 사용하느냐

사용하지 않느냐의 차이이다. 동기방식에서 기지국 확인 및 기지국 간 핸드오프를 위한 시간 동기는 GPS 신호를 이용한 동기 방식을 사용하는 것에 비하여 비동기 방식은 기지국 고유의 스크램블 코드를 이용해서 각 기지국의 확인 및 핸드오프를 하므로 각 기지국이 시간적으로 동기를 맞추지 않아도 된다. WCDMA는 GPS 신호가 미국 국방성이 운용하는 GPS 위성에 의존해야 하는 단점과 지적소유권 문제 등으로 GPS를 이용하지 않는 기술을 개발하였다.

그림 7.5에 ITU에서 인정한 6개의 IMT-2000 기술을 정리하였다. 원래 IMT-2000은 5개의 기술군으로 이루어져 있었으나, 2007년 10월의 ITU-R 회의에서 IEEE 기반의 Mobile WiMAX(우리나라의 Wibro) 기술이 6번째 IMT-2000 기술군으로 승인됨에 따라서 IMT-2000 기술군은 모두 6개가 되었다.

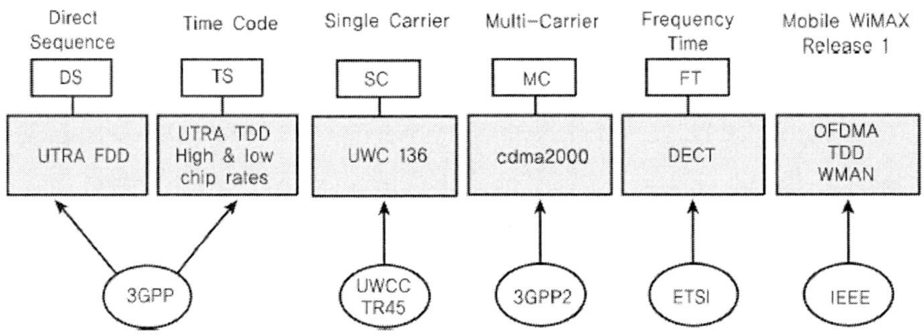

그림 7-5 IMT-2000 기술군

7.2.4 제4세대 : IMT-Advanced

글로벌 이동통신기술은 급격한 기술발전과 모바일 브로드밴드에 대한 시장수요를 기반으로 제4세대(4G) 이동통신 시대로 진화하였다. 유럽을 중심으로 LTE(Long Term Evolution) 진영과 한국과 미국을 중심으로 모바일 와이맥스 진영이 IMT-Advanced로 명명된 4G 시스템의 기술 규격을 표준화하였다.

(1) 4G의 개념 및 특징

2000년대 들어서면서 3GPP 계열의 비동기식 GSM은 IMT-2000을 기치로 WCDMA로 진화하였으며, 국내를 비롯해 대부분의 국가에서 3세대 이동통신 서비스로 채택하여 주파수를 분배하고 사업자를 선정하였다. 그러나 WCDMA 기술은 당초 기대와는 달리 영상통화나 급증하는 무선 데이터 수요에 대응하기에는 제약이 있으며 킬러 서비스 부재, 무선 데이터의 높은 비용구조의 한계점을 나타내 대부분의 국가에서 상용화가 지연되거나 서비스 확산이 이루어지지 못했다.

WCDMA 기술은 2000년대 중반 HSDPA(High Speed Down-link Packet Access)로 진화하면서 하향 전송속도가 기존 WCDMA에 비해 획기적으로 빨라지면서 새로운 전기를 맞게 된다. 이에 2006년 국내에서 거의 세계 최초로 HSDPA 서비스가 제공되었으며, 유럽을 중심으로 주요 국가에서는 HSDPA 상용화가 진전되면서 2G 대부분이 3G로의 세대 간 전환이 이루어졌다. 2008년 이후 HSDPA는 상향속도를 개선시킨 HSUPA(High Speed Up-link Packet Access)로, 그리고 HSPA+와 LTE(Long Term Evolution)로 발전하였다.

국내에서 세계 최초로 개발되어 2006년 상용화가 된 WiBro(Mobile WiMAX)가 LTE의 경쟁기술이 되었다. 한국전자통신연구원과 삼성전자를 중심으로 제3.9세대(3.9G)의 모바일 브로드밴드에 적합한 WiBro가 2006년에 국내에서 상용화되었으며, 미국·일본·러시아를 중심으로 글로벌 확산이 전개되었다. WiBro는 IEEE 802.16e를 기본 표준으로 하고 있으며, 2007년 ITU-R를 통해 3G인 IMT2000 표준으로 승인되었다.

국제표준기구인 ITU-R은 2005년 말 4세대 이동통신의 공식명칭을 IMT-Advanced로 정의하고 2007년 WRC-07에서 IMT-Advanced 용 주파수로 450~470MHz, 698/790~862MHz, 2.3~2.4GHz, 3.4~3.6GHz 등의 주파수 대역을 선정하였다. 2012년 1월 3GPP 계열의 LTE-Advanced와 WiBro가 진화한 802.16m 표준의 와이브로 에볼루션(WiBro-Evolution)을 IMT-Advanced 표준기술로 확정하였다.

4세대 이동통신인 IMT-Advanced는 3G 이동통신인 IMT-2000의 진화와 새로운 개념의 차세대 이동통신을 아우르는 개념이다. IMT-Advanced는 고속 이동환경에서 100Mbps, 고정 또는 저속 이동환경에서 1Gbps의 데이터 전송속도로 비대칭 · 대칭적 패킷과 방송 서비스를 포함한 다양한 서비스를 IP 기반으로 제공하는 기술을 의미한다.

즉 IMT-Advanced 기술은 정지 및 이동 중에 다양한 형태의 멀티미디어 정보를 이동통신과 위성통신망을 이용, 기존 통신망과 연동해 고속·고품질로 송수신하는 이동통신 시스템을 구축하고, 서비스 플랫폼을 기반으로 여러 응용 서비스를 제공하는 제4세대 이동통신을 의미한다. 이용자는 어떤 단말기(Any Device), 어떤 네트워크(Any Network)에 상관없이 유무선 컨버전스, 다양한 액세스 기술 간 컨버전스, 이동통신기술의 광대역화를 목표로 하나의 단말기에서 다양한 밴드와 서비스를 제공받는 것이 4G 서비스이다.

(2) 4G의 핵심기술과 서비스

4G인 IMT-Advanced의 핵심기술로는 표 7.5와 같이 OFDMA, MIMO, SDR, 펨토셀(Femto Cell), VHO, 무선 메시 등이 있다.

OFDMA(Orthogonal Frequency Division Multiplexing Access)는 주파수 대역을 수백개로 쪼개어 주파수 간 간섭을 최소화해 대용량 데이터를 동시에 고속으로 보내는 기술로 주파수 이용 및 자원 할당의 효율성을 높일 것이다.

MIMO(Multiple Input Multiple Output)는 이동통신 환경에서 다수의 안테나를 사용, 데이터를 송수신하는 다중안테나 기술로 전송 속도 향상에 기여한다.

표 7-5 4G 핵심 요소 기술

범주	기술 내용
OFDMA	- 주파수 대역을 수백 개로 쪼개어 주파수 간 간섭을 최소화해 대용량 데이터를 동시에 고속으로 보내는 기술 - 각 반송파의 주파수 성분은 상호 중첩되어도 상관없기 때문에 더 많은 반송파의 다중화가 가능해 주파수 이용효율을 높일 수 있음 - 시간과 주파수 영역의 2차원으로 자원을 할당할 수 있어 자원 할당의 자유도가 증가해 버스트 성향을 갖는 데이터통신에 적합
MIMO	- 이동통신 환경에서 다수의 안테나를 사용, 데이터를 송수신하는 다중 안테나 기술로 IMT-Advanced의 요구사항인 최대 전 송속도 향상에 핵심이 되는 기술 - 여러 개의 안테나를 사용해 동일한 무선 채널에서 2개 이상의 데이터 신호를 전송함으로써 무선통신의 범위를 넓히고 속도도 크게 향상 - 송신단과 수신단에 N개의 안테나를 배열해 신호를 보내면 N배의 전송률 증가
SDR	- 서로 다른 기기를 사용해야 했던 다양한 방식의 무선통신 서비스를 HW가 아닌 SW변경만으로 통합 수용할 수 있는 기술 - 국가마다 다른 주파수 대역, 동기와 비동기로 구분된 3G 망 사이의 호환, 2G와 3G 망 사이의 호환 등 다양한 무선 네트 워크 간의 호환성을 보장해 주는 4G의 핵심기술 가운데 하나
Femto Cell	- 이동통신 기지국(AP)을 댁내 사용 가능한 수준으로 소형화하고 가격을 무선 LAN AP 수준으로 낮춘 시스템 - 셀 용량 증대 측면에서 4G의 핵심기술 - 저렴한 비용으로 실내 공간으로 커버리지 확대에 기여
VHO	- WLAN 시스템에서 셀룰러 시스템으로의 채널전환(핸드오프) 같이 특성이 다른 네트워크 시스템 간의 채널 전환을 가능하게 하는 기술 - 4G 이동통신에서 단말은 하나의 셀룰러 시스템 혹은 하나의 WLAN에만 접속 가능한 현재의 단일모드 단말이 아니라, 하나의 단말로 때에 따라서는 셀룰러 시스템, WLAN, 위성 시스템에 접속할 수 있는 다중모드 단말로 진화할 것으로 예상
Wireless Mesh	- 네트워크상의 모든 디바이스와 AP (Access Point)를 무선으로 연결하도록 한 구조를 의미 - 무선 메시를 통해 4G, 무선랜, 기존 이동통신, WiBro 등 이종망 간 효율적인 통합 네트워크 구성 가능

SDR(Software Defined Radio)는 한정된 주파수 자원의 이용효율 증대를 위해 주파수 사용에 영향을 주는 사용대역, 변조 방식, 최대출력 등 동작 파라미터들을 별도의 하드웨어 변경 없이 소프트웨어적으로 대체해 통신이 가능하도록 하는 차세대 개방형 무선통신 신호처리 기술을 의미하며, 무선 네트워크 간의 호환성에 기여한다.

펨토셀(Femto Cell)은 이동통신 기지국(AP)을 댁내 사용 가능한 수준으로 소형화하고, 가격을 무선 LAN AP 수준으로 낮춘 시스템을 의미하며, 저렴한 비용으로 실내 공간으로 커버리지 확대를 가능하게 하는 기술이다.

VHO(Vertical Handoff)는 무선랜에서 셀룰러 시스템으로의 채널 전환같이 특성이 다른 네트워크 시스템 간의 채널 전환을 가능하게 하는 기술을 의미하며, 이를 통해 시스템과 호환이 확대된다. 이밖에 무선 메시 기술을 통해 4G를 기반으로 이종망 간 통합이 가속화 될 것이다.

4G인 IMT-Advanced의 핵심 서비스는 표 7.6과 같이 모바일 VoIP, 초고속 무선인터넷, 모바일 비디오·음악, 모바일 CCTV, 모바일 방송, 위치 검색 시스템, 모바일 건강 서비스(유헬스), 모바일 재난관리, 모바일 금융 등이 제공될 것이다. 특히 이 가운데 모바일 VoIP와 모바일 브로드밴드인 초고속 무선인터넷이 킬러 앱(killer application)이 될 가능성이 높다. 모바일 VoIP를 통해 이용자는 보다 저렴하고 고품질의 음성 또는 영상통화가 가능해지며, 모바일 브로드밴드를 통해 모바일 2.0이 가속화될 것이다.

표 7-6 4G의 주요 서비스

서비스	내용
모바일 VoIP	- IP를 통해 음성을 제공하는 서비스 - 기존 이동전화에 비해 상당히 저렴한 음성과 영상 서비스를 제공할 수 있으며, 음성이나 영상 기반의 부가 서비스를 통해 보다 편리한 서비스 이용이 가능해짐
초고속 무선인터넷	- 유선인터넷에 버금가는 전송속도를 기반으로 인터넷 접속과 상하향의 업로드 및 다운로드가 가능한 서비스 - 모바일 2.0을 본격적으로 견인할 것으로 전망됨
모바일 비디오·음악	- 장소에 구애받지 않는 대용량 프리미엄 콘텐츠의 활용 증가
모바일 CCTV	- 범죄 예방, 교통흐름 모니터링, 주차 확인, 스포츠 이벤트 및 콘서트 모니터링 등에서 활용 가능
모바일 방송	- 외부 뉴스를 실시간으로 수집, 편집해 방송이 가능함으로써 방송의 유연성과 비용 절감 가능 - 모바일 IPTV를 통해 다양한 개인 방송형 콘텐츠 제공이 가능 해짐
위치검색	- 실시간 위치정보에 기반한 편리한 서비스 제공 가능
모바일 건강 서비스	- 노령화, 장애인 보호에 활용이 가능해짐에 따라 삶의 질을 제고 - u헬스 기반으로 4G가 활용될 가능성이 높음
모바일 재난관리	- 응급상황에 훈련된 실시간 영상 및 정보 전송을 통해 재난·재해 관리가 가능

(3) 3GPP LTE-Advanced 기술

유럽을 중심으로 비동기식 3GPP 계열의 이동 통신기술은 2000년대 초반 IMT-2000의 효시인 WCDMA를 거쳐 하향속도를 증가시킨 HSDPA가 2006년 국내에서 최초로 상용화되었으며, 상향속도를 증가시킨 HSUPA를 거쳐 HSPA+, 3G LTE로 진화하고, 4G인 LTE-Advanced로 진화하였다. LTE는 3.9세대라 할 수 있는 3G LTE와 4세대인 LTE-Advanced로 구분할 수 있다.

3G LTE나 LTE-Advanced 모두 데이터 전송효율 향상, 효율적인 주파수 자원 이용, 이동성 제공, 낮은 지연(latency), 패킷 데이터 전송에 최적화 되며, 서비스 품질 보장 등을 제공하는 차세대 이동통신기술을 의미한다. 즉 3G LTE와 LTE-Advanced는 현재 WCDMA가 진화한 서비스로, 기존 이동통신 시스템에 비해 주파수 및 고속의 멀티미디어 서비스를 효율적으로 사용하는 IP 네트워크로 진화되는 이동통신 시스템을 의미한다.

3GPP에서는 기존 WCDMA 기반의 3세대 이동통신 시스템의 기술적 한계를 극복하기 위해 2004년 말에 3G LTE 계획을 발표하고, 2006년 6월에 기술적 보고서(Technical Report) 규격 작성을 완료했으며, 2007년 9월에 기술적 표준(Technical Standard) 규격 작업을 완료하였다.

이 규격에 의하면 3G LTE 시스템은 효율적인 패킷 데이터 전송에 적합하고, 방송 서비스 등 멀티미디어 서비스의 최적화를 추구하며, 효율적인 주파수 자원의 이용, 이동성, 서비스 품질 보장 등을 목표로 하였다. 3G LTE를 통해 하향링크는 100Mbps, 상향링크는 50Mbps의 전송속도를 제공하며, 3G 시스템에 비해 약 2~4배 증대된 주파수 효율(5bps/Hz)과 1.25MHz부터 20MHz까지의 다양한 대역폭 지원, 셀 경계에서 향상된 전송률, 저속 이동국의 최적화 및 350km/h의 고속 이동국을 지원한다.

2008년 ITU-R의 WP5D 회의에서 제4세대 이동통신기술로 IMT-Advanced의 요구사항과 제안 일정 논의가 진행됨에 따라서 3GPP에서는 3G LTE의 진화 기술이며, 4G로 제한할 후보 기술을 LTE-Advanced라 명명하고 표준화를 시작하였다. 2008년 4월에는 중국 심천에서 IMT-Advanced 워크숍이 개최되어 LTE-Advanced의 기술적 요구사항이 잠정적으로 합의되었다. 2009년 중반, 3GPP 계열의 LTE-Advanced를 통한 IMT-Advanced 제안서의 최종 버전이 ITU-R에 제출되었다.

3GPP 계열의 LTE 진영의 사업자와 장비업체 동향을 살펴보면 장비업체 가운데 LTE에 가장 앞선 기술개발을 추진하는 업체는 에릭슨과 LG전자이다. 에릭슨은 노키아와 같은 유럽의 메이저 단말업체와 제휴를 통해 LTE 기술개발에 박차를 가하고 있으며, LG전자는 2008년 12월 세계 최초로 LTE 단말 모뎀칩을 독자 개발하였다. 삼성전자는 WiBro 기술개발 과정에서 축적된 OFDMA 기술역량을 활용해 LTE 칩과 단말을 개발하였다. 특히 퀄컴은 2008년 말 독자적으로 추진했던 UMB(Ultra Mobile Broadband) 기술개발을 포기하고 LTE 진영으로 합류했다.

LTE는 Release 9까지 3.9세대 이동통신 기술로 분류되지만, 그 후속 버전인 Release 10부터 IMT-Advanced 요구 조건을 충족시키기 때문에 4세대 기술로 규정된다. 특히 Release 10 이후의 규격을 LTE-Advanced라고 부른다. LTE와 차별화되는 LTE-Advanced의 주요 기술로는 반송파 집적(Carrier Aggregation), 고도화된 MIMO 기술, 무선 중계기(Wireless Relay), 확장된 셀 간 간섭제어(eICIC : enhanced Inter-Cell Interference Coordination), 다중 노드 협력전송(CoMP : Coordinated Multipoint) 기술 등이 있다.

이러한 기술들은 전송률 증대 및 서비스 영역 확장 관점과 셀 경계 영역에서의 간섭 문제 해결 등에 초점이 맞추어져 있다. 아울러 네트워크 관점에서 특정 지역의 용량 증대를 위해 펨토셀, 피코셀과 같은 소형 기지국이 중요한 요소로 부상하고 있고, 이에 따른 셀간 간섭 제어의 중요성이 커지고 있다.

LTE-Advanced는 3세대 이동통신 기술에 비해 전송률 및 주파수 효율성이 대폭 증가되어 네트워크 성능을 개선하고 전송 지연을 최소화 하도록 설계되었다. LTE와 비교한 LTE-Advanced 규격의 주요 특징을 표 7.7에 요약하였다. 고도화된 MIMO 기술과 간섭 제거 기술을 통해 주파수 효율이 획기적으로 증가함에 따라 최대 데이터 전송속도가 상당히 증가하였음을 알 수 있다.

표 7-7 LTE와 LTE-Advanced 규격 비교

구 분	LTE (Release 8)	LTE-Advanced (Release 10)
무선접속기술	DL : OFDMA UL : SC-FDMA	DL : OFDMA UL : SC-FDMA
Duplex 방식	FDD/TDD	FDD/TDD
최대 단말 이동속도	350km/h	350km/h
채널 대역폭	1.4, 3, 5, 10, 15, 20MHz	Releaes 8의 조합
최대 데이터 전송속도	DL : 302Mbps (4×4 MIMO) UL : 75Mbps (2×4 MIMO)	DL : 1Gbps UL : 300Mbps
주파수 효율	DL : 1.91bps/Hz (2×2 MIMO) UL : 0.72bps/Hz (1×2 MIMO)	DL : 30bps/Hz UL : 15bps/Hz
대기 시간	Link layer < 5ms Handoff < 50ms	Link layer < 5ms Handoff < 50ms
VoIP 용량	80명/sector/MHz (FDD)	80명 이상/sector/MHz (FDD)

(4) IEEE 802.16e/m 기반 WiMAX 기술

와이브로(WiBro)란 인터넷 서비스가 무선랜과 같이 무선 환경에서 제공되면서 초고속 인터넷처럼 광대역 인터넷 접속을 가능하게 한다는 의미로써, Wireless Broadband의 줄임말이다. 와이브로의 장점은 유비쿼터스 서비스 환경에 대한 요구뿐만 아니라 휴대인터넷을 이용한 수익성 확보와 경쟁력을 강화하려는 이동통신 사업자의 요구조건을 충족시키기에 충분하였다. 이로 인해 와이브로 기술의 출현은 가속화되었다. 이에 우리나라는 포화상태의 이동통신 및 3세대 이동통신 기술의 한계를 극복하기 위해 와이브로 기술을 국제표준으로 추진하고 상용화를 적극 추진하기 위한 정부 정책을 대대적으로 시행하였으며, 마침내 삼성전자와 인텔이 WiMAX(Worldwide Interoperability for Microwave Access)라는 이름으로 국제표준 공동개발을 선언함에 따라 우리의 와이브로 기술이 국제표준으로 결실을 맺게 되었다.

이동성을 보장하는 초고속 무선 인터넷에 대한 세계적인 요구 증가, 정부의 대대적인 정책 지원, 삼성전자와 인텔의 와이브로, 와이맥스 기술 표준 공동개발 합의, 제품 간 상호 운용성 보장을 위한 인증 권고 등과 같은 노력들로 인해 마침내 와이맥스 기술은 3.9세대 이동통신기술을 대표하는 기술이 되어, 2007년 10월 ITU의 IMT-2000 이동통신 규격으로 채택되었으며, WiMAX 후속기술인 WiMAX-Advanced 기술도 2012년 1월 ITU의 4세대(IMT-Advanced) 이동통신기술로 정식 채택되었다.

WiBro의 WAVE2는 모바일 와이맥스포럼이 IEEE 802.16e 제품 간의 상호호환성을 확보하기 위해 제정된 기술규격이다. 기존 WiBro WAVE1에 비해 제4세대 통신 핵심기술인 MIMO, 스마트 안테나 기술을 채택했으며, 기존 시스템보다 전송속도와 대역폭이 두 배 정도 빠르고 넓다. 802.16m은 WiBro의 기술진화 선상에서 IEEE 802.16e 시스템과의 호환성을 유지하면서 제4세대 이동통신 규격으로 ITU-R에 하나의 표준규격으로 채택되었다.

WiBro의 기술적 표준을 이해하기 위해서는 IEEE 802.16 계열의 표준화 현황을 이해해야 한다. IEEE 802.16 계열은 802.16, 802.16a, 802.16e, 802.16m으로 진화하였으며, WiBro의 4G 기술인 WiBro-Evolution이 바로 802.16m에 해당된다. IEEE 802.16e 기반의 WiMAX와 비교하여 IEEE 802.16m 기반의 4세대 WIMAX의 특징을 표 7.8에 요약하였다.

표 7-8 IEEE 802.16e와 IEEE 802.16m 기반 WiMAX 규격 비교

구 분	IEEE 802.16e 기반 WiMAX	IEEE 802.16m 기반 WiMAX
무선접속기술	DL : OFDMA UL : OFDMA	DL : OFDMA UL : OFDMA
Duplex 방식	TDD	FDD/TDD
최대 단말 이동속도	60~120km/h	350km/h
채널 대역폭	3.5, 5, 7, 8.75, 10MHz	5, 10, 20, 40MHz
최대 데이터 전송속도	DL : 46Mbps (2×2 MIMO) UL : 4Mbps (1×2 MIMO)	DL : >350Mbps (4×4 MIMO) UL : >200Mbps (2×4 MIMO)
주파수 효율	DL : 1.91bps/Hz (2×2 MIMO) UL : 0.84bps/Hz (1×2 MIMO)	DL : >2.6bps/Hz (4×2 MIMO) UL : >1.3bps/Hz (2×4 MIMO)
대기 시간	Link layer ~20ms Handoff ~(30-50)ms	Link layer < 10ms Handoff < 30ms
VoIP 용량	20명/sector/MHz (FDD)	30명 이상/sector/MHz (FDD)

2세대부터 4세대까지의 이동통신 기술의 진화 과정을 그림 7.6에 정리하였다.

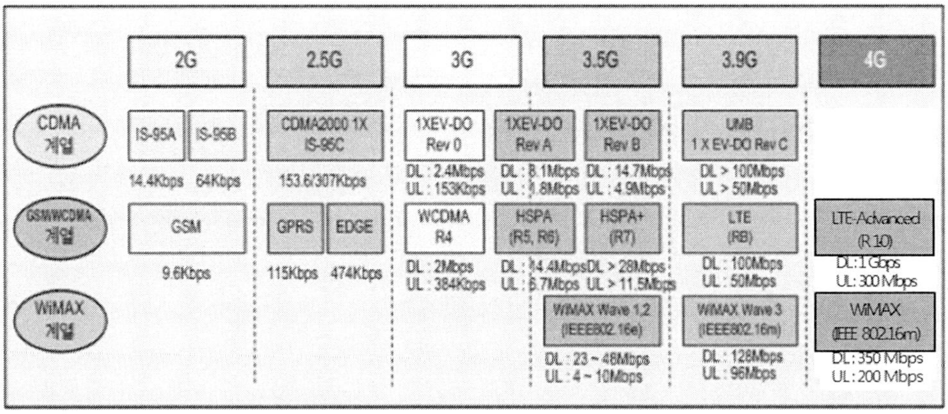

그림 7-6 이동통신 기술의 진화 과정

7.2.5 제5세대 : Future IMT

ITU-R에서는 5G 기술의 비전 및 주파수 소요량 산출 작업을 진행 중에 있으며, 향후 5G 후보 기술에 대한 기준 권고 및 후보 기술 선정을 위해, 기술전망보고서를 2014년 10월까지, 미래 이동통신 비전보고서를 2015.6월까지 완료할 예정이다. 기존 3G, 4G 등 이동통신 표준은 3GPP, 3GPP2, IEEE에서 추진되었으나, 5G 기술에서는 3GPP가 주도적 역할을 할 것으로 전망된다. 그러나 글로벌 시장을 선도하기 위한 각 경쟁국의 이해관계에 따라 필요시 신규 표준그룹의 등장 가능성도 충분히 존재한다.

5G 표준화는 그림 7.7과 같이 3GPP 기준으로 2016년 Rel.14에서 5G 표준화가 착수될 예정이며, Rel.15의 상용화 제품의 업그레이드된 표준화가 2019년부터 진행될 전망이다. 이동통신 기술 표준화는 또한 주파수 확보와도 긴밀히 연결되어 있어, 이동통신용 추가 주파수 확보를 위해 WRC-15, WRC-18과 연계하여 각국에서 관련 주파수 기술 개발이 활발히 추진되고 있다.

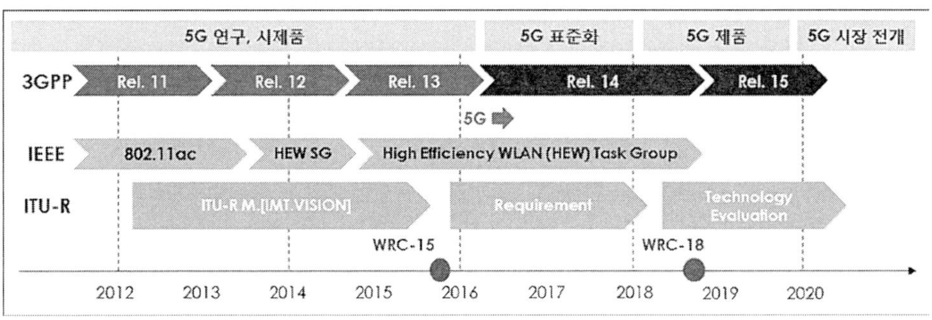

그림 7-7 주요 표준화 단체들의 5G 추진 일정

현재 이동통신 표준단체인 3GPP에서는 비면허대역을 이용한 LTE 표준을 준비중이며, WiFi 표준단체인 IEEE에서는 광역 WiFi 및 이동성 지원 기술을 개발 중에 있다. 이를 통해 알 수 있듯이, 3GPP와 IEEE(802.11) 기술간 경쟁이 심화됨에 따라 향후 이동통신과 WiFi간 기술의 경계가 모호해질 것으로 전망된다.

각국은 2016년부터 5G 표준화를 본격적으로 추진하여 주도권 확보를 위해 초기 단계부터 정부와 민간기업의 협력을 기반으로 5G 연구에 경쟁적으로 투자하고 있다.

유럽의 경우, 범유럽 연구프로그램인 FP 7(Seventh Framework Program) METIS (2012.11월) 프로젝트와 Horizon 2020의 5GPPP(2013.12월) 프로젝트를 착수하여 5G 연구재단 설립 및 대형과제를 통하여 관련 원천 연구를 수행 중에 있으며, 2014년~2020년에 걸쳐 2.4조원을 투입할 예정이다.

중국의 경우는 5G 이동통신 연구개발 그룹인 IMT-2020(5G) 프로모션 그룹을 정부(공신부) 주도로 발족하여 기술, 표준화, 주파수 전략을 수립하여 본격적으로 5G 연구에 착수하였다.

우리나라는 5세대 모바일 서비스 비전 및 중장기 기술혁신 전략을 수립하고, 국내외 표준화 추진 지원 및 산·학·연·관 간 자유로운 소통의 장을 마련하고자, 민·관 협의체인 '5G 포럼'을 2013년 5월 창립하였다.

또한 미래부에서는 Pre-5G 통신, 5G변혁기술, 단말간 통신, 차세대 와이파이 등 5G 관련 기술 및 표준화 개발 과제를 추진 중에 있다. 삼성전자, LG전자 등 민간 부분에서도 전략적 기술 개발을 추진 중에 있으며, 특히 삼성전자는 28GHz 대역을 이용하여 고속 데이터를 전송하는 기술로 5G 요소기술을 제안하고, 세계 최초로 옥외 시연에 성공하였다.

국내 이동통신서비스는 기술의 도입기인 1G, 정부 주도의 2G 개발, 통신사업자 중심의 생태계가 형성된 3G를 거쳐, 현재 스마트폰으로 촉발된 단말 플랫폼 중심의 생태계인 4G로 발전되어 왔다. 향후 5G에서는 사용자 중심의 생태계가 더욱 강화될 것으로 예상된다.

그림 7.8은 '5G 포럼'에서 4G 대비 5G의 차별성을 C(컨텐츠), P(플랫폼), N(네트워크), D(디바이스) 관점에서 기술한 것이다. 그림 7.8의 개념도를 통해서 알 수 있듯이, 5G이동통신이 중심이 될 것으로 예상되는 2020년의 이동통신 서비스 모습은 "나를 따라다니는 네트워크, 나를 이해하는 서비스, 나를 대신하는 단말"을 기본 서비스 개념으로 고화질 홀로그램, 지식통신서비스 등 다양한 서비스가 나타날 것으로 예상된다.

이러한 서비스를 실현하기 위하여 단순히 현재 4G 이동통신 기술의 진화로는 요구되는 서비스의 트래픽을 감당하기 어려우며, 5G 서비스를 위해 변혁적인 접근이 필요한 이유가 바로 여기에 있다.

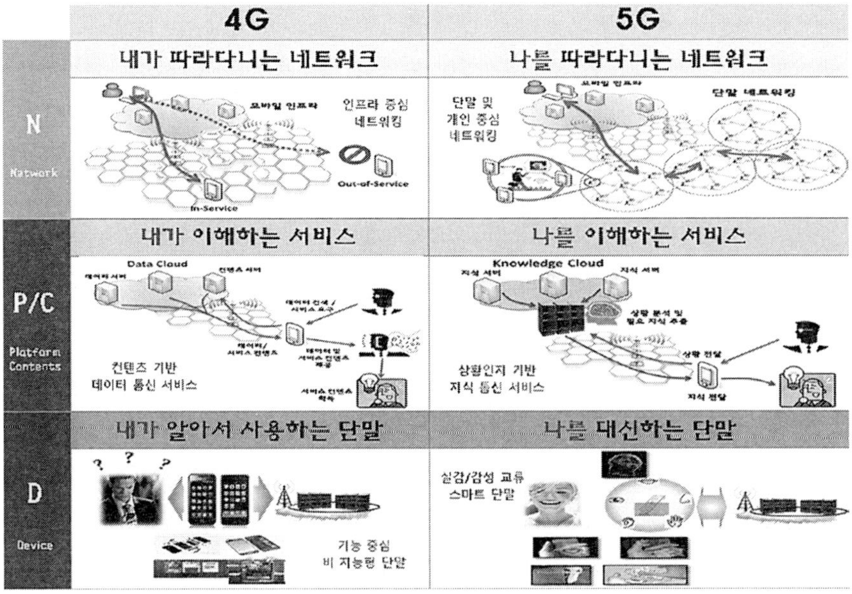

그림 7-8 5G 서비스의 개념

그림 7.9는 셀룰러, WiFi, 유선망의 기술적 진화를 보여주고 있으며, 2020년 셀당 100Gbps급 전송속도 제공을 위한 5G 요구사항을 나타낸다.

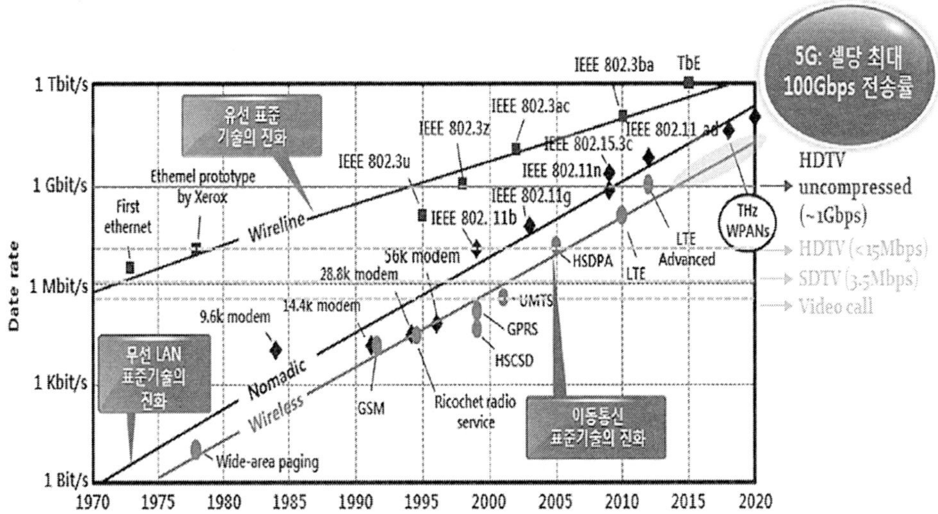

그림 7-9 이동통신 기술의 진화 및 5G 기술

2G GSM, CDMA, 3G의 WCDMA, 4G OFDMA 등과 같이 5G를 특징지을 수 있는 대표 무선기술이 아직 결정되지 않았지만, 현재 5G서비스 및 기술 요구사항에 대하여 전세계적으로 다양하게 제안되고 있다.

우리나라에서는 각국의 5G 연구 동향 및 서비스 요구사항 조사, 분석하여 '5G 이동통신 추진계획'을 통해 표 7.9와 같이 5G 이동통신의 4대 기술목표를 선정하였다.

표 7-9 IEEE 802.16e와 IEEE 802.16m 기반 WiMAX 규격 비교

구 분	주요 내용
4대 기술 목표	2010년 대비 2020년 "Quadruple 1천" 실현 - 1천배 빠른 전송속도(수Mbps → 수Gbps) - 1천배 많은 디바이스 수용(1개 → 1천개) - 1천배 감소 서비스 지연단축(1초 → 1ms) - 1천배 개선 에너지 효율(400nJ/b → 400pJ/b)

표 7.9와 같은 5G 기술 목표를 달성하고자, 각국에서 진행중인 5G 요소기술 개발 내용은 기존의 이동통신 방식에 비해 향상된 성능 및 용량을 제공하고자 광대역 주파수 기술, 소형셀 등 이종망간 네트워크 기술, 빔포밍 등 안테나 기술 등 다양하게 연구되고 있다.

광대역 주파수 기술은 넓은 주파수 대역을 사용하기 위한 고주파 대역 활용 기술 및 사용 가능한 주파수 대역을 고려한 기지국-단말 통신 구조 설계 등이 연구 주제로 고려되고 있다. 이종망간 네트워크 기술은 커버리지 영역 확대 및 데이터 용량 증대 효과를 기대할 수 있으며, D2D 기술에 의한 네트워크 트래픽 절감 및 M2M 기술로 서비스 품질 향상이 기대된다.

빔형성 기술을 이용한 다중빔 활용 용량 증대 기술, 다수의 송신 안테나를 이용한 저전력 송신으로 전송 효율을 증대하는 Massive MIMO 기술, 서비스 품질 향상을 위한 협력통신 및 자원의 효율적 운영을 위한 NOMA 기술 등 변혁적 기술 등도 관심 있게 연구되고 있다. 5G 이후의 변혁적 기술 중에 하나로 고려되고 있는 NOMA(Non Orthogonal Multiple Access) 기술은 QoS에 기반하여 자원의 효율적인 운영을 위해 같은 자원에 다른 단말의 데이터를 같이 실어 동시에 전송하는 비직교 방식의 다중 접속 방식으로, 단말 서비스의 기회 형평성을 높일 수 있을 것으로 기대된다.

7.3 기타 이동통신 시스템들

7.3.1 무선전화기(Cordless Telephone)

셀룰러전화의 보급과 함께 이동통신이 보편화된 또 한 가지 요인이 바로 가정용 무선전화기(cordless telephone)의 등장이었다. 가정용 무선전화기는 유선전화의 전화기 본체와 송수화기(handset) 사이를 무선화 한 것으로 그 이동범위는 극히 제한되었다. 그럼에도 불구하고 그 편리성으로 인하여 매우 급속히 보급되었다. 900MHz 대의 아날로그 무선전화기를 CT-1(Cordless Telephone-1) 이라고 하며 유럽의 많은 나라에서 상용화되었다. 미국

에서는 46/49MHz 대를 사용하였다.

그러나 CT-1은 사용범위가 극히 제한되어 있고 보급률이 높아지면서 인근 사용자와의 간섭이나 혼신으로 인한 통화품질의 저하 및 보안성의 문제점들이 대두되었다. 이런 문제점들을 해결하기 위해 개발된 것이 디지털 무선전화 시스템이다.

셀룰러 이동전화와 마찬가지로 이들 무선전화기도 제2세대인 디지털 시대에서는 더욱 고도화되어 가정과 사무실뿐만 아니라 옥외의 공공장소에서도 동일한 단말의 사용이 가능하게 되었다. 주요 디지털 무선전화 시스템으로는 영국에서 표준화된 CT-2, 범 유럽 표준인 DECT(Digital European Cordless Telephone), 일본의 PHS(Personal Handyphone System) 등을 들 수 있다.

CT-2는 1989년 영국에서 개발되었다. CT-2는 가정이나 사무실 내에서만 사용되던 무선전화기를 실외의 공중용으로 확대하였으며 디지털 방식의 사용으로 통화품질 및 보안성의 문제들을 해결하였다. CT-2는 기지국이 설치된 실내 또는 실외에서의 보행자 정도의 저속 이동 중에 발신통화를 가능하게 한 것이다.

CT-2의 원래 개발목적은 사용범위를 실내에서 실외로 확대하려는 것으로 소위 텔레포인트(Telepoint) 서비스의 제공에 있었다. 텔레포인트 서비스란 종래의 공중전화의 개념을 발전시킨 것으로 극히 제한된 범위에서만 사용이 가능했던 무선전화기를 백화점, 공항, 역, 거리 등과 같은 사람이 많이 모이는 공공장소에서도 이용할 수 있도록 한 것이다.

CT-2는 거리의 공중전화 박스 등에 공중용 기지국을 세우고 기지국으로부터 약 200m 이내에서만 동작하도록 하였다. CT-2 전화기는 착신은 되지 않고 발신만 가능하며 한 기지국의 전파 범위를 벗어나면 동작하지 않는다. 즉 셀룰러에서와 같은 핸드오프 기능이 없다.

이와 같이 CT-2는 이동망을 최소화하고 직접 공중전화망과 접속하여 단말기 및 기지국을 저렴하게 구현할 수 있도록 하여 사용자의 경제적인 부담을 최소화하기 위한 것이다. 따라서 고가의 단말기 및 사용요금, 시스템 용량의 한계로 인한 통화품질의 저하, 짧은 배터리 수명 등 아날로그 셀룰러 시스템이 가지고 있던 여러 가지 문제점들에 비해 상대적으로 유리한 부분이 많았다.

하지만 디지털 셀룰러 시스템의 개발 및 대량 보급으로 인하여 CT-2는 급격한 내리막길을 걸었다. 유럽의 경우 영국과 독일이 1993년과 1992년에 각각 서비스 제공을 포기하였고, 우리나라의 경우 1997년 7월 "Cityphone"이라는 상표로 상용서비스를 개시한지 2년도 채 안된 1999년 6월부터 서비스를 중단하였다.

DECT는 1988년 ETSI(European Telecommunication Standard Institute)에 의해 범유럽 디지털 무선전화 시스템의 표준안으로 설정되어 약 4년간의 표준화 작업을 거쳐 1992년 유럽표준으로 공식 승인되었다. DECT는 본래 사용자 밀도가 높고 좋은 통화품질과 보완성이 요구되는 사무실 환경에서의 응용에 초점을 맞추어 설계된 것으로 가정용, 업무용,

공중용 텔레포인트뿐만 아니라 무선 LAN과 같은 구내용 무선 데이터 전송의 응용을 중요시하고 있다. 그 때문에 하나의 무선 주파수에 12개의 채널을 다중화 하는 방식을 채택하였다. 또 DECT는 PSTN이나 ISDN과 같은 공중 유선망에 직접 또는 간접적으로 연결되어 음성뿐만 아니라 데이터 서비스까지 제공하며, CT-2와는 달리 핸드오프와 착신서비스 및 유럽 전역에서의 로밍 서비스도 지원한다.

PHS는 일본의 독자적인 방식으로 셀룰러 전화와 무선전화의 장점을 고루 갖추어 셀룰러처럼 자유롭게 사용할 수 있으면서 저렴한 요금의 서비스를 지향하여 가정이나 사무실 등의 실내에서는 무선전화기로 사용하고 거리 등 실외에서는 보행자 속도의 핸드오프를 지원하여 셀룰러 전화처럼 사용할 수 있도록 한 것이다.

디지털 방식의 무선전화는 모두 하나의 주파수로 송수신이 가능한 TDD(Time Division Duplex) 방식과 음성부호화로 32Kbps ADPCM(Adaptive Differential Pulse Code Modulation)을 채용하고 있다. 표 7.10에 주요 디지털 무선전화 시스템들의 특성을 정리하였다.

표 7-10 주요 디지털 무선전화 시스템의 특성

	CT-2	DECT	PHS
주요 사용지역	유럽, 캐나다, 한국 등	유럽	일본
주파수대역(MHz)	864~868, 944~948	1880~1900	1895~1918
다중접속 방식	FDMA	TDMA	TDMA
이중화 방식	TDD	TDD	TDD
반송파 간(kHz)	100	1728	300
반송파 수	40	10	77
반송파당 채널 수	1	12	4
채널 전송율(kbps)	72	1152	384
변조방식	GFSK	GFSK	π/4 QPSK
음성부호화 방식	32kbps ADPCM	32kbps ADPCM	32kbps ADPCM
핸드셀 송신출력 평균/최대(mW)	5/10	10/250	10/80
프레임 기간(ms)	2	10	5

7.3.2 무선호출(Radio Paging)

무선호출(radio paging) 서비스는 공중전화망 또는 무선호출 시스템을 이용하여, 보통 “삐삐(beeper)”라고 부르는 무선호출기(pager)를 휴대한 가입자에게 간단한 메시지를 전송하는 일방향 무선통신 서비스이다. 서비스의 종류에 따라 메시지는 숫자, 문자, 음성 등이 가능하다. 무선호출 서비스는 일반적으로 가입자에게 특정한 번호로 전화를 걸어주도록 요구하는 서비스이다.

무선호출 서비스는 헤드라인 뉴스, 주식 시가, 스포츠 중계, 일기예보 등의 다양한 정보를 제공한다. 전화기나 컴퓨터 등으로 호출시스템의 접속번호를 다이얼 한 다음 필요한 메시지를 전송하면 호출시스템은 이 메시지를 서비스영역 전체에 동시통보(simulcast) 한다. 각 호출기는 수신된 식별코드와 자신이 가지고 있는 식별코드가 일치하면 경보음과 수신된 정보를 디스플레이 한다.

호출시스템은 복잡도와 서비스 지역에 따라 크게 다르다. 간단한 호출시스템은 약 2km에서 5km 정도로 제한되기도 하고 때로는 한 건물 내로 국한되기도 한다. 그러나 광역 호출시스템은 전세계를 서비스하기도 한다. 그림 7.10은 광역 호출시스템의 구성을 보인 것이다.

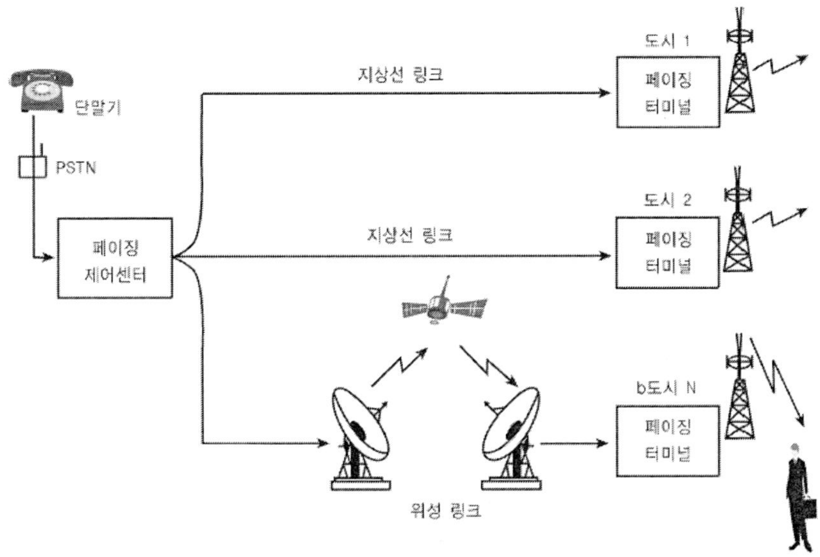

그림 7-10 광역 무선호출 시스템의 구성

호출기는 간단하고 값이 싸지만 전송시스템은 아주 정교하게 만들어져야 한다. 광역 호출시스템은 많은 전화회선과 여러 개의 기지국 그리고 동시에 각 기지국에서 메시지를 전송하기 위한 큰 전송탑들의 네트워크로 구성되어 있다. 동시전송을 하는 송신기는 같은 서비스 지역에 있을 수도 있고 다른 도시나 다른 나라에 있을 수도 있다. 호출시스템은 사용자가 건물 내나, 고속도로, 비행기 안 등 어디에 있든 신뢰성 있는 통신을 제공할 수 있도록 설계되어 있다. 따라서 수 KW에 이르는 큰 전송전력을 필요로 하며 수천 bps의 낮은 데이터 전송률이 요구된다.

무선호출 서비스는 1951년 미국 뉴욕에서 처음 개발되어 미국 오하이오주에서 수동식 벨보이 서비스로 상용화를 개시하였다. 일본에서는 1968년 NTT가 동경지역을 중심으로 "Pocket Bell" 이라는 상표로 서비스를 개시하였다. 우리나라에서는 1982년 12월에 일본 NEC사의 신호음(Tone only) 방식으로 서울 및 수도권 일부 지역에서 1만 가입자 규모로

서비스를 시작하였다. 그 후 1986년 신호음 및 전화번호 표시 시스템을 미국 모토롤러사로부터 도입하여 수도권 및 부산 지역에서 본격적으로 서비스를 실시하였다.

무선호출 방식으로는 미국에서 개발한 GSC(Golay Sequential Code) 방식과 1980년 영국에서 개발된 POCSAG(Post Office Code Standardization Advisory Group) 방식, 일본의 NEC 방식 등이 있다. 현재는 POCSAG 방식이 ITU-R의 표준으로 채택되어 전세계적으로 사용되고 있다. 우리나라에서도 1990년부터 POCSAG 방식으로 통일하여 사용하고 있다.

무선호출 서비스는 그 편리성과 저가격의 장점으로 급속한 가입자 증가를 가져왔지만 디지털 셀룰러전화의 대량 보급으로 인하여 가입자 수가 급격히 감소하였다.

7.3.3 주파수 공용통신(TRS)

주파수공용통신(TRS : Trunked Radio System)은 지난 1960년대 미국에서 무선통신 서비스에 대한 수요가 폭증하면서 나타난 주파수 부족현상을 해결하기 위한 수단으로 개발된 이동통신 방식이다.

TRS는 각 사용자들이 특정한 주파수를 전용하여 사용하는 워키토키(walki-talki)와 같은 기존의 무선통신 방식과는 달리 한 시스템에 여러 개의 무선주파수 채널을 묶어서 공동으로(trunked) 사용할 수 있도록 한 것이다. 즉 무선채널을 가입자에게 항상 할당하지 않고 통화 시에만 할당했다가 통화가 종료되면 다른 가입자가 사용할 수 있게 함으로써 주파수 이용효율을 향상시키고 가입자 수용용량을 증대시킨 것이다.

(1) TRS의 구조

TRS는 그림 7.11과 같이 하나의 중계국과 다수의 가입자군으로 구성되며, 각 가입자군은 지령국과 이동국으로 구성된다. 일반적으로 지령국 및 이동국은 이용자가 개별적으로 구입하고 중계국은 제3자가 설치·운용하는 방식을 취한다.

중계국은 모든 가입자군이 공동으로 이용하는 주파수공용 중계장치로서 각 가입자군 내의 지령국과 이동국간 또는 이동국 상호간의 통신을 중계한다. 중계국은 수십 개에 이르는 무선중계기와 제어기 및 부대시설로 구성되는데 무선중계기는 무선주파수의 송·수신을 담당하며, 제어기는 호접속, 채널할당 등의 제어기능을 수행한다.

지령국은 이용자의 사무실 등에 설치하는 무선국으로 가입자군마다 하나씩 설치된다. 이용자는 복수의 지령국(즉, 가입자군)을 개설할 수 있으며 이동국은 복수의 가입자 군에 소속되어 가입된 모든 이동국 및 지령국과 통신할 수 있다. 이동국은 개인이 휴대하면서 통신할 수 있는 TRS 단말기를 의미한다.

현재 운용중인 대부분의 시스템은 아날로그 방식으로 아날로그 셀룰러 시스템과 유사한 형태로 주파수를 사용한다. 즉, 모든 통신은 중계국을 경유하여 이루어지며, 2개의

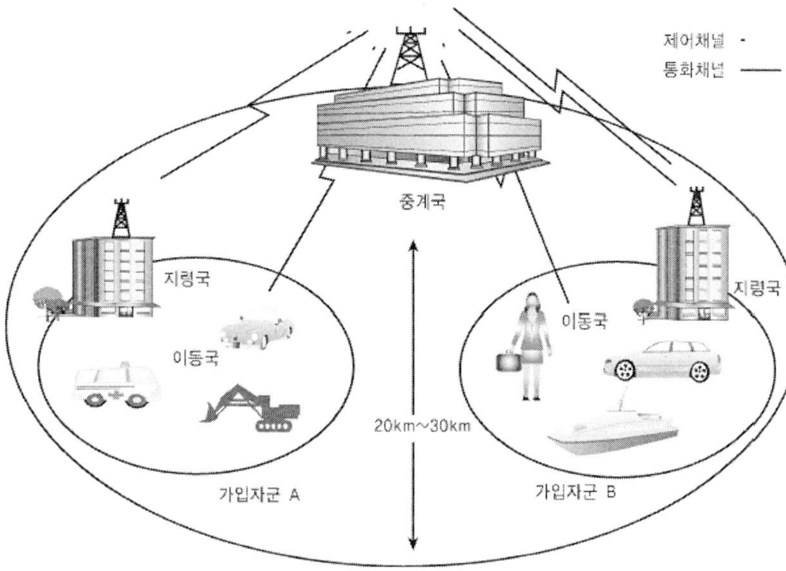

그림 7-11 TRS의 구성

주파수를 사용하여 하나는 중계국의 송신에, 다른 하나는 지령국 및 이동국의 송신에 사용된다. 이때 사용되는 주파수대역은 각 국가 및 시스템별로 다르며, 현재 미국과 일본 등 대부분의 국가가 800MHz 대역을 사용하고 있고, 유럽에서는 100MHz 대역과 450MHz 대역을 주로 사용하고 있다.

반송파당 주파수대역폭은 초기에는 대부분의 시스템에서 25KHz 규격을 사용하였으나, 최근에는 급증하는 수요를 충족시키기 위해 협대역화된 12.5KHz의 규격을 사용하기도 한다. 국내의 경우는 TRS용으로 800MHz 대역과 280MHz 대역이 할당되었는데 전자는 25KHz, 후자는 12.5KHz의 규격을 채택하고 있다.

TRS에서는 채널 당 사용자수를 극대화하기 위해 통화시간을 일반적으로 1~3분으로 제한하고 있으며, 통신방식은 PTT(Press-To-Talk)를 이용한 반2중 통신(half-duplex) 방식을 취하고 있다. 서비스반경은 약 20~30Km로서 채널 당 평균 150~200명의 가입용량을 가진다. 또한 많은 가입자들이 하나의 트렁킹 시스템이 감당할 수 있는 영역보다 더 광범위한 영역에서 활동하고 있을 경우, 여러 개의 트렁킹 시스템을 묶어 하나의 복합 트렁킹 시스템을 구성할 수도 있다. 이러한 복합시스템에서 시스템(기지국) 간의 이동시에는 핸드오프 기능을 이용하여 통화를 가능하게 한다.

(2) TRS 서비스의 특징

TRS 서비스의 특징으로는 무선중계국에 할당된 주파수를 채널별로 구분하여 다수의 이용자가 공동으로 이용할 수 있고, 일정시간 채널을 점유할 수 있기 때문에 통화품질이 우수하고, 통화내용의 비밀유지가 가능하다는 점 등을 들 수 있다. 또한 무선중계국을 이용하기 때문에 이용에 따른 비용부담이 저렴하고 출력이 높아 셀룰러 방식에 비해 시스템 당 서비스지역이 넓은 장점이 있다.

TRS는 널리 사용되고 있는 셀룰러전화에 비해 서비스 종류가 다양하고 가격도 저렴하여 주로 기업 등에서 업무용으로 적합한 통신 서비스이다. 즉 TRS는 하나의 단말기로 이동전화는 물론 무선데이터, 양방향 무선호출 등의 기능을 발휘할 수 있으며 다양한 부가서비스를 이용할 수 있는 장점을 가지고 있다. 특히 TRS가 공중전화교환망(PSTN)과 연결되면 이동전화의 기능을 그대로 발휘할 수 있다. 따라서 TRS는 대형운수업체나 택시회사, 대규모 현장관리업무, 유통사업 분야, 보안서비스 등에 적합하다.

이 같은 TRS 서비스는 서비스 방식에 있어서는 기존의 워키토키라고 불리는 무전기와 비슷하나 통화권이 기지국을 중심으로 무전기는 2km정도에 불과하지만 TRS는 최대 50km에 달한다. 또 혼신이 없고 보안성이 뛰어나다는 장점을 가지고 있다. 뿐만 아니라 TRS는 1개의 주파수 채널로 1대1 개별통신은 물론 130여명 이상이 동시에 통화를 할 수 있다. 즉 그룹통화를 할 수 있다는 점이 TRS의 가장 큰 장점이라 할 수 있다.

TRS는 현재 미국, 일본, 유럽 등 세계 전역에서 활발히 운용되고 있으며 크게 공공시스템과 사설시스템으로 구분할 수 있다. 공공시스템은 대부분 각급 정부기관에서 설치한 것으로 경찰, 소방, 의료, 철도 등 각종 공공기관에서 연계·운용되고 있다. 사설시스템은 민간 사업자가 주파수를 할당받아 희망하는 이용자에게 서비스를 제공하는 것으로서 운수업, 유통업, 건설업, 서비스업 등의 자영업에서 주로 비용절감을 통한 생산성 향상 수단으로 이용되고 있다.

TRS 서비스는 1977년 8월부터 미국에서 본격적으로 상업용으로 이용되기 시작했다. 또 일본에서는 1982년 10월 재단법인 이동무선센터가 동경지역을 대상으로 서비스를 시작했고 영국에서는 밴드스리사가 1987년부터 서비스에 들어갔다.

국내에서는 1988년 서울올림픽을 계기로 TRS 서비스가 도입되어 올림픽 기간동안 각국의 보도기관을 위한 통신지원용으로 10개의 TRS 채널을 운영한 것이 국내 TRS 서비스의 효시이다. 이어서 연안 선박들에 대한 자동전화 서비스를 목적으로 지금의 한국 TRS의 전신인 한국항만전화(주)가 1991년 2월 정부로부터 허가를 받아 그해 12월부터 부산항만일대를 대상으로 서비스에 들어갔다.

TRS는 또 상업용 서비스업체 외에 일부 대기업들이 자가통신망으로 구축하여 활용하고 있으며 경찰청이나 교통방송, 검찰청 등에서도 자가업무용으로 TRS 망을 구축하여 활용하고 있다.

(3) 디지털 TRS 시스템

TRS의 경우는 셀룰러전화나 무선전화 등 다른 이동통신 시스템들과 비교하여 디지털 방식으로의 전환이 느린 편이다. 하지만 아날로그 방식의 TRS가 가입자 수용능력 및 주파수 채널 이용효율 측면에서 한계점을 드러냄에 따라 새로운 디지털 방식의 TRS가 개발되고 있다.

북미 지역에서는 Ericsson사의 EDACS, Motorola사의 MIRS, Geotek사의 FHMA 시스템 등이 상용화되어 있다. 이들 디지털 시스템에서의 무선접속 프로토콜은 모두 TDMA 방식을 채택하고 있다. 특히 FHMA 시스템에서는 주파수 도약(frequency hopping) 방식과 TDMA 방식을 결합시킨 독특한 프로토콜을 사용하고 있다.

유럽에서는 전 유럽의 TRS를 연결한 TETRA(Trans-European Trunked Radio)라는 시스템을 개발하여 사용하고 있다. 이 시스템 역시 TDMA 방식을 사용하며 주파수 대역은 400MHz 대역이다.

우리나라에서는 1995년부터 디지털 TRS의 표준화 작업을 시작하여 1996년 FHMA 방식을 표준으로 선정하였으며, 1996년 6월 전국 사업자로 허가 받은 아남텔레콤과 일부 지역사업자들이 서비스를 개시하였다.

7.3.4 위성이동통신 GMPCS

GMPCS(Global Mobile Personal Communications System)는 중저궤도에 수십 또는 수백 개의 위성을 띄우고 휴대형 개인 단말기를 이용하여 전세계 어느 곳에서나 이동전화 및 데이터를 주고받을 수 있는 이동통신 시스템이다. GMPCS는 원래 위성을 이용한 글로벌 개인 이동통신(Global Mobile Personal Communications by Satellite)이라는 개념으로 출발하였으며 이 개념이 사업화 및 서비스화 되면서 시스템이라는 명칭을 사용하게 되었다.

GMPCS는 1990년 말 Motorola사와 Ellipsat사가 비정지궤도 위성을 이용하여 전세계적인 이동통신 시스템을 구축하겠다는 계획안을 FCC에 제출하고 1995년 세계전파통신회의(WRC : World Radiocommunications Conference, WARC에서 명칭 변경)에서 이동 위성 서비스를 위한 주파수가 분배됨에 따라 본격적인 연구개발이 시작되었다.

GMPCS의 출발 배경은 다음과 같이 3가지로 정리할 수 있다. 첫째, 지금의 이동전화 서비스가 공중망 구축에 필요한 엄청난 투자를 하지 않고도 음성전화 서비스를 제공할 수 있게 됨에 따라 세계적으로 엄청난 보급율을 나타내고 있다. 그러나 이러한 이동전화는 국가간 이동 시 로밍 계약이 체결되어 있지 않은 경우에 통화가 불가능하기 때문에 국지적인 휴대성을 제공하고 있다. 이에 반해 GMPCS는 휴대성과 함께 전세계를 서비스 영역으로 하고 있어 이러한 단점을 보완할 수 있다.

둘째, 기존의 정지궤도 위성은 궤도의 높이가 높아서 전송 지연시간이 길고 경로손실이 많아서 양질의 통화품질을 기대하기가 어렵다. 또한 지형이나 기후변화 요인에 민감하여 신호감쇠가 크고 위성의 발사비용도 많이 든다. 이에 비해 저궤도 및 중궤도의 비정지궤도 위성을 이용할 경우 정지궤도 위성을 이용한 통신상의 한계점들을 많이 극복할 수 있다.

셋째, 국가간 이동이 잦은 비즈니스맨, 여행가, 정부관리들이 많아짐에 따라 이들 사용자를 위한 글로벌 이동통신 서비스에 대한 시장수요가 증가하고 있다. 또한 위성통신 고유의 특징인 서비스 지역의 광역성, 지상재해와 무관한 내재해성, 동보성 등을 이용하여 경제적 또는 기술적인 이유로 지상 통신망이 커버하기 어려운 지역, 즉 도서, 벽지, 해상, 항공에 대한 서비스 제공이 가능하다.

GMPCS는 개념적으로 위성을 이용하여 기존 이동전화의 국가간 장벽을 허물고 전세계를 하나의 통화권역으로 묶어 전세계적으로 표준화된 규약을 바탕으로 이동전화 서비스를 제공하는 시스템이라고 할 수 있다. GMPCS가 주로 제공할 서비스로는 음성전화 서비스를 들 수 있다. 통신 기반구조가 부족한 지역이나 재난으로 인하여 통신시설이 파괴된 지역에서도 태양열로 에너지를 공급하는 저궤도 위성용 통신장비를 사용하면 통신이 가능하게 된다. 이외에 무선호출, 데이터통신, 무선측위 서비스(RDSS : Radio Determination Satellite Service) 등을 제공한다.

GMPCS의 가져다줄 효과로는 첫째 통신서비스의 글로벌화를 들 수 있다. 위성을 통하여 이음매 없는(seamless) 글로벌 정보통신 사회를 실현시킴으로써 지역간의 그리고 국가간의 통신 개발에 있어서 가교 역할을 수행할 것이다. 둘째로는 통신 기반구조의 대체 및 보완이다. 개발도상국, 저개발국, 농촌 등 통신 기반구조가 제대로 구축되어 있지 않은 지역에 위성통신망을 이용한 통신 기반구조의 대체 및 보완 역할을 수행할 수 있다. 셋째로 긴급통신 서비스의 확충이다. 자연재해 및 비상사태로 인한 지상 통신설비가 파괴될 경우 경제적 복구 및 인도주의적 지원활동에 대한 조기경보 및 긴급구조 등의 통신기능을 제공할 수 있다.

(1) GMPCS용 위성 궤도

위성통신은 위성의 움직임에 따라 정지위성 통신시스템과 비정지위성 통신시스템으로 구분된다. 정지위성 통신시스템은 지구상공 35,786km 궤도 상에서 지구의 자전속도와 동일한 운행속도를 유지함으로써 지구상의 한 지점에서 볼 때는 마치 정지한 것처럼 보이는 정지궤도(GEO : Geostationary Earth Orbit) 위성을 이용하는 시스템이다. 정지궤도 위성은 적도 상공에 위치하며 하나의 위성이 지구표면의 42.4%를 커버할 수 있으므로 3개의 위성을 정지궤도 상에서 120° 간격으로 배치하면 극지역을 제외한 지구 전체를 커버할 수 있다. INTELSAT, INMARSAT, 무궁화위성 등이 여기에 속하며 주로 방송과 통신용으로 사용되고 있다.

정지궤도 위성을 GMPCS와 같은 개인 이동통신용으로 사용하는 데에는 몇 가지 문제점이 있다. 첫 번째가 전송지연의 문제로, 정지위성의 경우 지상에서의 거리가 너무 멀어서 전파지연 시간이 240~270ms 정도 소요된다. 이러한 전송 지연은 실시간 전송이 요구되는 음성 및 영상통신에는 너무 긴 시간이다. 두 번째로는 장거리 전송으로 인하여 수신측에서의 신호강도가 매우 낮아진다는 것이다. 따라서 고출력을 위하여 송수신기의 부피가 커지는 단점이 있다.

이를 보완하기 위하여 1980년대에 들어 정지궤도보다 가까운 궤도의 위성을 이용하는 방법들이 제안되기 시작하였으며 이들이 비정지위성 통신시스템이다. 비정지위성 통신시스템은 위성궤도의 높이에 따라 약 2,000km 이하인 저궤도(LEO : Low Earth Orbit), 약 10,000km 내외의 중궤도(MEO : Medium Earth Orbit) 그리고 장타원궤도(HEO : Highly Elliptical Orbit) 시스템으로 구분된다.

각 궤도를 구분하는 것은 반알렌대(Van Allen belt)로 여기에는 태양에서 분출된 입자들이 많이 분포하고 있는데 이 입자들은 고에너지의 파괴력을 가지고 있다. 반알렌대는 주로 고에너지의 전자들이 모여있는 내부 반알렌대와 양자가 주 입자를 이루는 외부 반알렌대가 있다. 위성을 이 영역 내에 위치시키면 수명이 수개월 정도로 단축될 가능성이 높다. 따라서 이 영역은 통신위성용 궤도로 사용하기에는 부적합하다. 통신위성용 궤도는 그림 7.9와 같이, 지표로부터 내부 반알렌대의 아래쪽 경계까지 (1.5km 이내)가 LEO에 해당하며 내부 반알렌대와 외부 반알렌대 사이 (10~16km)가 MEO에 해당한다.

저궤도 위성 시스템은 다시 Little LEO와 Big LEO 시스템으로 구분된다. Little LEO 시스템은 1GHz 이하의 주파수대를 사용하며 상대적으로 작고 가벼운 소형 위성을 이용하여 주로 메시지전송, 위치정보 서비스, 데이터 수집 등과 같은 서비스를 제공한다. Big LEO 시스템은 1GHz 이상의 주파수대를 사용하며 대형 위성을 이용하여 데이터 전송뿐만 아니라 음성서비스도 제공하는 시스템이다. GMPCS는 이 Big LEO 시스템을 대상으로 하는 것이다.

이러한 비정지궤도 위성 시스템은 위성과 이동국간의 전파손실이 적어서 높은 송신전력을 요구하지 않으며 양질의 통화품질을 기대할 수 있고 지상에서의 거리가 가까우므로

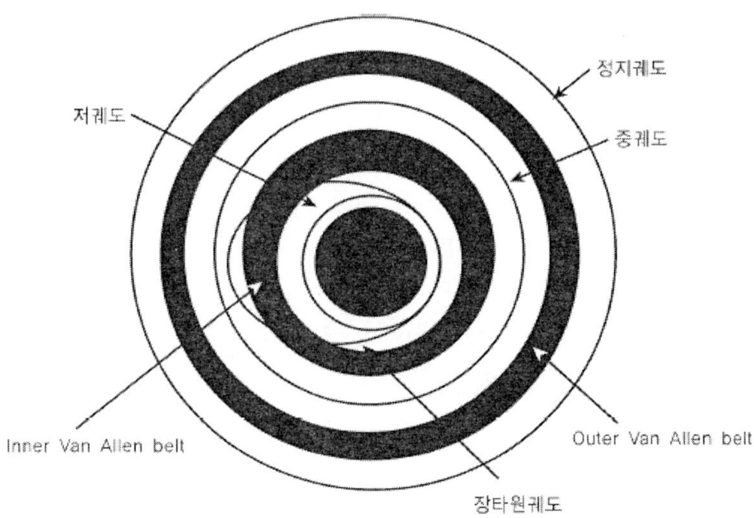

그림 7-12 통신위성의 궤도 구분

전송지연이 적어서 음성통화와 같은 실시간 통신에 유리하다. 또한 높은 전력을 요구하지 않으므로 셀룰러망과 위성망을 모두 접속할 수 있는 이중모드 단말기의 개발이 가능하여 지상의 셀룰러망 및 공중통신망과의 연계가 용이하다.

물론 정지궤도 위성시스템에 비하여 상대적으로 많은 위성이 필요하다. LEO는 지구 전역을 10° 이상의 앙각으로 서비스하기 위해 20~100개의 위성이 필요하며 MEO는 8~12개 정도가 필요하다. 또한 연속적인 서비스를 위해서 지상의 관문국이 위성을 추적해야 하는 등 추가적인 제어기능이 필요하므로 관리 및 운용시스템이 복잡해진다.

(2) GMPCS의 구조

GMPCS에 사용되는 비정지궤도 위성 이동통신 시스템은 시스템에 영향을 미치는 파라메터에 따라 여러 가지 경우로 분류된다. 신호처리 방법에 따라 분류하면 위성 자체에서 신호처리를 하여 망접속을 하는 Onboard processing형과 위성에서는 단순히 신호를 중계하고 지상장치에서 대부분의 신호처리 및 망접속을 처리하는 Bent-pipe형으로 구분된다.

통신서비스의 전송방법에 따라 분류하면 실시간 통신(real time communication)과 지연통신(delayed communication)으로 나뉜다. 실시간 통신서비스로는 정보를 거의 동시에 전송하는 음성 및 영상방송, 음성전화, 원격회의 등이 대표적인 것들이다. 지연통신은 데이터 메시지 전송 등을 말하며 여기에는 메시지를 저장해 둘 메모리가 필요하다. 메시지의 성격은 전자메일, 컴퓨터 데이터 또는 디지털화된 음성, 화상 등을 들 수 있다. 사용자가 메시지를 터미널에 입력하면 터미널은 위성이 보일 때까지 기다렸다가 위성에 메시지를 저장시킨다. 위성은 이 정보를 지상국으로 보내고 지상국은 수신자가 메시지를 보기 전까지 메시지를 저장하고 있게 된다.

GMPCS의 구성은 크게 위성 부문(space segment), 지상 부문(ground segment), 사용자 부문(user segment)으로 나눌 수 있다. 위성 부문은 궤도면을 형성하는 저궤도 및 중궤도의 위성체를 말하며, 지상 부문은 관문국(gateway) 및 관련 장치로 구성된다. 사용자 부문은 위성을 통한 통신서비스를 위하여 사용자가 사용하는 저출력 및 소형 안테나를 채용한 휴대형 또는 차량탑재형 등의 단말기를 말하며 음성 및 데이터 서비스 등을 지원한다. GMPCS의 구성을 그림 7.13에 나타내었다.

위성은 단말기와 직접 통화로를 구성하기도 하고 지상의 관문국을 통하여 지상의 공중통신망 또는 셀룰러망이나 무선호출망과 같은 공중이동망(PLMN : Public Land Mobile Network)과 연결되기도 한다. 위성간 링크(ISL : Inter Satellite Link)가 없는 시스템의 경우 위성간의 통신은 관문국을 통하여 연결된다.

GMPCS 구성에 있어서 가장 중요한 기능 중 하나는 위성간의 핸드오프 기능이다. 위성시스템에서의 핸드오프는 단말기의 이동에 의해 발생하는 지상 이동통신 시스템과는 달리 위성의 이동에 의해 발생하게 된다. 핸드오프의 횟수는 위성의 수와 궤도에 의해 결정되는데 궤도가 낮을수록 위성의 회전주기는 짧아지고 위성의 수가 많을수록 하나의 위성에

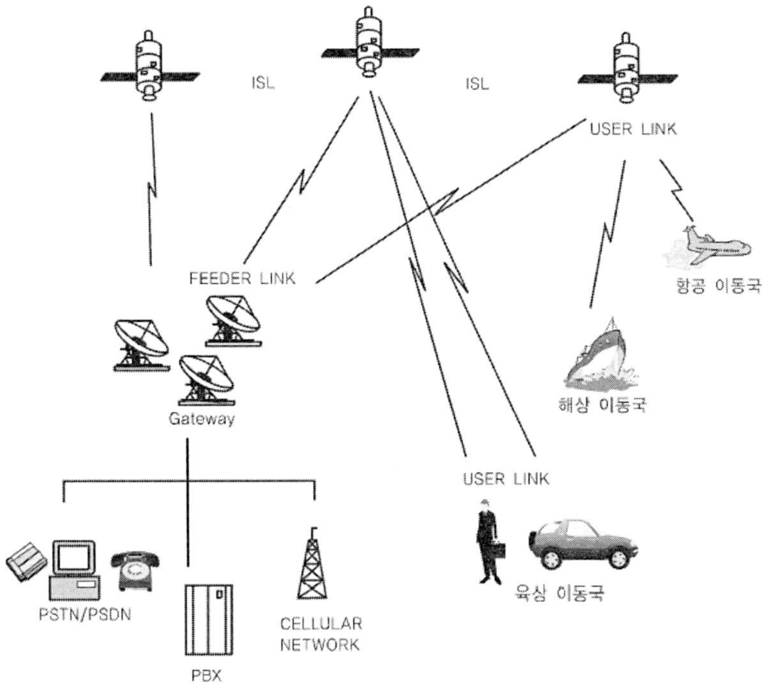

그림 7-13 GMPCS의 구성

의해 형성되는 셀(footprint)의 반경이 작아져서 핸드오프의 횟수는 많아지게 된다. 하나의 위성에 의해 형성되는 셀이 지나가는 시간(satellite visibility time)은 일반적으로 LEO의 경우 약 10~15분 정도이며, MEO의 경우 95~110분 정도이다. 핸드오프를 처리하기 위한 제어신호는 위성 간 링크가 있는 경우에는 이 링크를 사용하며, 없는 경우에는 관문국을 거쳐서 인접한 위성으로 전달된다.

(3) 대표적인 GMPCS

지금까지 제안된 GMPCS의 종류는 매우 다양하다. 1991년 FCC가 이동 위성시스템(MSS : Mobile Satellite System)용의 주파수 배정을 위한 사업 신청 접수를 시작한 이래, 1995년 면허 승인 시 이리듐(Iridium), 글로벌스타(Globalstar), 오딧세이(Odyssey) 등 3개 시스템만이 기술 및 재정요건을 갖춘 것으로 인정되었다.

이들 중에서 이리듐은 1998년 11월에 상용서비스를 개시하였다. 이리듐은 미국의 모토롤러사가 1990년 제안한 GMPCS 사업으로 전 세계적으로 16개의 사업자가 컴소시엄을 구성하여 투자하고 있다. 당초에는 지상 780km 상공에 77기의 위성을 배치하고자 계획하여 원소기호 77인 Iridium을 시스템 이름으로 채택하였으나 1992년 이 계획을 수정하여 66기의 위성을 사용하기로 하였다. 1996년 11월에 첫 위성을 발사하기 시작하여 1998년 11월부터 상용서비스를 실시하고 있다.

이리듐 시스템의 주요 특징은 위성에 교환기를 탑재하여 위성간 링크를 구성함으로써 이리듐 단말기 상호간에 지상의 유선망을 거치지 않고 세계 어느 곳에서도 직접 통화를 할 수 있다는 점이다. 또 다른 시스템들은 CDMA 방식을 채택하여 사용자 링크(user link)용 대역을 공용하고 있지만 이리듐은 TDMA 채택하여 별도의 대역을 사용하고 있다.

또한 INMARSAT은 ICO(Intermediate Circular Orbit)라는 시스템을 추진하고 있다. 이들은 모두 음성과 저속 데이터 서비스를 목표로 하고 있다. 이와는 달리 고속 데이터 및 무선 인터넷을 비롯한 멀티미디어 서비스의 제공을 목표로 하는 텔리데식(Teledesic) 등의 시스템도 계획되고 있다. 표 7.11에 대표적인 GMPCS의 주요 제원을 정리하였다.

표 7-11 대표적인 GMPCS의 주요 제원

			Iridium	Globalstar	ICO	Odyssey	Teledesic
사업 주체			Motorola	Loral, Qualcomm	INMARSAT	TRW	Microsoft, McCaw
위성 고도(km)			780	1,390	10,355	10,354	1,300
위성체 수 (예비)			66 (6)	48 (8)	10 (2)	12 (3)	288 (4)
위성간 링크			있음	없음	없음	없음	있음
서비스 지역			전세계	인구집중지	인구집중지	인구집중지	극점 제외
2중화 방식			TDD	FDD	FDD	FDD	FDD
다중접속			TDMA	CDMA	TDMA	CDMA	TDMA
변조방식			DQPSK	QPSK	QPSK	QPSK	
전송율(kbps)			2.4	7.2	2.4	9.6	16~2048
위성 당 채널 수			1,100	2,400	4,500	3,000	100,000
위성 당 빔 수			48	16	163	37	64
주파수	user link (GHz)	상향	1.616 ~ 1.6265 (L)	1.61 ~ 1.6265 (L)	1.98 ~ 2.01 (L/S)	1.616 ~ 1.6265 (L)	18.8 ~ 19.3 (K)
		하향	1.616 ~ 1.6265 (L)	2.4835 ~ 2.5 (S)	2.17 ~ 2.2 (S)	2.4835 ~ 2.5 (S)	28.6 ~ 29.1 (Ka)
	feeder link (GHz)	상향	29.1 ~ 29.3 (Ka)	5.091 ~ 5.25 (C)	5.1 ~ 5.25 (C)	29.1 ~ 29.4 (Ka)	Ka-band
		하향	19.4 ~ 19.6 (K)	6.875 ~ 7.055 (C)	6.975 ~ 7.075 (C)	19.3 ~ 19.6 (K)	Ka-band

(4) GMPCS의 현황

위성을 통해 세계를 단일 통화권으로 연결한다는 거창한 목표를 들고 나온 GMPCS 사업자들이 현재 어려운 사업 환경에 직면해 있다. 1999년 8월 GMPCS 컨소시엄인 이리듐사는 미국 델라웨어 지방법원에 채무조정신청을 요청했다. 이리듐이 채무조정신청서를 제출한 지 바로 2주 후 동종업체인 ICO Global Communications사도 델라웨어 지방법원에 채무조정신청서를 제출했다. 채무조정신청은 파산신청의 전 단계로 구조조정을 위해 채무를 일정기간 동결하는 기업개선작업(workout)을 의미한다.

ICO도 최근 유상증자에 실패하는 등 자금난을 겪어 왔었다. ICO는 당초 2000년 4/4분기까지 12개의 통신위성을 쏘아 올려 위성통신 서비스를 제공할 계획이었으나 최근 자금난에 봉착, 계획대로 서비스를 제공하기 위해서는 추가적인 10억달러의 자금이 필요하다고 밝혔다.

한때 황금알을 낳는 거위로 간주됐던 GMPCS 사업자들이 이처럼 어려움에 직면하자 투자자들도 잇따라 발을 빼고 있다. 일반 투자자들도 GMPCS 사업을 외면하기는 마찬가지이다. 이리듐사의 주가는 1998년 11월 한때 주당 50달러까지 치솟았으나 가입자확보 등이 원활치 않게 되면서부터 주가는 직하강, 채무조정신청 직전에는 2달러대로 급속히 추락했다.

GMPCS의 실패는 우선 불완전한 통화서비스에 기인한다. 현재 서비스를 제공중인 66개의 이리듐 위성 중 일부가 고장나 이 때문에 통화단절 현상이 자주 발생되고 있는 형편이다. 특히 건물 안이나 밀집지역에서는 신호가 약해 통화가 거의 불가능한 경우도 자주 발생했다. 업계관계자들은 "고속도로나 건물 옥상에서만 터지는 이동전화가 소비자의 외면을 받는 것은 당연한 결과"라고 이구동성으로 말하고 있다.

일반인이 구입하기는 부담스런 단말기 가격도 문제다. 3000달러를 호가하는 이리듐단말기와 1000달러에 육박하는 무선호출기는 일반인들이 구입하기에는 여전히 높은 가격이다. 또 벽돌만한 단말기 크기도 문제로 지적되고 있다.

서비스요금도 높은 편이다. 이리듐을 통한 국제통화료는 한때 분당 7달러에 육박했다. 이 가격대로는 잇따라 통화요금을 인하하고 있는 이동전화 및 PCS 업체들과 경쟁할 수 없다. 이 때문에 이리듐은 1999년 6월 서비스요금을 65% 인하했고 복잡한 요금체제를 단일화하는 등 대대적인 요금인하를 단행했다.

마케팅 전략에서도 문제를 찾을 수 있다. GMPCS 사업자들은 자신들의 서비스가 일반인들을 겨냥한 것이 아니라 각국 정부기관, 해운업체, 재난구조기관 등을 위한 서비스라고 밝히고 있다. 이는 가입자 확보에 열의를 보이지 않는 변명에 불과하다는 지적이다. 가입자가 없는 서비스는 존재가치가 없기 때문이다.

이 같은 문제점으로 GMPCS 사업자 중 유일하게 서비스를 제공하고 있는 이리듐은 1999년 3월말 가입자가 1만여 명에 불과했고 1999년 1/4분기에 5억 500만 달러의 적자를 기록하는 등 경영 위기를 겪어 왔다.

하지만 무엇보다도 GMPCS의 가장 큰 실패 원인은 무선 통신망의 급속한 발전을 간과

했다는 점이다. 전 세계적으로 이동전화가 급속히 발전함에 따라 현재 주요 통신사업자들은 GMPCS에 비해 훨씬 저렴한 가격으로 국제전화 서비스를 제공하고 있다. 특히 최근 이동전화로 다양한 로밍 서비스를 재개함으로써 GMPCS 서비스의 필요성은 더욱 감소되고 있는 실정이다.

[참고문헌]

[1] 김영춘, 민경일, 신용달, 조용석 공저, 현대사회의 정보통신개론, 홍릉과학출판사, 2010.

[2] 조용석, 임동균 공저, 데이터통신, 한티미디어, 2012.

[3] 정우기 저, 4세대 이동통신, 복두출판사, 2014.

[4] 조봉열 역, 4G LTE/LTE-A 이동통신시스템, 홍릉과학출판사, 2013.

[5] 박용완, 홍인기, 최정희 공저, 이동통신공학, 생능출판사, 2010.

[6] 이상근, 조봉열, 여운영 공저, 3G/4G 이동통신 시스템, 홍릉과학출판사, 2008.

[7] 차동완, 백천현, 정용주 공저, 디지털통신과 인터넷, 생능출판사, 2009.

[8] 강문식 저, 최양희 감수, 데이터통신과 컴퓨터 네트워킹, 한빛미디어, 2009.

[9] 안태진, 신오순, "4세대 이동통신 기술 현황 및 전망"주간기술동향, 2012. 6. 27.

[10] 김동기, "5세대 이동통신 (5G) R&D 현황 및 추진방향"정보와 통신, 한국통신학회, 2014. 1.

[11] 위규진. "5G 비전 개발 동향"TTA 저널, Vol.152, pp.26~31, 2014. 04.

[12] Harri Holma and Antti Toskala, HSDPA/HSUPA for UMTS, John Wiley & Sons, 2006.

[13] Steve Rackley, Wireless Networking Technology, Elsevier, 2007.

[14] Anurag Kumar, D. Manjunath, and Joy Kuri, Wireless Networking, Morgan Kaufmann, 2008.

연습문제

01. 셀룰러 방식의 개요를 설명하고 그 장·단점을 열거하시오.

02. 셀룰러 시스템의 구성요소를 열거하고 각각의 기능을 간단히 설명하시오.

03. 핸드오프에 대하여 설명하시오.

04. 로밍에 대하여 설명하시오.

05. 주요 아날로그 셀룰러 시스템을 열거하고 각각의 특징을 간단히 설명하시오.

06. 주요 디지털 셀룰러 시스템을 열거하고 각각의 특징을 간단히 설명하시오.

07. 제3세대 이동통신 시스템인 IMT-2000의 서비스 특징과 장단점을 간단히 설명하시오.

08. IMT-2000의 무선접속 규격에 대하여 설명하시오.

09. 제4세대 이동통신 시스템인 LTE-Advanced와 IEEE 802.16m 시스템의 특징을 간단히 설명하시오.

10. 주요 디지털 무선전화 시스템을 열거하고 각각의 특징을 간단히 설명하시오.

11. 무선호출 시스템의 특징과 장단점에 대하여 설명하시오.

12. TRS의 구조와 서비스 특징에 대하여 설명하시오.

13. GMPCS를 정의하고 그 장점에 대하여 설명하시오.

14. 위성의 궤도를 열거하고 각각의 특징을 간단히 설명하시오.

15. 대표적인 GMPCS를 열거하고 각각에 대하여 간단히 설명하시오.

Chapter 08

광통신

8.1 서론

1993년 미국의 NII(National Information Infrastruction) 구상을 필두로 대두되기 시작한 초고속 통신의 기반구축은 대용량화, 초고속화 되고 있는 정보통신 환경의 변화를 수용 할 수 있는 새로운 형태의 통신망을 필요로 하고 있다. 이는 데이터 통신 이용의 급증과 기본 서비스의 통합에 대한 요구 및 멀티미디어 정보 전송과 같은 대용량을 요구하는 서비스의 등장으로 현재의 통신기반 수용능력이 한계에 다다름에 따라 필연적으로 요구되어 지는 것이다. 이러한 초고속 정보통신 기반 환경구축에 있어서 밑바탕이 되는 것이 초고속·대용량의 정보를 실질적으로 전송하는 광통신 전송기술이라고 할 수 있다. 광은 거의 무한대의 대역폭을 지니며, 초고속 전송이 가능하다. 따라서 광을 전송 매체로 이용하는 경우 대용량 정보를 실시간으로 전송하는 것이 가능하다.

우리나라에서 1980년대 초부터 국내에서 광섬유가 생산되고, 1990년대 중반부터 광섬유의 하락과 멀티미디어, CATV와 같은 대용량 정보전송을 필요로 하는 산업 분야가 증가하므로 광을 이용한 통신이 본격화되었다. 이 장에서는 기본적인 광통신에 대한 개념과 원리를 기술한다.

8.2 광통신의 발전

광통신의 출현 시기는 고대 그리스인들이 거울을 이용하여 의사 전달을 한 것으로 보이는데 이러한 의사전달 수단도 빛을 이용한다는 관점에서 고아통신의 범주에 포함시킬 수 있을 것이다. 이러한 시스템에서 손동작은 빛을 변조시키는 광변조기이며, 대기는 광신호를 전달하는 전송채널이고, 수신하는 사람의 눈은 신호를 검출하는 광복조기이며, 머리는 신호처리기로 보아 하나의 통신계를 구성한다고 볼 수 있다.

BC 800년경의 중국의 봉화나 미대륙 인디언들의 연기를 이용한 통신도 광통신으로 볼 수 있지만 정보 전달량이 극히 제한되었다. 그 후 유럽의 해군들 사이에서 이용되던 램프를 이용한 모르스 부호(Morse code)통신은 신호를 부호화함으로써 전송 메시지량을 크게 증가시키게 되었으며, 신호의 부호화라는 관점에서 디지털 광통신의 시조로 볼 수 있다.

현대의 광통신은 1960년에 Maiman에 의해 레이저가 개발됨으로써 시작되었다. 1962년에 GE사, IBM사 그리고 MIT 대학에서 GaAs 반도체를 이용한 반도체 레이저를 개발하였으나 발진 시간이 수분 이내로 제한되어 실용화가 어려웠으나 그 후 1970년에 이르러 연속 운전이 가능한 GaAlAs 반도체 레이저가 개발됨으로써 광통신의 광원으로 사용할 수 있게 되었다.

광전송로 분야에서는 1951년에 전송손실이 1000dB/km인 광섬유가 소개되었으나 실용화되지 못하고 1970년에 이르러 미국의 Coring Glass사에 의해 전송손실이 20dB/km인 저손실 광섬유가 개발되어 광통신의 실용화에 대한 연구가 본격적으로 이루어지게 되었다.

그러나 공중통신망에 광통신이 도입되기 위해서는 경제성이 매우 중요한 요인이 되므로 고순도의 원료를 이용하고 제조 시에 혼입되는 불순물을 제거할 수 있는 제조기술들이 개발되어 장파장대에서 사용 가능한 극저손실의 광섬유가 실현되었다. 이와 함께 장파장 대역인 1300nm 대역에서 동작되는 GaInAsP 반도체 레이저가 개발되었고, 또한 0.5 dB/km의 극저손실 광섬유가 개발되어 1977년 미국의 Bell 연구소에 의해 1.5Mbps급과 45Mbps급의 통신망 실험이 이루어졌다. 그리고 1988년에는 광섬유의 최저손실 파장대역인 1550nm 파장대의 반도체 레이저가 개발됨으로써 공중망에 광통신을 이용할 수 있게 되었다.

1989년에는 광전 IC와 광결합 기술의 획기적인 발전을 가져온 표면발광 레이저와 실리콘에서의 집적이 가능한 레이저 및 광검파기가 미국 David Sarnoff 연구소와 California Institute of Technology에서 개발되었고, 일본의 NTT가 기존의 실리카 광섬유에 에르븀 이온(erbium ion)을 도핑한 EDFA(Erbium Doped Fiber Amplifier)를 이용하여 무중계 거리가 200km에 이르는1.8Gbps급 광통신 시스템의 실험에 성공하였다. 1991년에는 미국의 Bell 연구소에 의해 NRZ(non-return-to-zero) 신호를 이용하여 무중계 거리가 9,000 km에 이르는 5Gbps급의 광통신 시스템의을 실험하였으며, 그 후 미국의 Bell 연구소는 10Gbps 급의 광솔리톤을 이용한 20,000km 이상 광전송을 하는데 성공하였으며, 프랑스의 Alcatel CIT에 의해 무중계 거리가 200km인 1480nm 파장대의 EDFA가 개발되었다.

8.3 광통신의 특징

어떤 전송기술을 통신망에 도입할 때 고려되는 주요 요인은 전송용량, 경제성, 신뢰성 및 성장 가능성을 들 수 있는데, 광통신 시스템은 기존의 동축 혹은 무선 전송 시스템에 비하여 전송 용량, 신뢰성 및 보안성이 매우 높으며, 무중계 거리가 길고 크기와 무게 및 시스템 가격이 월등히 낮아 무한한 성장 가능성을 갖고 있다.

광통신 시스템이 기존의 전송 시스템에 비해 우수한 **장점**은 다음과 같다.

첫째, 기존의 전송선으로 연선쌍(twisted pair)의 전송 용량는 수 Mbps 정도이고 동축케이블은 수백 Mbps 정도이나, 광섬유의 전송용량은 10Gbps 대에 이르고 있으며, 수십 내지 수백 Gbps 전송용량의 광섬유 실용화도 곧 이루어 질 것으로 보인다. 이러한 전송용량의 증대는 HDTV와 같은 광대역을 필요로 하는 서비스의 전송도 가능하게 하여 B-ISDN 시대의 도래를 가져 올 것이다.

둘째, 광섬유의 재질은 유리이므로 외부와 완전히 차단되어 외부의 전철, 송전선의 전류 등 전기에 의해 발생되는 전자기장애(EMI : Electromagnetic Interference)가 전혀 발생되지 않으며 비, 눈과 같이 외기의 영향을 받지 않아 고신뢰성을 갖는다.

셋째, 기존의 동축케이블이 약 1.5～4km 마다 중계기를 통하여 신호를 증폭시켜야 하는데 비하여, 광섬유는 무중계 거리가 50km 거리로 연장할 수 있어 장거리 전송이 가능하다.

넷째, 광섬유는 단락이나 접속이 어려울 뿐만 아니라 어떤 유형의 에너지도 외부로 방출하거나 외부에너지를 유도하지 않으므로 외부에서 도청이 불가능하여 보안성이 높다.

다섯째, 광섬유의 무게는 기존 동축케이블에 비해 매우 가볍고 부피도 적으므로 설치하기가 쉽다.

여섯째, 광섬유는 기존 동축케이블에 비해 전송용량도 크고, 무중계 거리가 길며 유지비용이 적게들어 경제적이다.

한편 **단점**은 다음과 같다.

첫째, 동선은 간단하게 접속이 가능하지만 광섬유는 아주 가늘기 때문에 접속에는 고정밀도의 기구가 필요하며 접속이 어렵다.

둘째, 광섬유에 전기가 통하지 않는 것은 잡음의 영향을 받지 않는 다는 점에서는 장점이지만, 맨홀의 중계기에 전력을 공급하는 경우엔 별도의 전력선을 공급해야 하는 불편함이 있다.

8.4 광통신 시스템

최근의 전기통신 서비스는 디지털 전송 시스템과 광통신 시스템의 출현으로 보다 다양한 서비스를 제공할 수 있는 유연성을 지니게 되었다. 또한 통신 서비스에 대한 가입자의 요구가 디지털화, 고속화, 광대역화 그리고 개인화를 지향함에 따라 이를 수용할 수 있는 유연한 통신망으로 각 통신사업자는 광통신망을 구축하고 있다.

일반적으로 광통신계는 송신부, 광전송로, 수신부로 구성되는데 광전송을 위해서는 우선 문자, 음성, 화상과 같은 메세지를 전기신호로 변환한다. 이 변환된 전기적 신호를 적절한 형태(일반적으로 아날로그와 디지털)로 변조한다. 변조된 전기적 신호를 광신호로 변환하기 위해서는 발광다이오드(LED : Light Emitting Diode)와 반도체 레이저 다이오드

(LD : Laser Diode)가 주로 사용된다. 이렇게 광으로 변환된 신호는 광섬유와 같은 전송 매체를 통하여 전송되게 된다. 전송된 광신호는 수광소자에 의해 광신호가 전기신호로 변환되고 복조기에서 정보신호를 검출한다. 출력부에서는 검출된 전기 신호를 음성이나 영상과 같은 원래의 메시지를 얻게된다. 광통신 시스템의 기본 구조는 그림 8.1과 같다.

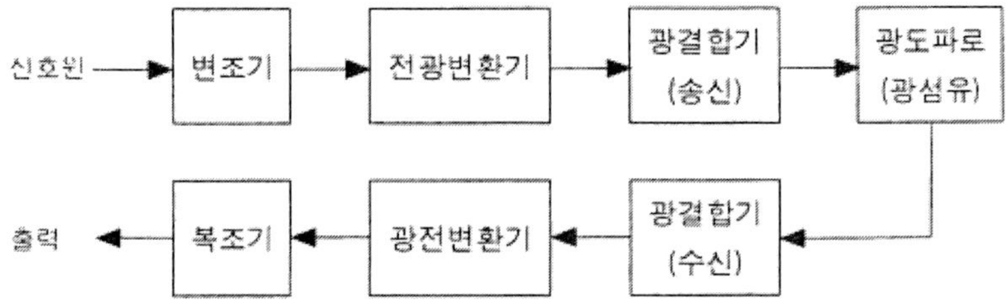

그림 8-1 광통신 시스템의 기본 구조

(1) 신호원

신호원은 여러 가지 비전기적 신호를 전기적 신호로 변환하는 변환기이다. 이들 변환기는 음파를 전류로 변환하는 마이크나 영상을 전류로 변환하는 비디오(TV) 카메라 등이 있다. 컴퓨터간이나 컴퓨터 내부 각 부분간의 데이터 전송의 경우에는 메시지가 이미 전기적 형태를 하고 있다. 어떤 경우에든 전기통신 또는 광통신의 전송되기 전의 정보는 반드시 전기적 형태를 띠고 있다.

(2) 변조기

변조는 2가지 기능을 갖고 있는데, 첫 번째는 전기적 신호를 적합한 형태로 변환하는 것이며, 두 번째는 이 신호를 반송파원으로부터 발생된 전파(또는 광파)에 실어주는 것이다. 변조는 아날로그 변조와 디지털 변조가 있다.

(3) 전광변환기

변조된 전기적 신호를 광신호로 변환하기 위해서는 LED나 LD를 사용한다. 이상적으로는 이들 광원은 장거리를 전파하는데 충분한 전력을 가진 안정된 단일 주파수의 파형을 발생시키지만 실제의 LED와 LD는 이상적인 것과는 달리 단일 주파수가 아닌 여러 대역의 주파수를 가지며 보통 몇 밀리와트의 평균 전력을 발생한다. 하지만 수신기가 민감하여 대부분의 경우에 이 정도의 전력만으로도 충분하다.

LED는 pn 접합반도체에 순방향 전압을 가하면 반도체내의 전자 및 정공이 여기되어 재결합하면서 빛을 방출하는 발광소자이다. 특히 LED에서 방출되는 빛의 세기는 순방향 전압에 비례하므로 순방향전압을 변화시켜 손쉽게 발광파장을 변화시킬 수 있다. LED는 반도체 레이저에 비해 제조가 간단하고 가격이 저렴하여 오래 동안 사용되어 왔으나 출력 이득(약 -15dBm)이 낮고 스펙트럼폭(50nm～159nm)이 넓어 숫자, 문자 및 심볼을 표시하는 표시기, 저속의 단거리 전송 및 VCR 등과 같은 가전제품에 주로 이용되고 있다. 기본적인 LED의 구조는 그림 8.2와 같다.

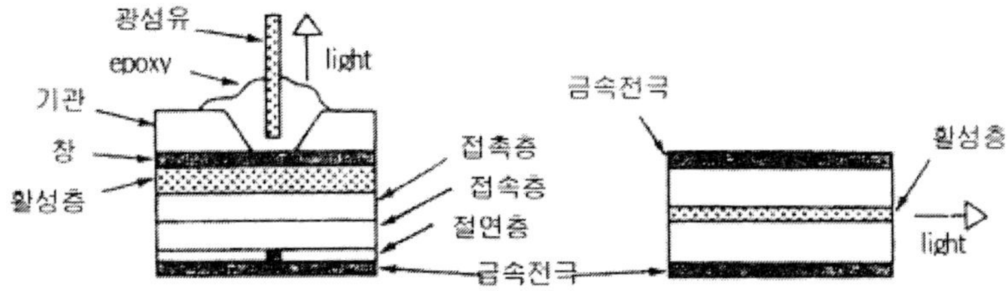

(a) 표면발산구조 LED (b) 단면발산구조 LED

그림 8-2 LED의 구조

반도체 LD는 반도체내의 광공진기를 만들어 미리 일정한 파장의 광자를 주입시켜 유도 방출되는 광을 광공진기내의 활성영역에서 증폭시켜 균일한 파장의 광을 방출하는 소자이다. LD는 방출효율이 커 높은 출력이득을 얻을 수 있으며 스펙트럼 폭이 좁아 광케이블에서의 분산이 적고 짧은 펄스파를 유도할 수 있다. 그러나 LED에 비해 제조가 어렵고 온도 변화에 민감하여 수명이 짧다. 반도체 LD의 일반적 구조는 그림 8.3과 같다.

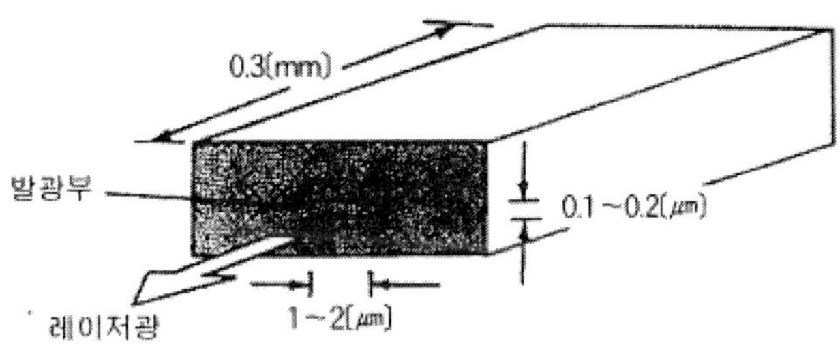

그림 8-3 반도체 LD의 일반적 구조

(4) 광결합기(송신)

광신호를 광섬유에 효과적으로 전달하여야 하는데 이러한 전송에는 상당한 감쇠가 있어 다소 복잡한 결합기를 설계하여 사용하여야만 된다. 종래의 보통 섬유들은 크기가 너무 작은데 비해(지름이 2×10^{-8}m) 광원은 큰 각도로 복사하므로 큰 손실을 발생한다. 그러므로 광섬유로 한정된 각도내의 광만 포착할 수 있다. 그림 8.4는 광신호를 광섬유에 결합시키는 가장 간단한 광결합기 형태이다.

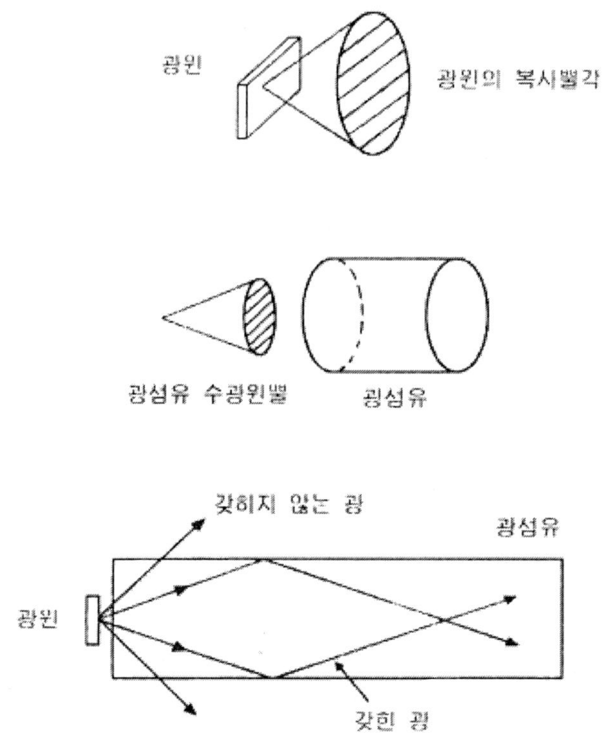

그림 8-4 광섬유로 광의 결합

(5) 광도파로

광도파로는 주로 광섬유가 사용된다. 광섬유에 대하여는 다음 절에서 자세히 설명하기로 한다.

(6) 광결합기(수신)

광섬유 시스템의 수신기에서 광결합기는 광섬유에서 나오는 광이 광검출기로 인도되도록 하는 역할을 한다. 이 광은 광섬유의 수광 원뿔과 똑같은 패턴으로 복사되지만 보통 광검출기는 표면적이 넓고 수광 허용각이 크기 때문에 간단한 접촉연결로 광섬유에서 출력되는 광을 효율적으로 결합할 수 있다. 그림 8.5는 광섬유와 광전변환기를 결합하는 일반적인 광결합기이다.

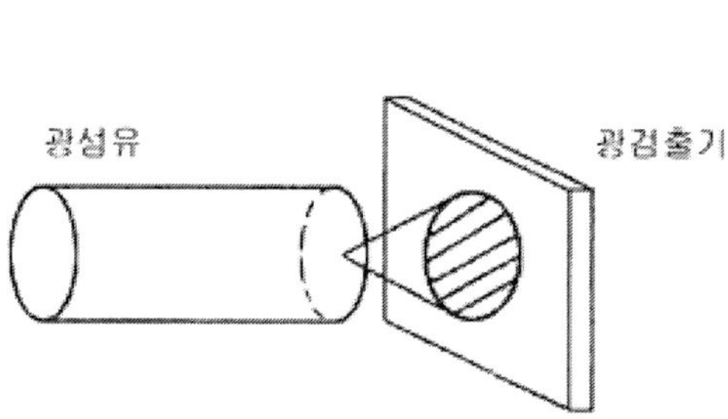

그림 8-5 광섬유와 광검출기의 결합

(7) 광전변환기

광전변환기는 전송된 광신호를 전기신호로 변환하는 장치로 수광소자를 이용한다. 수광소자는 입사되는 광자가 진공관내 금속표면에 흡수되어 전자를 방출하여 감지하는 외부 광전효과방식과 입사된 광자가 반도체 내에서 전자-정공쌍을 발생시켜 전류를 흐르게 하는 방식인 내부 광전효과방식이 있다. 외부 광전효과를 이용한 소자로는 진공관 수광소자, 광증배기(PMT) 등이 있으며, 내부 광전효과를 이용한 소자로는 PiN 수광소자, 애바랜치 수광소자(APD), PN 수광소자 등이 있다. 대표적인 수광소자의 종류는 그림 8.6과 같다.

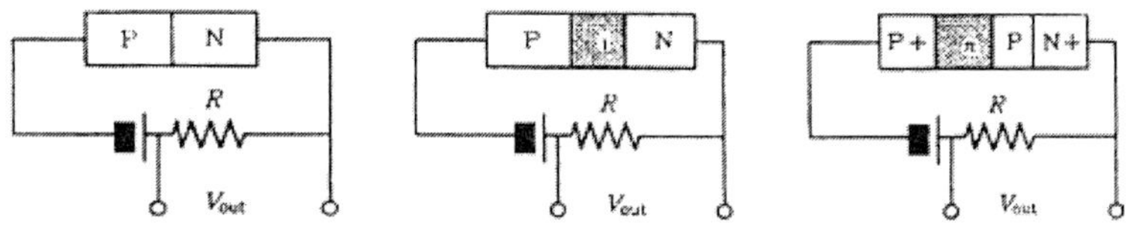

(a) PN photodiode (b) PiN photodiode (c) avalanche photodiode

그림 8-6 수광소자의 종류

(8) 복조기

광전변환기에서 검출된 전기신호는 전기통신의 복조기와 같이 전송된 신호에서 정보신호를 검출하여 음성이나 영상같은 비전기 신호로 변환시켜 출력한다.

8.5 광섬유

8.5.1 광섬유의 전송 원리

광섬유의 전송 원리를 이해하기 위해 빛이 서로 다른 두 매질간의 경계면에서 일어나는 반사 및 굴절 현상을 살펴보자.

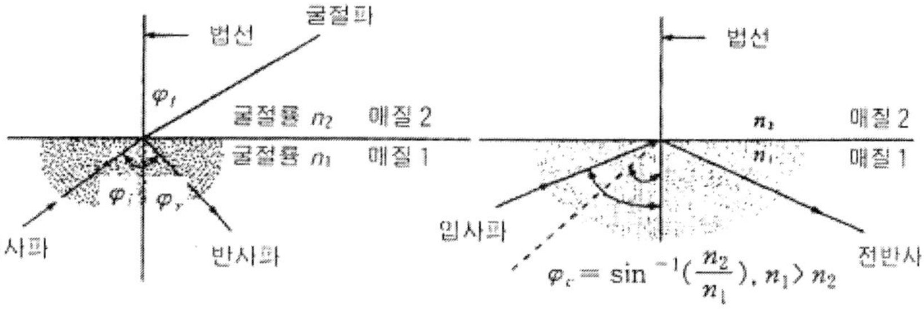

그림 8-7 두 매질의 경계면에서 빛의 특성

그림 8.7과 같이 빛이 두 매질 경계면의 법선에 대해 ϕ_i의 각을 이루며 매질 1에서 입사하는 경우 매질 2로 굴절되어나가는 투과각을 ϕ_t, 매질 1로 반사되는 각을 ϕ_r이라 하면

Snell의 법칙에 의해

$$n_1 \sin\phi_r = n_2 \sin\phi_t \tag{8.1}$$

의 관계가 성립된다. 그리고, 반사법칙에 의해 입사각과 반사각이 서로 같으므로

$$\phi_i = \phi_r \tag{8.2}$$

이 된다.

n_1이 n_2보다 큰 경우에는 투과각ϕ_t가 직각이 되어 매질 2로 굴절되지 않고 매질 1로 반사되는 어떤 입사각 ϕ_i가 존재하는데 이러한 각을 임계각 ϕ_c이라고 한다. 입사광선의 입사각이 임계각 보다 클 때는 입사광선은 매질 2로 굴절됨이 없이 완전히 반사되는데 이러한 현상을 전반사 현상이라고 한다. 임계각 ϕ_c는 식 (8.1)에서 다음 관계식을 만족한다.

$$\sin\phi_c = \frac{n_2}{n_1} \tag{8.3}$$

빛의 속도는 진행하는 매질의 굴절률에 반비례하므로

$$v = \frac{c}{n} \tag{8.4}$$

이 된다. 여기서 v는 매질에서 빛의 속도, c는 진공에서 빛의 속도, n은 매질의 굴절률이다.

매질에서 빛의 진행속도와 투과각 ϕ_t 을 결정하는 매질의 굴절률은 매질 고유의 성질로서 그 매질의 상대유전율(ϵ_r)과의 관계는 식 (8.5)와 같다.

$$n = \sqrt{\epsilon_r} \tag{8.5}$$

이러한 빛의 특성에 의해 광섬유로 입사한 빛은 반사 또는 굴절을 계속하면서 진행한다.

8.5.2 광섬유의 구조

광섬유는 그림 8.8과 같이 중심부에 코어(core)부분과 코어를 둘러싸는 클래딩(cladding)으로 구성되어 있고, 다시 이 광섬유를 보호하기 위해 플라스틱으로 코팅한 자켓(jacket)으로 둘러 싸여 있다. 코어는 유리나 플라스틱으로 만든 것으로 일반적으로 단일모드 광섬유인 경우에 4～8μm 정도이고, 다중모드인 경우에는 50～100μm 정도이다. 통신용 광섬유의 클래딩의 지름은 약 125～140μm 정도이며, 자켓을 포함한 외경은 약 500～1000μm 정도가 된다. 광신호가 코어의 부분을 따라서 전파되기 위해서는 코어 부분의 굴절률이 클래딩 부분의 굴절률보다 더 커야 한다.

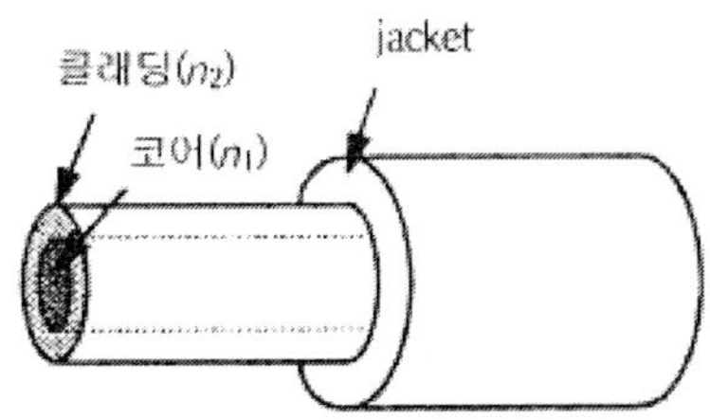

그림 8-8 광섬유의 기본 구조

8.5.3 광섬유의 종류

광섬유는 코어의 굴절률과 전파되는 모드에 따라 단일 모드 계단형 굴절률 광섬유(single-mode step-index optical fiber), 다중 모드 계단형 굴절률 광섬유(multi-mode step-index optical fiber), 다중 모드 경사형 굴절률 광섬유(multi-mode graded-index optical fiber) 등으로 분류할 수 있다. 그리고, 계단형 굴절률 광섬유는 코어와 클래딩의 재료에 따라 3가지 종류가 있는데 굴절률이 약간 다른 코어와 클래딩으로 구성되어 있는 전유리(all glass) 광섬유, 클래딩만 플라스틱으로 되어 있는 PCS(Plastic Cladded Silica) 광섬유, 모두 플라스틱으로 되어 있는 전플라스틱(all plastic) 광섬유가 있다.

(1) 다중 모드 계단형 굴절률 광섬유

다중 모드 계단형 굴절률 광섬유 코어와 굴절률 계단형으로 변화하고 있으며 광섬유에 입사한 광은 코어와 클래딩의 경계면에서 전반사를 반복하면서 코어의 내부를 지그재그(zigzag) 모양으로 그림 8.9(b)와 같이 진행한다. 코어의 내부를 진행하는 광의 진행 경로 길이는 그림 8.9(b)와 같이 광섬유의 입사각에 따라 다르다. 입사각이 작은 광은 전반사의 횟수가 적기 때문에 진행 경로의 길이가 짧아진다. 이로 인해 광섬유에 동시에 입사한 광이라도 입사각이 작은 광은 도달시간이 빠르고, 입사각이 큰 광은 늦게 도착하여 펄스 퍼짐이 일어난다. 그러므로 전송대역이 좁아 고속 전송에는 적합하지 않다.

(2) 다중 모드 경사형 굴절률 광섬유

다중 모드 경사형 굴절률 광섬유는 코어의 중심부 굴절률이 가장 크며 중심축에서 멀어질수록 굴절률이 완만하게 작아진다. 광이 코어 내부를 그림 8.9(c)와 같이 정현파 모양의 궤적으로 굴절을 계속하면서 진행한다. 광의 속도는 굴절률에 반비례하기 때문에 코어의 중심부근을 지나는 광의 진행 길이는 짧고 속도는 느리다. 이에 반해 코어의 가장자리를 지나는 광의 진행 길이는 길고 속도는 빨라지게 된다. 따라서 광섬유에 동시에 입사한 광은 입사각에 관계없이 도달 시간은 거의 같게 된다. 이 때문에 전송 대역은 수백 Mbps 까지 사용할 수 있다.

(3) 단일 모드 계단형 굴절률 광섬유

단일 모드 계단형 굴절률 광섬유는 단일모드만 존재하도록 설계된 것으로 모드분산이 존재하지 않아 전송 대역이 매우 넓어 초광대역 전송이 가능하다.

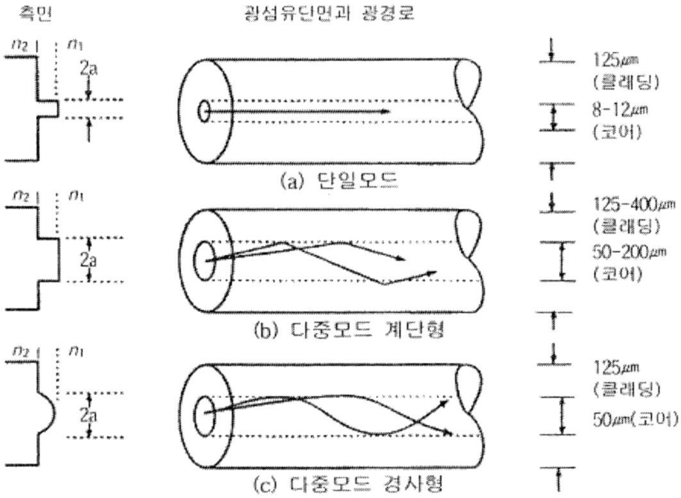

그림 8-9 광섬유의 종류

[참고문헌]

[1] 김영춘 외 3인, 정보통신개론, 홍릉과학출판사, 2010.

[2] 김영권 역, 광통신공학, Pearson Education Korea, 2005.

[3] J. C. Palais, Fiber Optics Communications, Prentice Hall, 2004.

[4] 장진현, 광통신공학, 지앤북, 2010.

[5] 이종형, 광통신공학, 한빛미디어, 2011.

[6] 손경락 외 1인, 기초입문 광통신공학, 홍릉과학출판사, 2014.

연습문제

01. 광통신의 특징을 설명하시오.

02. 광통신 시스템의 기본 구조에 대하여 설명하시오.

03. Snell의 법칙을 설명하시오.

04. 광섬유의 기본 구조에 대하여 설명하시오.

05. 모드에 따른 광섬유의 종류를 들고 각각의 특징을 설명하시오.

06. 유리의 굴절률이 1.5라면 유리 중에서 광의 속도는 얼마인가? 단, 진공 중에서의 광의 속도는 3×10^8 m/sec이다.

07. 굴절률이 1인 공기에서 굴절률이 1.5인 유리로 수직면과 30°의 각을 이루면서 광이 입사하고 있다. 이 때 반사광의 수직면과 이루는 반사각과 투과각을 구하시오.

Chapter 09

뉴미디어와 멀티미디어 정보 서비스

9.1 서론

현대사회는 언제, 어디서든지 컴퓨터, 핸드폰 등과 같은 다양한 단말기를 이용하여 컴퓨터 네트워크에 접속하여 문자정보, 사진, 동영상 등의 다양한 멀티미디어 정보 및 다양한 정보들을 서로 주고받을 수 있는 유비쿼터스 시대가 되고 있다. 이와 같은 유비쿼터스 환경에서는 컴퓨터, 이동통신 단말기, 통신, 방송, 디지털가전, 홈네트워크 등 다양한 분야와 융합되는 새로운 뉴미디어와 멀티미디어 정보 서비스가 다양하게 나타난다.

이 장에서는 뉴미디어와 멀티미디어 정보통신 서비스 분야에 대해서 알아본다.

9.2 뉴미디어(New Media)

9.2.1 뉴미디어 개요

미디어는 한쪽에서 다른 쪽으로 의사를 전달하는 역할을 하는 것으로 이를 대중매체, 매개체, 매체라고 한다. 이 매개체에는 문자를 이용하여 의사를 전달하는 신문(조선일보, 중앙일보, 동아일보, 경향신문, 한겨레신문 등), 잡지(주간지, 월간지 등)인 문자미디어, 전파를 이용하여 의사를 전달하는 방송(라디오, TV, CATV 등)인 전파미디어, 비디오테이프(비디오디스크) 등이 있다.

뉴미디어는 기존 미디어에 추가적으로 반도체기술, 통신기술, 정보처리기술, 화상처리기술, 신호처리기술 등과 같은 전기, 전자, 정보통신, 컴퓨터, 네트워크 등을 이용한 신기술이 적용되어 새롭게 개발한 매체이다. 뉴미디어는 기능의 다양화, 다매체, 다채널이 가능하게 되고, 방송, 통신의 융합 등 미디어의 융합이 가능하다.

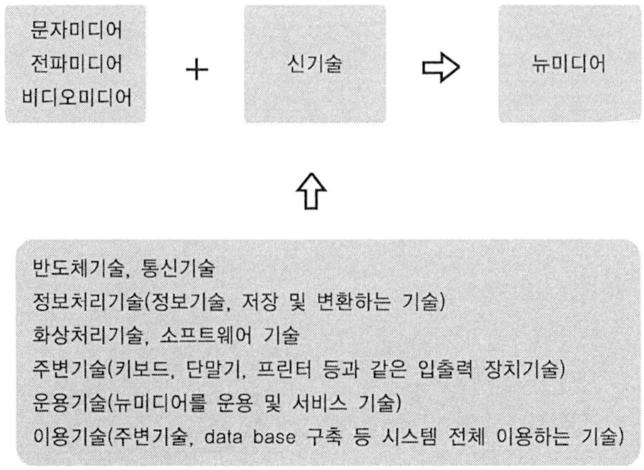

그림 9-1 뉴미디어 개요 및 신기술

9.2.2 뉴미디어 분류 및 특성

뉴미디어는 사용되는 기술이나 접근방법에 따라 방송계, 통신계, 패키지계, 전달방식에 따라 유선계와 무선계로 분류할 수 있다.

(1) 방송계, 통신계, 방송통신 융합계, 패키지계 분류

- 방송계 : CATV, HDTV, 다중 방송, 디지털 위성방송

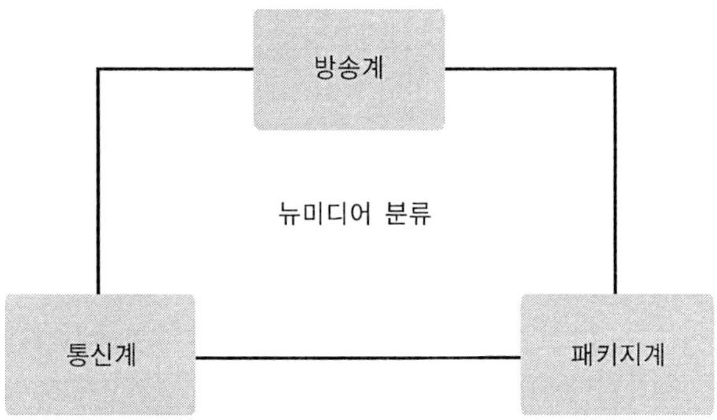

그림 9-2 뉴미디어 분류 1

- 통신계 : 비디오텍스, 텔레텍스, 위성통신, 팩시밀리, 화상회의, LAN, VAN
- 방송통신 융합계 : 디지털멀티미디어 방송(DMB), IPTV
- 패키지계 : 컴팩디스크, DVD 플레이어, MP3 플레이어, VTR

(2) 유선계, 무선계 분류

- 유선계 : 케이블 TV, PC 통신, 인터넷, 초고속통신망
- 무선계 : 전파이용 다중 방송, HDTV, 디지털 위성방송, 디지털 이동통신

그림 9-3 유선계, 무선계 뉴미디어 분류

(3) 뉴미디어 특성

뉴미디어는 기존의 문자미디어, 전파미디어, 비디오미디어에 추가적인 전기, 전자, 정보통신과 관련한 신기술을 접합한 미디어이기 때문에 기존의 미디어보다 다음의 그림 9.4와 같이 새로운 특성을 지니고 있다.

- 기존 미디어를 발전시킨 융합체 : 기존 미디어 보다 좋은 성능을 위해서 전기, 전자, 정보통신기술을 이용한 융합체
- 수요자의 다양성 : 신문, 방송 등이 다수를 상대로 일방적으로 메시지를 전달하는 대신에 특정한 목적에 맞는 미디어를 필요로 하는 다양한 수요자들이 있다.
- 상호작용성 : 일방적인 의사전달과 달리 쌍방향으로 상호간에 대화형 통신이 가능하다.
- 비동시성 : 실시간으로 해당 미디어에 참석하지 않더라도 개인이 필요한 시기에 메시지를 보내거나 받을 수 있어 정보의 교환이 가능하다.

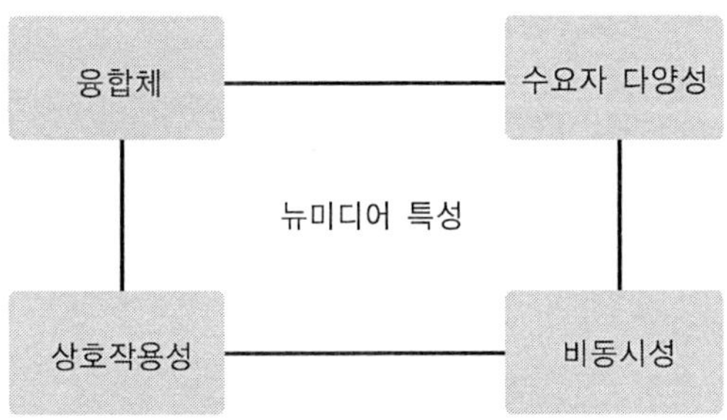

그림 9-4 뉴미디어 특성

9.2.3 방송계 뉴미디어

송계 뉴미디어의 대표는 TV이다. 현재 TV는 아날로그에서 디지털로 변하고 있다. 아날로그 방송은 음성과 영상 또는 데이터를 연속적으로 변화하는 전기신호들로 전환하여 전송하는 방송을 의미한다. 디지털 방송은 음성과 영상, 데이터를 0과 1의 연속인 2진수로 변환하여 전송하는 방송을 말한다.

아날로그 방송의 국제표준은 NTSC, PAL, SECAM 3종류가 있다. NTSC는 미국, 캐나

다, 일본, 한국 등에서 사용하며, PAL 방식은 중국, 호주, 영국 등에서 사용하며, SECAM 방식은 독일, 프랑스, 러시아 등에서 사용하고 있다.

디지털 TV는 텔레비전 신호기술에 따라 HDTV, SDTV 등으로 분류하기도 한다. 디지털 TV의 가장 핵심인 비디오 압축 부분은 MPEG-2로 통일된 상황이다.

본 장 방송 분야의 뉴미디어는 케이블 TV, 디지털 TV, 디지털 멀티미디어 방송(DMB), 문자다중 방송에 대해서 설명한다.

(1) 케이블 TV

① 개요

CATV는 Community Antenna TV 또는 Cable TV의 약어로 가입자에게 동축 케이블과 광케이블 등의 넓은 대역을 전송할 수 있는 통신매체를 통하여 영상, 음성 및 데이터 등의 정보를 가입자에게 전송하는 시스템을 말한다.

CATV는 산간벽지나 고층빌딩이 밀집한 대도시에서 난시청 문제를 해소하기 위해 TV 전파가 잘 잡히는 높은 산이나 언덕 위에 고성능 공동 안테나를 설치하여 수신된 TV 전파를 동축 케이블을 통해 각 가정의 TV 수신기로 분배하는 유선 TV를 말한다. 그림 9.5는 CATV 시스템을 나타내고 있다.

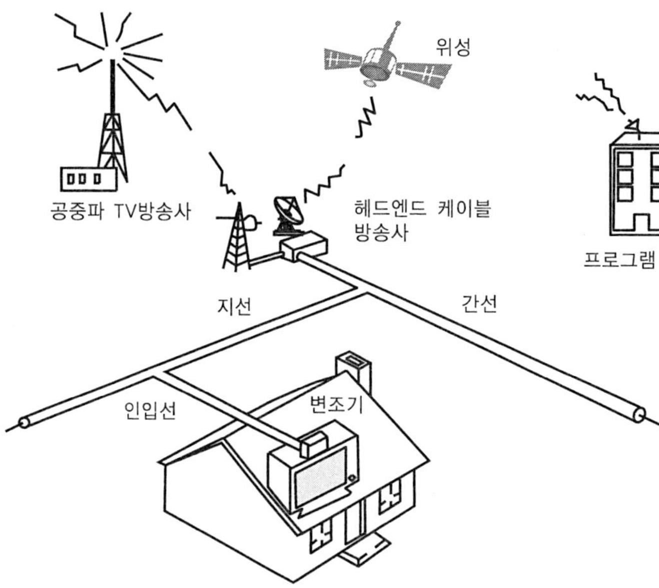

그림 9-5 CATV 시스템

CATV는 공중파 방송의 프로그램을 재방송하고, 그 지역의 뉴스, 일기예보, 공지사항, 행사중계, 스포츠 경기중계 등을 서비스하여 독자적인 지역정보, 통신망으로 발전하고 있다. 이는 동축 케이블을 통하여 가입자에게 일방적으로 전송하는 단방향 전송 방식을 하고 있다.

그러나 가입자가 CATV망을 통하여 가입자의 욕구를 충족시킬 수 있는 양방향 CATV가 등장하게 되었다.

양방향 CATV는 일방적으로 수신만 하는 기존의 단방향 방송 서비스와 달리 가입자가 케이블방송국으로 통신할 수 있는 것이다. 이는 가입자가 수신만 하는 방송 서비스 뿐만 아니라 원격검침, 홈뱅킹, 홈쇼핑 등의 다양한 정보통신 서비스와 외부의 다른 통신망과의 접속에 의해 음성과 데이터를 송수신할 수 있게 해준다.

CATV의 최대특성은 네트워크 자체가 갖는 광대역 전송능력이다. 기존의 공중파 TV는 한 개의 주파수로 1개의 채널을 방송하지만, CATV는 하나의 케이블로 동시에 수십 채널의 TV 방송을 할 수 있다.

② CATV의 종류

CATV의 종류는 통신 방식에 의하여 단방향과 양방향으로, 용도에 의하여 난시청 해결용, 교육용, 업무용, 산업용으로, 전송매체에 의하여 동축 케이블, 광케이블 방식, 마이크로 웨이브(M/W) 등이 있다. 표 9.1은 전송매체에 따른 특성을 비교하였다.

표 9-1 전송매체에 따른 특성 비교

구 분	동축 케이블	광케이블	M/W
주파수 특성	수십 MHz까지 가능	주파수 사용에 제한 없음	수 GHz까지 통신 가능
전송거리	500km	500km	40~50km 중계거리로 원거리 통신가능
시설비용	중간	높다	낮다
보안유지 정도	양호	매우 양호	낮다
대기 영향	거의 없음	거의 없음	영향 크다
장점	높은 대역 전송가능	광대역 전송가능	중계거리에 비해 설치하기가 쉽다
단점	일정 간격마다 중계 증폭기 필요	분기접속 등 시공이 어렵다	전파장애를 받음

③ CATV 시스템 구성

CATV 시스템은 기본적으로 동축 케이블이나 광케이블을 이용하여 영상신호를 각 가입자에게 분배하는 기능을 한다. 이 시스템의 구성은 전체 시스템을 통제하는 헤드엔드계, 서비스를 송수신하는 전송로계, 정보를 제공받는 가입자 단말계의 3요소로 이루어진다.

▣ 헤드엔드(Head end)계

Cable Head와 Antenna End의 합성어로 CATV의 가장 중심적인 요소로써 공용안테나를 이용하여 외부에서 보내오는 모든 프로그램 채널을 수신하고, 그 지역 자체에서 제작한 서비스 등을 다시 가입자에게 송신하는 중앙시설들을 말한다.

헤드엔드계는 수신 설비, 헤드엔드, 스튜디오 설비, 기타 설비로 구성된다. 먼저 수신

설비는 송출실에서 수신을 위한 수신장치와 안테나로 구성되며, 이곳에서는 공중 전파신호 또는 위성에서 수신된 신호를 헤드엔드에 공급하는 역할을 하고, 장치로는 주파수 변환기, 변조 및 복조기 등으로 이루어져 있다.

헤드엔드는 수신 안테나에서 수신한 각 채널의 방송신호를 중간주파수대로 변환한 후 영상 및 음성레벨을 조정하여 VHF대로 재변환해서 각각 신호들을 혼합하여 전송계로 송출하는 기능을 한다.

스튜디오 설비는 지역정보, 교양 등의 프로그램을 자체 제작할 수 있도록 조명, 방음, 카메라, 마이크 등의 장비로 구성하고, 또한 토론, 뉴스 등 비교적 간단한 프로그램 제작을 위한 기기와 생방송이 가능하도록 구성한다.

기타 설비로는 조정실 설비, 편집실 설비, 송출용 설비 등으로 구성된다.

▣ 전송계

전송계는 프로그램을 헤드엔드에서 케이블 TV 가입자 단말까지 전달하는 기능을 가진 전송로를 말한다. 전송로의 구성 형태는 시스템의 규모, 전송 방식(단방향/양방향), CATV 가입자수, 가입자의 분포 형태, 가입자가 위치한 지형 형태 등에 따라 달라질 수 있다. 전송로의 구성은 간선(trunk line), 지선(feeder line), 인입선(drop line)으로 구성된다.

▣ 가입자 단말계

가입자 설비로 TV 수상기, PC, 컨버터 등과 수신단말기를 구성하는 기기 외부에서 이상전압 등으로 단말기를 보호하기 위한 보안기 등으로 구성된다. 이 중에서 컨버터(convert)는 채널 변환 기능 및 도청 방지를 위한 스크램블 기능 등이 있다.

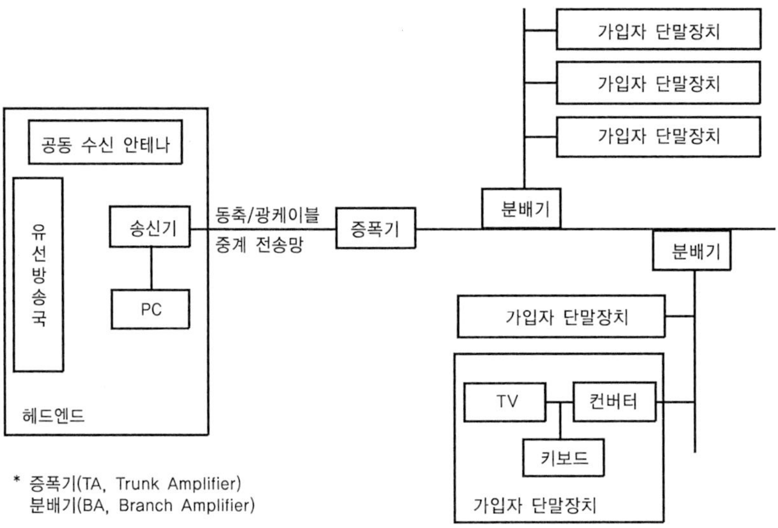

그림 9-6 케이블 TV 구성

④ **무선** CATV

최근 유선 CATV망 구축의 어려움으로 인해서 가입자 확보의 어려움을 해소하기 위해 무선 CATV망의 도입이 요구되었다.

무선 CATV 서비스는 미국에서 1970년 중반에 마이크로파를 이용한 MDS(Multipoint Distribution Services) 방식으로 무선 CATV 사업이 시작되었으나, 한정된 채널과 유선 CATV의 확장에 가려 무선 CATV 사업은 미진하였다. 그러나 1983년 FCC가 교육용 채널로 할당되던 ITFS(Instructional Television Fixed Services)의 일부 채널을 MMDS(Microwave Multipoint Distribution Services)용으로 8개 채널을 허가함으로써 기존의 유선 CATV와 경쟁을 시작할 수 있는 기반이 시작된 것이다.

무선 CATV는 보급 초기인 1996년도에 70개국에서 500만 가구 이상 서비스를 제공하고 있다. 이는 무선 CATV가 유선 CATV보다 경제성 및 망 유연성에 대해 상당한 장점이 있으며, 공중파 방송에 비해서는 향후 양방향 디지털 시스템으로의 발전을 통해 멀티미디어 서비스를 제공할 수 있는 발전성을 지니고 있기 때문으로 분석되고 있다. 표 9.2에서는 유선 CATV와 무선 CATV의 특징을 비교하였다.

표 9-2 유선 CATV와 무선 CATV의 특징 비교

구 분	유선 CATV	무선 CATV
채널 용량	54~77채널, 유선 Cable TV 시스템은 평균 36채널 제공한다.	뉴욕 Cellular Vision사에서 28GHz 대역에서 49채널 서비스 중이다.
신호신뢰성	양호, 방송국에서 가정까지 접속, 분기되는 지점이 많아 품질 저하되고, 유지보수가 힘들다.	우수함, 신호를 증폭해 송신하고 수신 안테나를 통하여 가정에 전달되므로 신호품질 저하가 적다.
수용지역	인구가 적을 경우 케이블 가설하는데 비용이 많이 든다.	인구수와 관계없다.
운용비용	매우 높음, 선로 유지보수 비용이 많이 든다.	매우 낮음, 선로 유지보수가 필요 없다.

무선 CATV 서비스는 마이크로파/밀리미터파 대역 무선 영상전송 기술, 압축 기술 및 디지털 다채널화 기술, 변복조 기술 등 관련 기술의 비약적인 발전으로 향후 무선 멀티미디어 서비스로 발전되어 단방향 영상 분배 위주의 방송에서 벗어나 음성, 데이터, 영상 등을 포함하는 주문형 비디오, 주문형 게임, 주문형 뉴스, 원격진료, 홈쇼핑, 홈뱅킹 등과 같은 다양한 서비스를 무선망을 통해 제공할 수 있게 될 것이다.

무선 CATV 서비스 제공을 위해 가장 우선적으로 고려해야 할 사항은 주파수대역이다. 주파수에 따라 시스템의 구성과 기능 등이 결정되는 것은 물론 서비스 방법 등 중요한 요소들이 결정된다. 세계 각국의 무선 CATV용 주파수의 사용 현황은 표 9.3과 같다.

2.5GHz대역은 여러 나라에서 서비스 중이나 미국, 캐나다를 중심으로 28GHz, 유럽을 중심으로 40GHz로 추진하고 있다.

표 9-3 세계 각국의 무선 CATV 주파수 사용 현황

국가명	주파수대역
캐나다	2.596~2.686GHz 25.35~28.35GHz
우루과이	2.524~2.644GHz
프랑스	3.6~3.8GHz
독일, 영국, 스위스, 스페인, 포르투갈	40.5~42.5GHz
호주	2.076~2.111GHz 2.300~2.400GHz 27.5~29.5GHz
덴마크	40.5~42GHz

무선 CATV의 전송 방식은 주파수대역 및 서비스 특성에 따라 크게 2가지로 나눌 수 있다. 먼저 2.5GHZ대역의 무선 CATV는 MMDS라 하고, 미국 및 캐나다를 중심으로 최근 발전하고 있는 28GHz대역의 전송 방식은 LMDS 방식이라 한다. 이들 방식에 대한 비교는 표 9.4에 나타내었다.

표 9-4 MMDS와 LMDS의 비교

구 분	MMDS	LMDS
주파수	2.5GHz	28GHz대
채널대역폭	6MHz	20MHz
변조 방식	AM	FM
서비스 반경	20~50km	2~16km
반사판적용 가능성	곤란	우수
화질	보통	우수

국내에서의 무선 CATV 기술은 SK텔레콤과 금호텔레콤이 28GHz대역의 LMDS 방식으로 시스템을 개발 중이고, 한국 무선 CATV사와 태평양 시스템에서는 2.5GHz 대역의 MMDS 방식으로 개발하고 있다. 국내 무선 CATV의 개발 현황은 표 9.5와 같다.

⑤ 디지털 케이블 TV

아날로그 케이블 TV에 비해 고화질, 많은 채널 등 다양한 부가서비스를 제공이 가능한 디지털 케이블 TV로 변하고 있다. 디지털 케이블 TV는 대용량을 전송할 수 있도록 네크워크의 고도화, 기존 헤드엔드의 디지털화, 양방향으로 서비스가 가능하도록 네트워크 및 시스템 구축 등이 필요하다.

표 9.6은 아날로그와 디지털 방식의 케이블 TV의 비교(김영석, 디지털미디어와 사회, 나남, 2000)이다.

표 9-5 국내 무선 CATV 개발 현황

회사명	방식	내용
SK텔레콤	LMDS	주파수 : 27.5~28.5GHz 최대채널수 : 49채널 실험지역 : 대전
금호텔레콤	LMDS	주파수 : 28.0~28.020GHz 최대채널수 : 1채널 실험지역 : 광주
한국무선 CATV	MMDS	주파수 : 2.5~2.53GHz 최대채널수 : 5채널 실험지역 : 서울 강남
태평양 시스템	MMDS	주파수 : 2.5~2.53GHz 최대채널수 : 5채널 실험지역 : 기흥

표 9-6 아날로그와 디지털 방식의 케이블 TV의 비교

	아날로그	디지털
전송망	가입자광망종단장치(ONU), 간선증폭기, 분배증폭기, 분기기, 컨버터 등 시설 및 조정에 많은 시간과 인력 소요	STB 설치 : 시설 및 조정이 간단함
채널수	최대채널 60개	300개 이상 고화질 서비스
품질 (화질, 음질)	전송로 잡음 영향으로 화질 불량, 부가 서비스 제공 곤란	전송로에서 발생하는 잡음 영향 없음
중계거리	최대 27km 이내	기본 40km, 중계기 사용시 수백 km 까지 가능
부가서비스	서비스 제공이 제한적임	서비스 수용 및 확장 용이 : 인터넷, VOD, 화상회의, 게임 등
유지, 보수	유지 보수비용 추가	유지보수 거의 없음

가상채널과 가상경로란?

ATM에서의 논리적 연결을 가상채널(VC : Virtual Channel)이라 한다. VC는 X.25나 프레임 릴레이에서의 가상회선에 해당한다. 최종 사용자간에 VC가 설정되면 셀은 이를 통해서 흐르게 된다. 그리고 가상경로(VP : Virtual Path) 는 여러 개의 가상채널들이 결합된 것으로, 고용량 전송 시 정보의 전송효율을 높이기 위해서 도입된 개념이다.

표 9-7 국내 무선 CATV 개발 현황

서비스	내용
케이블 TV	- 아날로그 케이블 TV 서비스(60개 채널) - 아날로그 케이블 TV 서비스 - EPG(electronic program guide) 서비스
VOD 서비스	- 주문형 영화채널 - 교육 채널 - 디지털 음악채널
인터넷 TV	- 인터넷 TV 포털서비스 - TV 전자상거래 - 전자메일과 웹서핑 - 기상정보 서비스 - 뉴스 서비스
VoIP 전화 서비스	- 인터넷을 통한 전화 서비스
광대역 인터넷서비스	- ISP 서비스 - 지역포털(e-commerce)

(2) 디지털 TV

① 디지털 TV 개요

고화질 TV(HDTV : High Definition TV)는 기존의 TV보다 가로와 세로 각각 2배 이상의 해상도로 화질은 35mm 영화와 비슷하며 음질은 CD(compact disk)와 비슷하다. HDTV의 방송 화면의 가로와 세로 비는 16:9로 현장감 있는 화면과 극장에서와 같은 서라운드 음향을 가정까지 전달할 수 있다. 고화질 TV 기술은 1980년 중반에 일본에서 MUSE(Multiple sub-nyquist Sampling and Encoding) 방식의 아날로그 방식인 고화질 TV를 개발하였다. 또한 유럽에서는 기존의 아날로그 방식인 PAL(Phase Alternation by Line)과 SECAM(Sequential Color A Memoire) 방식을 상호 통합할 수 있는 방식으로서 아날로그 MAC(multiplex analog components) 방식을 개발하고, 이를 고화질 TV로 발전시킨 HD-MAC(High Definition MAC) 방식을 개발하였다.

디지털 방송은 1980년도 말부터 미국의 새로운 TV 방송 방식 개발에 의하여 구체적으로 되었다. 완전 디지털 방식의 고화질 TV 규격은 신호처리 및 전송 측면에서 아날로그 방식이 아닌 디지털 방식을 채택하여 영상, 음성 뿐 아니라 각종 데이터 및 그래픽 등의 정보를 함께 송수신하는 것이 가능하다. 미국에 의한 완전 디지털 고화질 TV 방식 개발은 TV 방송 뿐 아니라 통신 및 멀티미디어 컴퓨터 등의 모든 디지털 영상 응용분야의 연구개발을 촉진시키는 결과를 낳았다.

국내에서는 디지털 고화질 TV에 대한 기술 개발은 1990년도 초부터 시작되었으며, 1995년에 디지털 위성방송 시스템(DSB : Digital Satellite Broadcasting) 표준을 정했으며, 1996년 7월부터 무궁화 위성을 이용하여 DSB 시험 방송을 실시하고 있다.

② **디지털 방송의 특징**

최근 디지털 방송은 방송 분야에서 상당한 관심을 불러 일으키고 있다. 따라서 기존의 아날로그 TV 방송을 디지털 TV 방송으로 교체할 경우에 상당한 장점이 있어야 한다. 이의 장점을 간단하게 기술하면 다음과 같다.

▣ **서비스의 통합화와 유연한 편성**

ITU-R(국제 전기통신 연합-무선통신 부분) 참조의 통합디지털 방송 서비스의 기본으로, 영상 및 음성신호를 디지털로 할 경우에 영상 및 음성데이터는 '0', '1'만을 갖는 디지털 데이터이다. 따라서 이 데이터들을 통합적으로 다루게 되면 저장이나 전송 시에 영상 및 음성 데이터를 구별할 필요가 없어진다. 또한 프로그램이 편성되는 시간에 따라 SDTV 프로그램을 여러 채널로, HDTV 프로그램을 1채널로 편성이 가능하도록 필요한 서비스에 적당한 비트율을 유연하게 할당할 수 있다.

▣ **한정된 전송대역폭에서 고품질 프로그램 및 다수의 프로그램 전송**

MPEG-2의 디지털 영상압축, 음성압축 기술 및 디지털 전송 기술의 발전되어 한정된 전송 대역폭에서 영상 및 음성 데이터를 고품질로 방송이 가능하며 또한 다수의 프로그램 전송이 가능하다.

▣ **계층화 서비스**

수신기의 성능에 따라 수신 품질을 변화시킬 수 있도록 계층화 서비스를 제공한다. 부호화 된 비트열을 기본 품질 정보에서 고품질 정보로 계층적으로 나누어 전송하는 방법이다. 기본 품질 정보를 수용할 수 있는 SDTV와 고품질 정보인 HDTV를 계층화하여 수신기에 따라 수신 품질을 선택할 수 있는 기능이 있다.

▣ **양방향성(대화형)의 향상**

양방향성은 아날로그 방송 서비스에서도 실현이 가능하지만 디지털화 하면 저장장치, 통신장치 등 다른 미디어와 상호 운용성을 높일 수도 있어 양방향을 더욱 용이하게 실현할 수 있다.

③ **디지털 위성방송의 특징**

SDTV란?
SDTV(standard definition television)는 현행 방송의 해상도를 가지면서 59.94 필드/초, 종횡비 4:3을 갖는 디지털 TV이다.

아날로그 위성방송에 비하여 디지털 위성방송의 **장점**은 다음과 같다.

- 위성의 한 중계기에서 다채널(예 : 4채널) 전송 가능
- 다양한 서비스에 필요한 비트율을 유연하게 할당 가능

• 전송 비용과 화질의 타협점에 따라 비트율을 조정함으로써 디지털영상 화질을 다양하게 선택 가능
• 타 채널이나 위성 회선과의 간섭이 적고 오류에 강함
• 디지털 전송회선에 의한 오류를 정정하는 기능 제공
• 소형 안테나로 고스트 현상이나 열화가 없는 영상 수신 가능
• 고집적 디지털 처리용 LSI칩을 이용함으로써 비용 절감 가능

이와 같은 장점 때문에 다양한 형태의 DBS 서비스가 세계적으로 실현되고 있다.

DSB에서는 아날로그 데이터를 MPEG-2 표준으로 부호화 하여 다른 프로그램과 기타 부가정보를 함께 다중화 하여 전송하며, 사용자는 수신된 여러 프로그램 중에서 필요한 채널을 선택하여 시청한다.

④ 세계 각국의 디지털 위성방송(DBS) 현황

미국에서는 1994년 중반에 PrimeStar Partners사의 PrimeStar DBS 서비스가 비디오 압축기술로 MPEG 기술과 유사한 Digicipher 기술을 DBS에 적용하기 시작한 것과 거의 동시에 DirecTV사와 USSB사가 공동으로 MPEG-1 비디오 기술을 이용하여 디지털 DBS 서비스를 시작하였다. 또한 MPEG-2 기술과 DVB(digital video broadcasting : 유럽의 디지털 방송 표준) 표준을 적용한 Tee-Comm사의 AlphaStar와 EchoStar Comm사의 DISH Network가 1996년도부터 서비스가 시작되었다.

국내에서는 디지털 고화질 TV에 대한 기술 개발은 1990년도 초부터 시작되었으며, 1995년에 디지털 DSB의 표준을 정했으며, 1996년 7월부터 무궁화 위성을 이용하여 디지털 DSB 실험 방송을 실시하고 있다. 우리나라를 포함하여 세계 각국에 대한 디지털 DBS 기술 현황은 표 9.8과 같다.

표 9-8 국내 무선 CATV 개발 현황

국가명	서비스명	사업자	이용 위성	채널수
미 국	DrecTV/USSB	DrecTV/USSB	DBS-1, DBS-2, DBS-3	200
	PrimeStar	PrimeStar Partness	Satcom K1 GE-2	95
	AlphaStar	Tee-Comm	Telstar 402R	100
	DISH network	EchoStar Comm. Co.	EchoStar-1 EchoStar-2 EchoStar-3	100
일 본	Perfect	DMC	JC-SAT3	57
	DirecTV	DirecTV Japan	Superhect	100
유 럽		EUTELSAT	HOT BIRD 1	30
		ASTRA	ASTRA 1F	40
한 국		한국통신	Koreasat	24

⑤ **국내 지상파 디지털 TV 방송**

21세기에 본격적으로 시작될 지상파 디지털 TV의 도입이 전 세계적으로 한창인 가운데, 1999년 5월 18일 KBS는 자체 개발로 지상파 디지털 TV의 최상급 화질인 HDTV의 국내 첫 전파 발사를 성공적으로 실시하였다.

KBS 기술연구소는 LG정보통신 및 현대전자와 공동으로 국내 방식으로 채택된 미국 ATSC 방식의 디지털 TV 송신기와 HDTV 인코더의 국산화에 성공하였으며, 관악산 송신소에 설치를 완료하였다. 국산화에 성공한 디지털 송신기와 디지털 압축장치는 디지털 방송장비 중 가장 핵심적인 장치이다. 이들 장비는 고화질의 HDTV 1개 채널, 또는 기존 TV 3개 채널 이상 전송이 가능한 송신 시스템이며, 비디오는 국제규격인 MPEG-2, 오디오는 돌비 방식으로 압축된 것으로 19.39Mbps의 진송률을 갖는다.

지상파 디지털 TV 방송은 화질 손상 없이 원상태 그대로 복원이 가능하기 때문에 가정에서도 스튜디오급 품질의 고선명 화면과 CD 수준의 음질을 받아 볼 수 있다. 또한 디지털 통신, 컴퓨터와 결합된 부가서비스로 다양한 정보의 전달이 가능하므로 2000년대의 가장 중요한 정보 전달매체로 부각되고 있다. 따라서 선진 각국은 초기 시장 선점을 위하여 앞다투어 디지털 TV 방송 신기술을 개발하고 있는 실정이다. 앞으로 KBS는 이들 국산 장비를 이용, 조속한 시일 내에 송수신시설을 포함한 완전한 실험 방송 시스템을 구축하고 필드테스트를 실시하여 기술 규격의 검증과 방송망의 설계 등을 거친 후 2001년부터 디지털 TV 방송을 실시하였다. 그림 9.7은 KBS 지상파 디지털 TV 방송 시스템의 구성도이다.

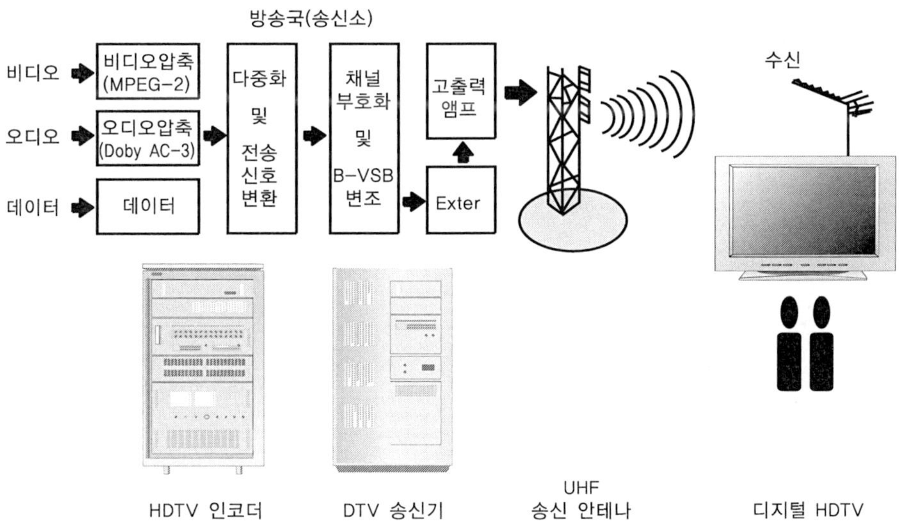

그림 9-7 KBS 지상파 디지털 TV 방송 시스템의 구성도

2006년 말 KBS의 디지털 방송은 전국의 92% 이상을 서비스가 가능하였다. 현재 우리나라의 지상파 디지털 방송은 HDTV로 아날로그 방송과 동시 방송을 실시하고 있다.

⑥ UHD TV

UHD TV(Ultra High Definition TV)는 기존 FULL HD(1920×1080)보다 4배(3840×2160) 이상 화질이 선명한 TV를 의미한다. UHD TV는 궁극의 화질과 감성적인 곡선 디자인, 얇은 화면 테두리(베젤)를 통해, 마치 TV 속에 빨려 들어가는 듯한 강한 몰입감을 준다. 또한 기존 풀 HD TV보다 4배나 많은 800만 화소를 담아내면서 소비자들에게 선명한 화질과 편안한 시청감을 제공한다. 국내에서는 삼성전자와 LG전자에서 UHD TV를 생산하여 판매하고 있다.

삼성전자와 LG전자의 UHD TV는 세계 최고 수준의 곡률을 구현한 Curved 화면으로 '파노라마 효과'로 여러 명이 함께 모여서 TV를 시청할 때에도 모서리 측면에 앉아서 TV를 시청하는 사람도 선명한 화질을 즐길 수 있다.

그림 9-8 곡면 UHD TV

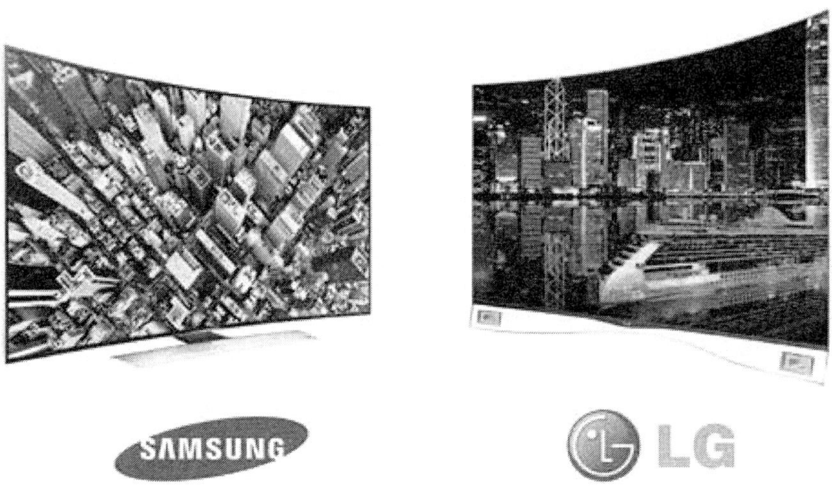

그림 9-9 삼성전자, LG전자 UHD TV

(3) 문자다중방송(Teletext)

국내에서의 문자다중 방송으로 방송국에서 서비스하고 있는 영상정보 서비스이다. 이는 TV 방송과 동시에 TV에서 사용하지 않는 전파에 문자나 영상정보를 보내는 시스템을 말한다. TV의 영상은 주사선이 왼쪽에서 오른쪽으로 움직이면서 화면을 구성한다. 한 화면의 구성은 화면 위쪽에서 주사선이 시작하여 화면 아래쪽에서 끝난다. 한 화면을 완성한 후에 아래쪽에서 위쪽으로 돌아가는 짧은 시간의 틈새가 있다. 이 틈새를 TV 전파의 수직 귀선 소거기간이라 한다. 이 기간 동안은 전자총이 전자빔을 방출하지 않는다. 텔레텍스트는 이 기간에 교통정보, 기상예보, 뉴스, 물가시세, 주식현황 등의 문자와 영상정보를 TV 영상신호와 동시에 방영하는 서비스이다. 수신자는 선택 버튼을 이용하여 여러 정보 중에서 원하는 정보를 선택하여 TV 화면을 통해서 볼 수 있다.

텔레텍스트는 단방향, 다수 사용자에게 정보를 제공할 수 있으며, 송신측은 반복하여 송출하며 수신측은 선택하여 수신이 가능하다.

수직귀선 소거기간이란?

수직귀선 소거기간은 아날로그 NTSC 비디오 신호에서 전자빔이 투사되지 않아서 신호가 없는 순간을 말하며, 그림 9.8에서와 같이 프레임과 프레임 사이를 분리하는 21개의 수평선을 의미한다. 그림 9.10에서와 같이 TV 화면상에서 수직선상에 정렬되지 않고 올라가지 않게 될 경우 보게 되는 프레임 사이의 검은 띠 부분을 말한다.

비디오 신호 중 VBI에 한정된 양의 데이터가 신호에 삽입될 수 있으며, 현재 VBI를 이용하여 문자다중 방송이나 청각장애자를 위한 캡션 방송을 보내고 있다. 수평선 1번부터 9번까지의 줄은 TV 수상기에서 비디오 동조를 위하여 사용되어 다른 용도로 사용할 수 없으며, 데이터를 삽입하는데 TV 채널 당 10개의 줄까지 사용이 가능하다.

VBI는 한줄 당 약 9600bps 용량의 모뎀과 맞먹는 전송 용량을 가진다. VBI에 삽입되어 TV 신호와 같이 송출되는 문자다중 방송과 캡션 방송과 같은 데이터 부가 서비스 정보는 기존의 TV 신호처럼 실내외 안테나, 케이블 또는 위성 안테나를 이용하여 수신할 수 있다.

9.2.4 통신계 뉴미디어

(1) 비디오텍스

비디오텍스는 문자와 그림으로 구성된 화상정보 데이터베이스로부터 TV 수상기와 같은 단말기를 이용하여 사용자가 검색하는 각종 서비스 정보를 전화망 또는 공중 데이터통신망을 통해 대화의 형태로 제공하는 양방향 영상정보 시스템이다.

비디오텍스의 응용분야에는 도서목록 검색, 관광, 교통, 증권 등의 정보 검색 서비스,

상품주문 서비스, 뱅킹 서비스 등의 상거래 서비스, 전자우편, 여론조사 등의 메시지교환 서비스 등이 있다.

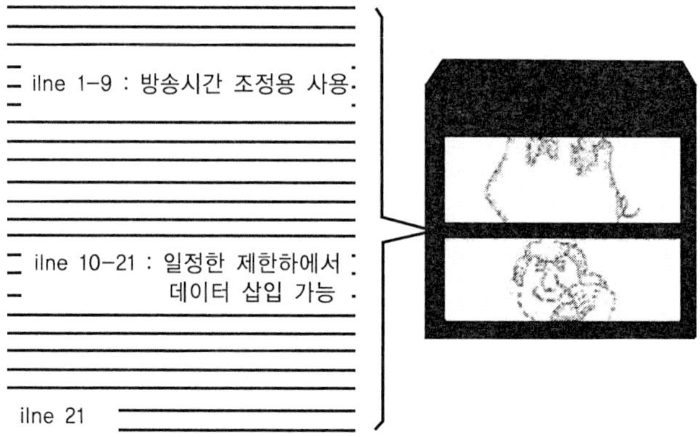

그림 9-10 귀선 소거기간

그림 9-11 텔레텍스

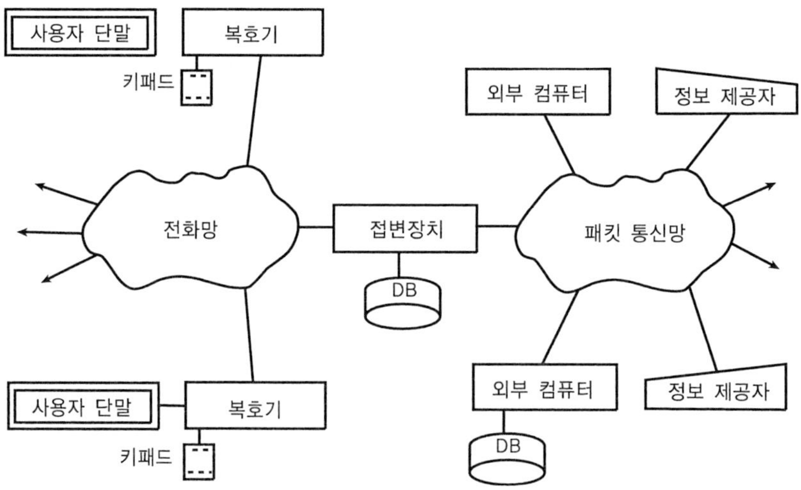

그림 9-12 비디오텍스 시스템의 구성도

비디오텍스 시스템은 그림 9.12에서와 같이 키패드에서 선택한 정보를 망을 통하여 데이터베이스(DB)에서 넘겨받아 TV에 보여주는 사용자 단말기와 전화망, 패킷통신망, 외부 컴퓨터, 정보 제공자로 구성되어 있다.

(2) 텔레텍스(Teletex)

텔레텍스는 기존의 통신 기능에 문서편집기 기능을 합한 시스템이다. 텔레텍스는 문서를 입력하는 키보드, 출력할 수 있는 프린터, 모니터, 입력된 문서 데이터와 외부 통신망으로부터 입력되는 내용을 저장하기 위한 장소인 기억장치, 외부 통신망과 통신하도록 제어하는 장치, 입출력 정보와 통신제어를 처리하는 처리장치로 구성한다.

텔레텍스는 문서 편집, 복사, 저장 등을 할 수 있는 워드프로세서 기능을 할 수 있고, 전화 교환망, 패킷 교환망, 회선 교환망과 같은 통신망을 통해서 문서를 송신 및 수신이 가능하다.

텔레텍스는 기존의 텔렉스보다 전송 속도(2,400bps)가 빠르고, 기억장치가 있어 화면을 보면서 문서를 편집하고 저장이 가능하며, 저가로 서비스가 가능하고, 부재중에도 문서를 수신하여 저장할 수 있다. 또한 다른 서비스 시스템인 비디오텍스, 팩시밀리와 상호 연결이 가능하다.

그림 9-13 텔레텍스 구성

(3) 화상회의

화상회의 시스템은 그림 9.14에서와 같이 두 지점 또는 여러 지점간의 통신회선을 통해 화상과 음성을 주고받아 원격지에 있는 사람들이 마치 한 자리에 모인 것처럼 서로의 표정 등을 보면서 대화 또는 회의할 수 있는 시스템이다. 화상은 음성과 달리 데이터량이 많이 광대역이 필요하므로 초기의 화상회의는 화상전용의 통신망을 이용하였다. ISDN으로의

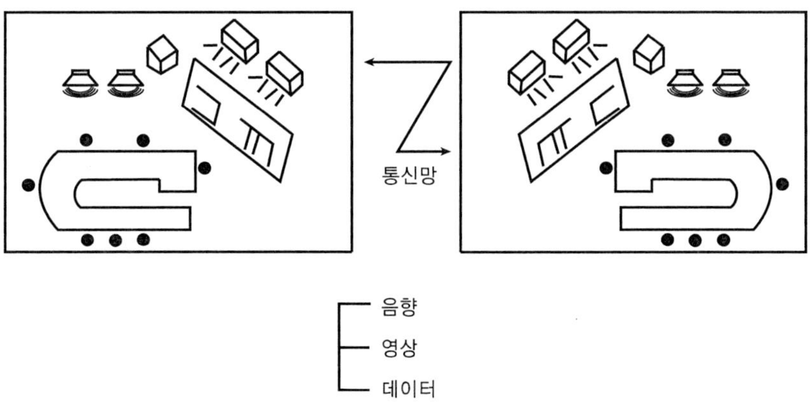

그림 9-14 화상회의 시스템도

통신망 진화는 화상회의 서비스를 전용선 서비스에서 ISDN 교환회선을 이용한 공중망 서

비스로 전환시켰으며, 이에 따라 이용자들은 저렴한 통신회선 사용료로 서비스의 이용이 가능하게 되었다. 따라서 ISDN 환경 하에서의 화상회의 서비스는 화상회의 회의장을 단순 연결하는 기존의 점대점(point to point) 서비스를 탈피하여 ISDN BRI(basic rate interface, 64Kbps) / PRI(primary rate interface, 1.5Mbps)급의 다양한 접속 형태를 지원하며, 여러 지점 화상회의 서비스가 주류가 된다. 이와 같은 통신망 측면에서의 변화뿐만 아니라 최근 영상 코덱 및 관련 기술의 발전은 BRI, PRI급에서 선명한 화질이 가능하며, ITU-TS에서는 관련 권고안인 H 계열 권고안을 권고하였다. 화상회의 시스템에서 디지털 영상압축 부분은 H.261로 권고되어 있으며, 이에 따라 세계 각국에서는 권고안에 따른 시스템을 개발한다. 화상회의 시스템은 영상부, 음향부, 제어부, TV 프로세서 등으로 구성된다. 영상부는 카메라, 모니터, 영상신호처리 등으로 구성되고, 음향부는 전화기, 마이크, 스피커, 음향신호처리 등으로 구성되며, 제어부는 시스템의 제어 및 유지보수를 하며, TV 프로세서는 영상, 음성 및 데이터 신호를 압축 및 다중화하여 1.5Mbps 또는 2 Mbps의 PCM 전송로에 전송한다. 화상회의 시스템의 활용 가능한 서비스로는 원격회의, 원격수술, 원격학술세미나, 원격방송 등을 할 수 있다.

9.2.5 방송통신 융합계

방송통신 융합계는 방송과 통신을 합해서 새롭게 만들어진 뉴미디어로서 디지털멀티미디어 방송(DMB, Digital Multimedia Broadcasting)과 IPTV가 있다.

(1) 디지털멀티미디어 방송(DMB)

최근 방송이 디지털화, 멀티미디어로 되고, 정보통신 인프라(지상망, 위성망 등), 정보통신 단말기(핸드폰, 네비게이션, PMP, MP3 등)들이 매우 발전하게 되었다. 이와 같은 정보통신 환경이 발전되어 언제, 어디든지 방송 콘텐츠를 자유롭게 접할 수 있게 되었다.

DMB는 디지털멀티미디어 브로드캐스팅(Digital Multimedia Broadcasting)이다. 이 DMB 서비스는 시속 200km의 속도로 이동 중에도 CD 수준의 고품질 음질과 TV 동영상 및 문자 방송수신이 가능하다. CD 수준의 음질과 데이터 서비스 제공이 가능하고, 휴대폰·PDA나 차량용 리시버를 통해 이동하면서도 다채널 멀티미디어 방송을 볼 수 있기 때문에 차세대 방송 서비스로 불린다. 이와 같이 방송과 통신이 융합된 새로운 개념의 이동 멀티미디어 방송 서비스로, 전송 방식과 네트워크 구성에 따라 지상파 DMB와 위성 DMB로 구분된다.

▣ 지상파 DMB

지상파 DMB는 지상망을 이용하여 개인 휴대용 단말기(핸드폰, PDA 등) 또는 차량 단말기를 이용해 이동 중에 TV, 라디오, 데이터 방송 등 다채널 멀티미디어를 시청할 수 있는 이동형 뉴미디어이다.

DMB의 기술 규격은 "시스템 A"와 "시스템 E"로 나눌 수 있다. 시스템 A는 유럽의 지상파 디지털 TV 규격(DAB)인 직교주파수 분할 다중화(OFDM)이고, 지상파 DMB과 위성 DMB는 주파수대역과 시스템 형식이 서로 다르다.

▣ 위성 DMB

위성 DMB는 위성망을 이용하여 개인 휴대용 단말기(핸드폰, PDA 등) 또는 차량 단말기를 이용해 이동 중에 TV, 라디오, 데이터 방송 등 다채널 멀티미디어를 시청할 수 있는 이동형 뉴미디어이다.
위성 DMB는 ITU-R의 시스템 E의 위성 DAB 규격, 동영상 송출 규격을 포함한 것이다. 시스템 E는 이동통신 기술과 같은 원리인 코드 분할 다중화(CDM)이다. 위성 DMB는 지상의 멀티미디어 정보들을 위성으로 보내고 위성중계기를 통하여 L 대역(1-2Ghz), S 대역(2-4GHz), Ku 대역(12-1GHz)의 주파수로 변환시켜 지상으로 송출하는 방송 서비스이다.

다음 표 9.9는 지상파 DMB와 위성 DMB를 비교한 것이다.

표 9-9 지상파 DMB와 위성 DMB를 비교

	지상파 DMB	위성 DMB
서비스 특징	공익성, 보편성 서비스	상업성 서비스
시스템 규격	Eureka-147(유럽 DAB 표준, 시스템 A)	ITU-R 시스템 E
네트워크 형태	지상망	위성망, 보조지상망(gap filter)
주파수	VHF-TV CH7-13(174-216MHz)	상향 : 13.824-13.883GHz 12.21.-12.23GHz 하향 : 2630-2655MHz
해상도	352×288(15frames)	320×240(15frames)
방송지역	지역방송(수도권, 대도시)	전국
채널	적다(약 12~13개)	많다(약 40개)
공중파 재송신	재송신가능	불가
수입모델	광고, 무료	정액요금+광고
도입 시기	2005년	2005년

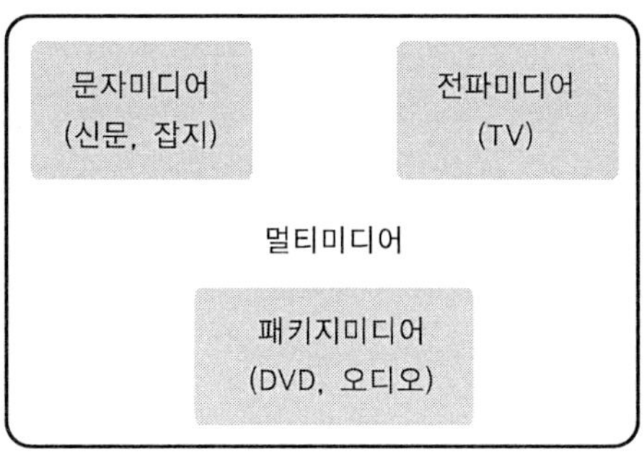

그림 9-15 지상파 DMB 시스템 구성 예

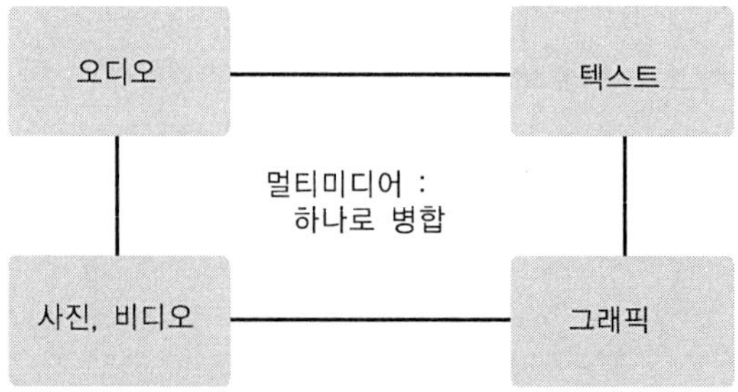

그림 9-16 위성 DMB 시스템 구성 예

gap filler
위성의 가시거리를 벗어나는 도심 내에 빌딩 또는 지하 등의 지역에서 서비스를 제공하기 위해 보조지상망으로 사용되는 지상 중계기

(2) IPTV(Internet Protocol Television)

IPTV는 인터넷 프로토콜 텔레비전(Internet Protocol Television)의 약자이며, 초고속 인터넷을 이용하여 정보 서비스, 동영상 콘텐츠 및 방송 등을 텔레비전 수상기로 제공하여 서비스하는 다채널 방송이다. 다시 말하면 일정 수준의 품질이 보장된 네트워크에서 양방향 IP 방식을 통해 TV 또는 유사한 단말기에서 실시간 방송프로그램, VOD, 데이터 방송, 전자상거래 등을 제공하는 멀티미디어 서비스이다.

IPTV는 인터넷 통신망과 방송인 텔레비전과의 융합이라는 점에서 디지털 컨버전스의 한 형태라고 할 수 있다. IPTV가 기존의 인터넷 TV와 다른 점은 컴퓨터 모니터 대신 텔레비전 수상기를 이용하고, 마우스 대신 리모콘을 사용한다는 것이다.

IPTV를 시청하기 위해서는 텔레비전 수상기와 셋톱박스, 인터넷 통신망이 있으면 가능하다. 셋톱박스에 인터넷망과 텔레비전을 연결하고 리모컨으로 텔레비전 전원을 넣으면 이용할 수 있다. IPTV는 컴퓨터에 익숙하지 않은 사람이라도 리모컨을 이용하여 간단하게 인터넷 검색, 온라인 쇼핑, 영화감상, 홈뱅킹, 온라인 게임, MP3 음악 등 인터넷에서 제공하는 다양한 콘텐츠 및 부가 서비스를 사용할 수 있다.

IPTV는 케이블 TV처럼 비디오를 비롯한 다양한 방송 콘텐츠를 제공하지만, 양방향성이 추가된다는 점이 큰 특징이다. 일반 공중파 방송이나 케이블 방송 또는 위성방송과는 달리 시청자가 자신이 편리한 시간에 자신이 보고 싶은 프로그램만 볼 수 있다. 따라서 TV 방송의 주도권이 방송사나 중계업자로부터 시청자에게 넘어가는 셈이 된다. 현재 홍콩과 이탈리아, 일본 등 일부 국가에서 IPTV 서비스를 하고 있지만 전 세계적으로 초기 단계라고 할 수 있다. 국내의 경우 통신사업자(KT, SK, LG)들이 기존의 인프라를 최대한 활용하여 IPTV 서비스를 하고 있다.

IPTV 서비스를 위한 시스템은 PP(program provider), CP(contents provider)로부터 제공되는 방송프로그램을 전용선, 위성 안테나, 공중파로부터 수신하여 IPTV 서비스 기술표준에 적합하도록 디지털 신호처리한다. 이때 영상방송신호, 음성방송신호 등으로 구분된 신호들은 MPEG-2 또는 H.264 등의 압축방식으로 압축한 후 데이터 방송 시스템에서 제공되는 정보들과 다중화된 후 네트워크인 광케이블로 IP 방식에 따라 전송되어 가입자단 네트워크를 통해 셋탑박스로 전달되고 셋탑박스에서 TV 수상기에 맞게 디코딩된 후 영상이 TV 화면에 보인다. 표 9.10은 IPTV와 인터넷 TV의 비교이다.

표 9-10 IPTV와 인터넷 TV의 비교

구 분	IPTV	인터넷 TV
서비스 영역	제안된 지역	전 세계적
이용자	공개된 IP, 공개된 지역의 고객	모든 이용자 가능
화질	QoS 보장, 방송용 YV 품질	최상의 품질, QoS 보장안 됨
비디오 포맷	MPEG-2, MPEG-4 Parts2, MPEG-4 Parts10(AVC), Microsoft VCI	Windows Media, Real Networks, Quick time, Flash 등
수신기	STB	PC
해상도	Full TV display	QCIF/CIF
신뢰도	안정적	불안정
안정성	이용자는 법적으로 보호받음	불안정
저작권	콘텐츠 보호기능	종종 보호 받지 못함
기타 서비스	EPG, PVR	불가능

출처 : ITU-T(2006)

(3) 스마트 TV

스마트 TV(영어: smart TV, connected TV, hybrid TV)란 TV와 휴대폰, PC등 3개 스크린을 자유자재로 넘나들면서 데이터의 끊어짐이 없이 동영상을 볼 수 있는 TV를 말한다. 인터넷 TV 또는 커넥티드 TV 라고도 불린다. 스마트 TV는 콘텐츠를 인터넷에서 실시간으로 다운받아 볼 수 있고, 뉴스 · 날씨 · 전자메일 등을 바로 확인할 수 있는 커뮤니케이션 센터의 역할을 한다. 이제 TV는 기존에 보는 것만으로 끝나는 것이 아닌 여러 가지 부가적인 기능을 추가하여 여러 가지 정보들을 TV 하나로 볼 수 있도록 하고 있다. 스마트 TV는 국내에서 삼성전자와 LG전자에서 생산하여 전세계로 수출하고 있다.

스마트 TV는 TV에 인터넷 접속 기능을 결합하여 여러 가지 앱(application : 응용프로그램)을 설치해 웹 서핑 및 VOD 시청, 소셜 네트워크 서비스(Social Networking Service, SNS), 게임 등의 다양한 기능을 활용할 수 있는 다기능 TV이다. 기존 TV에 PC의 기능을 더했다 하여 한 때는 하이브리드 TV라 부르기도 했지만, 2010년경부터 스마트폰이 크게 유행하면서 스마트 TV라는 명칭 역시 보편적으로 자리 잡기 시작했다. 스마트 TV는 방송 시청뿐 아니라 인터넷에 기반한 쌍방형 서비스도 즐길 수 있는 쌍방향 TV(Interactive

TV)로서 차세대 TV 이다.

스마트 TV는 인터넷 회선에 연결해 사용한다는 점에서는 IPTV와 비슷하다. 그러나, IPTV는 방송국에서 송출되는 영상 및 음성을 지상파나 케이블용 안테나가 아닌 인터넷 회선을 통해 전달받아 TV 모니터에 표시한다는 점에서 기존 TV와 차이가 있으나, 스마트 TV와 같은 쌍방향, 여러 가지 기능을 크게 강조하지 않는다(IPTV도 VOD와 같은 제한적인 쌍방향 기능을 지원하기도 하지만, 일부 경우를 제외하면 앱의 설치나 SNS 기능 등은 지원하지 않는 것이 일반적이다).

스마트 TV를 이용해서 인터넷 검색기인 네이버(www.naver.com), 구글(www.google.com)에 접속하여 여러 가지 정보인 뉴스, 음악, 동영상 등을 TV로 시청 및 감상할 수 있다.

스마트 TV는 기존의 지상파(KBS. MBC, SBS 등)나 케이블 방송 시청용 안테나와 인터넷 회선을 동시에 연결하는 형태이며, 지상파 방송이나 케이블 방송을 시청할 때는 안테나 케이블을 이용하고, 인터넷을 접속하여 쌍방향 기능을 이용할 때는 인터넷 회선을 통해 여러 가지 데이터 정보들을 접근할 수 있다. 따라서 IPTV와 달리 스마트 TV는 인터넷 연결이 되지 않아도 일반 방송의 시청 자체는 가능하다.

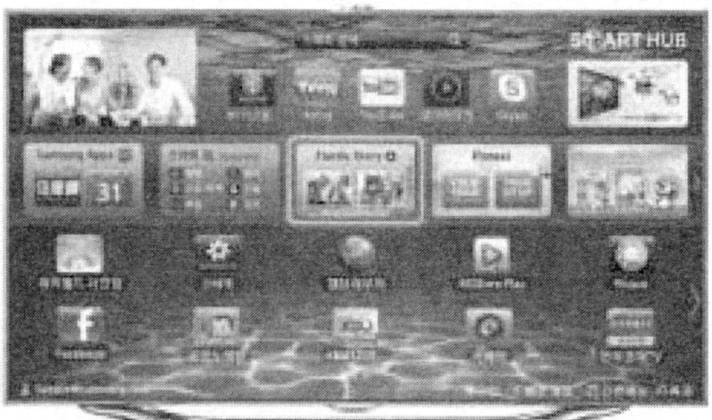

그림 9-17 삼성전자 스마트 TV

그림 9-18 LG전자 스마트 TV

현재 사용하는 스마트 TV는 TV 자체적으로 인터넷 접속 기능 및 프로세서, 데이터 저장 공간 등을 기본으로 내장하고 있는 일체형 스마트 TV 외에도 기존 TV에 별도의 셋톱박스(set-top box : 수신기)를 추가해 구현되는 분리형 스마트TV가 공존하고 있다. 일체형 스마트 TV는 삼성전자, LG전자와 같은 기존의 TV 제조사들에서 주로 생산하며, 분리형 스마트TV용 셋톱박스는 국제적으로 유명한 애플 APPLE, 구글 GOOGLE 등의 회사에서 개발하여 공급하고 있다

그림 9-19 애플 스마트 TV 셋탑박스

그림 9-20 구글 크롬캐스트(chromecast) 무선공유기

구글 크롬캐스트는 무선랜이 내장되어 있어 별도의 랜카드없이 바로 인터넷에 접속할 수 있다. 그러나 무선공유기가 없을 경우에는 그림 9.20과 같은 무선공유기가 있어야 가능하다.

구글 크롬캐스트는 일반적인 디지털 TV(LED TV 등)에 인터넷 웹 콘텐츠를 스트리밍해주는 작은 장치인 크롬캐스트를 구글에서 개발하였다. 구글 크롬캐스트는 웹 기반의 미디어를 TV로 스트리밍해 주는 것으로, 스마트폰이나 태블릿을 이용하여 리모컨으로 사용한다. 따라서 크롬캐스트를 지원하는 앱을 설치하여 사용해야만 제대로 영상을 TV로 볼 수 있다.

9.2.6 패키지계 뉴미디어

패키지계 뉴미디어는 방송계, 통신계가 아닌 혹은 유선계, 무선계가 아닌 것으로 특정 데이터나 프로그램을 저장하고 기록하는 미디어로서 플로피디스크, USB 메모리, 하드디스크, 광디스크, 디지털비디오디스크(DVD, CD), MP3, VTR 등이 있다.

■ 플로피디스크

최근에는 거의 사용하지 않고 있다. 플로피디스크는 3.5인치, 5.25인치 크기인 휴대용으로 데이터를 저장할 수 있는 장치이다. 디스크의 용량은 360KB, 1.2MB, 1.44MB 등이 있다.

■ USB 메모리

최근에 휴대용 저장장치로 가장 많이 사용하고 있는 장치이다. 컴퓨터의 USB 단자에 연결하여 데이터를 빠르게 읽고, 저장할 수 있는 장치이다. USB 메모리의 용량은 최근에 128MB에서 64GB까지 다양하다.

■ 하드디스크

컴퓨터에 고정하여 데이터를 저장할 수 있는 장치로서, 기록매체는 자기를 사용한다. 하드디스크에는 IDE, EIDE, SATA, SATA2, SCSI 등의 방식이 있다. 현재는 SATA 형태의 하드디스크를 많이 사용하고 있다. 하드디스크의 용량은 최대 1.5TB가 있다.

■ 광디스크

기록매체로 빛을 사용하는 미디어로서 CD-ROM, CD-RW, DVD-ROM, DVD- RW 등이 있다. 이들을 사용하여 데이터를 읽고 저장하기 위해서는 CD-ROM 드라이브, DVD 드라이브가 있어야 가능하다.

■ MP3

MP3는 메모리를 사용하여 mp3 음악 파일을 저장하고 재생하는 장치이다. 최근에는 avi, mpg 등의 동영상 파일을 저장할 수 있고, 재생할 수 있다. 최근 mp3 플레이어는 30GB까지 저장할 수 있다.

9.3 멀티미디어정보 서비스

9.3.1 멀티미디어란 무엇인가?

멀티미디어(multimedia)는 다중매체, 즉 여러 개를 뜻하는 멀티(multi)와 정보를 전달하는 매체를 뜻하는 미디어(media)의 합성어이다. 다시 말하면, 멀티미디어는 문자미디어(신문, 잡지 등), 전파미디어(TV 등), 패키지미디어(CD, DVD, 오디오 등) 각각의 미디어를 한꺼번에 묶어서 다룰 수 있는 미디어이다. 다시 말하면 멀티미디어는 다양한 형태의 미디어가 컴퓨터를 중심으로 하나의 시스템으로 결합하여 복합적이고 다양한 기능을 수행하는 것이다. 이는 아날로그에서 디지털로 기술이 발전되었기에 가능하다.

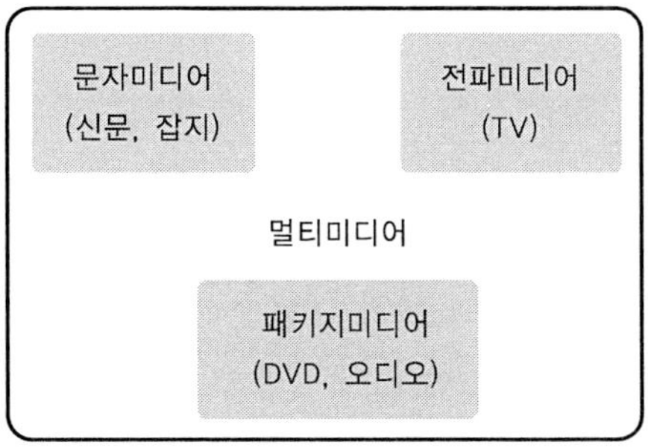

그림 9-21 멀티미디어 의미

9.3.2 멀티미디어 기술

그림 9-22 멀티미디어기술 : 하나로 병합

멀티미디어 기술은 컴퓨터에서 처리되는 사칙연산, 문자, 그래픽 등의 정보와 오디오, 사진, 비디오 등을 추가하여 이들을 효과적으로 처리하는 기술이다. 다시 말하면 컴퓨터와 인간 또는 인간과 인간 사이에 메시지를 효율적으로 전달하며, 텍스트, 그래픽, 오디오, 비디오 등과 같은 여러 미디어를 하나의 객체로 병합하여 표현, 저장, 처리 및 전송하는 기술이다. 그러나 이러한 멀티미디어와 관련한 통신은 데이터, 음성, 오디오, 그래픽 및 비디오와 같이 데이터 용량이 많아서 이들을 실시간으로 전송하기 위해서는 컴퓨터, 고속통신망, 데이터압축, 데이터처리 등의 기술들이 동시에 발전해야 한다. 최근 멀티미디어에 많은 관심이 있는 이유도 멀티미디어를 구현하는데 필요한 관련 기술이 상당히 발전하였기 때문이다. 이러한 기술을 살펴보면 다음과 같다.

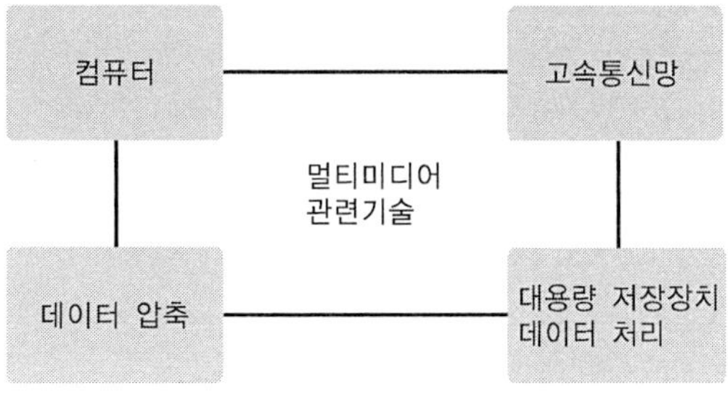

그림 9-23 멀티미디어 관련 기술

(1) 컴퓨터

멀티미디어 데이터인 음악, 동영상 등을 인코딩하고, 이들을 실시간으로 동작시키기 위해서는 컴퓨터의 성능이 우수해야 된다. 현재의 컴퓨터는 멀티미디어 컴퓨터로서 우수한 성능을 가지고 있다. 또한 인터넷을 통하여 VOD로 동영상 데이터를 실시간으로 동작시키기 위해서는 더욱 빠른 초고속통신망, 컴퓨터 CPU, 하드디스크, 메모리 등의 성능이 우수해야 효과적인 멀티미디어가 가능하다.

(2) 고속통신망

이미지 데이터, 오디오 데이터, 동영상 데이터와 같은 멀티미디어 데이터의 용량은 매우 크다. 이 고속통신망은 멀티미디어의 송수신에 관련된 모든 장비와 인터페이스 기술이다. 기존의 통신 프로토콜인 OSI, TCP/IP 계층구조는 멀티미디어 데이터 처리에서 시간이 지연되고 데이터 처리 정도가 충분히 높지 않았다. 최근의 초고속통신망으로는 B-ISDN, ADSL, 초고속 광랜이 있다. 이 중에서 초고속 광랜은 100Mbps이므로 멀티미디어 데이터를 송수신하기에 적당하다.

(3) 데이터 압축

멀티미디어 데이터, 즉 이미지, 오디오, 동영상 데이터들은 데이터량이 매우 크다. 이들 멀티미디어 데이터를 실시간으로 동작시킬 때 오디오, 이미지, 동영상 데이터의 품질은 떨어지지 않으면서 하드디스크, 이동식 저장장치 등에 저장하기 위해서는 데이터량을 줄일 수 있는 압축이 필요하다.

UHD TV, HDTV, 스마트 TV, 3DTV, 스마트폰, 태블릿 등 멀티미디어 기기의 발전으로 고해상도 영상들은 이제 우리 생활에 매우 밀접하게 관련되어 지고 있다. 이미 고해상도 영상들에 적응한 사용자들은 기존의 멀티미디어 서비스 보다 더 나은 고품질의 서비스를 제공받기를 원하고 있다. 이에 따라 고해상도를 넘어선 초고해상도 영상에 대한 관심이 매우 증가하고 있다. 초고해상도 영상의 특징으로는 크게 해상도, 프레임율, 색상 포맷, 비트 깊이가 있다. 초고해상도 영상은 기존의 Full HD급 영상(1920×1080)에 비해 최대 16배 큰 해상도(Ultra-HD, 8K×4K)를 가지며, 프레임율 역시 기존의 30Hz보다 증가된 60Hz, 120Hz 등의 주파수가 고려되고 있으며, 색상 포맷 및 비트 깊이도 현재 영상규격보다 더 증가될 것으로 예상된다.

이와 같은 초고해상도 영상을 이용하면 사용자에게 고품질, 고화질 영상을 서비스할 수 있지만 높은 데이터량이 요구된다. 그러므로 초고해상도의 영상을 위한 저장 공간과 이를 전송하기 위한 대역폭의 부족들을 해결하여야 한다. 따라서 초고해상도를 서비스하기 위해서는 기존의 코덱에 비해 더 우수한 압축률과 더 낮은 복잡도를 가지는 새로운 차세대 데이터(동영상) 압축 기술이 필요하다.

새로운 동영상 압축 표준에 대한 국제 표준화는 2000년대 중반부터 동영상 압축 전문가 그룹에서 영상 압축 표준 기술 개발과 관련한 작업들을 진행해 왔다. 동영상 압축 전문가 그룹은 ITU-T VCEG(Video Coding Experts Group)과 ISO/IEC MPEG(Moving Pictures Experts Group)를 말한다.

MPEG와 VCEG는 기존의 동영상 압축 표준인 H.264/AVC 기술이 고품질, 고화질을 다루기에는 압축률 및 처리속도면에서 부족하다고 판단하여 새로운 차세대 동영상압축 표준인 HEVC(High Efficiency Video Coding)를 개발하기로 결정했다.

2010년 1월에 H.264/AVC 표준을 제정했을 때와 같이 두 표준화 단체가 공동으로 표준화 작업을 수행하기로 했다.

이미지 데이터 압축방법에는 GIF, JPEG 등이, 비디오 데이터 압축에는 DVI, MPEG, H.26x, HEVC 등이, 오디오 데이터 압축에는 MP3가 있다. 여기서는 JPEG, MPEG, H.261. HEVC에 대해서 설명한다.

▣ JPEG

JPEG(Joint Photographic Experts Group) 규격의 정식 명칭은 "Digital compression and Coding of Continuous Tone Still Images"이다.

JPEG은 컬러 정지영상 부호화를 담당하는 JPEG과 흑백 정지영상 부호화를 담당하는 JBIG(Joint Bi-level Image Expert Group : 2진 영상 합동 전문가 그룹)의 공동 작업반으로 ITU의 관련 작업반과 함께 컬러 및 흑백 정지영상 부호화에 대한 공통규격을 표준화하였다. JPEG은 저해상도의 디스플레이로부터 고해상도의 디스플레이까지 여러 종류의 해상도를 수용할 수 있으며, 흑백, RGB 원색, YCbCr 색차, YMCK 보색 등 다양한 영상 표현 방법을 지원하므로 컴퓨터 응용이나 사진, 출판 등에도 널리 사용되고 있다. JPEG은 현재 정지영상에 대한 보다 발전된 국제 표준을 정하기 위하여 "JPEG 2000"이라는 이름으로 새로운 표준화 작업을 진행하고 있다.

JPEG 2000 표준의 응용분야는 의료 영상, WWW를 통한 이미지 전송, 위성영상의 저장 및 분류, 영상 저장, 합성영상, 팩시밀리, 레이저프린터, 디지털 스틸 카메라, 디지털 복사기 등이다.

▣ MPEG

MPEG의 임무는 동영상의 부호화와 이에 부수된 오디오의 부호화 그리고 부호화된 결과들을 하나의 비트열로 결합하는 방법에 대한 표준을 정하는 것이다. MPEG은 1991년에 MPEG-1을, 1994년에는 MPEG-2를 실질적으로 마무리함으로써, 디지털 혁명의 시작이 되었다. 현재는 MPEG-2에 비하여 훨씬 높은 압축률과 다양한 응용분야에 적용을 목표로 MPEG-4, MPEG-7. MPEG-21에 대한 표준화 작업을 진행 중이다.

MPEG-1 및 MPEG-2는 비디오 CD, DVD 등의 컴퓨터 멀티미디어 서비스, 직접 위성 방송(DBS : Direct Broadcasting via Satellite), CATV, 고선명 TV 등의 방송서비스, 영화나

광고편집 등에서 광범위하게 이용되고 있다.

MPEG-4의 활동 초기에는 64Kbps 이하의 전송률에서 고화질의 영상을 제공할 수 있는 초고압축률 동영상 압축 표준이 목표였다. MPEG-4의 특징은 자연계 영상 뿐 아니라, 컴퓨터 합성 영상이나 컴퓨터 그래픽을 복합적으로 부호화 할 수 있으며, 소프트웨어에 의하여 구현이 가능하도록 하였으며, 또한 영상 및 오디오를 객체기반으로 부호화 할 수 있다.

MPEG-7은 인터넷에서 멀티미디어 정보검색 기술의 국제 표준을 만들기 위해 ISO/IEC 산하 JTC1/SC29/WG11 그룹이 추진하고 있다. 이는 멀티미디어 데이터의 구조와 색인을 부호화 하는 것이다. MPEG-7의 응용은 크게 Pull, Push 및 기타 응용으로 나눌 수 있다.

Pull 응용 서비스는 클라이언트/서버의 개념으로 클라이언트의 요구가 있을 경우 서버는 이를 처리해 검색엔진이 검색한 데이터를 클라이언트에 보내주는 방식을 말한다. 예를 들어 방송 프로그램을 편집할 때 필요한 비디오 부분을 쉽게 찾을 수 있는 비디오 데이터 검색, 노래방에서 원하는 노래를 찾고자 할 때 알고 있는 소절을 불러 찾는 상업용 가라오케나 음반 판매와 같은 음악 서비스, 웹에 기반을 둔 시청각 인터넷 검색 등이 있다.

Push 응용 서비스는 방송의 개념으로 공급자가 수요자에게 데이터를 일방적으로 공급하는 방식으로 필터 에이전트(filter agent)가 입수된 데이터 중에서 원하는 데이터를 걸러낸다. 예를 들어 탤런트 전지현 양이 검색되도록 필터를 정해 놓으면 필터는 어떤 채널에서 전지현 양에 대한 방송이 나올 때 이를 검출하여 사용자에게 알려주는 것이다.

MPEG21은 디지털 멀티미디어 콘텐츠의 제작, 유통, 전달, 관리, 보안, 소비하는 과정에 있어서 광범위한 네트워크 및 터미널을 통하는 여러 계층의 멀티미어 자원을 투명하고, 상호 호환할 수 있도록 사용하기 위한 멀티미디어 프레임워크 표준 규격이다. 디지털 콘텐츠의 전체 생명주기에서 콘텐츠 제작자, 유통업자 및 최종 사용자가 편리하게 국제적인 호환성을 가지고 콘텐츠를 식별, 관리 및 보호할 수 있도록 하는 멀티미디어 프레임워크 핵심 기술의 표준화가 목표이며, 디지털 아이템 선언, 디지털 아이템 식별자 및 메타데이터, 디지털 콘텐츠 표현, 디지털 아이템 관리와 사용, 저작권 관리 및 보호, 단말과 통신망(terminal and network), 이벤트 보고 등이 기술 요소이다. MPEG 21 프레임워크 상에서는 취급 및 거래에 이용되는 기본적인 콘텐츠 단위를 디지털 아이템이라고 하며, 디지털 아이템은 동영상, 오디오, 텍스트 등 멀티미디어 자원과 내용을 설명하는 기술자(description), 그리고 국제적으로 통용되는 상품번호격인 식별자로 구성된다.

■ H.261

화상정보 압축에 대한 표준화 활동은 화상회의 및 화상전화 응용을 위하여 처음 시작되었다. H.261 비디오 코딩 표준은 주로 ISDN을 대상으로 하고 있으며, 입력단의 영상이 초당 29.97프레임이 되어야 하고 압축과정에서 초당 10개 또는 15개의 압축 영상을 생성할 수 있어야 한다. 압축/복원에 대한 최대신호 지연이 150ms 초과하지 말아야 한다. 비디오 신호의 포맷은 CIF(Common Intermediate Format)와 QCIF(Quarter CIF) 2가지가 있으며, CIF는 352×288의 휘도(luminance) 성분과 176 ×144의 색(chrominance) 성분으로 구성되고, QCIF는 176×144의 휘도(luminance) 성분과 88×72의 색(chrominance) 성분으로 정의된다.

▣ HEVC

고효율 비디오 코딩(High Efficiency Video Coding, HEVC)는 기존의 H.264/MPEG-4 AVC 표준보다 약 40% 압축률로 동일한 화질을 구현하는 동영상 부호화 기술이다. 기존에 H.264/MPEG-4 AVC를 개발했던 ISO/IEC MPEG과 ITU-T의 영상 부호화 전문가 그룹(Video Coding Experts Group)이 Joint Collaborative Team on Video Coding(JCT-VC)으로서 2010년 1월 팀을 결성하여 표준화 작업을 진행하였다.

2013년 1월 25일, ITU는 스위스 제네바에서 HEVC를 차세대 최종 표준안으로 승인하였다. ISO/IEC 표준 번호는 ISO/IEC 23008-2 이며, 현재 FDIS(Final Draft International Standard) 상태이다. ITU-T 표준 번호는 2013년 4월 13일에 H.265로 발행되있다. 현재는 이를 기반으로 크기 가변적 비디오 코딩(Scalable Video coding)과 3D 비디오 코딩 기술이 각각 개발 중이다.

HEVC 코덱의 기본 개발 원칙은 다음과 같다.

① H.264/AVC 보다 두배 이상의압축 효율을 목표로 한다.
② 최소 QVGA 에서 UHD 급 영상에 이르기 까지 다양한 해상도를 지원해야 된다.
③ YCbCr 4:2:0의 색공간에 8비트 깊이는 반드시 지원해야 한다.
④ 통상적으로 많이 사용하는 24Hz 에서 60Hz의 프레임율을 지원해야 한다.
⑤ 모든 프로파일과 레벨에 대해 순차 주사 방식을 지원해야 한다.
⑥ 부호화기/복호화기가 표준의 예상 사용 시점에서 구현 가능해야 한다.
⑦ 저지연 및 임의 접근 모드, 멀티채널의 경우 고속 채널 전환을 지원해야 한다.
⑧ 전송 대상 네트워크에 대한 비트스트림 분할 및 패킷화 방법을 개발해야 한다.
⑨ 가상 참조 복호기(Hypothetical Reference Decoders, HRDs)를 포함한 버퍼 모형을 목표 응용 분야들에 대해 명시해야 된다.
⑩ 부호화기/복호화기를 목표시스템 계층 및 전달 계층들에 효과적으로 적용 및 통합할 수 있어야 한다.

(4) 대용량 저장장치 및 데이터 처리

영상데이터인 이미지, 그래픽, 동영상, 음악 등과 같은 멀티미디어 데이터는 파일 용량이 매우 커서 대용량 저장장치가 필요하고 이들을 데이터 처리하는데 시간이 많이 걸리는 단점이 있다. 멀티미디어 데이터 처리는 데이터 처리시간을 신속하고, 데이터의 효율적인 검색, 대용량 저장 등이 가능해야 사용자가 실시간으로 구현하는데 어려움이 적을 것이다.

현재에는 데이터 처리속도 및 저장된 데이터들을 빠르게 읽고 저장할 수 있는 대용량 저장장치인 하드디스크 드라이브, 스토리지 등의 제품들이 많이 있다.

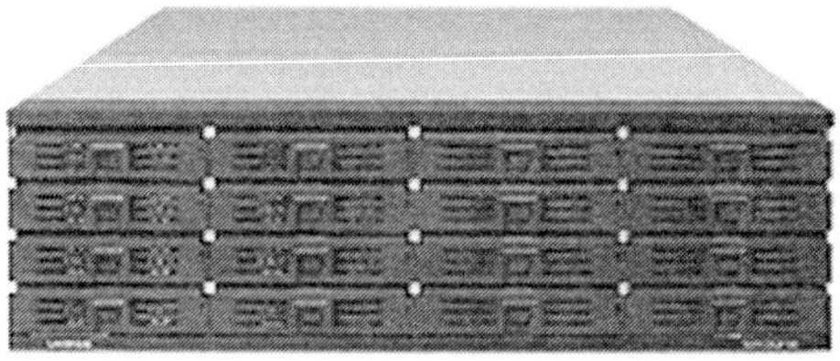

(a) 대용량 저장장치

(b) 하드디스크 드라이브

그림 9-24 대용량 저장장치 및 하드디스크 드라이브

[참고문헌]

[1] 이병기, 강민호, 이종희, 광대역 정보통신, 교학사, 1994.

[2] 김 남, 김수형, 신용섭, 정보통신공학, 기전연구사, 1996.

[3] 정기석, 정보통신개론, 교우사, 1999.

[4] 박상현, 정남채, 정용덕, 정현기, 정보통신이론, 도서출판 광명, 1997.

[5] 호응, 최안수, 정보통신개론, 기한재, 1997.

[6] 임종한, 정보통신기술개론, 도서출판 동서교역, 1995.

[7] 정제창, 그림으로 보는 최신 MPEG, 교보분고, 1995.

[8] 정제창, 그림으로 보는 응용 MPEG, 교보문고, 1997.

[9] 안치득, 박영덕, "ISDN 영상회의 시스템," 전자공학회지, 제21권 제4호 1994년 4월.

[10] 신병철, "멀티미디어 통신기술," 전자공학회지, 제20권 제2호, 1993년 2월.

[11] 현동환, 함진호, "멀티미디어 정보통신 서비스의 표준화동향," 한국통신학회지, 제11권 제10호 1994년 10월.

[12] 안치득, "영상부호화 국제표준화 동향," 한국통신학회지, 제14권 제9호 1997년 9월.
[13] 이명호, 안치득, "MPEG-4 객체 기반 멀티미디어 데이터 부호화 기술," 한국통신학회지, 제15권 제12호 1998년 12월.
[14] 김해광, "MPEG-7 표준 : 멀티미디어 데이터 기술 인터페이스를 위한 부호화 기술," 한구통신학회지, 제15권 제12호 1998년 12월.
[15] 박수준, 유성준, "표준기반 멀티미디어 콘텐트 검색서비스," 한국통신학회지, 제16권 제5호 1999년 5월.
[16] 정재일, 김영탁, "B-ISDN에서의 멀티미디어 서비스," 한국통신학회지, 제11권 제10호 1994년 10월
[17] 장해성, 곽벽렬, 박순, "무선 CATV 기술 동향," 한국통신학회지, 제13권 제7호 1996년 7월.
[18] 안치득, 양재우, 육재림, "국내 고선명 TV 시스템 개발", 한국통신학회지, 제13권 7호 1996년 7월.
[19] 오승준, 손채봉, "디지털 위성방송 : 무궁화 위성방송과 그 응용", 한국통신학회지, 제16권 제5호 1999년 5월.
[20] 손현, "디지털 DBS 방송시스템 기술," 한국통신학회지, 제13권 7호 1996년 7월.
[21] KBS, "KBS 지상파 디지털 방송 홍보자료, 1999년 6월.
[22] 남재열, 하영호, "디지탈 영상 표준화 및 서비스 개요," 전자공학회지, 제22권 제7호, 1995년 7월.
[23] 유성준, "멀티미디어 정보검색 기술동향," 전자공학회지, 제25권 8호 1998년 8월.
[24] 노형기, 황본우, 문종섭, 이성환, "내용기반 영상 정보 검색 기술의 현황," 전자공학회지, 제25권 8호 1998년 8월.
[25] 박섭형, 이정수, 윤동식, 정재일, "국내 VOD 기술의 발전현황 및 전망," 한국통신학회지, 제13권 제7호 1996년 7월.
[26] 문화방송 http://www.mbc.co.kr/intercast/main02.htm.
[27] 김덕환, 김종철, 이원철, 이형우, 이호순, 조종덕, 최신정보통신개론과 데이터통신, 문운당 2006.
[28] 목하균, KBS 기술본부, 지상파 디지털 TV 방송 서비스의 차별화 방향 및 전략.
[29] http://blog.naver.com/airbag1?Redirect=Log&logNo=80026343237.
[30] 민경일 외, 정보통신공학입문, 도서출판 포인트.
[31] 고응남, 정보통신개론, 한빛미디어.
[32] 김국진, 최성진, IPTV 나남출판.
[33] 김해근, 장정숙, 유비쿼터스 시대를 향한 정보통신개론, 흥릉과학출판사.
[34] 김희원 외, 2010년의 정보통신, 에트리.

[35] 강상현 외, 디지털 방송론, 한울아카데미.
[36] 김성문, 멀티미디어시대의 방송, 한국학술정보(주).
[37] 구재모 외, HDTV의 이해와 실제, 한국방송영상산업진흥원.
[38] 오재규 외, 정보통신개론, 신화전산기획.
[39] 주식회사 유니와이드, http://www.uniwide.co.kr/.
[40] 두산백과사전 EnCyber & EnCyber.com.
[41] http://ko.wikipedia.org/wiki/.
[42] 네이버캐스트 http://navercast.naver.com/contents.nhn?rid=122& contents_id=7949..
[43] http://www.itworld.co.kr/techlibrary/88064.
[44] http://dicagallery.com/220027702907.
[45] http://ko.wikipedia.org/wiki/HEVC.
[46] 호요성, 최정아, “차세대 영상 압축 표준 기술 분석 및 전망”, 한국멀티미디어학회 회지, pp. 9-16, wp6권 제1호 2012년3월.

연습문제

01. 뉴미디어란 무엇인가?

02. 방송계, 통신계, 방송통신 융합계, 패키지 뉴미디어 종류를 쓰시오.

03. 유선 CATV와 무선 CATV의 특징을 비교 설명하시오.

04. 디지털 방송의 특징을 쓰시오.

05. 문자다중 방송에 대해서 기술하시오.

06. 수직귀선 소거기간에 대해서 기술하시오.

07. 디지털 멀티미디어 방송에 대해서 기술하시오.

08. 멀티미디어 관련 기술에 대해서 기술하시오.

09. JPEG에 대해서 기술하시오.

10. MPEG에 대해서 기술하시오.

11. HEVC에 대해서 기술하시오.

Chapter 10
해킹과 컴퓨터 포렌식

10.1 해킹

컴퓨터 해킹(computer hacking)이란 컴퓨터를 이용하여 다른 사람의 컴퓨터에 허가 없이 접근하여 실행 중인 프로그램을 정지시키거나, 컴퓨터 데이터를 복사, 수정, 삭제 등의 나쁜 행위를 말한다.

우리나라 대검찰청의 사이버범죄 수사단에서는 해킹, 바이러스 유포, 전자상거래, 불건전한 정보 유통에 관련한 범죄를 담당하고 있다.

인터넷에서의 피싱, 사기, 명예훼손 등이 온라인에서 많이 발생되고 있고, 온라인 인터넷 뱅킹정보, 개인정보 등 금전적 이익을 노리는 해킹집단이 조직화되고 있다.

또한 2009년 7.7 DDoS공격, 2011년 3.4 DDoS공격, 2011년 농협전산망 마비 등 막대한 피해와 혼란을 야기하는 사이버테러형 범죄가 최근 자주 발생하고 있습니다.

검찰에서는 1995년 서울지방검찰청에 「정보범죄수사센터」발족을 시작으로 대검 컴퓨터수사과 내에 「인터넷범죄수사센터」, 2011년에는 「사이버범죄수사단」을 창단하여 점점 지능화·첨단화되고 있는 사이버범죄에 효과적으로 대응하기 위한 전담 조직을 구성하였다.

그림 10-1 대검찰청 사이버범죄 수사단

또한, 사이버범죄에 대응하기 위해서 경찰청 사이버안전국, 한국인터넷진흥원에서 해킹 및 침해대응과 관련한 업무를 수행하고 있다.

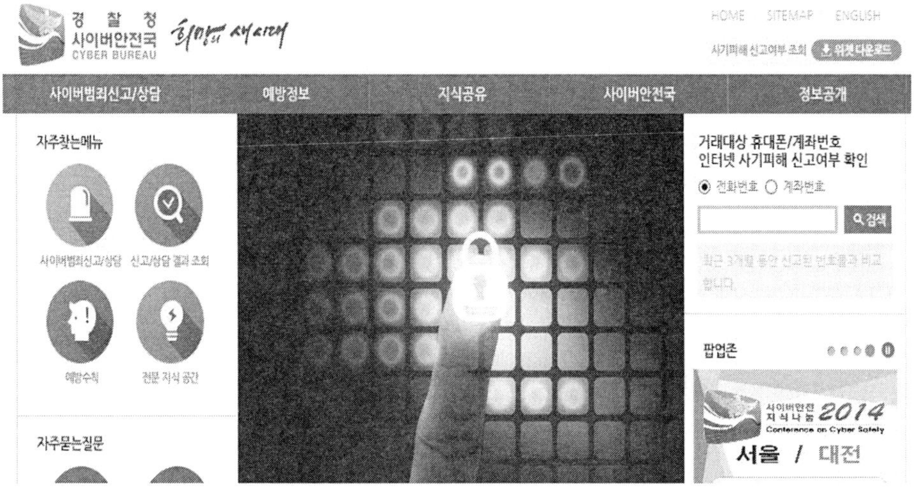

그림 10-2 경찰청 사이버안전국 홈페이지

그림 10-3 한국인터넷진흥원 홈페이지

본 절에서는 해커와 크래커에 대한 개념, 해킹 범죄와 사이버 테러, 컴퓨터 범죄 특징, 해킹 방법에 대해서 알아본다.

10.1.1 해커와 크래커

(1) 해커(Hacker)

▣ 해커의 유래

해커라는 용어는 1950년대 말 미국 매사추세츠공과대학(MIT)의 철도 신호기와 동력 시스템을 연구하던 동아리 모임에서 유래했다. 이 동아리의 학생들이 밤마다 학교 소유의 IBM 컴퓨터를 몰래 사용했다. 당시 MIT에서는 '해크(hack)'라는 말을 '작업과정 그 자체에서 느껴지는 순수한 즐거움 이외 어떠한 건설적인 목표도 갖지 않는 프로젝트나 그에 따른 결과물'을 지칭하는 은어로써 사용하였는데, 동아리 학생들이 여기에 사람을 뜻하는 '-er'을 붙여 해커라고 쓰게 되었다.

해커는 컴퓨터 프로그램을 많이 개발하여 인터넷이나 컴퓨터 전산망의 취약한 부분을 찾아내 알려주고 피해가 없도록 도와주는 사람이다. 국가적으로 보다 안전한 인터넷이나 네트워크를 위해서 해커는 바람직한 역할을 하는 컴퓨터 전문지식을 갖고 도움을 주는 사람이다. 애플컴퓨터를 창업한 스티브 워즈니악과 스티브 잡스, 마이크로소프트를 창업한 빌 게이츠도 초기에는 해커였다.

한국정보보호진흥원의 <정보시스템 해킹 현황과 대응>(1996)에 따르면, 해커란 "컴퓨터 시스템 내부구조와 동작 따위에 심취하여 이를 알고자 노력하는 사람으로 대부분 뛰어난

▣ 해커의 수준별 분류(Gilbert Alavedian의 5등급 분류)

분 류	의 미
Elite	- 최고수준의 해커, 시스템의 취약점을 찾아내고 그것을 이용해서 해킹을 성공할 수 있는 능력을 가진 자 - 해킹 목적은 단지 자신이 해당 시스템을 아무런 흔적없이 해킹할 수 있다는 것을 확인하기 위함
Semi Elite	- 컴퓨터에 대한 포괄적인 지식이 있고, OS를 이해하고 있으며, 운영체제에 존재하는 특정한 취약점을 알고, 그 취약점을 공격할 수 있는 코드를 만들 수 있을 정도의 최소한의 지식을 가지고 있는 자 - 해킹 흔적을 남겨서 추적을 당하기도 함
Developed Kiddie	- 주로 십대 후반의 학생들로 대부분의 해킹 기법들에 대해 알고 있음 - 킹을 위한 취약점을 발견할 때 까지 여러 번 시도해 시스템 침투에 성공하는 경우도 있음, 성공된 해킹에 대해 자랑하고 다님 - 보안상 취약점을 새로 발견하거나, 최근 발견된 취약점을 주어진 상황에 맞게 바꿀만한 능력이 없음
Script Kiddie	- 네트워킹이나 운영체제에 대해 기술적 지식이 부족함 - 주로 학생으로 잘알려진 트로이목마를 사용해 평범한 인터넷 사용자를 공격함
Lamer	- 해커는 되고 싶지만 경험, 기술이 없는 자 - 네트워크, 운영체제 관련한 지식이 없으며, 게임과 채팅 등을 주로 함 - 트로이목마, GUI OS용 해킹도구를 다운받아 시도하는 수준임

컴퓨터 및 통신 실력을 가진 사람들"로 정의했다. 따라서 해커는 컴퓨터나 네트워크 따위에 대해 탐구를 즐기는 사람일 뿐이며, 이들과 다른 침입자이며 파괴자인 크래커는 구별해야 한다. 또 정보의 공유를 주장한다는 점에서 해커를 정보사회주의자로 보는 시각도 있다.

그러나 일반적으로 해커라고 하면, 다른 컴퓨터에 불법으로 침입하여 자료의 불법 열람·변조·파괴 따위의 행위를 하는 침입자·파괴자를 통칭하는 부정적인 의미로 더 많이 쓰인다. 이 침입자·파괴자라는 점에서 해커는 크래커와 혼동되기도 한다.

해커들은 프로그램 소스를 공개하는 무료 프로그램을 제작 배포하며, 소스 프로그램의 디버깅을 도와주며, FAQ를 공개하여 해킹 문화의 보급을 즐거움으로 생각하고 있다.

(2) 해킹관련 용어

▣ White Hat

선의의 해커로 다른 해커로부터 공격을 받기 전에 도움을 줄 목적으로 컴퓨터 시스템이나 네트워크에서 보안상 취약점들을 찾아내어 그 취약점을 노출시켜 알리는 해커 전문가를 말한다.

▣ Gray Hat

White Hat과 Black Hat 사이에 해당하는 것으로, 합법적, 불법적 해킹을 상황에 따라서 한다.

▣ Black Hat(Cracker)

침입자(intruder) 또는 공격자(invader)라고도 하며, 소프트웨어를 불법으로 복사하여 배포하는 사람을 가리키기도 한다. 고의 또는 악의적으로 다른 사람의 컴퓨터에 불법적으로 침입하여 데이터나 프로그램을 엿보거나 변경하는 등의 컴퓨터범죄 행위를 저지르는 지능범을 가리킨다.

해커는 정보의 공유를 주장하는 고도의 컴퓨터 전문가로서 컴퓨터프로그램의 발전에 기여한 긍정적인 측면이 있는 반면에 크래커는 악의적으로 범죄의 수단으로서 해킹 기술을 이용한다는 차이점이 있다. 이 때문에 해커들은 크래커를 자신들과 구별하여 '위험한 해커(dangerous hacker)'라는 뜻의 영어 글자를 따서 '데커(decker)'라고 부르기도 한다.

크래커는 이익을 추구하려고도 하지만 악의적이고 이타적인 목적이나 이유, 특히 보안 시스템에 대한 도전으로 불법행위를 자행하는 경우가 많다. 이에 대하여 당사자들은 어떤 컴퓨터 시스템의 보안이 취약하다는 것을 지적하기 위해 하는 일이라고 주장하기도 하지만 범죄행위일 뿐이다.

크래커들은 허락받지 않은 상태에서 상대방 컴퓨터에 침입하여 중요한 정보를 훔치거나, 고장을 내며, 하드디스크를 포맷, 데이터를 수정, 삭제하는 파괴행위를 한다. 또한 크래커들은 공항 관제탑이나 발전소의 정보 시스템에 침입하여 가동을 중단시키고, 군사위성에 침투하기도 한다. 또 식품회사의 제조공정을 변경하여 독극물이 든 식품으로 변조하는가 하면, 경쟁 기업에 침투하여 극비에 속하는 개발정보를 빼내 판매하기도 한다. 이밖에 인터넷 홈뱅킹 관련 자료를 입수하여 몰래 만들어 둔 가공의 계좌로 남의 돈을 이체한 예도 있다.

해커들의 공격 대상

해커들의 공격 대상에는 은행, 증권회사 같은 금융기관, 대형 종합병원과 의료기관, 인터넷 통신망 회사, 정부 행정기관, 군사시설, 국가 방위산업체 등과 같은 기관에 자신의 해킹실력 향상과 목적달성을 위해 침입을 시도한다.

10.1.2 해킹 범죄와 악성프로그램

(1) 해킹 범죄

해킹 범죄는 컴퓨터 시스템 관리자의 권한을 불법으로 획득하여 무단으로 컴퓨터 시스템에 침입하여 정보를 훔치거나 프로그램을 파괴하는 침해 행위를 의미한다. 또한 시스템 관리자가 시스템이나 네트워크에 설정해 놓은 보안정책을 무력화시키는 것도 해킹이라고 할 수 있다.

해킹의 침입 절차는 3단계로 표현할 수 있다.

- 첫 번째는 공격하고자 하는 컴퓨터 시스템의 일반사용자 권한을 획득한다.
- 두 번째는 컴퓨터 시스템의 관리자 권한을 획득한다.
- 세 번째는 공격한 컴퓨터 시스템을 다시 침입하기 위해 백도어(backdoor)를 설치한다. 백도어를 설치하면 컴퓨터 시스템의 관리자 비밀번호를 모르더라도 관리자 권한으로 접속할 수 있다.

해킹은 사용하는 기술과 방법 및 침해의 정도에 따라서 다양하게 구분된다. 경찰청에서는 해킹에 사용된 기술과 방법, 침해의 정도에 따라서 단순 침입, 사용자 도용, 파일 등 삭제 변경, 자료 유출, 폭탄 스팸메일, 서비스 거부 공격으로 구분하고 있다.

그림 10-4 해킹 침입 절차

▣ 단순 침입

정당한 접근 허가권한 없이 또는 허용된 접근 권한을 초과하여 정보통신망에 침입하는 것이다.

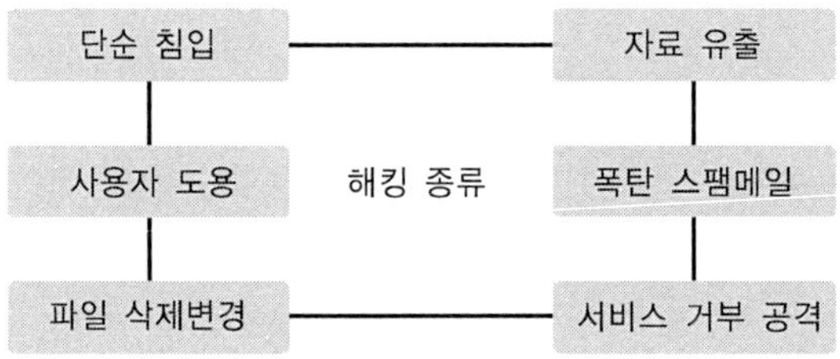

그림 10-5 해킹 종류

여기서, 접근 권한은 행위자가 해당 정보통신망의 자원을 임의로 사용할 수 있도록 하는 권한, 정보통신망에 침입이라는 의미는 행위자가 해당 정보통신망의 자원을 사용하기 위해서 거쳐야 하는 인증절차를 거치지 않거나 비정상적인 방법을 사용하여 해당 정보통신망의 자원을 획득하는 것이다. 즉 정보통신망의 자원을 임의대로 사용할 수 있는 상태가 되었을 때 침입이 이루어진 것이라고 할 수 있다.

▣ 사용자 도용

정보통신망에 침입하여 타인에게 부여된 사용자 계정과 비밀번호를 권한자의 동의없이 사용한다.

▣ 파일 등 삭제와 자료 유출

정보통신망에 침입한 자가 행한 2차적 행위의 결과로 일반적으로 정보통신망에 대한 침입행위가 이루어진 뒤에 가능하다.

▣ 폭탄 스팸메일

메일서버가 감당할 수 있는 한계를 넘는 많은 양의 메일을 일시에 보내 장애가 발생하거나 메일 내부에 메일 수신자의 컴퓨터에 과부하를 일으킬 수 있는 실행 코드 등을 넣어 보내는 것이다.

▣ 서비스 거부 공격

정보통신망에 일정 시간 동안 대량의 데이터를 전송시키거나 처리하게 하여 과부하를 야기시켜 정상적인 서비스가 불가능한 상태를 만드는 일체 행위이다.

(2) 악성프로그램

컴퓨터 시스템이 정상적인 동작을 방해하기 위하여 의도적으로 제작하고 유포하는 실행 가능한 컴퓨터 프로그램을 악성프로그램이라고 한다. 악성프로그램의 종류는 바이러스, 웜, 스파이웨어 등이 있다.

악성프로그램에 감염된 컴퓨터 시스템은 프로그램 실행 속도가 매우 늦어지고, 평소에 나타나지 않았던 오류메시지가 자주 나타나는 등 비정상적인 컴퓨터로 동작하고, 지정된 날에 특정한 프로그램이 실행하기도 한다.

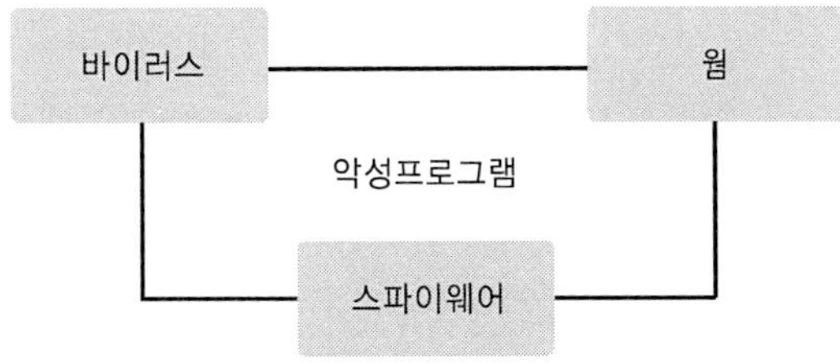

그림 10-6 악성프로그램 종류

▣ 컴퓨터 바이러스

생물학적인 바이러스가 인간의 몸 또는 생물체에 침투하여 병을 일으키는 것처럼 컴퓨터 내에 침투하여 자료를 손상시키거나 다른 프로그램들을 파괴하여 작동할 수 없도록 하는 컴퓨터 프로그램의 한 종류이다. 바이러스에 감염된 디스크로 컴퓨터를 부팅시킬 때, 어떤 프로그램을 실행시킬 때 바이러스가 활동하여 자료를 파괴하거나 컴퓨터 작동을 방해하고 자신을 복제하여 다른 컴퓨터로 전염시킨다. 이런 점이 생물학적 바이러스와 비슷하기 때문에 바이러스라는 용어를 사용하지만, 다른 일반 프로그램과 동일한 프로그램의 한 종류이다.

컴퓨터 바이러스에 감염되면, 컴퓨터 부팅이 되지 않고, 부팅시간이 평소보다 오래 걸리고, 프로그램 실행시간이 너무 길거나 동작되지 않을 수 있고, 파일목록을 확인하는 명령을 하였을 때 목록이 화면에 나타나는 시간이 오래 걸리거나, 화면에 이상한 글자가 나타나거나, 프로그램의 크기가 달라져 있거나, 프로그램의 작성일자 또는 파일의 이름이 바뀌는 등의 문제가 발생한다.

▣ 인터넷 웜

웜은 다른 곳에 복사하지는 않고 기억장소에서 자기복제를 하는 프로그램을 말하였다. 그러나 최근에는 실행코드 자체로 번식하는 유형을 말하여 주로 PC상에서 실행한다. 바이러스는 감염대상을 가지고 있지만, 웜은 감염대상을 가지지 않는다.

인터넷 웜의 번식은 다른 사람에게 e-mail을 통하여 다른 사람에게 웜을 첨부하여 자동으로 보낸다. 웜을 첨부된 상태로 e-mail을 보내기 때문에 더 큰 크기의 편지가 상대방에게 전달된다.

인터넷 웜은 인터넷 속도나 시스템의 동작이 늦어지고, 특정파일을 0바이트로 만들고, 재부팅하면 하드디스크를 포맷하는 경우가 발생한다.

▣ 스파이웨어

스파이웨어(애드웨어)란 광고, 개인정보 수집 또는 컴퓨터 관리자의 동의없이 컴퓨터의 구성 변경 등과 같은 활동을 행하는 소프트웨어이다.

컴퓨터에 스파이웨어가 설치된 경우의 증상은 웹 화면을 열어 놓지 않았는데도 팝업 광고가 나타나고, 웹 브라우저에서 기본 사용자의 홈페이지가 변경되었을 경우, 웹 브라우저에 새로운 도구 모음이 발생되었거나, 특정 작업을 완료하는 데 평소보다 시간이 오래 걸릴 경우, 갑자기 컴퓨터가 꺼지는 경우와 같은 이상한 증상이 나타나면 컴퓨터에 스파이웨어가 설치되었을 가능성이 높다.

▣ 트로이목마

프로그램이 상대방의 컴퓨터에 몰래 숨어있다는 의미가 있다. 이 프로그램은 인터넷에서 파일을 다운로드할 때 전파되는 것으로, 유용한 프로그램으로 가장하여 컴퓨터에 숨어 있다가 이 프로그램을 실행하도록 속인다.

트로이목마는 몰래 숨어 있는 컴퓨터의 자료를 삭제하고, 감염된 컴퓨터에 있는 정보, 즉 신용카드번호, 비밀번호 등의 정보를 인터넷을 통해 외부로 훔쳐 내는 등 사이버 테러를 목적으로 사용되는 악성프로그램이다. 그러나 바이러스처럼 다른 파일을 전염시키지 않아서 해당 파일만 삭제하면 치료가 가능하다.

10.1.3 컴퓨터 범죄 특징

컴퓨터 범죄는 컴퓨터에 들어 있는 데이터를 파괴하고, 컴퓨터의 동작을 비정상적으로 하여 업무를 방해하는 등과 같은 범죄를 말한다.

컴퓨터를 대상으로 하는 범죄는 트로이목마, 웜, 스파이웨어 등과 같은 바이러스를 투입하여 컴퓨터를 파괴하는 경우, 컴퓨터에 물리적으로 파손하는 행위, 키보드로부터 컴퓨터의 정보를 획득하는 경우를 말한다.

바이러스가 포함된 파일을 다른 컴퓨터로 전송하는 경우, 인터넷에 성인 포르노, 미성년자 포르노 등을 공개한 경우, 게시판에 사기정보를 게시해 부당이익을 얻는 경우, 저작권이 없는 음악, 동영상, 소설, 사진 등을 허락없이 공개한 경우 등이 컴퓨터를 이용하는 범죄이다.

10.1.4 해킹 방법

(1) 해킹 기술의 변화

① 1990년대 초기에는 네트워크를 이용한 공격기술의 수준이 높지 않았으며, 침입을 위해서는 상당히 높은 수준의 지식이 필요하였으므로 침입에 성공할 수 있는 사람이 많지 않았다.

② 1990년대 말~2000년대에는 공격 기술의 발달로 침입에 요구되는 지식 수준이 낮아져 침입자 수가 급격히 증가하고 있다.

③ 최근의 해킹 경향은 금전적 이익추구 등 뚜렷한 목적을 가지고 특정 대상을 공격하는 양상으로 변화하고 있다. 악성 Bot, 피싱, 스미싱, 홈페이지를 통한 악성 코드 유포 등이 있다.

(2) 일반적인 해킹 순서

① 먼저 해킹 대상에 대한 정보를 수집하고 불법 로그인 접근을 통해 루트(관리자)권한을 획득한 후 스니퍼 등을 이용하여 네트워크 트래픽을 감청, 중요정보를 가로채어 자신의 컴퓨터로 전송한다.

② 침입한 시스템에 백도어(Backdoor) 프로그램을 설치하여 쉽게 해킹한 컴퓨터에 접근할 수 있게 하며, 로그파일 등 침입흔적을 삭제한다.

(3) 해킹 기법들

▣ 패스워드 추측(Password guessing)

특정 사이트에 로그인할 때 사용자 ID를 알고 있는 경우에는 패스워드를 추측하여 해킹하는 방법이다. 패스워드는 사용자의 전화번호, 생년월일, 주민등록번호, 집주소 등을 사용하는 경우가 많이 있다. 이와 같은 사용자의 개인 정보를 이용하여 해킹할 수 있다. 또한 패스워드를 알아내는 프로그램을 이용하는 경우가 있다.

▣ 패스워드 크랙(Crack)

패스워드 크랙은 암호화 된 패스워드를 원래의 평문암호로 만드는 것이다. UNIX, Linux 시스템에서는 사용자의 패스워드는 /etc/passwd라는 파일에 보관하고 있다. passwd 파일의 사용자 암호는 /etc/shadow 파일에서 암호화 된 상태로 보관하고 있다. 이 파일내용은 시스템 관리자만 읽을 수 있다. 이와 같이 사용자의 암호화된 패스워드를 복사하여 해독해서 원래의 패스워드를 알아내는 방법이다.

▣ 자기복제코드

인터넷 웜과 같이 사용자에게 악성코드를 보낸 경우에 그 사용자에게만 피해를 주는 것이 아니고 코드 자체가 또 하나의 코드를 복제하여 다른 사용자나 다른 네트워크에 전송하여 그 피해를 증가시키는 코드를 말한다.

▣ 알려진 취약점을 이용한 해킹

sendmail, tftp, NFS 등과 같이 운영체제와 응용프로그램의 버그를 이용한 침입방법이다. 이로 인한 해킹을 방지하기 위한 방법은 버그패치, 버전업그레이드, 시스템을 올바르게 구성한다.

▣ 로그파일 삭제

로그파일은 컴퓨터 시스템에 로그인 한 경우에 로그인 경로, 시간, 사용명령어 등에 대한 정보가 컴퓨터 시스템의 /var/log 로그파일로 기록된다. 또한 해커가 컴퓨터 시스템에 무단으로 침입할 경우에도 로그파일에 기록된다. 저장된 로그파일을 이용하면 해커의 침입경로를 추적할 수 있다. 그래서 해커들은 침입한 컴퓨터 시스템을 로그아웃할 때 로그

파일을 삭제한다.

▣ 백도어(Backdoor)

백도어는 해커가 컴퓨터 시스템에 침입한 후에 관리자 권한으로 침입한 시스템에 쉽게 재침입하기 위해서 만드는 비밀통로이다.

▣ 스니퍼(Sniffer)

스니퍼는 컴퓨터 네트워크상에 있는 정보를 중간에서 가로채는 하드웨어 또는 소프트웨어이다. 스니퍼는 컴퓨터 네트워크 트래픽을 수집하기 위해 이더넷 어댑터(랜카드)를 promiscuous mode로 변경하는 것이다. 랜카드에서 외부의 패킷을 받을 때 패킷의 목적지 주소가 랜카드의 주소와 동일한 경우에 패킷을 받아들이고, 그렇지 않으면 받아들이지 않는다. promiscuous mode는 무조건 외부의 패킷을 받아들이도록 하는 모드이다. 이 모드에서 다른 사용자의 ID나 패스워드의 패킷을 받아들인 경우, ID와 패스워드를 알 수 있다.

▣ 패킷 스푸핑(Packet spoofing)

패킷 헤더에는 패킷의 출발지 주소와 목적지 주소 등의 정보가 있다. 이 정보를 수정하면 전송되는 패킷이 정상적인 사용자에게 온 것인지, 해커에게서 온 것인지 구분할 수 없다. 패킷 스푸핑은 이런 취약점을 이용하는 해킹기법이다.

▣ 서비스 거부 공격(Denial of service attack)

대량의 데이터로 특정 웹사이트를 공격하여 정상적인 사용자가 그 웹사이트를 사용할 수 없도록 그 웹사이트를 다운시키는 것이다.

▣ 스캐닝(Scanning)

스캐닝은 컴퓨터 시스템이나 네트워크에 여러 가지 서비스를 요청하고 응답하는 결과를 수집하여 취약점을 찾는 방법이다.

10.2 컴퓨터 포렌식(Computer forensics)

최근 세계의 모든 컴퓨터들은 인터넷 망(네트워크)으로 컴퓨터들이 서로 연결되어 있다. 지구 사람들은 컴퓨터 및 인터넷 망을 이용하여 채팅, 인터넷을 이용한 대화, 인터넷뱅킹, VOD, 게임, 화상대화 등으로 생활형태, 비즈니스 방법들이 많이 변하고 있다. 그러나 이와 같은 컴퓨터와 네트워크 기술이 발전하여 사이버상의 범죄들이 증가하고 있으며, 또한 범죄자의 수법도 다양하게 변하고 있는 실정이다.

컴퓨터와 네트워크는 공격대상을 괴롭히고, 또한 공격을 받고 있다. 법 집행기관인 경찰, 검찰 등은 이런 컴퓨터를 이용한 범죄자를 수사할 기술과 숙련된 전문가가 부족한 실정이다.

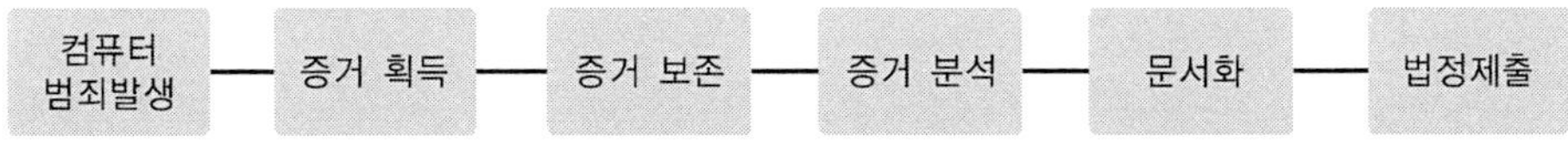

그림 10-7 컴퓨터 포렌식

본 장에서는 사이버 범죄를 수사하여 법정에 증거자료를 제출하는 과정인 컴퓨터 포렌식에 대해서 공부한다.

10.2.1 컴퓨터(디지털) 포렌식이란?

포렌식(forensics)은 법정에서 변론하는 기술을 묘사할 때 사용하는 웅변술, 토론학을 의미한다.

컴퓨터 포렌식은 범죄에 사용된 컴퓨터 또는 범죄 행위를 한 컴퓨터 등 디지털 정보처리 장치에서 발생하는 각종 행위의 사실관계를 확정 또는 증명하기 위해서 증거를 획득, 보존, 분석, 문서화하여 법정에 제출하는 행위를 말한다.

컴퓨터 범죄의 증거는 휘발성 메모리 증거, 물리적인 매체인 데이터 저장장치의 증거, 네트워크 관련한 증거 등이다.

컴퓨터 포렌식의 증거 수집 방법은 휘발성 메모리의 데이터, 물리적 저장장치인 하드디스크의 데이터 복구 기술, 암호화 기술, 숨겨 놓은 파일 찾기, 임시 파일 데이터나 백업 데이터의 복구, 컴퓨터 시간과 날짜에 관련된 정보를 분석하는 기술 등이 있다. 특히 저장장치인 하드디스크는 데이터 생성, 삭제, 복사, 수정이 어렵지 않아 증거를 획득, 보관 및 분석하는 데 특별한 절차와 방법들이 요구된다.

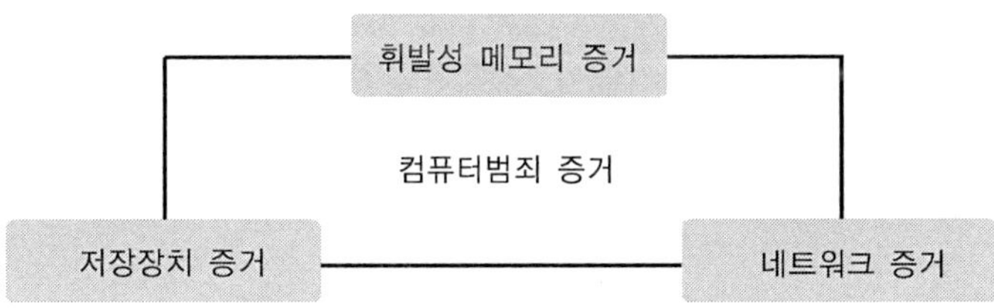

그림 10-8 컴퓨터 범죄 증거

10.2.2 사이버 범죄 분류

사이버 범죄는 컴퓨터와 인터넷 망을 일부로 사용된 범죄 사건을 말한다. 다시 말하면 사이버 범죄는 컴퓨터 또는 네트워크가 범죄의 도구 또는 범죄를 당한 대상이 된다. 이와 같이 컴퓨터와 네트워크가 범죄와 직접, 간접적으로 연관되어 있는 것이다.

사이버 범죄의 분류는 폭력 가능성이 있는 분류, 비폭력인 사이버 범죄로 분류할 수 있다. 사이버 범죄 분류는 표 10.1과 같다.

표 10-1 사이버 범죄 발생 통계(경찰청 사이버안전국 홈페이지)

구분	총계			총계			총계		
	발생	검거		발생	검거		발생	검거	
		건수	인원		건수	인원		건수	인원
2004	77.099	63.384	70.143	15.390	10.993	11.892	61.709	52.391	58.251
2005	88.737	72.421	81.338	21.389	15.874	17.371	67.342	56.547	63.967
2006	82.186	70.545	89.248	20.186	15.979	17.498	62.000	54.566	71.750
2007	88.847	78.890	88.549	17.671	14.037	15.302	71.176	64.853	73.247
2008	136.819	122.227	128.635	20.077	16.953	17.649	116.742	105.274	110.986
2009	164.536	147.069	160.656	16.601	13.152	13.619	147.935	133.917	147.037
2010	122.902	10.3809	111.772	18.287	14.874	16.777	104.615	88.935	94.995
2011	116.961	91.496	95.795	13.396	10.299	11.399	103.565	81.197	84.396
2012	108.223	84.932	86.513	9.607	6.371	7.239	98.616	78.561	79.274
2013	155.366	86.105	92.621	10.407	4.532	5.514	144.959	81.573	87.107

(1) 폭력 가능성이 있는 사이버 범죄 분류

폭력 가능성이 있는 사이버 범죄는 사이버 테러, 사이버 위협, 사이버 스토킹, 아동포르노 등이 있다.

▣ 사이버 테러

테러는 계획적이고 정치적인 목적에 의해 비밀그룹이나 요원이 전투능력이 없는 대상에 가하는 폭력 행위로 정의하고 있다. 사이버 테러는 폭력적인 행위에 대한 정보를 나누기 위해 e-mail로 정보를 주고받는 것, 웹사이트를 통해 테러리스트를 모집하는 것, 항공제어 컴퓨터 시스템을 파괴해서 비행기들이 서로 충돌하게 하는 것, 상수도 컴퓨터를 공격해서 물을 오염시키는 것, 병원 데이터베이스를 공격해서 환자들에 대한 정보를 수정하거나 삭제함으로써 환자에게 잘못된 처방을 하게 하는 것, 전력장치 파괴행위 등을 말한다.

▣ 사이버 위협

사이버 위협은 e-mail을 통해 수행할 수 있으며, 특정한 사람 또는 특정한 사람 주위의 목숨을 위협하는 것이다. 그리고 기업이나 정부기관 등의 기관으로 e-mail 폭탄 전송도 사이버 위협이라고 한다.

▣ 사이버 스토킹

사이버 스토킹은 사이버 공간에서의 괴롭힘을 말한다. 사이버 스토킹은 물리적인 위협을 발생시켜서 피해자에게 공포감을 유발시키며, 실제 생활에서 스토킹이나 폭력으로 발전할 수 있다.

▣ 아동포르노

아동포르노는 미성년자가 등장하는 포르노물을 만드는 사람, 포르노물을 배포하는 사람, 포르노물을 보는 사람들이 모두 아동포르노 범죄자이다. 이런 모든 행위에 컴퓨터와 네트워크가 사용됐다면 아동포르노 범죄가 된다.

국가 아동포르노법

미국에서 아동포르노의 광고를 하거나 그 광고를 받아보는 것은 연방법상 범죄로 규정되어 있다. 아동포르노의 정의는 미성년자가 나오는 모든 포르노 영상물이다. 영상물에 나오는 사람이 실제 미성년자가 아니지만 미성년자처럼 보이거나, 또는 그렇게 광고했을 경우에도 아동 포르노에 해당된다.

영국에서는 아동보호법과 범죄자 재판법에 의해서 아동이 들어가 있는 부적절한 사진이나 가상사진을 소유하는 사람을 범죄자로 규정하고 있다. 가상사진은 컴퓨터그래픽으로 만든 그림 또는 실제사진처럼 보이는 그림을 의미한다. 예를 들어 포토샵으로 다른 사람의 몸에 미성년자의 얼굴을 붙인 그림을 의미한다.

(2) 비폭력적인 사이버 범죄

비폭력적인 사이버 범죄는 사이버 침입, 사이버 절도, 사이버 사기, 파괴적 사이버 범죄, 기타 사이버 범죄 등이 있다.

▣ 사이버 침입

사이버 침입의 경우 범죄자는 컴퓨터 시스템 및 컴퓨터 네트워크에 로그인의 적절한 권한을 갖지 않고 접근하지만, 컴퓨터 시스템의 데이터를 손상하지 않는다.

사이버 침입을 하는 10대 학생들이 네트워크에 침입하는 이유는 자신의 해킹 기술을 시험하거나 자신을 상대방에게 알리고 싶거나, 또는 개인적으로 도전하는 일이기 때문이다.

사이버 침입자는 '스푸핑'을 즐긴다. 즉, 사이버 침입자는 당신의 e-mail과 문서를 읽어보고, 당신이 어떤 웹사이트에 방문하는지 파악하는 등의 일을 한다. 그러나 사이버 침입자는 그 정보를 어떤 다른 일에 이용하지는 않는다. 그렇지만 대부분의 지역에서는 사이버 침입은 범죄로 규정하고 있다.

▣ 사이버 절도

사이버 절도는 컴퓨터와 네트워크를 사용해서 정보, 돈, 기타 가치있는 것을 훔치는 것으로써 횡령, 불법착복, 회사/산업스파이, 표절, DNS 캐시오염 등이 있다.

횡령은 다른 사람이 당신을 믿고 맡긴 돈이나 재산을 착복하는 것을 말한다. 예를 들어 회사의 급여 시스템에 접근할 수 있는 회사원이 자신의 월급을 마음대로 올린다거나 회사의 은행계좌에서 자신의 계좌로 돈을 이체하는 것을 말한다.

회사/산업스파이는 회사의 내부나 외부에 있는 사람이 기업비밀, 재무정보, 비밀고객 목록, 마케팅 전략, 다른 회사를 파괴하거나 경쟁우위를 얻기 위해 할 수 있는 중요한 정보를 훔치는 것이다.

표절은 다른 사람의 저작물을 훔쳐서 자신의 것으로 발표하는 것을 말하며, 불법복제는 저작권 보호를 받는 소프트웨어, 음반, 영화, 예술품, 서적 등을 허가 받지 않고 복사함으로써 원래 저작권자의 수입을 감소시키는 행위이다.

DNS 캐시오염(poisoning)은 권한없는 침입자가 대상 컴퓨터의 DNS 캐시를 조작해서 그 대상 컴퓨터의 트래픽을 자신의 서버로 보내는 공격이다.

▣ 사이버 사기

사이버 사기는 허위 사실을 전달해서 이익을 얻는 것이다. 절도와 비슷하지만 사이버 사기에서는 희생자가 대부분 자발적으로 재산을 범죄자에게 준다는 점이 다르다. 인터넷 사기는 회사의 스팸메일을 통해 자선기부금 모집 또는 금전적인 사기를 하는 경우이다. 또한 인터넷 사기는 온라인 쇼핑몰 또는 경매 사이트에서 상품을 판매한다고 하고 구매자들로부터 돈을 입금 받았지만 주문한 상품은 보내지 않은 경우이다.

▣ 파괴적 사이버 범죄

파괴적 사이버 범죄는 네트워크 서비스를 멈추거나 또는 데이터에 손상을 입히거나 파괴하는 행위이고, 데이터 또는 네트워크의 소유자와 정당한 사용자가 제대로 자원에 접근할 수 없게 하는 범죄이다.

파괴적 사이버 범죄에는 네트워크에 침입해서 웹페이지를 지우는 행위, 네트워크나 컴퓨터로 바이러스, 웜, 기타, 악성코드를 주입시키는 행위, 서비스 거부(DoS) 공격을 수행해서 서버를 다운시키거나 정당한 사용자가 네트워크 자원을 사용할 수 없게 하는 행위이다.

(3) 기타 비폭력 사이버 범죄

기타 비폭력 사이버 범죄는 인터넷을 이용한 매춘 광고, 인터넷 도박, 인터넷 금지 약물 판매, 사이버 돈세탁, 부정한 방법으로 얻은 돈을 세탁하기 위해 전자금융 이용 등 인터넷으로 부적절한 물건을 인터넷으로 전달하는 범죄를 말한다.

10.2.3 사이버 범죄 증거 수집

사이버 범죄에서 증거 수집은 주로 컴퓨터 서버, 네트워크를 대상으로 한다. 예를 들어, 사이버상 명예훼손의 범죄에서 컴퓨터 서버를 대상으로 수집해야 할 증거와 컴퓨터 서버 해킹 범죄인 경우는 해당 서버 시스템에서 수집할 증거 내용은 서로 다르다. 다시 말하면, 사이버 명예훼손의 증거는 웹서버 게시판의 명예훼손 내용을 프린터, 또는 파일로 캡처해서 증거로 사용하기 때문에 웹서버를 분석할 필요가 없다. 그러나 컴퓨터 서버가 해킹된 경우에는 서버를 분석해야 증거를 수집할 수 있다. 따라서 사이버 범죄의 증거를 수집할 경우에는 수집해야 할 증거 수집의 방향을 제대로 알아야 한다. 다음은 사이버 범죄의 증거 수집에 관한 내용이다.

(1) 휘발성 정보 수집

휘발성 정보는 컴퓨터의 프로세서 정보, 네트워크 접속 상태와 같이 컴퓨터 메모리에 임시로 저장되어 있는 정보이다. 휘발성 정보는 컴퓨터 전원이 켜져 있는 동안 증거로서 획득이 가능하고, 컴퓨터 전원이 꺼지게 되면 휘발성 정보의 증거를 획득할 수 없는 특징이 있다.

휘발성 정보는 레지스터, 캐시, 라우팅테이블, ARP 캐시, 프로세서 테이블, Ram 등에 있다.

(2) 디스크 증거 수집

하드디스크는 컴퓨터의 저장장치로서 범죄와 관련하여 모든 증거 데이터들이 저장되어 있는 장치이다.

디스크의 증거 수집 방법은 파일 복구, e-mail 복구, 키워드 검색(searching), Finding, 암호해독, 수리 등이 있다.

▣ 파일 복구

컴퓨터 하드디스크에서 증거파일이 삭제된 경우가 발생한다. 삭제된 파일은 하드디스크에서 실제로 파일 전부가 삭제된 것이 아니라 파일의 위치를 나타내는 인덱스가 삭제되어 컴퓨터의 파일목록에는 보이지 않는다. 이와 같이 파일이 삭제되었을 경우에 파일을 복구할 수 있다.

▣ e-mail 복구

최근 컴퓨터 관련 범죄 및 일반 범죄에서 범죄 관련자들에게 e-mail을 사용하여 지시사항 및 관련 자료를 교환한다. e-mail을 전송받은 후 e-mail의 증거를 없애기 위해서 e-mail 정보를 삭제한다. 이와 같이 컴퓨터 범죄 수사에서 중요한 증거가 되는 삭제된 e-mail을 복원할 수 있다.

▣ 키워드 검색(Searching)

컴퓨터 범죄 수사에서는 압수한 증거물을 복제하여 만든 디스크 안에 있는 범죄와 관련한 파일들을 빠르게 검색하는 것이 매우 중요하다. 하드디스크 안에 들어 있는 모든 파일과 파일속의 내용들을 하나씩 확인하면서 검색한다는 것은 시간이 많이 걸린다. 사이버 범죄 수사관들은 이미 알려진 파일은 검색 대상에서 제외하고, 관심 깊게 검색 대상을 설정하여 검색 범위를 축소하는 것이 중요하다.

▣ Finding

범죄자가 컴퓨터 하드디스크에 범죄와 관련한 내용들을 파일로 저장하여 숨겨 놓은 것이다. 즉 은닉 정보를 식별하고 내용을 확인하는 것을 말한다. 정보 은닉은 파일 확장자 변경, 슬랙 공간에 데이터 저장 등과 같은 스테가노그라피(steganogrphy), 워터마킹 등의 기술이 있다.

■ 암호해독

범죄자는 컴퓨터 하드디스크에 범죄와 관련한 파일들에 대해서 암호를 설정한 경우가 많다. 암호가 있는 파일들은 암호해독을 해야 파일내용을 읽을 수 있다. 사이버 수사관은 암호를 해독하는 기술이 있어야 증거 수집하는데 효과적이다.

10.2.4 안티 포렌식

최근 컴퓨터, 인터넷 사용자가 증가하면서 사이버 범죄들이 많이 발생하게 된다. 이와 같은 사이버 범죄를 수사하기 위한 컴퓨터 포렌식 관련 기술이 발전하고 있다.

안티 포렌식은 사이버 범죄 수사에 대응하여 디지털 증거가 발견되지 않도록 하는 기술을 말한다. 안티 포렌식 기술은 범죄의 결정적인 증거를 은닉하고 훼손되도록 하는 것으로 정보 은닉, 영구적인 데이터 삭제, 물리적인 정보 파괴 등으로 발전하고 있다.

정보 은닉 기술은 스테가노그래피라는 기술이 사용된다. 이 기술은 메시지가 전송되고 있다는 사실 자체를 은닉해서 데이터를 숨기는 기술로서, 주로 문서의 저작권을 보호하기 위해 사용되었다. 그런데 이 기술이 JPEG, BMP, GIF 같은 이미지 파일이나 MP3, WAV 등과 같은 음악파일 안에 메시지를 암호화해서 숨기는 방법, 즉 데이터 은닉 방법을 이용하여 사이버 범죄의 증거를 숨기는 안티 포렌식으로 악용되는 경우도 늘고 있다.

또한, 영구적인 데이터를 삭제하는 방법은 디가우저란 장비를 사용한다. 디가우저(degausser)는 디스크, 자기테이프 등에 강력한 자기장을 쏘아서 디스크, 자기테이프 안에 있는 데이터나 신호들을 완전히 제거하기 위한 장치이다. 이 장치는 디스크와 자기테이프의 자기적 매체에 있는 자기 성질을 없애거나 변형시켜서 데이터를 삭제하게 한다.

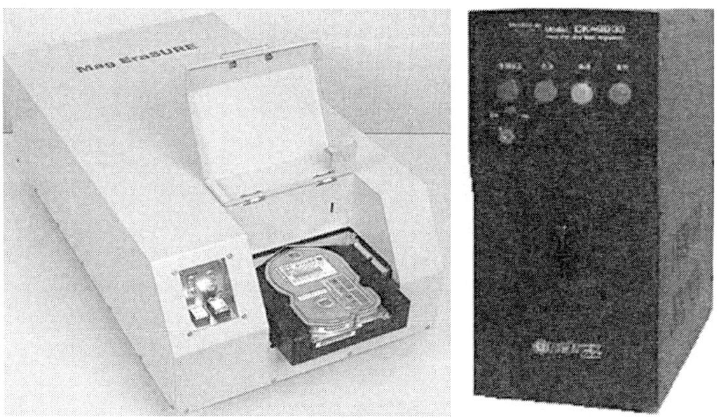

그림 10-9 디가우저 장비

그림 10-10 소프트웨어

또한 소프트웨어를 이용해서 디스크에 있는 데이터를 0 또는 1을 여러 번 반복하여 겹쳐 쓰게 해서 원래의 데이터를 찾을 수 없게 하는 것도 있다.

이와 같은 안티 포렌식 기술은 정보보호의 수단으로 사용되지만, 안티 포렌식으로 악용될 경우 컴퓨터 포렌식 수사를 어렵게 만들 수 있다.

10.2.5 컴퓨터 포렌식 전문가의 자세

컴퓨터 포렌식 전문가는 컴퓨터 하드웨어, 소프트웨어 관련한 폭넓은 지식과 경험들을 가지고 있어야 하며, 또한 포렌식 대상이 되는 컴퓨터 시스템에 존재하는 증거들을 수집해야 한다.

컴퓨터 포렌식 전문가는 포렌식 대상 컴퓨터의 하드디스크에 있는 일반 파일, 삭제한 파일, 숨겨진 파일, 암호화 된 파일 등 모든 파일들을 조사해야 하고, 이 파일들에 대해서 변경, 손상, 바이러스 감염 등으로부터 보호해야 된다. 그리고 이미 삭제된 파일들은 복구하고, 임시 파일, 스와핑 파일 등도 찾아내어 분석해야 한다.

컴퓨터 포렌식 전문가는 포렌식 대상 컴퓨터의 증거들을 분석한 후, 그 결과를 리포트로 법정에 제출하여 공정하게 재판될 수 있도록 한다.

10.3 비디오 보안 감시 시스템

교통량 측정, 신호 위반 차량 단속, 불법 주정차 차량 단속 및 사회 방범 문제 해결 등을 위하여 CCTV의 설치가 전국적으로 늘어나고 있다. 최근 테러 사건이나 강력범죄 등이 증가하면서 비디오 보안 감시 시스템의 중요성이 매우 높아지고 있으며, CCTV를 중심으로 한 영상 감시시스템의 수요가 증가하고 있다. 영상 감시시스템인 CCTV는 인건비, 인력부족 등으로 인하여 효과적인 감시를 위하여 많이 사용하고 있다. 그러나 더욱 효과적으로 감시하기 위해서는 보다 더 향상된 지능형 영상시스템으로의 발전이 필요한 상황이다.

10.3.1 CCTV(Closed Circuit Television) 시스템 응용

CCTV는 특정 수신자를 대상으로 영상데이터를 전송하는 폐쇄형 텔레비전이다. CCTV의 초기에는 아날로그 카메라를 동축케이블로 VCR에 연결하여 VCR에서 비디오테이프에 저장하는 구조였다. 이와 같은 장치에서는 영상을 저장하는 비디오테이프는 특성상 최대 8시간 정도 저장이 가능하고 영상을 찾기 위해서는 되감기와 플레이를 통하여 확인하는 불편함이 있었다. 또한 반복 녹화한 비디오테이프는 열화현상으로 화질이 저하되는 단점이 있다.

이러한 VCR의 단점을 개선한 디지털 저장장치인 DVR(Digital Video Recorder)이 개발되었다. DVR은 영상데이터를 비디오테이프에 아날로그 방식으로 기록하는 대신에 이를 디지털로 변환 후 압축하여 하드디스크에 저장하는 방식으로 영상의 반복 및 되감기 등의 편리하고 장시간 기록을 할 수 있는 장점을 가지고 있다. 또한 반복 녹화를 하여도 디지털의 특성상 화질이 저하되지 않는다.

DVR은 점차 발전하여 네트워크와 연동이 되어 IP 기반으로 되어 영상을 원격으로 언제 어디서든지 감시가 가능하다. 또한 웹 어플리케이션을 사용하여 별도의 프로그램 설치 없이도 인터넷이 가능한 컴퓨터에서 실시간 영상 확인이 가능하다. 현재는 IP 기반 DVR 뿐만아니라, IP 기반 CCTV 카메라와 연동된 시스템이 구현되고 있다.

IP 카메라는 자체에 기록장치를 탑제할 수 있어 자체적으로 영상 시간을 기록할 수도 있고 실시간 영상 서비스도 가능하다.

이러한 CCTV 기술이 지능화되고 발전하여 기존 범죄예방 시스템뿐만 아니라 주차지원 시스템, 라이브캠(Live Cam), 교통량 분석시스템, 블랙박스 등 응용분야를 확대하고 있다.

지능화된 CCTV는 영상데이터를 단순히 수집하는 기능에서 영상데이터를 분석하고 처리하여 필요한 정보를 도출하는 기술을 말한다. 예를 들어서 도로에 설치된 CCTV 영상데이터를 통해 전달되는 영상을 통하여 단순히 도로의 교통흐름 및 사고 유무를 감시하는 기능을 넘어서 자동으로 교통량을 분석하여 현재 도로의 정체 상황 등을 자동으로 확인할 수 있는 기술을 말하는 것이다. 다음은 CCTV의 응용분야를 설명한다.

▣ 주차 지원 시스템

주차지원시스템의 서비스에는 주차진입차량의 차량번호를 인식하는 차량번호인식시스템, 주차를 지원해 주는 주차 안내 시스템, 진입차량의 확인 및 진입 차단시스템 등으로 구성되어 있다. 다음 그림은 주차 지원 시스템을 나타낸다. 주요 기능은 CCTV 카메라로 차량의 영상을 획득하는 것과 이를 영상 처리부와 분석부 등의 처리과정, 이를 거쳐 주차 관제소에 전송 및 저장되는 것이다. 특히 영상을 처리하는 부분에서 자동차 번호 인식 및 차종을 분류하기 위한 자동차에 관한 영상처리 기술이 사용되고 주차 지원을 위하여 객체 이동 정보 추출 및 주차 공간 인식을 위한 시스템 연구가 진행되고 있다.

차량번호 인식시스템은 CCTV가 평상시에는 일반적인 보안 모니터링 기능을 제공하다가 차량 진입시에는 번호를 인식하는 기능을 제공하는 시스템이다.

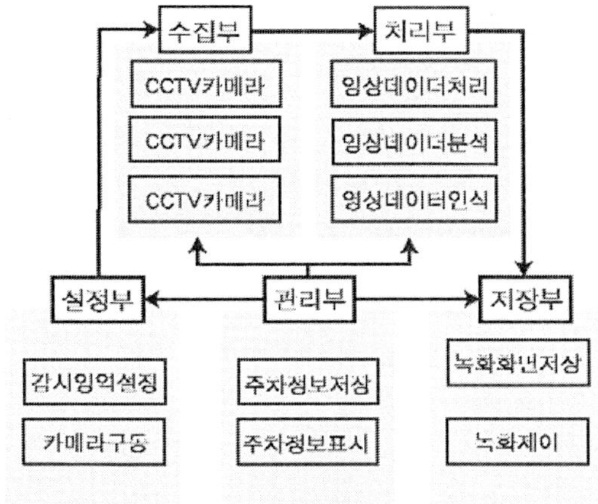

그림 10-11 주차 지원 시스템의 구성도

진입차단 시스템은 CCTV 촬영 후 인식된 차량번호 및 차량 구분 정보 등을 이용하여 승인된 차량인지 비승인 차량인지를 확인할 수 있고, 이를 기반으로 차량 출입 통제를 쉽게 할 수 있다. 진입 차단 시스템은 주차장 시스템뿐만 아니라 보안이 중요시되는 기관 및 아파트의 차량 출입 통제에 주로 이용된다. 특히 이 시스템은 주차장에 진입하고 있거나 주차되어 있는 차량의 번호를 인식하여 차후 범죄에 대한 증거물이나 용의차량을 찾는 등에 활용되고 있다.

주차안내시스템은 CCTV는 주차장 내부를 구역별로 찍어서 주차 가능 공간의 수를 조사하거나 주차 구역에 주차된 차량의 위치를 확인할 수 있도록 지원하는 시스템이다. 주차 안내 시스템은 빈 주차공간을 주차관제소에서 CCTV를 통해 파악하고, 주차 보조요원이 이를 주차를 원하는 운전자에게 제공함으로써 운전자의 시간적 소모를 줄이는데 도움을 줄 수 있다. 따라서 넓은 주차공간을 구역별로 CCTV로 촬영하여, 촬영한 영상 정보를 분석하여 주차공간에 차량이 주차되어 있는지 아니지를 판별하게 된다. 이를 통하여 주차공간의 주차여부 및 다음 비어 있는 주차공간을 파악하고, 주차 가능구역을 찾는 운전자나 주차 안내요원에게 정보를 전달하여 주차를 지원할 수 있다.

주차관리 및 지원을 위하여 CCTV로 녹화된 영상은 차량이 주차중인 모습과 함께 차량정보를 추출할 수 있기 때문에 주차 중 발생한 접촉사고의 뺑소니를 방지하거나, 뺑소니 차량 확인을 위해 활용될 수 있다.

▣ 차량용 블랙박스

블랙박스는 속도, 고도, 조종사의 음성 등 비행기 운행에 관련된 모든 상황을 저장하는 장치이다. 저장된 데이터는 사후에 분석되어 사고 원인을 알아내고 장래의 사고를 예방하는데 쓰인다. 자동차 블랙박스는 자동차 운행 상황을 기록한 장치로서 속도와 방향은 물론 브레이크는 작동여부, 안전띠 착용 여부, 방향지시 램프의 사용여부 등을 기록한 운행

정보와 사고 순간의 차량 주변의 영상 데이터를 모두 기록하여 사후에 사고 분석을 위하여 사용이 되고 있다. 특히 차량용 블랙박스에 저장된 영상 데이터를 분석하면 사고순간의 상황 정보를 확인할 수 있으며 사고 순간까지 도로 위에 생기는 노면 흔적 (스키드 마크)의 이용으로 보다 명확하게 사고 원인을 규명할 수 있다. 또 네트워크와의 연동으로 교통사고 정보를 경찰이나 119에 자동으로 알려주어 빠른 교통처리 지원과 환자 이송이 가능 해진다. 차량용 블랙박스는 카메라와 센서, CPU와 메모리로 구성된다. 카메라는 영상감시에 쓰이고 센서로 단순한 흔들림인지, 사고로 인한 충격인지를 구분한다. CPU는 이 정보들을 처리하고 메모리에 저장하게 된다. 센서는 가속도를 측정하는 센서와 방향각의 속도를 측정하는 센서가 있다. 그림 10.12는 차량용 블랙박스 구성도이다.

차량용 블랙박스의 경우 설치된 카메라의 수에 따라 1채널, 2채널, 4채널 방식으로 구분한다. 1채널 방식의 경우 전방 카메라만으로 구성이 되어 있다. 2채널 방식은 전방 및 후방 카메라로, 4채널 방식은 전방, 후방 및 양측면 카메라로 총 4개의 CCTV 카메라로 구성 되어 있다. 자동차에 장착되어 있는 카메라의 경우 자동차 주행에도 도움을 주고 있다. 후방 카메라의 경우 후진 시 후방의 장애물 판단 및 주차에 도움을 주고 있으며, 측면 카메라의 경우 사각지대에 있는 차량 및 사람의 인식에 도움을 주고 있다.

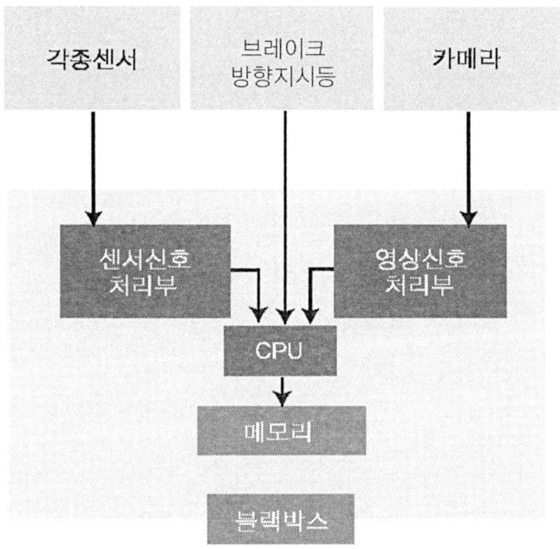

그림 10-12 차량용 블랙박스 구성

▣ 지능화 영상 보안 시스템

CCTV에 접목된 지능형 영상보안 시스템은 VID(Video Intruder Detection Systems), IVMD(Intelligent Video Motion Detection)와 같이 자동 영상분석 및 해석 기술로 이동물체를 검출하고 분류하여 추적까지 한다.

1세대로 분류되는 지능형 영상보안 시스템인 움직임 검출은 카메라가 움직이는 물체를 감지하여 포착하는 기능이다.

2세대 지능형 영상보안 시스템은 조명이나 그림자, 나쁜 날씨와 같은 좋지 않은 외적 요소에도 감지기능을 제대로 수행할 수 있다. 2세대 지능형 영상 보안시스템은 기본적으로 움직임 영역 검출, 영역 추적 기능이 탑재되어 있고 목적에 따라 객체 분류, 객체인식 및 추적 등의 기능이 있다. 현재 2세대 지능형 영상 보안 시스템은 더욱 발전하여 얼굴인식, 저장 검색의 기능을 추가하고 있다.

10.3.2 지능형 무인 감시시스템

지능형 무인 감시시스템은 넓은 도시지역에 다중 복합 센서 기반의 자율 성장, 사건인지 기능을 가진 수만 개 이상의 다중 센서 지능형 카메라를 가로등이나 건물 등에 설치하고 각 카메라 사이에는 무선 메시망으로 연결하여 사건주위에 설치된 지능형 카메라들이 사건 발생을 자율적으로 인지하고 판단하여 감시 인력이 필요로 하는 최소의 정보만을 제공함으로써 24시간 소수 인력으로도 실시간 사건발생을 감지하고 대응할 수 있는 시스템이다.

지능형 무인 감시시스템에서는 수 만개 이상의 CCTV가 설치되어 사람이 직접 모니터링하기가 불가능하다. 그래서 지능형 카메라를 이용하여 상황을 인지하고 스스로 판단하여 알려주기 때문에 최소한의 인원으로도 광범위한 지역에서 동시다발적으로 발생되는 사건에 대해서도 대응이 가능하다.

▣ 지능형 무인 감시시스템의 구성

지능형 무인 감시시스템의 구성은 가로등이나 건물에 부착되어 사건발생을 자동으로 인지하는 지능형 카메라, 20개 정도 지능형 카메라를 관리하고 수신한 정보들을 서버(관제센터)로 전달하고 서버에서 보낸 명령을 지능형 카메라로 전달하는 기능을 수행하는 마스터 카메라, 관제센터의 서버로 구성한다.

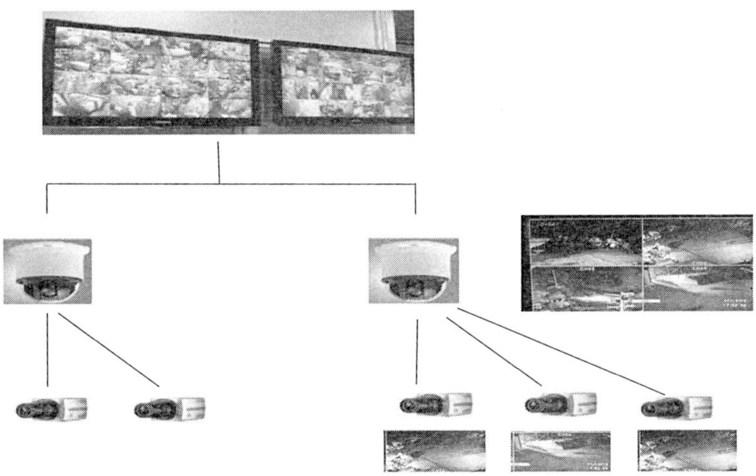

그림 10-13 지능형 무인 감시 시스템

구성품	기 능
지능형카메라 	- 내장되어 있는 다중 센서 (음향, 진동, 전자기장, 영상, GPS)를 이용하여 자신의 위치를 알아내고 사건발생 탐지하고, 사건을 스스로 인지하고 식별하여 최소의 필요한 정보만 관제센터로 보내는 지능을 가지고 있다. - 지능형카메라는 무선메시망에 연결되어 있으며 카스터 카메라와 연결되어 있다. - 지능형카메라는 탐지된 각종 정보를 자테적으로 저장하고 관리하고 있으며, 무선망을 실시간으로 모니터링하여 다양한 정보를 관제센터의 서버에 전달하는 기능을 수행한다.
마스터카메라 	- 각 교차로에 1개의 마스터 카메라가 설치 (360도 관측가능, zooming 기능)하며 20개 정도의 지능형 카메라를 관리한다. - 고속의 유선통신망과 연결되어 서버와 통신한다. - 무선메시망의 Access Point 기능을 통해 지능형 카메라와 통신한다. - 지능형 카메라로부터 수신한 정보를 융합하여 사건을 인지하는 2단계 영상 기반 상황진을 탑제하여 사건 인지 처리를 한다.
서버 	- 사용자와의 인터페이스를 통해 요구사항을 지능형 카메라와 마스터 카메라에 전달하며, 카메라로부터 수신한 정보를 GIS 등을 이용하여 감시정보를 처리한다. - 지능형카메라는 이웃한 카메라가 추적하고 있는 목표물을 넘겨받아 연속적으로 추적하는 기능을 수행한다. 이 때 관제센터 서버에 탑재되는 상황을 인지하고, 실시간으로 지능형 카메라들과 데이터를 교환하면서 추적할 수 있도록 지능형 카메라들을 제어하는 기능을 수행한다.

[참고문헌]

[1] 최영호, 정보범죄의 현황과 제도적 대처방안(2), 형사정책연구원, 1998. 10.

[2] 두산백과사전 EnCyber & EnCyber.com.

[3] 경찰청 사이버안전국 홈페이지.

[4] 이요섭, PC 해킹 & 보안기술과 활용, 웅보출판사.

[5] 김종필, 박동섭, 이성중, 정보보호핵심지식, 도서출판 정일, 2002.

[6] 강유 역, 사이버범죄 소탕작전 컴퓨터 포렌식 핸드북, SYNGRESS.

[7] 신용달, 컴퓨터 포렌식 수사절차모델, 멀티미디어학회 춘계학술대회, 2008.

[8] Yong-Dal Shin, New Digital Forensics Investigation Procedure, The 4th International

conference on networked computing and advanced information management, IEEE Computer society, Gyeongju Sep. 2008.
[9] 대검찰청 홈페이지.
[10] http://www.finaldata.co.kr.
[11] Alfred C, 해킹과 포렌식 입문, 그린.
[12] http://www.uniwide.co.kr/.
[13] www.jetco.co.kr.
[14] www.guidancesoftware.com.
[15] 박상준, 송유승, 최명우, "지능형 무인감시시스템", 한국멀티미디어학회지 제14권 제3호 pp.1-9, 2010년 9월.
[16] 문해민, 반성범, "지능형 영상 감시시스템에서 영상처리 기술", 한국멀티미디어학회지 제14권 제3호 pp.10-18, 2010년 9월.
[17] 이한덕 외, "CCTV 시스템 응용사례 및 동향", 한국멀티미디어학회지 제14권 제3호 pp.19-27, 2010년 9월.

연습문제

01. 해킹에 대해서 설명하시오.

02. 해커에 대해서 기술하시오.

03. 크래커에 대해서 기술하시오.

04. 해킹 침입 절차를 쓰시오.

05. 해킹 종류에 대해서 쓰시오.

06. 해킹 방법에 대해서 기술하시오.

07. 컴퓨터 포렌식에 대해서 기술하시오.

08. 사이버 범죄 분류에 대해서 설명하시오.

09. 사이버 범죄 증거수집에 대해서 기술하시오.

10. 안티 포렌식에 대해서 기술하시오.

11. 컴퓨터 포렌식 전문가의 자세에 대해서 기술하시오.

12. CCTV 응용 사례에 대해서 설명하시오.

13. 지능형 영상 보안 시스템에 대해서 설명하시오.

Chapter 11

유비쿼터스 네트워크

11.1 유비쿼터스 네트워크의 개념

인류역사는 농경사회, 산업사회, 정보사회를 거쳐 많은 발전을 거듭하여 왔으나, 사람들은 이에 만족하지 않고 이제는 “Any Time, Any Where, Any Device and Any Contents(4A)”에 의한 서비스를 이용하기 위하여 유비쿼터스(ubiquitous) 사회가 대두되고 있다.

유비쿼터스(ubiquitous)는 라틴어로 “어디에나 존재한다”는 뜻으로 물리공간과 전자공간(cyber space)을 통합하여 도로 · 다리 · 터널 · 빌딩 · 화분 · 냉장고 · 구두 · 시계 · 종이 · 물컵 · 책상, 옷 등 모든 물리공간에 보이지 않는 컴퓨터를 심는 것으로, 미국에서는 “유비쿼터스 컴퓨팅”, 일본에서는 “유비쿼터스 네트워크”라는 말로 유비쿼터스 혁명을 추진하고 있다.

“유비쿼터스 컴퓨팅”은 “모든 곳에 컴퓨터 칩을 집어 넣은 환경”을 말하는데 이는 모든 사물에 칩을 집어넣어 모든 곳에서 컴퓨팅 환경을 구현한다는 의미이며, 유비쿼터스 네트워크는 “인간이 언제나 어디서나 컴퓨터에 제한 없이 연결되는 네트워크”를 의미하는 것으로 해석할 수 있으며, 미국은 컴퓨팅과 소프트웨어 기술에 더 비중을 두는 반면, 일본은 국가적인 차원에서 네트워킹 사업에 더 중점을 두고 추진하고 있다.

유비쿼터스(ubiquitous)라는 용어는 미국의 제록스사의 PARC(Palo Alto Research Center)에서 1988년 “유비쿼터스 컴퓨팅(Ubiquitous Computing)” 프로젝트를 수행한 연구책임자인 Mark Weiser에 의해 처음 사용되었으며, 이 연구는 컴퓨터와 네트워크, 인간이 조화된 문화 창출을 목표로 연구를 수행하였다.

마크 와이저는 이 연구에서 사용자가 언제 어디서나 컴퓨터를 이용할 수 있도록 상호 연결된 수많은 컴퓨터가 편재되어 있지만 결코, 사용자를 귀찮게 하거나 불편하지 않게, 조용히 자신을 이용해 주기를 기다리는 아주 이상적인 컴퓨팅 환경이 만들어질 수 있다고 보았으며, 이러한 환경을 유비쿼터스 컴퓨팅이라 정의하였다.

마크 와이저는 그림 11.1과 같이 대형컴퓨터를 여러명이 사용하는 Mainframe 시대, 1명이 1 PC를 갖는 퍼스널 컴퓨터 시대를 거쳐 1명이 여러 컴퓨터를 사용하는 유비쿼터스 컴퓨팅 시대가 일반화될 것으로 추정하였으며, 유비쿼터스의 특징을 다음과 같이 4가지로 설명하고 있다.

첫째, 네트워크에 연결되지 않은 컴퓨터는 유비쿼터스 컴퓨팅이 아니다. 즉 항상 네트워크가 이루어져야 한다는 의미이며, 둘째, 가상공간이 아닌 실제 세계의 어디서나 컴퓨터의 사용이 가능하여야 한다. 즉 장소중심의 임바디드 컴퓨팅(Embodied Computing)을 의미하며, 셋째, 컴퓨터는 사용자에게 보이지 않아야(invisible) 한다. 즉 내장형 또는 소형 마이크로컴퓨터 칩 형식이 되어야 하며, 지능형 컴퓨팅이 되어야 함을 의미한다. 넷째, 인간화 인터페이스(Calm Technology : 조용한 기술)로서 사용자 상황에 따라 서비스가 변해야 한다. 등이다.

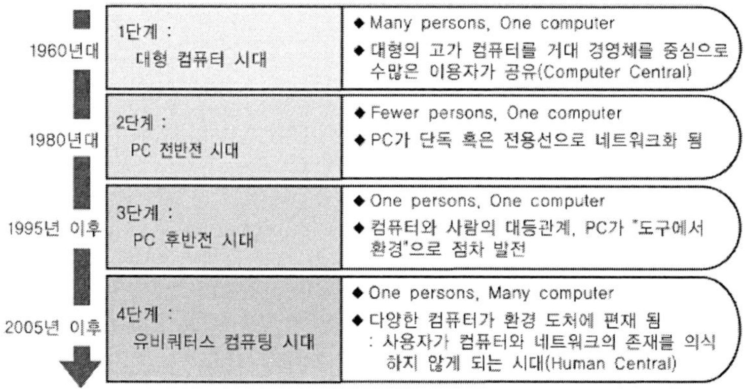

그림 11-1 컴퓨팅 환경의 변천

그림 11.2는 유비쿼터스 컴퓨팅과 가상현실 개념의 차이점을 나타낸 것으로서 가상현실은 실제세계를 컴퓨터 안에서 체험하기 위하여 전용 의복이나 장갑 및 헤드 마운트 디스플레이 등의 장비를 착용하고 컴퓨터 안으로 들어가야 하지만 유비쿼터스 컴퓨팅은 컴퓨터가 현실세계의 사물과 환경 속으로 스며들어 일상생활에 통합되는 것으로 서로 상반된 개념이라 할 수 있다.

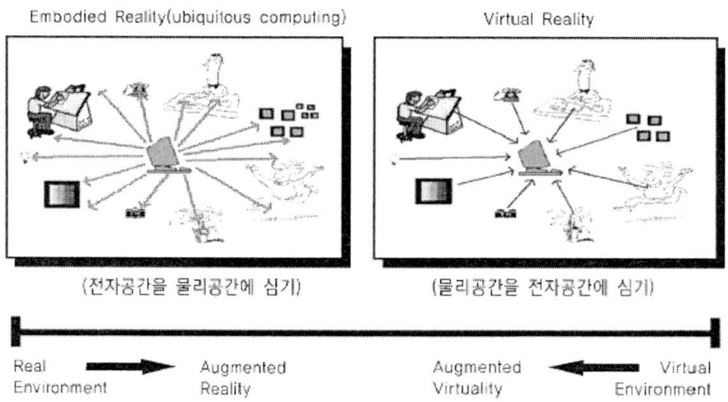

그림 11-2 가상현실과 유비쿼터스 컴퓨팅의 차이점

11.2 네트워크 환경의 변화와 패러다임 전환

11.2.1 네트워크 환경의 변화

21세기 정보통신분야 최대 이슈는 '컨버전스(convergence)'로써, 고유한 영역을 구성하고 있던 유선통신, 무선통신, 방송 등 이전까지는 독립적으로 구축·운용되었던 각 부문별 서비스 및 네트워크 인프라가 서로 통합 또는 융합되어 새로운 형태의 서비스가 출현하게 되었다. 이는, 정책 측면에서는 사업자간, 서비스간, 인프라간 융합으로 발생하는 서비스에 대한 새로운 규제의 문제가 생겨나고 있으며 동시에 인프라 측면에서도 고속광대역통신망을 통한 유비쿼터스 네트워크에 대한 요구가 크게 일어나는 계기가 되고 있다.

유비쿼터스(Ubiquitous)란 라틴어로 '어디든 존재하는'이라는 의미를 갖고 있으며, 오늘날에는 '언제 어디서나 네트워크에 접속할 수 있는 환경'을 의미하는 말로 사용되고 있다. 이러한 '유비쿼터스형 서비스'를 위해서는 음성·데이터의 통합, 유·무선 결합, 통신·방송 융합 등을 위한 네트워크의 구축이 최우선적으로 해결되어야 하는데, 이렇게 통합된 망을 BcN(Broadband convergence Network, 광대역 통합 네트워크)이라고 부른다.

최근 10년 한국은 눈부신 정보인프라의 발전을 거듭해 세계 최대의 브로드 밴드 강국의 위상을 일궈냈다. 또한, 이러한 정보 인프라를 기반으로 한 정보기술(Information Technology, IT)은 국가 경제, 산업, 교육 등의 공공분야에서는 통신, 오락 등 개인분야에 이르기까지 광범위하게 이용되어 오고 있다. 현재에는 컴퓨팅과 네트워크 기반의 가상 전자공간과 물리공간이 결합된 새로운 유비쿼터스 컴퓨팅 공간을 창출하여 인간과 컴퓨터의 관계가 인간중심의 좀 더 생산적이며 지능적 환경으로 발전하고 있다.

네트워크에 접속되는 초소형 컴퓨팅 디바이스들은 물리적 실세계 공간에 내장되어 사용자가 의식하지 못하는 사이에 이를 활용할 수 있는 지능적 서비스를 실현하려 한다. 컴퓨팅 네트워크, 임베디드 컴퓨팅 소프트웨어 등의 기반기술들을 바탕으로 하는 유비쿼터스 컴퓨팅 및 네트워크 기술(Ubiquitous Computing and Network Technology, u-IT)에 대한 연구가 이미 세계 기업 연구소 및 대학에서 시작되어 진행되고 있다.

u-IT는 반도체 및 프로세서의 성능향상과 저전력 기술의 발전, 고속 근거리 무선네트워크와 무선 개인 네트워크(Wireless Personal Area Network, WPAN) 기술의 진보, 그리고 새로운 형태의 센서네트워크 등의 출현으로 실세계의 객체에 컴퓨터들을 내장하여 인간은 이를 의식하지 않고 이용하며 궁극적으로 현실세계의 상황을 인지할 수 있다.

지금까지 인간은 정보기술의 발전에 따른 편리함을 누린 반면, 새로운 기술이 출현할 때마다 이를 새롭게 학습해야 하는 부담이 있었다. 기술의 발전은 궁극적으로 인간에게 무의식중에 기술을 이용하여 문제를 해결할 수 있도록 해야 한다. u-IT가 이루고자 하는 궁극적인 목표인 컴퓨터 자체가 보이지 않는 뒤편으로 감춰진다는 것은 정보기술이 지닌 진정한 잠재력을 이루는 것이다.

이를 정리해보면, 향후 네트워크는 다음과 같은 환경 변화를 맞이할 것으로 예상된다. 첫째, 백본망에서 센서망에 이르는 전방위 광대역화 및 융합화가 진행될 것이다. 둘째 광범위한 무선 인프라를 통한 통신 영역의 확대로 이동성의 극대화가 기대된다. 셋째, 근거리 무선통신 기술의 진보를 바탕으로 말단의 무선 인터페이스가 강화되는 등 개인영역 네트워크(PAN)의 확산이 중요한 이슈가 될 것이다. 마지막으로 자가 조직(self-organizing), 자가 치료(self-healing), 자가 관리(self-managing)가 가능한 자율 네트워크로의 진화로 진정한 '보이지 않는 컴퓨팅'이 실현될 것으로 보인다.

(1) 백본망에서 센서망에 이르는 전방위 광대역화 및 융합화

현재 대부분의 통신서비스는 각각의 통신망이 개별적으로 서비스를 개발·제공함에 따라 통신사업자는 동일한 서비스를 네트워크별로 중복 개발·관리하고, 이용자는 특정망에 국한된 서비스만 이용이 가능한 구조로 운영되고 있다. 그러나 서비스 이용자들은 본인이 이용하고 있는 서비스의 제공 사업자나 네트워크에 구애됨이 없이 끊김없는 서비스를 이용하기를 원하고 있으며, 보다 많은 양의 정보, 보다 질 좋은 정보, 보다 빠른 제공 속도, 보다 새로운 서비스 등 그 요구사항 또한 점점 더 폭넓어지고 있다.

이와 같은 요구사항을 충족시키기 위해 유비쿼터스 네트워크는 백본망(backbone; 기간망)의 광화(光化)를 통한 광대역화는 물론, 네트워크의 가장 말단인 가입자(각종 단말기 등)에게 직접 연결되는 가입자망에 이르는 '전방위적인 광대역화'를 추구한다. 또한, 다양한 종류의 서비스 제공을 위해서는 단일 망 내에서의 서비스 창출은 이제 한계에 부딪혔음을 인식하고 유선망, 무선망, 방송망, 센서망 등 다양한 종류의 가입자망 간의 융합을 통해 유비쿼터스 서비스 제공을 위한 신서비스 창출도 꾀하게 될 것이다.

현재 광역네트워크(WAN) 및 백본망은 광화(光化)되어 대역폭은 더 이상 문제가 되지 않지만, 가입자망은 전체 네트워크의 광대역화에 있어 마지막 병목이 되고 있다. 브로드밴드 네트워크의 대역폭이 대체 얼마나 넓고 얼마나 높은 속도가 보장되어야 "광대역(broadband)"화 되었다고 할 것인가에 대한 명확한 기준은 없으며, ITU-T와 기타 관련 표준화 기구도 이에 대해 정의가 없다. 그러나 광대역망은 당연히 데이터 서비스는 물론, 실시간 음성, IPTV, 비디오 등 멀티미디어 및 스트리밍 서비스 등 모든 서비스를 제공할 수 있어야 하며 네트워크 대역폭에 제한받지 않고 통신급 QoS(Quality of Service), 네트워크 관리, 네트워크 복구 등의 기능을 수행할 수 있어야 한다.

현재 서비스되고 있는 전화선, 동축케이블, UTP케이블, 광케이블 등을 이용한 유선망은 수십 Mbps까지는 수용가능하나 실질적으로 필요한 50~100Mbps의 서비스제공을 위해서는 광케이블을 가정까지 연결하는 FTTH 가입자망으로의 진화가 필요하며, 실제로 근래 신규 아파트단지 등에서 FTTH(Fiber-To-The-Home) 망이 적용되고 있다.

유선가입자망은 FTTC(Fiber-To-The-Curb)의 확대 및 신규기술 적용 등을 통해 지속적으로 광대역화가 추진될 전망이다. DSL(Digital Subscriber Line)은 공동주택을 중심으로 50Mbps급의 VDSL(Very high bit rate DSL) 서비스가 제공되고 있고 점차 단독주택으로 보급이 확대될 것이며, HFC(Hybrid Fiber Coaxial cable)는 최대 1Gbps급으로 대역폭을 확대하며, LAN은 아파트단지에서 100Mbps를 공유하는 현재의 Fast Ethernet 기술을 1Gbps를 공유하는 Gigabit Ethernet으로 발전될 것이다. 따라서 향후 HFC, FTTH 등을 기반으로 양방향 100Mbps 이상의 통신, 수백채널의 HD급 방송, 다양한 방송·통신 융합 서비스 등의 이용이 가능해질 것으로 전망된다.

(2) 광범위한 무선 인프라를 통한 통신 영역의 확대 및 이동성 극대화

전통적으로 네트워크의 가입자망을 담당했던 유선통신서비스에 무선주파수를 통해 이동성(mobility)이 부여된 이동통신서비스와 유선통신의 광대역에 이동성이 부여된 무선랜 서비스 등의 무선 인프라의 '이동성 극대화'를 무기로 통신영역은 한없이 확대되고 있다.

이처럼, '사용자 편리성 및 개인화'가 통신서비스 시장의 성공키워드가 되면서 최근에는 WCDMA, WiBro 등의 이동통신 무선인터넷의 전송속도를 대폭 개선시킨 새로운 개념의 모바일 브로드밴드(mobile broadband)가 등장, 국민의 편익 증대의 수단과 통신시장에 새로운 수익원으로 부각되고 있으며, 미래의 4세대 이동통신으로의 발전을 위한 모델로서 주목받고 있다. 이에 ITU-R에서는 4세대이동통신, 휴대인터넷(WiBro, Wi-Fi등), Enhanced IMT-2000 및 초고속 무선 LAN을 포함하는 차세대이동통신 서비스가 2012년경 제공될 것으로 예상하고 있으며, 전송속도는 고속이동시 100Mbps 이상, Nomadic 환경에서는 1Gbps 이상을 목표로 하고 있다.

ITU-R WP8F에서는 차세대 이동통신 시스템의 비전으로 "보다 빠른 데이터 전송속도의 지원"과 "서로 다른 유무선 접속 시스템과 융합(convergence)"을 목표로 시간과 장소 및 대상의 구속이 없이 언제 어디서나 누구와도 고속 멀티미디어 통신 서비스를 지원"하는 것을 목표로 한다. 즉, 4세대 이동통신은 기존의 통신 서비스와 더불어 사용자의 생활에 없어서는 안 될 필수요소로서, 언제 어디서나 사용자의 상황에 적절한 서비스의 제공이 가능한 유비쿼터스 시대로 진화하는 기반이 될 것이다.

특히, 차세대 이동통신 시스템은 통신 관련 서비스뿐만 아니라 안전한 생활(긴급 통신, 재난·응급 구조), 즐거운 생활(영상, 음악, 게임), 건강한 생활(telemedicine, virtual medicine), 지능적인 상황인식, 편리한 u-커머스(banking, shopping), 풍부한 콘텐츠 제공 등 일상 생활 전반에 걸친 다양한 서비스를 제공할 것으로 기대된다.

향후 개발될 차세대 이동통신 및 서비스를 위한 명확한 정의가 없어 아직 차세대 모바일 서비스에 대한 연구가 활발하지 않으나, 여러 국제 표준화 기구 및 연구 단체를 중심으로 차세대 이동통신서비스의 구현을 위한 다양한 연구가 진행되고 있다. ITU-R의 WP8F는 미래의 서비스는 상황에 따라 변화하는 개인의 요구(I-centric)를 적극 반영하고, 통신

시스템은 개인의 관심사, 환경, 일상생활을 고려한 각 개인의 통신 공간을 모델링하기 위해 필요한 능력을 제공할 것으로 예측하고 있다.

(3) 도시영역 네트워크(MAN)와 개인영역 네트워크(PAN)의 중요성 증가

MAN(Metropolitan Area Network)은 그림 11.3과 같이, LAN(Local Area Network) 보다는 크지만, WAN(Wide Area Network)에 의해 커버되는 지역보다는 지리적으로 작은 장소 내의 컴퓨터 자원들과 사용자들을 서로 연결하는 네트워크를 이른다. 휴대인터넷(WiBro), 4G 이동통신 기술 등의 무선통신 기술에 초소형·초저전력 휴대형기기의 발달이 결합되면서 '건물 내부에서의 통신'이라는 LAN에 날개를 날아 이동성이 확장되면서 MAN 영역으로 통신영역의 확장이 이루어졌다.

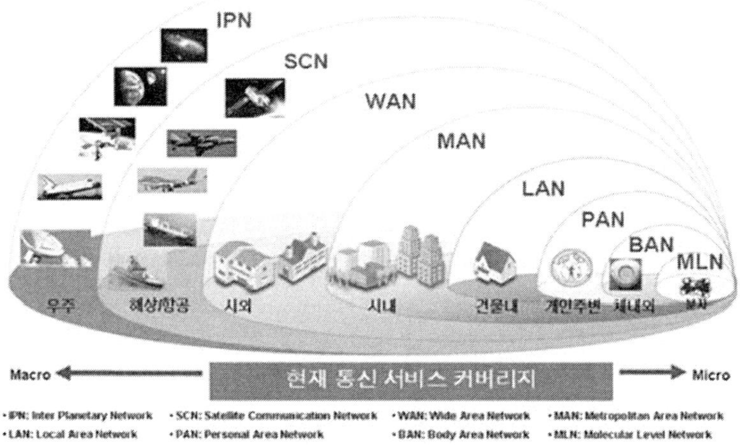

그림 11-3 통신영역의 확장

최근에는 휴대형 무선단말기를 이용해 정지 및 보행상태에서 고속전송 속도로 인터넷에 접속, 다양한 정보와 콘텐츠를 제공해주는 서비스로, 2.4GHz 대역의 무선 LAN보다는 다소 높은 보행수준의 '준 이동성(Nomadic Mobility)'을 보장하는 휴대인터넷 서비스(WiBro)도 등장했다. 휴대인터넷(WiBro) 기술은 초고속인터넷 및 무선랜의 이동성을 보완하여 이동 중에도 끊김없이 초고속인터넷 서비스를 제공한다. 도심지 내에서 1Mbps 이상의 무선인터넷 서비스 제공 및 기지국간 핸드오프(hand-off) 등의 이동성을 보장한다. 현재의 이동전화 무선인터넷 보다는 시스템 투자비가 낮고 전송속도가 높아 저렴한 무선인터넷 서비스 제공이 가능하다. 우리나라에서는 이미 상용서비스가 제공되고 있으며, 전용 단말기기가 출시되어 있다.

유선 LAN의 확장 또는 대체를 위해 전파(Radio Frequency) 또는 빛을 이용하여 공중에서 데이터를 전송하고 수신하는 방식으로 장비 간에 무선을 이용하여 연결함으로써 고객에게 이동성을 보장해 주는 기술인 무선랜(Wireless LAN, WLAN) 또한 눈에 보이지 않는 전파를 이용하기 때문에 구축시간과 경비를 대폭 절감할 수 있을 뿐만 아니라 전파의 도달 범위 안에서 자유롭게 이동하면서 네트워크에 접속할 수 있어 고정적인 네트워크의 개념을 '움직이는 네트워크'의 개념으로 전환시킨 기술로 각광받고 있다.

최근에는 모든 사물에 전자태그(RFID)를 부착하여 사물 정보 및 환경정보까지 감지하고 네트워크에 연결하여 실시간 관리를 가능토록 하는 유비쿼터스 센서 네트워크(USN, Ubiquitous Sensor Network)의 구축이 현실화되면서 통신의 개념이 '사람과 사람간'에서 '사람과 사물간', '사물과 사물간'으로 확장되고 있다.

휴먼 인터페이스를 비롯하여 미래 정보가전용 홈네트워크, WLAN(Wireless Local Area Network), WPAN(Wireless Personal Area Network) 등의 구축에 유용하게 사용될 것으로 기대되고 있는 UWB도 무선 인프라로 새로이 등장했다. 문자 그대로 통신을 하기 위하여 사용하는 주파수 대역이 아주 넓은 것을 의미하는 UWB(Ultra Wide-Band) 무선기술은 디지털 부호 정보를 나노 세컨드(10^{-9}초) 이하의 매우 짧은 폭을 가지는 Impulse 신호로 변환해서 무선으로 전송하는 기술로서 광통신과 같은 수백 Mbps의 초고속통신이 가능하며, 매우 낮은 송신전력의 사용으로 배터리가 기존 무선통신방식보다 수십 배 이상 오래 사용할 뿐 아니라, 송수신 장치도 획기적으로 소형화 할 수 있어 기존의 무선통신 한계를 극복할 수 있는 기술로 기대되고 있다.

PC, 노트북 PC, 핸드헬드형 PC, 프린터, PDA(Personal Digital Assistant) 등의 컴퓨터 장치가 유선 또는 무선으로 가까운 거리에서 서로 통신할 수 있도록 해주는 네트워크 구조인 PAN 영역의 확장은 UCC(User Created Contents)로 대변되고 있는 통신시장의 '사업자 중심에서 사용자 중심으로'의 패러다임을 변화를 더욱 촉진시켜 나갈 것으로 보인다. 개인형 단말기에 개인이 창조해낸 새로운 콘텐츠를 개인형 네트워크를 통해 제공·공유하는 새로운 개념의 '개인 사설형 네트워크'가 구성되어 통신시장의 한 축을 담당하게 될 것으로 보인다.

(4) 자가 인식형(self-aware) 지능 네트워크로의 진화

집 밖에서 집안의 모든 기기들을 통제하고, 별도의 조작 없이도 돌아다니면서도 인터넷을 이용할 수 있으며, 주행 중에도 노트북PC를 이용해 고속의 인터넷 서비스를 이용할 수 있는 자유통신 세상은 궁극적으로 유비쿼터스 네트워크가 구현하고자 하는 서비스이다.

그러나 이는 상상하기만큼 쉬운 것은 아니다. 수많은 종류의 네트워크 기술이 시장에 적용되어야 하고, 대규모의 네트워크 투자가 일어나야 한다. 즉, 물리적으로는 근시일 내에 발생할 수 있는 것이 아니다. 이때, 네트워크가 똑똑해진다면 사업자의 수고나 비용을 덜 수도 있을 것이다. 네트워크 사업자들에게는 망운영 및 관리 비용과 복잡성을 획기적으로 줄여주고, 서비스 이용자들에게는 사업자나 네트워크의 종류에 상관없이 끊김없는 지능형 서비스를 제공해 줄 네트워크가 곧 유비쿼터스 네트워크라고 한다면, 기술적으로 이것은 자가인식형 네트워크(self-aware networks)의 개념으로 설명될 수 있다. 표11-1에 자가인식형 지능 네트워크를 구현하기 위한 요소들을 정리하였다. 자가 치료(self-healing)의 특성은 네트워크가 제대로 작동하지 않고 있는 부분이 발생하는 경우, 사람의 간섭 없이 네트워크에 물려 있는 기기나 시스템이 스스로 운영을 복구하는 것을 말한다. 이러한 기능은 네트워크의 운영비용을 줄여줄 것으로 기대된다.

표 11-1 자가 인식 네트워크의 4가지 요소

구 분	일반 컴퓨팅	자가 컴퓨팅
자가 구성 (self- configuration)	- 회사데이터 센터는 다수의 벤더와 플랫폼을 가짐 - 시스템의 설치, 구성, 통합 작업은 많은 시간이 필요	- 컴포넌트들과 시스템의 자동화된 구성은 고수준의 설치정책을 따름 - 이후의 시스템 최적화는 자동적으로 이루어짐
자가 최적화 (self- optimization)	- 시스템은 수동적으로 설치되며, 새로운 시스템이 들어올 때마다 그 만큼의 설치횟수 도 증가	- 컴포넌트와 시스템은 스스로 성능과 효율성 향상을 목표로 지속적으로 기회를 탐구
자가 치료 (self-healing)	- 크고 복잡한 시스템에 문제가 발견되면 수명의 프로그래머들이 수주의 시간에 걸쳐 수리해야 함	- 시스템이 자동적으로 문제를 찾아내고 검진, 치료함
자가 보호 (self- protection)	- 공격의 감지 및 복구는 모두 수동으로 처리해야 함	- 시스템은 자동적으로 악의적인 공격에 대응 - 전 시스템으로의 공격확산에 대비하여 사전경보 기능을 제공

11.2.2 미래 네트워크 패러다임 전환

앞서 살펴본 네트워크 환경 변화에 비추어볼 때 미래 유비쿼터스 사회의 통신 네트워크는 앞서 살펴본 바와 같이 지금과는 상당히 진보된 사회 시스템을 지원하고 보다 인간중심적인 서비스를 지원할 수 있는 정보 인프라로서의 역할을 수행하여야 할 것이다. 대다수의 IT 전문가들은 향후 10년 뒤 휴대전화와 센서 네트워크의 확산 등으로 인하여 현재의 인터넷으론 감당할 수 없는 트래픽 증대가 일어날 것을 예견하고 있으며 이로 인한 인터넷의 과부하는 사회적 문제로 번질 가능성이 있음을 지적하고 있다. 이러한 배경에서 현재 차세대 인터넷과 IPv6 등에 관한 연구개발이 진행되어 왔으나 근본적인 문제해결 방안은 되지 못할 것이란 인식이 지배적이다. 이는 완전 개방형 인터넷의 보안성, 품질 보장형 서비스(QoS), 트래픽 문제와 부족한 용량문제 등 현재의 인터넷이 근본적으로 안고 있는 한계를 극복하기엔 여전히 부족하기 때문이다. 따라서 미래 네트워크는 기본적으로 다음과 같은 사항들이 고려되어야 할 필요가 있다.

(1) 트래픽 패턴 변화와 증대에 대한 대응

통신 트래픽의 패턴 형식이 스트리밍에서 버스트 형태로 변화하고 있다. 따라서 미래 통신망의 형태도 이러한 환경을 잘 수용할 수 있도록 변화하여야 한다. 아울러 유비쿼터스 단말의 출현과 전자태그의 이용 확산에 따라 모든 사물이 네트워크에 접속되어 단말이 되는 유비쿼터스 사회에서는 단순히 IP의 부족과 트래픽의 증가를 넘어서서 대용량의 트랜잭션 성향 트래픽이 출현할 것이 예견된다. 이러한 트래픽을 처리할 수 있는 분배망(distribution network)이 향후 10년 이내 급속도로 발전할 것이 예견된다. 아울러 현재의 인터넷망은 원래 호스트 컴퓨터가 네트워크 에지측에 연결된 구조를 가정하여 구성되어 있기 때문에 다양한 에지 단말을 수용하기에는 역부족이다. 따라서 유무선 통합 등 다양한 에지 노드들을 수용할 수 있는 구조로 바꾸어야 할 것이다.

(2) 상하향 링크 대칭성 대비

이제까지 인터넷은 주로 정보를 제공받기 위한 용도가 주류를 이루어왔다. 따라서 네트워크의 효율을 극대화하기 위해서 당연히 업링크 보다는 다운링크에 비중을 두는 비대칭적인 네트워크 설계가 이루어질 수밖에 없었다. 그러나 점차 정보의 단순 소비 형태를 넘어서 사용자가 자체적으로 콘텐츠를 생산하고 유통하는 마이크로 미디어 시대가 열리고 있는 현 시점에서 네트워크의 기능은 다운링크에서 업링크로 무게 중심이 이동할 것이 예견된다. 특히 이동 중 동영상 콘텐츠를 제작하고 전송하고 소비할 수 있는 기기 및 소프트웨어 기술의 진보와 함께 무선 네트워크의 업링크에 대용량 트래픽이 집중될 가능성이 농후하다. 2008년까지 개인 비디오 트래픽 용량이 음성 트래픽에 근접할 것이라 예상되고 있으나 그 시기는 현재의 기술 발전과 신기술의 사회 수용 속도를 감안해 볼 때 더 앞당겨질 소지가 충분하다. 따라서 상하향 링크의 대칭성에 기반하는 네트워크 설계가 이루어져야 할 것이다.

(3) 인간중심적 자율 네트워크로 진화

미래 네트워크는 주변 환경에 친화적이고 인간중심적인 서비스를 지향하기 위하여 보다 지능화되고 자율성을 갖추어야 한다. 이러한 맥락에서 IBM은 2000년도에 autonomous computing이란 과제를 수행하여 자율 네트워크에 대한 기반기술 확보를 위해 노력하고 있다. 전통적으로 사용자 중심의 복지 지향적 IT 활용에 중점해온 EU 역시 마찬가지로 self-ware 기술을 기반의 자율통신 네트워크에 대한 연구인 SAC(Situated and Autonomic Communication)에 최근의 연구의 초점을 맞추고 있다. 이러한 배경에서 미래 네트워크는 상황변화에 자율적으로 적응하고, 스스로를 조직화하며 통제하고, 이상 발생에 대해 스스로 인식하여 복구할 수 있는 고도의 자율 기반 네트워크로 패러다임이 전환 될 것이 예상된다.

11.3 무선개인통신 WPAN

가까운 미래에 소비자는 TV 셋, DVD 플레이어, MP3 플레이어, 음악관련 기기, 게임기 등과 같은 소비자 전자 장치들과 사회 인프라를 구성하는 중요 시설물들은 물론 주방용품을 포함한 소비자 주변의 신변잡화에까지도 무선통신기능이 내장된 제품들을 경험하게 될 것이며, 이러한 무선통신기능의 중심에는 언제나 근거리 무선통신기술인 WPAN(Wireless Personal Area Network)이 큰 역할을 할 것으로 보인다.

무선개인통신 WPAN은 무선기반의 편리성과 이동성을 보장하고 언제, 어디서나 사용자 맞춤형 서비스를 제공하는 유비쿼터스 네트워크의 핵심 기술이다. 이 기술은 10m 내외의 비교적 단거리에서 디바이스들 간의 무선연결을 통하여 다양한 정보를 전달할 수 있다. 특히 저전력 · 소형 · 저가격으로 저속(Kbps)에서부터 초고속(Gbps)에 이르기까지 다양한 형태의 속도를 제공하며 홈, 사무실, 병원 등과 같은 실내 환경뿐만 아니라 외부망과 연동되어 원격지에서도 사용자의 필요에 따라 원하는 서비스를 제공할 수 있는 인프라를 제공한다.

IEEE 802.15 WPAN Working Group은 1998년 1월에 그 발족을 위한 초안 작업을 시작하여 1999년 PAR(Project Authorization Request)와 5C(Five Criteria)가 승인됨으로써 활동을 시작한 근거리 무선 통신 기술의 표준화 작업반이다. 설립 당시에 제시되었던 응용 분야를 살펴보면, 협업을 통한 유지 보수 기능, 보행자, 의료 센싱, 그리고 데이터의 동기화 등이 논의되었고, 무선통신기술로 연결될 기기의 예로는 컴퓨터, PDA 혹은 HPC (Handheld PC), 프린터, 마이크, 스피커, 바코드 리더, 센서, 디스플레이, 호출기, 그리고 이동통신 단말기 등을 제시하였다. 그리고 이와 같은 네트워킹 기능은 위의 기기의 가격에 비해 매우 작은 비용으로 구현이 가능하게 하는 것이 목적이었다.

IEEE 802.15 표준화 그룹에서는 가장 먼저 블루투스(Bluetooth) 프로토콜이 IEEE Std 802.15.1-2002로 표준화되었는데, 이를 위해서 IEEE 802 워킹 그룹들은 특정 관심그룹으로 비독점 라이센스를 받고, 이를 기초로 IEEE 802.15.1을 개발하는 작업에서부터 IEEE 802.15.1 블루투스 표준화 규격에까지 상당한 기여를 했다. 또한 802.15 워킹그룹은 IEEE 802.11b 무선LAN과 블루투스의 공존을 위한 권고사항을 개발하기 위한 작업을 수행하였고, 이러한 노력의 결과로 IEEE Std 802.15.2 TM-2003이 만들어지게 되었다. 또한 IEEE 802.15에서는 고속 WPAN(IEEE Std 802.15.3 TM-2003)과 저속 WPAN(IEEE Std 802.15.4 TM-2003)의 두 가지 WPAN 기술표준이 완료되었으며, UWB(Ultra-Wideband) 기술을 물리계층에 적용하여 이전에 보였던 어떤 기술보다도 뛰어난 성능을 보장하는 WPAN 기술로 발전시키는 작업을 진행해 왔다. 최근에는 이와 더불어 능동적이고도 자유로운 노드들 사이의 네트워크 연결성을 다루는 IEEE 802.15.5 메쉬(Mesh)와 인체를 중심으로 장치들을 연결하는 IEEE BAN(Body Area Network)에 대한 표준화 그룹이 새롭게 만들어져, 보다 다양한 방향에서 WPAN 기술 표준화가 확대 진행되고 있는 중에 있다.

11.3.1 Bluetooth(IEEE 802.15.1)

IEEE 802.15.1 기술은 Bluetooth SIG(Special Interest Group)에서 표준화한 Bluetooth 기술 을 그대로 IEEE 802.15 Working Group에서 수용한 근거리 무선 통신 기술이다.

블루투스는 10세기경 덴마크와 노르웨이를 통일한 덴마크 왕의 이름에서 유래한 것으로, 2.4 GHz의 비인가 ISM(Unlicensed Industrial Science Medical) 주파수 대역을 사용해서, 10m 이내의 개인 거리 내에서 다양한 기기 간에 통신을 할 수 있도록 하는 저전력(RF 전력 : 1mW 100mW), 저가($5 정도)의 무선 통신 시스템이다. 원래는 복잡한 유선 케이블을 무선으로 대체할 목적으로 시작되었지만, 늘어나는 개인 휴대용 디지털 기기들, 개인 이동 통신 기기들, 컴퓨터들, 가전 기기들 간의 멀티미디어 데이터 송수신을 무선으로 할 수 있도록 하는 기술로 진화 중이다.

초기에는 Ericsson, Nokia, IBM, Intel, Toshiba 등의 5개사가 Promoter사로 주축이 되어 Bluetooth SIG(Special Interest Group)를 결성하였으며, 이 후, 마이크로소프트, 3Com, Lucent Technologies, 모토로라의 4개사가 프로모터사로 추가되었으며, 블루투스 사양의 제정, 보완 및 상호 접속성 인증을 주도하였다. 1999년6월에는 처음으로 Bluetooth Specification version 1.0을 발표하였으며, 1999년 12월에는 업그레이드된 Bluetooth Specification version 1.0B를 발표하였다. 2000년 11월에는 Bluetooth Specification version 1.1을 발표하였으며, 2004 년 11월에는 version 2.0+EDR(Enhanced Data Rate)규격 발표, 데이터 전송 속도가 최대 3Mbps까지 가능한 표준을 발표하였다.

Bluetooth 기술은 2. GHz의 주파수 대역에서 1MHz 대역폭의 채널 79개를 1초에 1600번 빠르게 바꾸어가며 송수신하는 주파수 도약(Frequency Hopping) 방법을 사용한다. 디지털 데이터를 송신하기 위해서는 아날로그로 변조해 주어야 하는데, 이를 위한 신호 변조 방법으로는 GFSK(Gaussian Frequency Shift Keying)를 사용하며, 슬롯화된 TDD(Time Division Duplex) 방식으로 데이터를 송/수신한다. 한 슬롯을 점유하는 시간은 625μsec이며, Bluetooth의 Clock Rate은 약 1 Mbps이지만 최대 유효 데이터 전송률은 ACL(Asynchronous Connectionless) 모드일 경우 723.2 Kbps까지 전송할 수 있다.

Master 기기와 Slave 기기들로 구성되는 작은 네트워크인 Piconet에서 하나의 Piconet은 Active Member Address로 3bit를 사용하기 때문에 1개의 Master와 7개까지의 활성(Active) Slave 기기를 지원하며, 전력 절약 모드인 Park 모드를 이용하면 255개까지의 Slave 기기를 제어할 수 있다. Master와 Slave 기기 간의 간단한 1:1 통신은 물론 Master와 여러 개의 Slave 기기 간의 1:N 통신도 지원한다. 여러 개의 Piconet이 있을 경우 Piconet간의 데이터 송수신을 위해서 Scatternet을 구성할 수 있지만 Bluetooth 규격 1.1까지는 단일의 Piconet 규격만 정의되어 있고 규격 1.2에는 Scatternet 규격이 정의되어 있지만 아직 구현되어 상용화되고 있지는 않다.

최근에 나온 블루투스 규격 v2.0+EDR(Enhanced Data Rate)은 블루투스 규격 v1.2에 RF 규격을 추가하여 데이터 전송속도를 2~3Mbps 까지 향상시키고 Duty Cycle을 감소시켜 전력소모를 줄이고 배터리 사용 시간을 증가시켰다. 블루투스 SIG는 블루투스와 UWB 기술의 장점을 결합시킴으로써 UWB의 고속 데이터 전송의 장점을 얻고 UWB는 블루투스의 기술적 완성도, 가치 있는 브랜드, 인증 프로그램 등을 이용하는 것으로 2008년에 시연을 보안 바가 있다.

최근 블루투스 제품에 실장되는 프로파일의 동향은 블루투스 지원 휴대폰이 중심이 되고 있다. 현재 GSM 방식의 휴대폰에는 거의 모든 기종에 블루투스 기능이 실장되어 있으며, 휴대폰에 카메라와 MP3P 기능이 추가되면서 휴대폰에 저장된 사진을 BPP를 이용하여 프린트하고 A/V 관련 프로파일을 이용하여 스테레오 헤드셋으로 전송할 수 있는 서비스가 가능해 지는 것이다. 앞으로 추가로 실장 될 프로파일은 PBAP(Phone Book Access Profile), SAP(SIM Access Profile) 등이 있다.

11.3.2 Bluetooth와 WLAN 기기와의 공존(IEEE 802.15.2)

무선통신 장치의 최대 이점은 선을 필요로 하지 않는다는 것이다. 그러나 이로 인해 다른 무선장치들과 같은 주파수 대역에서 동작할 수 있다는 불이익을 감수해야한다. 다중접속 방식은 다중의 장치들이 같은 프로토콜을 따르는 스펙트럼을 어떻게 사용할 수 있는지 고려하는 것으로, 서로 다른 무선 시스템들이 동일한 주파수 대역에서 함께 공존할 수 있는지는 고려하지 않고 있다. 일반적으로 모든 무선 시스템은 그 스스로가 이용가능 한 전체 스펙트럼을 갖고 있다고 가정하여 설계되는데, 만약 같은 주파수 대역에 둘 혹은 그 이상의 타 무선 시스템이 있고, 서로 근접하게 배치되었다면 어떤 일이 벌어질까?

상대적으로 높은 출력으로 전송하는 것과 방해(Interference)에 강한 프로토콜을 사용하는 장치는 그들의 전송데이터를 얻을 것이지만, 그렇지 못한 장치들은 데이터를 전혀 얻지 못하거나 적어도 전송율이 감소되게 될 것이다. 이러한 이슈는 수많은 무선 통신장치들이 향후 몇 년 동안 폭발적으로 증가할 것으로 예상되는 홈네트워크 어플리케이션에서 상당한 문제가 벌어지리라 예상된다.

그러므로 서로 다른 무선 시스템이 같은 주파수 대역을 사용하더라도 제 기능을 하도록 보장하기위해서는 보다 적절한 통신정책이 필요하다. 실제로 안테나들 사이의 거리, 데이터 트래픽의 양, 출력 레벨, 변조방식 등과 같은 많은 파라미터들이 다른 방식의 타 무선 시스템 사이에서 간섭에 영향을 미친다. 이는 물리 계층만의 문제가 아니며, MAC계층 또한 간섭 시나리오에서 중요한 역할을 수행할 수 있고, 전체 시스템 성능에 영향을 끼칠 수 있을 뿐 아니라, MAC 계층과 상위 계층의 성능에 상당한 충격을 줄 수 있다는 점이다.

이런 이유로 IEEE 802.15.2 작업그룹은 Bluetooth/IEEE 802.15.1 과 IEEE 802.11 사이에서 공존을 위한 권고 사항(Recommended Practice)을 개발하기위해 구성되었는데, 이는

당시 Bluetooth/IEEE 802.15.1 기반의 WPAN 장치와 IEEE 802.11b 기반의 WLAN 장치가 2.4GHz ISM 대역에서 동작하는 장치들 중 가장 큰 시장점유율을 갖게 될 것이라 예상했기 때문이다. 그 권고사항은 1, 2, 5.5, 11Mbps의 전송속도에서 IEEE 802.11b DS-SS(Direct-Sequence Spread Spectrum)를 고려하도록 하는 것이었다.

앞으로의 권고사항 개정은 IEEE 802.11과 IEEE 802.15 둘 다 추가적인 표준화를 진행하는 중이므로 좀 더 새로워진 WLAN과 WPAN 표준 사이에서 공존 문제를 고려할 것으로 예상된다.

11.3.3 UWB(IEEE 802.15.3)

블루투스 기술은 최대 723.2 Kbps의 통신 속도 상의 한계와 최대 8개만이 통신에 참여할 수 있는 한계점으로 인하여 가정에서 오디오 및 비디오 기기의 고속 동영상 데이터 전송에 대한 요구를 만족시켜주지는 못하는 기술이다. 비디오 데이터 전송을 위한 WPAN 기술에 대한 요구를 충족시켜주기 위해 발족된 IEEE 802.15.3 표준은 낮은 전력을 소모하는 저가의 칩으로 Security와 QoS는 물론 최대 55Mbps의 데이터 전송 속도를 지원함으로써 이동용 무선 영상 시스템과 멀티미디어 시스템에의 적용을 고려한 기술이다.

WLAN에서 사용하는 AP(Access Point) 기반의 인프라스트럭처 모드와는 달리 WPAN에서 DEV(Device)들의 연결은 저가이면서 전력 낭비가 심하지 않은 소형 디바이스를 구현할 수 있는 방법을 제안하였다. IEEE 802.15.3의 피코넷은 다수의 독립적인 DEV들이 서로 간에 무선으로 통신 가능한 Peer-to-Peer의 Ad hoc 무선 데이터 통신 시스템을 가능하게 한다. 피코넷에서의 통신은 고정되었거나 아니면, 이동 가능한 기기로 반경이 일반적으로 10m 정도인 좁은 영역 내에서 통신을 한다.

IEEE 802.15.3 피코넷은 DEV와 피코넷을 구성하기 위해 PNC(Piconet Coordinator) 역할을 하는 DEV가 반드시 있어야 한다. PNC는 비컨을 사용하여 그 피코넷의 타이밍 동기 및 피코넷의 동작에 필요한 여러 정보 요소들을 제공한다. 또한 PNC는 피코넷을 구성하는 DEV들의 채널 타임 관리, 채널 접근 제어, 전력 관리 등을 담당한다.

802.15.3 피코넷은 Ad Hoc 네트워크에서처럼, 어떤 DEV가 통신을 하려고 할 때, 기존에 있던 피코넷에 가입하거나 피코넷이 없는 경우 자신이 PNC가 되어서 피코넷을 구성하고, 피코넷의 DEV들이 더 이상 통신하지 않는 경우 피코넷을 제거한다.

IEEE 802.15.3 표준에서는 DEV의 요구에 따라 종속적인 피코넷을 구성하여 Mesh Network 기능을 수행할 수도 있다. 종속적인 피코넷을 만든 원래의 피코넷을 부모(Parent) 피코넷이라고 한다. 부모 피코넷에 있는 PNC와의 연관(Association)된 방식에 따라 종속적인 피코넷을 자식(Child) 또는 이웃(Neighbor) 피코넷이라고 한다. 부모 PNC의 채널 타임 할당 방식에 따라 종속적인 피코넷의 동작을 결정할 수 있으며, 독립적인 피코넷은 어떠한 종속적인 피코넷들도 가지지 않는다.

IEEE 802.15.3 기술은 QoS를 지원할 뿐만 아니라 WPAN 솔루션 이면서도 최대 70m의 전송을 지원한다.

IEEE 802.15.3 기술은 CAP(Contention Access Period) 구간 다음에 CFP(Contention Free Period) 구간을 두고 이 구간을 이용하여 실시간 데이터를 전송하려는 기기는 반드시 Coordinator로부터 사전에 자원 사용에 대한 예약을 요청하고 이 결과를 승인 받음으로써 QoS가 지원되는 방식을 채택하였다. 따라서 QoS 데이터를 전성하려는 모든 기기는 Coordinator의 RF 영역 안에 반드시 존재하여야 하며 따라서 Mesh Network 구조를 갖는 Multi-Hop 통신을 필요로 하는 경우 Hop 수가 많아지면 통신이 불가능해지는 단점이 있다.

(1) IEEE 802.15.3a: High Rate UWB 기술

최근 고속 WPAN 기술은 데이터 전송속도가 100Mb/s를 넘어 최대 480Mb/s에 이르는 등 획기적으로 그 성능이 발전하고 있다. 이를 가능케 해주는 새로운 물리 계층이 IEEE802.15.3a에서 정의하고 있는 UWB 기술에 기반을 둔 것이고, 진정한 유선케이블 대체를 시도한 것이라 할 수 있다.

IEEE 802.15.3a High Rate UWB 기술은 IEEE 802.15.3 규격에서 정의한 MAC 기술을 그대로 사용하면서 3.1GHz부터 10.6 GHz까지의 광대역 중에서 WLAN이 사용하는 5 GHz대역(5.150~5.825GHz)을 제외한 나머지 대역을 사용하여 최대 400Mbps의 데이터 통신을 가능하게 하는 시스템에 대한 규격이다.

IEEE 802.15.3a의 표준화 작업은 Intel, Texas Instruments, Motorola 등과 같은 거대 반도체 회사들에 의해 주도되었으며, UWB 기술에 초점을 맞추고 창업한 Time Domain, Xtream Spectrum, Staccato Communications 등의 회사들 역시 참여했다.

UWB의 개념은 약 100년 전에 마르코니에 의해 고안되었는데, 현재 임펄스 방식의 UWB 기술은 1980년 대와 1990년대에 개발된 것이 주류이다. 본래 군사 통신용 시스템으로 비밀통신 및 레이더 기술로 개발되었으며, 군사용 외에 상업적 용도로 UWB가 허가되어 있지 않았다. 전통적으로 UWB 기술은 임펄스와 같은 매우 짧은 펄스가 사용되는 PPM(Pulse Position Modulation)으로 실현되어왔다. 안테나는 기저 대역 주파수에서 신호를 방출할 수 없기 때문에, 이 펄스들은 반드시 0을 평균으로 갖는다. 만약 펄스폭이 지연확장과 비교해 짧으면, 다중 채널환경에서 좋은 성능을 낼 수 있다. 즉, UWB에서 코히어런스 대역은 신호 대역보다 작고 코히어런스 시간은 심볼 Duration 보다 큰 특징을 갖는다.

2002년 2월에 미국 FCC는 Part 15 규정에서 -41.3dBm/MHz의 평균 방사 제한을 정하고, 비허가 기저대역 상에서는 7500MHz(3100~10,600MHz)의 초광대역을 통해 동작하는 것을 허가하도록 개정했다. 이 때 Peak 방사제한은 평균을 넘는 60dB이다. UWB는 20% 보다 큰 단편적인 대역(Fractional Bandwidth)을 갖거나 500MHz 혹은 그 이상의 대역을 점유하는 특정 신호로 FCC에 의해 정의된다. 단편적인 대역은 기저대역 대 RF 캐리어 주파수의 비율로 이 대역은 가장 높이 전파되는 방사세기보다 10dB 아래 지점에 의해 제한된다. 향후 4세대 통신의 대역과 혼선을 갖게 될 UWB 주파수 대역에 대한 전파규제 문제를 놓고 유럽 및 우리나라를 포함한 아시아 국가별로 그 입장차가 다소 다르나, UWB 기술의 발전 추이를 볼 때 UWB 저주파수 대역인 3~5GHz에서 DAA(Detection and Avoidance) 기술이나 듀티사이클(Duty cycling)기술을 적용하는 조건으로 부분적으로 허가하는 방향으로 기술개발이 이루어지고 있다.

사실 IEEE 802에서는 2002년 3월 PAR(Project Authorization Request)가 제출된 이후 다양한 회사들로부터 802.15.3a에 31개의 프로토콜이 제안되었으나, 그 프로토콜의 수는 표준화 그룹 내 변별과정을 거쳐 두 개의 주요한 기술로 빠르게 압축되었다.

첫 번째 주요 제안은 임펄스기반의 UWB 기술로, 높은 확산대역 처리 이득 을 이끌어 내는 24 chips/symbol의 DS-SS를 이용한 BPSK와 QPSK 변조를 사용한다. 이때 5GHz 지역의 UNII 주파수를 제외한 FCC에 의해 허가된 전체 대역을 사용하며, FCC 규정을 만족시키기 위한 제한에 따른 기저대역 신호는 1.368GHz 혹은 2.736GHz이 될 수 있다.

두 번째 주요 제안은 기 제안된 몇몇 제안들을 합한 다중 반송파 전송기술을 기반으로 한 OFDM(Orthogonal Frequency Division Multiplex)의 UWB 기술이다. 이 제안에 따르면 신호의 대역은 528MHz이고, 전체 7.5GHz의 넓은 대역을 다중 접근이 용이하도록 만든 작은 대역들 사이에 주파수 도약으로 네 개의 작은 대역으로 나눠지게 하는 방식으로 부반송파인 캐리어들로 하여금 128-point FFT가 뒤따르는 QPSK 변조로 UWB신호를 생성한다. 첫 번째 제안처럼 이 제안 또한 5GHz UNII 대역을 이용하는 것을 피하도록 하고 있다.

IEEE 802.15.3a 작업그룹에서는 수년간 이들 2가지 기술에 대한 성능 우위비교를 통하여 단일 표준화 안을 만들려고 했다. 그러나 인텔 중심의 멀티밴드 OFDM 방식의 MBOA 진영과 Motorola 중심 의 임펄스 DS-UWB 기술이 팽팽하게 대립되다가 2006년 1월 하와이 회의에서 최종적으로 이 표준화 그룹이 해체되면서 IEEE SA 산하에서의 고속 UWB 표준화는 실패한 셈이 되었다. 현재는 UWB 포럼에서 임펄스 방식의 DS-UWB 기술이 단체 표준으로 제정 중이며, MBOA의 Multi-Band OFDM 기술은 ECMA (European Computer Manufactures Association)에서 표준화를 완성하여 현재 ISO/IEC JTC1 SC6에 Fast Track 으로 그들의 표준을 국제 표준으로 추진 중이다.

11.3.4 ZigBee(IEEE 802.15.4)

IEEE 802.15.4는 새롭고 빠르게 성장하는 무선 센서 시장에서 강력한 경쟁자로써 다양한 시나리오에 따른 많은 어플리케이션들을 내놓고 있다. 802.15.4 제품은 2개의 AA 배터리를 장착하고 1년 동안 동작하는데 무리가 없도록 구현될 수 있으며, 이는 저속 WPAN에 내장된 장치형태로 사용된다. 즉, PIR 센서, Cordless 스위치, 지능형 원격 제어와 보안, 조명과 난방, 환기, 그리고 에어콘디션 제어기 등이 있다. 또한 이들과 유사한 센서들은 그들의 세심한 움직임을 감시하기 위해 빌딩 및 다리 그리고 여타 다른 구조물상에서 인프라 감시용으로 사용될 수 있다. 조만간 이러한 무선 센서들은 산업제어와 감시, 지능형 농업, 공급망 관리와 자산 추적, 건강 모니터링, 보안 및 군사용 감지 등에서 찾을 수 있을 것이다. 이 때문에 몇몇 회사는 저속 어플리케이션들이 실제로 고속 WPAN보다 더 큰 시장기회를 나타낼 것이라 예상하고 있다.

IEEE 802.15.4 기술은 유비쿼터스 센서 네트워크(USN)의 구현에 가장 많은 관심을 모으고 있는 무선 네트워크 프로토콜로서 PHY와 MAC을 정의하고 있다. PHY 계층과 MAC 계층의 표준을 다루는 IEEE 802.15.4 표준화 작업은 2004년 완료되었고, 현재 응용 서비스를 위한 시스템 개발에 필요한 상위 계층에 대한 표준화 작업이 ZigBee Alliance에서 진행 중이다.

IEEE 802.15.4의 통신 모드는 마스터-슬레이브 방식을 기본으로 하고 있다. Peer-to-Peer 통신 네트워킹이 가능하고, 네트워크 안에서 하나의 기기를 코디네이터로 명하여 송·수신의 기능이 필요한 경우에만 Sleep 모드에 있는 노드들을 활동 상태로 변경하는 방식을 채택함으로써 전력 소모를 극소화하였다. 또한, 특정 노드가 메쉬 모드의 네트워크 상의 다른 모든 노드들을 인식하지 못할 때 네트워크를 스스로 구성할 수 있도록 요구할 수 있다. 인접한 네트워크 및 시스템과의 간섭에 Robust한 기능을 수행할 수 있도록 2.4GHz 대역에서 O-QPSK 변조 방식을 채택하였으며, 기본 프로토콜은 IEEE 802.15.4에서 정의된 표준에 따른다. 다른 IEEE 802.11 및 IEEE 802.15.3 기반 무선 네트워크에서와 마찬가지로 채널 할당에 CSMA/CA 방식을 사용하고, 실시간 데이터 전송을 지원하기 위해서 선택적으로 GTS 할당 방식을 적용할 수 있다.

디바이스 타입으로는 FFD(Full Function Device)와 RFD(Reduced Function Device)가 있는데, FFD는 FFD 또는 RFD 모두와 통신할 수 있으며 PANCoordinator, Coordinator, Device 3가지 타입이 가능한 반면, RFD의 경우에는 FFD에 한하여 통신할 수 있고 End Device 타입만이 될 수 있다. RFD는 최소의 리소스와 메모리 용량을 갖기 때문에 Light Switch나 Passive Infrared Sensor로 사용하기에 적합하다.

IEEE 802.15.4의 Superframe 구조는 Channel Access 방식으로 Unslotted CSMA/ CA 방식과 Slotted CSMA/CA을 사용하는데 Unslotted CSMA/CA 방식은 Non Beacon-Enabled Network에 사용되며 Random Period 동안 기다리다가 Idle 상태일 때 Device는 자신의 데이터를 전송하고 채널이 Busy 상태인 것을 감지하면 Device는 데이터 전송을 위해 다른 Random Period까지 기다려야 한다.

Slotted CSMA/CA방식은 비컨을 전송함과 동시에 Backoff Slot이 할당되는 방식으로 Beacon-Enabled 네트워크에 사용되며 데이터를 전송하기 전에 Backoff Slot을 기반으로 하여 Random Number동안 기다리며, 채널이 Busy 상태일 때, Device는 Backoff Slot의 다른 Random Number동안 기다려야 한다. 비컨과 ACK는 CSMA/CA를 사용하지 않고 보내게 된다. 한편 각 디바이스들은 메시지의 Pending 여부를 알기 위해 RF 채널을 주기적으로 들어야 하는데 이 간격을 통해 메시지의 지연 시간과 파워 소모 간의 균형이 결정된다.

보안 서비스는 ACL(Access Control List), Data Encryption, Frame Integrity를 사용하여 지원하며 Security Mode로는 Unsecured Mode와 ACL Mode, 그리고 Secured Mode를 지원한다.

IEEE 802.15.4 기술은 250Kbps, 40Kbps, 그리고 20Kbps의 전송 속도 지원(Over-the-Air Data Rates), 성형 또는 점 대 점 동작 지원(Star or Peer-to-Peer Operation), 16비트 또는 64비트 주소 할당, GTSGuaranteed Time Slots)의 할당, CSMA/CA를 이용한 채널 접속, 전송 신뢰성 보장을 위한 ACK 프로토콜 지원, 저 전력 소모(Low Power Consumption), 에너지 검출(Energy detection) 기능, 수신된 패킷의 특성을 나타내기 위한 LQI(Link Quality Indication) 사용, 2450MHz 대역에서 16개 채널, 915MHz 대역에서 10개 채널, 그리고 868MHz 대역에서 1개의 채널 사용 가능하다는 특징을 가지고 있다.

(1) ZigBee 기술

IEEE 802 Working Group은 1계층인 PHY 기술과 2계층 중 하위 부 계층인 MAC 계층에 대한 규격만을 표준화한다. 2계층 이상의 계층에 대한 표준은 IETF(Internet Engineering Task Force)나 ZigBee Alliance에서 표준화를 추진한다. IEEE 802.15.4 기술 위에 Network Management, Message Broker, Routing Management 등을 정의하는 NWK 계층 및 APP 계층과 Security를 정의한 표준이 ZigBee 기술이다.

ZigBee Protocol은 IEEE 802.15.4 WPAN의 MAC 위에 올라가는 네트워크 계층과 응용 계층(Application Sublayer), 그리고 정보 보호 기술에 대한 표준이다. ZigBee 프로토콜을 제정하는 ZigBee Alliance는 IEEE 802.15.4 표준을 기반으로 그 상위 계층의 표준을제정하기 위해 발생한 사실상 표준화 그룹으로서 수 개월로부터 수년까지의 배터리 수명을 갖는 낮은 데이터 전송률의 솔루션 개발을 하고 있다. Bluetooth와 비교해 볼 때 ZigBee는 보다 싼 가격과 낮은 데이터 전송률, 그리고 이를 활용한 저 전력 소모의 특징을 지니고 있으며, 성형은 물론 메쉬 등과 같은 다수의 토폴로지를 갖는 네트워크에도 적용이 가능하다.

ZigBee의 표준을 정의하기 위하여 세계의 여러 업체가 멤버로서 참여하고 있으며, 몇 개의 업체들이 현재 ZigBee 표준에 부합한 시제품을 내놓고 있다. IEEE 802.15.4에서는 MAC과 PHY에 대한 표준화에 대한 역할을 담당하고 있고 현재 표준화가 완료된 상태이며, ZigBee Alliance의 경우 보안(Security), 네트워크 계층, 응용 계층(Application Sublayer), 마케팅 그리고 세부 프로파일에 대한 표준화 작업이 진행되고 있다. 또한, 구체적인 상호 연동 테스트를 위한 목적으로 체크 리스트 작업과 세부적인 어플리케이션 정의 작업을 진행 중이다.

(2) IP-USN 기술

IP-USN 기술은 IETF의 6LoWPAN Working Group에서 제정한 기술로 IPv6 Packet Data를 압축하여 IEEE 802.15.4 MAC으로 전송하며 어드레싱과 라우팅을 정의한 규격이다. 한편 IEEE 802.15.5 WPAN Mesh Task Group은 IEEE 802.15.4 MAC 위에 자체의 Addressing과 Routing을 정의한 Recommended Practice이다.

IP-USN 기술은 각 센서노드에 IP 주소를 부여함으로써 독립적이고 폐쇄적이던 센서 네트워크 망을 기존의 BcN, 3G, 4G, PLC 등과 같은 다양한 미디어와 통합시키는 기술이다. IP-USN 기술은 기존 IP 인프라를 기반으로 센서 네트워크에 광범위한 확장성을 제공함으로써 다양한 서비스 제공을 가능하게 해준다.

IP-USN을 지원하기 위해 표준화단체인 IETF의 6LoWPAN WG이 지난 2005년부터 관련 표준화를 추진하고 있으며 최근에는 ZigBee Alliance에서도 센서노드에 IP를 적용하는 기술을 추진 중에 있다. IETF에 올라가는 기술기고문 11개 중 7개가 대한민국에서 만든 것이며 특허를 가진 전 세계 40여 개 업체 중 27개가 우리나라 기업일 정도로 비교적 우위에 있다고 할 수 있다. 6LoWPAN 같은 IP 기반의 망을 지원하기 위한 프로토콜을 적용하기 앞서 대규모 상황에서의 안정성 테스트 등이 선행되어야 한다.

IP-USN 기술의 핵심은 6LoWPAN WG에서 제안한 6LoWPAN 기술이다. 6LoWPAN WG은 2005년에 신설되었다. 이 그룹은 국제 표준화 기구 중 대표적으로 IP 기반의 센서 네트워크에 대한 표준 기술을 다루고 있는 그룹이다. 이 그룹은 3 계층에 IEEE 802.15.4를 기반으로 하는 센서 네트워크에 IPv6를 지원하기 위한 이슈를 다루는 그룹으로서 저전력, 저속의 데이터 전송률, 900~2400MHz의 주파수 대역에서 최소형 메모리와 최소형 프로세서만을 장착한 센서 응용을 대상으로 하고 있다.

6LoWPAN 워킹그룹은 LoWPAN 상에서 IPv6 패킷 전송 방안을 정의하는 것을 목표로 하고 있다. 좀 더 구체적으로는, 어떻게 하면 데이터 전송속도가 느린 IEEE 802.15.4 기술을 통해 헤더 사이즈가 큰 IPv6 패킷을 효율적이고 안전하게 전달하고, 또 전달하고자 하는 장치들을 어떻게 검색할 것인지에 대한 내용을 연구하는 것이다. 또한 IEEE 802.15.4 기술이 사용하는 MAC 주소(16비트 또는 64비트 확장형 주소)를 이용하여 IPv6 자동 주소설정 기능을 어떻게 수행할 것 인가에 대한 내용도 포함된다.

(3) IEEE 802.15.4a: Low Rate UWB 기술

IEEE 802.15.4a는 임펄스 방식의 UWB기술을 기반으로 최대 2Mbps의 전송속도를 지원하는 물리계층의 변조방식과 주파수대역을 규정하고 있으며, IEEE 802.15.4의 MAC을 수용하도록 정의되어 있다. 특이할 만한 것은 수십 센티미터에서 최대 1m 거리인식을 통한 무선측위기능을 제공하기 때문에 일부 MAC이 수정되었고, 네트워크를 구성하는 장치의 복잡도 유연성을 주기위하여 UWB 신호를 Ternary 부호화하였으며 이는 수신부가 시스템 요구 성능에 따라 coherent 혹은 non-coherent 구조를 선택할 수 있도록 한 것이다. 그리고 2.4GHz ISM 대역의 Chirp SS의 상이한 물리 계층을 별도로 규정하고 있다.

11.4 유비쿼터스 네트워크의 기반 기술들

11.4.1 광대역화, FTTH

FTTH는 궁극적으로 일반 댁내까지 광통신을 구축하는 기술로 각 가정에 구축된 광통신을 통해 100Mbps~수Gbps급을 지원함으로써 고품질의 멀티미디어 서비스를 통합적으로 제공해주는 기술이다. 현재, 전화선, 케이블TV, 기타 케이블 네트워크 등으로 복잡하게 나눠져 있는 가입자망 환경을 광가입자망에서 단순화함으로써 통합적인 서비스를 구현할 수 있으며, 이를 통해, 음성, 데이터, 방송 등을 통합적으로 지원하는 TPS(Triple Play Service)를 제공할 수 있다. 현재의 VDSL이나 케이블TV망(HFC)에서도 멀티미디어 서비스를 할 수 있는 기술 지원이 가능하지만, 기본적으로 전화선과 방송선이 갖는 취약성으로 인해 통신사업자가 궁극적으로 지향하는 가입자망은 FTTH라 할 수 있다.

xDSL 및 케이블모뎀의 시대에서 FTTH(Fiber-To-The-Home) 시대로 넘어 간다는 것은, 단지 100Mbps급의 보다 빠른 서비스 속도를 이용할 수 있다는 것 이상의 의미를 가진다. 과거 PSTN156) 및 ISDN 시대에 텍스트(e-mail) 또는 파일(FTP) 위주의 제한된 인터넷 애플리케이션을 사용해 오다가, xDSL 및 케이블모뎀으로 브로드밴드 시대가 열리면서 전자상거래·인터넷뱅킹·멀티미디어 엔터테인먼트 등 다양한 어플리케이션이 보급되어 인터넷이 생활의 한 부분으로 대중화되었고, 앞으로 다음 세대인 FTTH 시대가 도래하게 되면 한 단계 더 높은 차원의 유비쿼터스 정보화 사회 실현이 기대되고 있기 때문이다.

11.4.2 센서 네트워크, USN

최근의 무선통신과 마이크로 전자공학 기술의 발전은 저 가격, 극소형의 센서들 간의 네트워크를 가능케 하고 있다. 센서 네트워크는 지능형 빌딩내의 환경 컨트롤, 생산 공정 자동제어, 창고 물류관리, 병원에서의 물품·정보 관리 및 환자상태 원격감지, 지능형 교통 시스템, 텔레매틱스 등 그 응용범위가 광범위하기 때문에 유비쿼터스 무선망의 핵심으로 자리 잡을 것으로 기대된다.

미국은 MIT를 중심으로 전자태그를 이용한 상품관리를 위하여 북미지역코드관리기관(UCC, Uniform Code Council), 국방성, 업체 등이 협력, Auto-ID 센터를 설립(1998년)하여 기술개발과 표준화를 추진해 왔으며, 개발된 기술에 대한 보급과 새로운 연구개발을 시작하기 위해 2003년 10월에 Auto-ID 센터를 EPC global과 Auto-ID Labs로 분리하여 새롭게 출범하였다. EC는 2001년에 시작된 정보화사회기술계획(IST, Information Society Technologies research program)의 일환으로 "사라지는 컴퓨팅 계획(Disappearing Computing Initiative)" 사업을 통해 일상 사물에 전자태그를 부착하여 사물간의 지능적이고 자율적인 감지와 통신이 가능한 환경을 구축하기 위한 기술을 개발 중에 있다. 또한 여러 나라에서 전자태그를 실생활에 적용하는 Future Store 프로젝트, SCM 영역에 적용한 ParcelCall 프로젝트, MyGROCER 프로젝트 등이 진행 중에 있다. 한편, 일본은 모든 사물(공간, 의복 등)에 초소형 칩을 이식하고 네트워크를 구성하여 통신이 가능한 유비쿼터스 컴퓨팅 환경을 구축하기 위해 유비쿼터스 ID 센터를 설립(2003년)하여 추진 중이며, 경제산업성(METI) 주관으로 5엔 태그 실현을 목적으로 100여개 기업이 참여하는 컨소시엄을 구성하여 기술 개발 및 확산 전략을 수립하고 프로젝트를 시작하였다.

USN은 초기에 전자태그를 이용해 개체를 식별하는 단계에서 센싱 기능을 부가하여 환경정보를 동시에 취득하는 단계를 거쳐 태그상호간 통신을 통하여 Ad-hoc Network을 구축하고 기능이 적은 다른 태그를 제어하는 단계로 발전할 것으로 예상되고 있다. 표 11.2에 USN 기술의 활용 사례를 정리하였다.

센서 네트워크의 실용화를 위해서는 여러 가지 과제가 있다. 기술적으로는 OPEN형 센서 네트워크를 구현하기 위해서는 규격을 공개, 공통으로 하여 각 벤더의 기기나 기능(모듈)이 연계되는 것이나, 미들웨어 등을 써서 기존의 네트워크 기술과의 연계를 도모하는 것이 급선무다. 더욱이 유비쿼터스 센서 네트워크로 변모하기 위해서는, 다양한 서비스에 대응할 수 있는 센서 자체가 고기능, 고정밀도화 되는 것은 물론, 놓아두기만 해도 연결되게 하는 무선 애드혹 네트워크를 비롯한 네트워크기술이나, 위치 검출, 최적 노드 배치와 같은 센서의 관리, 상호간섭 회피기술을 위시한 센서가 무수히 증가한데 기인하는 장애의 회피, 캘리브레이션 티칭기술을 위시한 Maintenance-free화, 데이터 마이닝을 위시한 무수의 센서로부터 올라오는 정보를 관리하는 기술 등, 네트워크형 센서와 견주면 각 각의 확장된 기능마다에 과제가 있다. 나아가, 이용 측에서 보면 신뢰성이나 프라이버시 등의 문제도 조기에 해결해두어야 할 과제이다.

표 11-2 다양한 분야에서의 USN 기술 활용 사례

구 분	활용 내용
지능형 로봇	- RFID를 이용한 정확한 위치 인식 및 환경 센싱 - 사람의 건강상태 파악 등 비상시 구조 및 의료체계와 연계
홈 네트워크	- 가정내 사물들간 네트워크 구성을 통한 다양한 자동관리 (채광, 실내온도, 실내조명, 주인 인식, 문 자동개폐 등)
차세대 PC	- 초단거리 사물간 통신으로 풍부한 주변 환경정보 습득 가능 - 무선 센서 활용으로 사용자 인터페이스 편리성 증대
차세대 이동통신	- 사람 주변의 다양한 사물간 통신을 가능토록 하여 효과적인 WPAN(Wireless Personal Area Network) 실현
텔레매틱스	- 타이어, 차량 주변의 상태를 인식하여 운전 편의성 및 안전성 제고 - 도로, 거리 등에 전자태그를 설치하여 위치 안내 등으로 활용

11.4.3 IPv6와 Mobile IPv6

(1) IPv6

IPv6 주소방식은 128비트 체계로 이루어진 차세대 인터넷을 위한 주소 방식으로써, 인터넷 주소를 약 6조억 개 이상을 제공받을 수 있어, 현재 IPv4 주소 고갈 문제를 근본적으로 해결할 수 있을 것으로 기대되는 기술이다.

더욱이 국내의 경우, 이동전화 단말에서의 인터넷 접속 및 ADSL, 케이블 네트워크를 이용한 가정이나 게임방에서의 인터넷 연결이 폭발적으로 늘어가고 있어 주소 부족 문제가 심각함을 상기해볼 때, 궁극적으로 하나하나의 사물에까지 주소를 부여해 사물 간 통신을 추구하는 유비쿼터스 서비스의 구현을 위해서는 반드시 필요한 기술이라고 할 수 있다.

차세대인터넷을 위한 신주소체계인 IPv6 기본 프로토콜의 개발은 90년대 중반부터 IETF IPng 워킹그룹(現 IPv6 워킹그룹)을 통해 작업이 이루어졌으며, 동시에 NGTrans 워킹그룹(現 v6ops 워킹그룹)을 통해 IPv6 도입을 위한 다양한 전환기술(transition mechanism) 등이 연구되었다. 특히, 2006년 6월부로 마무리된 6Bone(IPv6 Backbone)은 터널링 기반의 전 세계적인 IPv6 백본망 구축을 통하여 구현된 IPv6 프로토콜 및 응용 그리고 전환기술에 대한 실질적인 검증작업을 진행하였으며, 이와 함께 세계적으로 구축된 각 국의 연구망(미국의 vBNS, 캐나다의 CA*Net, 일본의 WIDE-6Bone, 유럽의 TEN-155/GEANT)을 중심으로 IPv6 순수망(Native) 도입을 위한 관련 기술에 대한 검증 작업을 진행하였다. 우리나라에서는 1998년부터 국내최초로 6Bone-KR이 도입되면서 IPv6 주소할당 및 운영과 함께 관련연구가 시작되었으며, 선도망인 KOREN이 국내 최초로 IPv6 순수망을 도입하여 운영하기 시작하였고 지난 2001년에는 한국정보사회진흥원(구. 한국전산원 NCA)이 국내 최초로 IPv6 기반 차세대 인터넷 교환노드인 6NGIX를 구축하여 국내 IPv6 트래픽에 대한 IX(Internet Exchange)역할을 제공하고 있다. 우리나라는 IPv4망과 IPv6망이 공존하면서 점진적인 전환을 시도하고 있다.

(2) Mobile IPv6

Mobile IP는 유선 인터넷에서 IP 주소를 부여받아 사용 중인 PC 또는 노트북 PC를 이동통신망에 접속시켜 사용하기 위해 이동단말기와 연결시켜 이동하였을 때에도 자유롭게 데이터를 전송받도록 하기 위해 도입된 방법이다. 즉, Mobile IP는 IP주소를 가진 단말이 이동시에도 그 연결을 항상 보장하는 데 필요한 기술이다. 현재 Mobile IPv6 관련 표준화가 완료된 상태는 아니지만, 세계 각국의 주요 기업이나 연구소를 중심으로 프로젝트가 진행 중에 있으며, 일부 기업에서는 이미 상용화 제품에 탑재하여 출시하고 있다.

Mobile IPv6를 구현하기 위해 진행되고 있는 대표적인 프로젝트로는 헬싱키 대학에서 진행하고 있는 MIPL(Mobile IPv6 for Linux)이 있다. MIPL은 리눅스(Linus) 상에서 Mobile IPv6 구현을 추구하고 있다.

한편, 일본의 KAME는 히타치, 후지츠, NEC, 도시바 등의 7개 업체가 주축이 되어 1998년부터 최근까지(2006.3) 진행된 프로젝트로서 다양한 Free BSD에 IPsec, Mobility, Queuing 등을 지원하는 IPv6 프로토콜을 탑재하는 것을 목표로 하고 있다. KAME는 Ericsson의 mobile-ipv6 코드를 통합하여 IPv6 이동성을 제공 한다.

11.4.4 QoS

QoS는 서비스 품질(Quality of Service)을 의미하는 것으로, 네트워크 트래픽 별로 서로 다른 수준의 서비스 품질을 제공하기 위한 알고리즘의 집합이다.

QoS는 높은 대역의 비디오 및 멀티미디어 정보를 지속적으로 전송해야 하는 경우 특별한 의미를 갖는다. 이러한 종류의 콘텐츠를 공중 네트워크를 통해 신뢰할 수 있을 정도로 전송하는 것은 어려운 일이다. 다양한 요구사항을 가진 응용들을 지원하기 위해서는 대역폭을 넓히는 것뿐만 아니라 전송의 신뢰성 및 실시간성 등 충족시켜야 될 많은 기술들이 필요하다. 이러한 기술들을 간단히 표현하면 서비스 및 응용의 QoS 관리 기술이라고 통칭할 수 있다. 즉, 최선형 서비스(best effort service) 형태에서 탈피해서 차세대 인터넷의 상업용 QoS 서비스를 제공하기 위해서는 QoS 관리 기술이 필수 불가결한 요소이다.

QoS는 크게 사용자가 실제적으로 서비스 QoS을 느끼는 표현 및 체감 QoS와 사용자의 서비스 이용 및 제어의 편리성을 보장하는 이용 및 제어 QoS로 나눌 수 있다.

기존의 네트워크는 모든 패킷을 동일하게 전달하는 최선형(best-effort) 방식의 서비스를 지원하기 때문에, 서비스의 품질에 대한 고려는 미약하다. 이러한 최선형 네트워크로는 더 이상 고속의 그리고 다양한 망간 융합을 통한 신규 서비스를 제공받기를 원하는 이용자들을 충족시켜 주기가 어려워지고 있다. 이 때문에, QoS는 네트워크에서 적합한 수준의 데이터 전송을 위해 충족시켜야 하는 서비스 요구 사항의 집합으로 정의된다. QoS를 사용하면 실시간 프로그램에서 네트워크 대역폭을 가장 효과적으로 활용할 수 있으며, 충분한 네트워크 리소스를 일정 수준으로 유지해 주므로 공유 네트워크에 전용 네트워크와 비슷한 수준의 서비스를 제공할 수 있다.

[참고문헌]

[1] 하원규, 김동환, 최남희, 유비쿼터스 IT 혁명과 제 3 공간 : 물리 공간과 전자 공간의 융합, 전자신문사, 2002.

[2] 이상학, 조위덕, "유비쿼터스 컴퓨팅 및 네트워크 기술개발 동향", 전자부품연구원, 2004.

[3] 윤성임, 신경철, "차세대 이동통신 서비스 연구", 전자통신동향분석, 제21권, 제3호, pp.11~22, 2006.

[4] 박종대, 김영부, "미래통신망 연구개발 동향", 전자통신동향분석, 제21권, 제6호, pp.1~8, 2006.

[5] 전호인, "근거리 무선통신기술 표준화 동향 및 u-City 서비스 적용 시 고려 사항", 전자공학회지, 제36권, 제1호, pp.64~82, 2009.

[6] 허재두, 최은창, "WPAN 기술 동향", 정보와 통신, 제36권, 제1호, pp.7~17, 2007.

[7] 최성수, 김영선, "IEEE 802.15 WPAN : 근거리 무선통신기술", 전자공학회지, 제34권, 제3호, pp.284~297, 2007.

연습문제

01. 유비쿼터스 네트워크의 개념을 간단히 설명하시오.

01. WPAN의 정의에 대하여 간단히 설명하시오.

02. Bluetooth에 대하여 설명하시오.

03. UWB에 대하여 간단히 설명하시오.

04. ZigBee에 대하여 설명하시오.

05. FTTH에 대하여 간단히 설명하시오.

06. USN에 대하여 간단히 설명하시오.

07. IPv6에 대하여 간단히 설명하시오.

08. Mobile IPv6에 대하여 설명하시오.

09. QoS에 대하여 설명하시오.

찾아보기

정가 19,000원

유비쿼터스 사회의 정보통신개론

2015년 2월 17일 초판 인쇄
2015년 2월 27일 초판 발행
저 자 : 김영춘 · 민경일 · 신용달 · 조용석
발행자 : 우명찬 · 송 준
발행처 : 홍릉과학출판사
주 소 : 서울시 강북구 인수봉로 50길 10
142-885
등 록 : 1976년 10월 21일 제5-66호
전 화 : (02) 999-2274~5, 903-7037
팩 스 : (02) 905-6729
e-mail: hongpub@hongpub.co.kr
http://www.hongpub.co.kr
ISBN: 979-11-5600-349-6

저자와의 협의하에 인지생략